Personalmanagement

von

Prof. Dr. Ewald Scherm

und

Prof. Dr. Stefan Süß

3., vollständig überarbeitete Auflage

Verlag Franz Vahlen München

Prof. Dr. **Ewald Scherm** ist Inhaber des Lehrstuhls für Betriebswirtschaftslehre, insb. Organisation und Planung an der FernUniversität in Hagen.

Prof. Dr. **Stefan Süß** ist Inhaber des Lehrstuhls für Betriebswirtschaftslehre, insb. Organisation und Personal an der Heinrich-Heine-Universität Düsseldorf.

ISBN 978 3 8006 5283 9

© 2016 Verlag Franz Vahlen GmbH
Wilhelmstr. 9, 80801 München
Satz: Fotosatz Buck
Zweikirchener Str. 7, 84036 Kumhausen
Druck und Bindung:
Druckhaus Nomos, In den Lissen 12, 76547 Sinzheim
Gedruckt auf säurefreiem, alterungsbeständigem Papier ·
(hergestellt aus chlorfrei gebleichtem Zellstoff)

Vorwort

Die Mitarbeiter, das Personal oder – modern – die Humanressourcen sind von zentraler Bedeutung für Unternehmen. Diese Aussage kann man (fast) überall hören bzw. lesen. Von dem Erfolgsfaktor Personal ist die Rede und es sind keineswegs nur die Vertreter der Wissenschaft, die das behaupten. Sie unterscheiden sich hier nicht von der Unternehmenspraxis, auch wenn immer wieder Zweifel aufkommen, ob in den Unternehmen gemäß dieser Erkenntnis gehandelt wird. Die Forschung zur betriebswirtschaftlichen Teildisziplin ist jedoch mittlerweile theoretisch, methodisch und funktional stark ausdifferenziert.

Man muss nicht gleich den Schluss ziehen, dass die Arbeit an der wichtigsten Ressource auch die zentrale Aufgabe in einem Unternehmen darstellt. Trotzdem erscheint es berechtigt, dem Personalmanagement eine nicht unbeträchtliche Relevanz für den Unternehmenserfolg zuzuschreiben. Aus dieser Überzeugung heraus haben wir ein Lehrbuch zum Personalmanagement geschrieben, das jetzt in der dritten Auflage vorliegt. Die neue Auflage soll weiterhin umfassend, aber kompakt, aktuell, aber nicht modern sowie nicht einseitig theoretisch sein. Daneben wollen wir einen Überblick geben, ohne oberflächlich zu werden, und einen Bezug zur Unternehmenspraxis herstellen, ohne gleich ein Buch für Personalpraktiker zu machen.

Um den bisherigen Umfang beibehalten zu können, umfasst unser Buch nur noch neun Teile, in denen wesentliche personalwirtschaftliche Aufgabenfelder in etwa gleich gewichtet behandelt werden. Auf den internationalen Personaleinsatz und die Personalorganisation haben wir verzichtet, obwohl es sich zweifellos um wichtige Themen handelt. In den einzelnen Aufgabenfeldern sollen sich aktuelle Probleme und Methoden widerspiegeln, ohne gleich Moden zu folgen, von denen auch das Personalmanagement nicht verschont bleibt.

Die Teile sind soweit möglich in sich geschlossen, Verknüpfungen werden durch Querverweise hergestellt. Vorangestellte Überblicke, Lehr- und Lernziele sowie Kontrollfragen sollen das Verständnis verbessern, zahlreiche Fallbeispiele bei der Reflexion und Anwendung der theoretischen, konzeptionellen und instrumentellen Überlegungen in den einzelnen Funktionen helfen. Neue Fallstudien am Ende jedes Teils erleichtern den Transfer. Marginalien strukturieren die durch Fettdruck hervorgehobenen Aspekte und erlauben, Inhalte auf einen Blick zu erfassen.

Für vielfältige Unterstützung danken wir zuerst Sandra Di Giovanni, dann in alphabetischer Reihenfolge Sarah Altmann, Kim Ermert, Stefanie Faupel, Ann Kathrin Gies, Carolin Hake, Bianca Köllner,

Julia Pohl, Dr. Sascha Ruhle, Julia Weimer und Eva-Ellen Weiß. Auch die Zusammenarbeit mit Dennis Brunotte und Dr. Barbara Schlösser, Verlag Vahlen, war erneut angenehm.

Wir freuen uns, wenn unser Lehrbuch zum Personalmanagement auch in der dritten Auflage auf große und positive Resonanz bei den Lesern stößt.

Hagen und Düsseldorf,   Ewald Scherm und
im März 2016   Stefan Süß

Inhaltsverzeichnis

Teil I:
Personalmanagement und Personaltheorie

Überblick

Zu Beginn dieses Teils wird Personalmanagement inhaltlich von ähnlichen Begriffen abgegrenzt. Dem schließen sich die Beschreibung seiner Ziele, die Ableitung seiner Aufgabenfelder und eine Skizze der wichtigsten unternehmensinternen und -externen Rahmenbedingungen des Personalmanagements an. Abschließend werden mit der verhaltenswissenschaftlichen Personalwirtschaftslehre und der Personalökonomik die zentralen theoretischen Perspektiven im Personalmanagement beschrieben.

Lehr-/Lernziele

Nachdem Sie diesen Teil gelesen haben, sollten Sie

- Personalmanagement und ähnliche Begriffe differenzieren können,
- die Formalziele und Sachziele sowie die Aufgabenfelder des Personalmanagements kennen,
- einen Eindruck von den wesentlichen Rahmenbedingungen des Personalmanagements haben und
- wesentliche theoretische Grundlagen des Personalmanagements verstanden haben.

1 Begriffe, Entwicklungen und zentrale Fragen

Im Laufe der letzten Jahrzehnte hat in der Praxis die Bedeutung des Personals zugenommen. Das schlägt sich auch auf Seiten der Wissenschaft nieder, die sich intensiv mit den unterschiedlichsten Fragestellungen des Personalmanagements befasst. Dabei wechselten die Bezeichnungen für die Beschäftigung mit Personal bzw. Arbeit; es finden Begriffe wie Personalwesen, Personalwirtschaft(-slehre), Personalpolitik, Personalökonomik, Human Resource Management, Personalmanagement, Personalbereitstellung oder Personalführung Verwendung. Versuche ihrer inhaltlichen Abgrenzung zeigen unterschiedliche Akzentuierungen der Begriffe auf (vgl. auch *Gaugler/Oechsler/Weber* 2004, Sp. 1653–1655):

wechselnde Begriffe

Personalwesen ist die älteste Bezeichnung für Personalarbeit in Unternehmen. Der Begriff findet bis heute Verwendung, da sich mit ihm in der Regel keine eindeutige theoretische Richtung verbindet. Vielmehr soll durch ihn „Interdisziplinarität signalisiert werden" (*Gaugler/Oechsler/Weber* 2004, Sp. 1654). **Personalwirtschaft(-slehre)** bezeichnet die wissenschaftliche Disziplin innerhalb der Betriebswirtschaftslehre, die sich mit Personalarbeit in Unternehmen auseinandersetzt. Inhaltlich wird dadurch der wirtschaftliche Charakter des Einsatzes von Personal zum Ausdruck gebracht. **Personalpolitik** steht einerseits für grundlegende, werthaltige Entscheidungen und Festlegungen im Rahmen der Personalarbeit. Sie ist eingebettet in die Unternehmenspolitik (vgl. *Eckardstein* 2004). Andererseits betont der Begriff eine politikorientierte Sichtweise, die durch die mitunter konfliktäre Ausgestaltung der Personalarbeit in Unternehmen durch den Einsatz von Macht und Herrschaft sowie die Verfolgung von Interessen gekennzeichnet ist (vgl. *Nienhüser* 2004).

keine eindeutige Richtung

wirtschaftlicher Charakter des Personaleinsatzes

Einbettung in die Unternehmenspolitik

konfliktäre Gestaltung

Seit den 1990er Jahren hat sich die **Personalökonomik** etabliert (vgl. I, 4). Sie beinhaltet die Beschäftigung mit Personal aus einer ökonomischen Perspektive, die durch die Berücksichtigung institutionen-, arbeits- und mikroökonomischen sowie spiel- und informationstheoretischen Gedankenguts geprägt ist (vgl. *Wolff/Lazear* 2001). Der Begriff **Human Resource Management** drückt aus, dass Personal als wichtige Ressource und als Leistungsträger bzw. Leistungspotenzial im Unternehmen gesehen wird. Er soll verdeutlichen, dass Mitarbeiter mittlerweile in vielen Branchen die erfolgskritische Ressource zur Erstellung von Produkten oder Dienstleistungen sind. Demgegenüber rückt der seit einigen Jahren stellenweise verwendete Begriff des **Human Capital**

ökonomische Perspektive

erfolgskritische Ressource

Managements (HCM) die Messung und Bewertung des betrieblichen Humankapitals in den Vordergrund (vgl. auch IX, 4).

Mit der Bezeichnung **Personalmanagement** wird die aktive Gestaltung aller personalbezogenen Aufgaben betont und auf ein Verständnis der Personalfunktion als Teil des Managements in Unternehmen Wert gelegt. Somit handelt es sich bei Personalmanagement um einen Aufgabenkomplex, der mit der Festlegung personalwirtschaftlicher Ziele beginnt und die Realisierung dieser Ziele durch geeignete Maßnahmen umfasst. Personalmanagement beinhaltet die **Bereitstellung** und **Führung** von Personal, die als eigenständige Managementfunktion neben Planung, Organisation und Controlling angesehen werden (vgl. *Koontz/O'Donnell/Weihrich* 1985).

Trotz der skizzierten Abgrenzungen werden die Begriffe oft synonym und im alltäglichen Sprachgebrauch nicht hinreichend differenziert gebraucht. Auch ein Blick in die Lehrbuchliteratur zeigt, dass unter verschiedenen Bezeichnungen gleiche oder zumindest ähnliche Inhalte betrachtet werden.

Funktion(en) des Managements

Personalmanagement bei E.ON

Die Energie unserer Mitarbeiter ist unsere wertvollste Ressource. Know-how, Motivation und Zuverlässigkeit der für uns tätigen Menschen sind die Voraussetzung dafür, dass wir auch in Zukunft neue Wachstumsfelder erschließen und gleichzeitig im etablierten Kerngeschäft bestehen können. Daher wollen wir die richtigen Menschen an den richtigen Stellen im Konzern einsetzen und ihnen dort genau die Bedingungen schaffen, die sie benötigen, um ihre Potenziale bestmöglich zu entfalten.

Besondere Bedeutung kommt dem Personalmanagement zu. Durch vorausschauendes Handeln ist unsere Personalsituation grundsätzlich gut für uns zu beeinflussen; strategische Entwicklungen wie Effizienzprogramme („E.ON 2.0") oder Neuausrichtungen geben jedoch den Rahmen vor. Personalmaßnahmen sind über alle weiteren Wertschöpfungsstufen hinweg wirksam.

Quelle: *E.ON* 2015

Leistungserbringung im Unternehmen aus abhängiger Position

Ebenso problematisch sind inhaltliche Abgrenzungen des Begriffs Personal. Es finden sich Begriffe wie z. B. Produktionsfaktor Arbeit, Kostenfaktor, Humankapital, wichtig(st)e Ressource, Leistungsträger, Träger von Werten und Bedürfnissen, Führungskraft oder ausführende Kraft. Ihre Verwendung bzw. inhaltliche Präzisierung erfolgt in aller Regel normativ und ist z. B. geprägt durch verschiedene theoretische Zugänge und unterschiedliche Menschenbilder. Als **Personal** werden im Folgenden Menschen bezeichnet, die in abhängiger Stellung innerhalb einer Organisation bzw. eines Unternehmens arbeiten und in arbeitsteiliger Form Leistungen für übergeordnete Ziele der

Organisation bzw. des Unternehmens erbringen. Damit ist grundsätzlich irrelevant, ob es sich um dauerhaft beschäftigte Mitarbeiter handelt oder um Mitarbeiter, die zeitlich befristet im Unternehmen arbeiten (wie z. B. Zeitarbeiter; vgl. dazu I, 3).

Dass es Personal gibt, ist eine Folge der Arbeitsteilung, wenn die Leistung in Unternehmen nicht mehr von einer Person (dem Inhaber) erbracht werden kann. Ökonomisch betrachtet ist Personal ein Produktionsfaktor, dessen Einsatz zielgerichtet und effizient erfolgen sollte. Der Mensch weist aber eine höhere Komplexität als die anderen Produktionsfaktoren auf und bedarf daher besonderer Berücksichtigung. Außerdem stellt Personal keinen Verbrauchsfaktor (wie z. B. Material), sondern einen Potenzialfaktor dar, dessen Einsatz unter längerfristigen Gesichtspunkten erfolgen muss. Um die Leistung des Mitarbeiters zu erhalten, ist die Kompatibilität seiner Leistungsfähigkeit mit den im Zeitablauf wechselnden Anforderungen sicherzustellen.

Potenzialfaktor

Arbeit beschreibt im weitesten Sinne den Einsatz menschlicher Fähigkeiten und Fertigkeiten in Interaktion mit anderen Menschen bzw. mit (technischen) Hilfsmitteln (vgl. *Reichwald* 2004, Sp. 37–38) bzw. im engeren Sinne die Ausführung einer Tätigkeit (vgl. *Geithner* 2014). Diese Definitionen schließen beispielsweise ehrenamtliche Arbeit oder Hausarbeit ein. Findet die Arbeit jedoch im Unternehmen statt und eine Person erhält für die geleistete Arbeit eine Gegenleistung (Entgelt), spricht man von Erwerbsarbeit, die aus Sicht des Unternehmens von Personal geleistet wird (vgl. *Rosenstiel* 2014, S. 29). Dabei leistet nicht das Personal als Kollektiv die Arbeit, sondern sie ist das Ergebnis individueller Leistungen und erfordert die Betrachtung des einzelnen Mitarbeiters. Für diesen stellt Arbeit in erster Linie ein Mittel zum Einkommenserwerb dar. Sie kann aber auch einen eigenen (intrinsischen) Befriedigungswert entwickeln, wenn ein Mitarbeiter Freude an der Arbeit empfindet. Arbeit findet heute in vielen Berufen auch bzw. vor allem oder gar ausschließlich als gedankliche Arbeit (Kopfarbeit) statt (vgl. *Boes et al.* 2014, S. 35).

Einsatz menschlicher Fähigkeiten und Fertigkeiten

Die Beschäftigung mit Personal im Rahmen des Personalmanagements wirft – unabhängig von konkreten Aufgaben – **zentrale Fragen** auf, die im Folgenden aufgegriffen werden:

- Welche Ziele verfolgt das Personalmanagement?
- Welche Aufgabenfelder sind damit verbunden?
- Welche Rahmenbedingungen kennzeichnen Personalmanagement?
- Welche theoretischen Richtungen sind im Personalmanagement vertreten?

2 Ziele und Aufgabenfelder des Personalmanagements

Auf der Ebene der **Formalziele** werden im Personalmanagement wirtschaftliche und soziale Zielsetzungen unterschieden. Mit der Realisierung wirtschaftlicher Ziele wird in erster Linie den Interessen der Eigentümer entsprochen. Mittelbar gilt das aber auch für die

wirtschaftliche und soziale Ziele

Mitarbeiterinteressen, da Arbeitsplätze gefährdet sind, wenn der Unternehmenserhalt nicht gewährleistet ist. Bei sozialen Zielen handelt es sich um Erwartungen, Bedürfnisse und Interessen der Mitarbeiter, d.h. im Wesentlichen um individuelle oder gruppenbezogene Ziele. Deren Berücksichtigung schlägt sich in der individuellen Arbeitszufriedenheit nieder, und es wird ein positiver Einfluss auf die Motivation und Leistung des Einzelnen erwartet. Zwischen den beiden Zielkategorien besteht jedoch ein Spannungsverhältnis: Einerseits gewährleisten wirtschaftlich erfolglose Unternehmen kein adäquates, sicheres Einkommen für ihre Mitarbeiter. Andererseits können gerade die Personalkosten bzw. der Erhalt von Arbeitsplätzen den Unternehmenserhalt gefährden. Da die Erfüllung sozialer Ziele eine nicht unwesentliche Voraussetzung für die Erbringung der Leistung durch das Personal darstellt, sind sie zumindest als Nebenbedingung bei der Verfolgung wirtschaftlicher Ziele zu berücksichtigen.

Auf der Ebene der **Sachziele** muss primär das für die Erstellung der Unternehmensleistung notwendige Personal in quantitativer und qualitativer sowie zeitlicher und örtlicher Hinsicht bereitgestellt werden. In diesem Zusammenhang ist von der Verfügbarkeit die Rede.

Verfügbarkeit und Wirksamkeit

Daneben wird als zweite Kategorie personalwirtschaftlicher Ziele die Wirksamkeit als die Durchsetzung der Ansprüche eines Unternehmens an das Verhalten des Personals formuliert (vgl. *Kossbiel* 2002, S. 468–470). Personalmanagement muss im Rahmen des gesamten Leistungserstellungsprozesses unter Beachtung personalwirtschaftlicher (ökonomischer und/oder sozialer) Formalziele geeignete Maßnahmen ergreifen, um die Verfügbarkeit und Wirksamkeit des Personals sicherzustellen.

Aus diesen Zielsetzungen leiten sich verschiedene personalwirtschaftliche **Aufgabenfelder** ab. Deren Zahl bzw. Inhalt differiert in Praxis und Literatur erheblich. Ein Grund kann in der unterschiedlichen Aggregation von Aufgabeninhalten und verschiedenen theoretischen Zugängen gesehen werden. In Lehrbüchern hat es sich durchgesetzt,

„chronologische" Betrachtung der Aufgabenfelder

die Reihenfolge betrachteter Aufgaben des Personalmanagements gewissermaßen chronologisch, d.h. am Lebenszyklus eines Mitarbeiters im Unternehmen orientiert, auszurichten. Wird zusätzlich der enge inhaltliche Zusammenhang zwischen verschiedenen Aufgaben berücksichtigt, ergeben sich folgende personalwirtschaftliche Aufgabenfelder:

- Die Basis der Bereitstellung von Personal ist die Personalbedarfsermittlung, aus der sich die Notwendigkeit der Beschaffung oder Freisetzung von Personal ableitet (vgl. II).

- Der Einsatz von Personal auf unterschiedlichen Stellen erfordert eine systematische Auswahl der Mitarbeiter sowie ihre Einführung und Zuweisung auf konkrete Stellen (vgl. III).

- Die regelmäßige Beurteilung der Mitarbeiterleistung bildet eine wichtige Grundlage weiterer personalwirtschaftlicher Entscheidungen (vgl. IV).

- Die Veränderung der Stellenanforderungen im Zeitablauf führt dazu, dass über die Berufsausbildung hinaus während der gesamten Beschäftigung der Mitarbeiter Personalentwicklung notwendig ist (vgl. V).

- Zudem tritt die Frage auf, welche Vergütung Mitarbeiter für ihre Leistungen im Unternehmen erhalten sollen und wie ein differenziertes Anreizsystem gestaltet werden kann. In diesem Zusammenhang sind auch Überlegungen zur Arbeitszeitgestaltung notwendig (vgl. VI).

- Die Koordination arbeitsteiligen Handelns sowie die zielorientierte Beeinflussung und Kontrolle des Mitarbeiterverhaltens sind Aufgaben der Personalführung (vgl. VII).

- Die Mitbestimmung ist in Deutschland weitgehend gesetzlich verankert; sie bildet einen Rahmen für die Personalarbeit, der in Grenzen gestaltet werden kann (vgl. VIII).

- Personalbezogene Entscheidungen sind wie alle Managemententscheidungen mit hoher Unsicherheit behaftet und erfordern daher ein (Personal-)Controlling, um Fehlentscheidungen möglichst frühzeitig erkennen und gegensteuern zu können (vgl. IX).

Die tendenziell gleichgewichtige Betrachtung dieser Aufgabenfelder im Folgenden soll deutlich machen, dass sie gleichermaßen zum Erfolg des Personalmanagements und zum Unternehmenserfolg beitragen.

3 Rahmenbedingungen des Personalmanagements

interne und externe Rahmen-bedingungen

Die Rahmenbedingungen des Personalmanagements sind vielfältig und können die Gestaltungsfreiheit – teilweise erheblich – einschränken. Dabei handelt es sich nicht nur um externe Faktoren wie Arbeitsmarkt, Werte(-wandel) oder rechtliche Regelungen, auch der unternehmensinterne Kontext, der im Wesentlichen durch Strategie, Struktur und Unternehmenskultur gebildet wird, spielt eine Rolle (vgl. Abb. I.1).

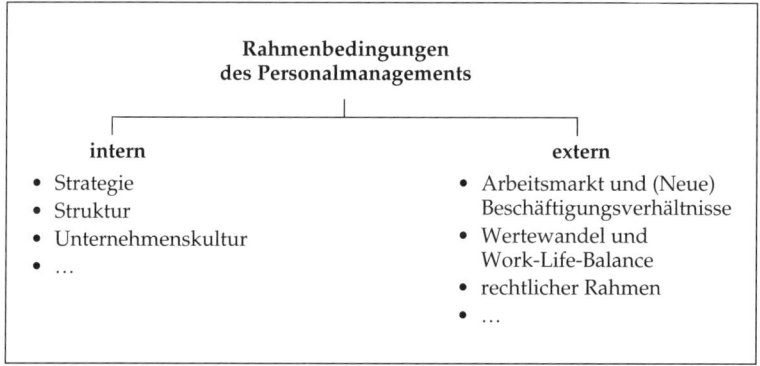

Abb. I.1: Rahmenbedingungen des Personalmanagements

längerfristige Festlegungen

Abteilungs- und Stellenbildung

Der Zusammenhang zwischen Strategie und Struktur ist insbesondere durch die empirischen Untersuchungen *Chandlers* verdeutlicht worden (vgl. 1962). **Strategien** werden im Allgemeinen entwickelt, um – unter Einbeziehung von gebotenen Chancen und Risiken – Erfolgspotenziale für ein Unternehmen zu erschließen. Damit sind auf Unternehmensebene längerfristige Festlegungen verbunden, die sich beispielsweise auf das Produktprogramm, den Standort oder die Rechtsform beziehen. Daneben erfolgen strategische Festlegungen auch in einzelnen Geschäfts- oder Funktionsbereichen, z. B. im Rahmen der Personalarbeit. In der Literatur besteht weitgehend Einigkeit darüber, dass die einzelnen Strategien nicht in einem hierarchischen, sondern einem interdependenten Verhältnis zueinander stehen. Die aus den Strategien resultierenden Festlegungen führen zu Abteilungen und Stellen und bilden damit die **Organisationsstruktur** des Unternehmens, wobei auch umgekehrt strukturelle Gegebenheiten den strategischen Handlungsspielraum einschränken können. Strategische und strukturelle Entscheidungen bestimmen den Personalbedarf in quantitativer, qualitativer, örtlicher und zeitlicher Hinsicht; diesen Erfordernissen muss im Rahmen der Bereitstellung von Personal entsprochen werden. Dabei sollte nicht ignoriert werden, dass der (quantitative und qualitative) Personalbestand seinerseits Einfluss auf unternehmerische Zielsetzungen und damit auf Strategie und Struktur nehmen kann und – mehr oder weniger – den Rahmen für strategische und strukturelle Entscheidungen bildet.

Daneben kommt die **Unternehmenskultur** zum Tragen. Sie stellt ein Muster von Werten, Normen und Grundannahmen dar, das die Unternehmensmitglieder im Umgang mit der externen und internen Umwelt erlernt haben und ihnen eine Orientierung für ihr Verhalten bietet (vgl. *Schein* 1995, S. 25). Die in der Unternehmenskultur verankerten Werte und Verhaltensnormen prägen die Einstellungen der Führungskräfte und führen zu Menschenbildern, die im Personalmanagement Berücksichtigung finden. Umgekehrt prägen diese Menschenbilder die Unternehmenskultur.

Werte, Normen, Grundannahmen

Die Unternehmenskultur der BASF

Wir haben unsere ganz eigene Unternehmenskultur. Und darauf sind wir stolz. Denn sie hat uns zu dem gemacht, was wir heute sind – das weltweit führende Chemieunternehmen. Indem wir Menschen zusammenbringen, die ihr Wissen teilen, schaffen wir nachhaltige Lösungen für uns alle. Indem wir ein sicheres und inspirierendes Arbeitsumfeld schaffen, motivieren wir unsere Mitarbeiter zu außergewöhnlichen Leistungen. Indem wir das aktive Engagement unserer Mitarbeiter fördern, haben wir langfristig Erfolg.

Wir bilden das beste Team. Weil es kreativ ist und offen – quer durch sämtliche Berufsfelder. Weil wir verantwortungsvoll handeln. Weil wir unternehmerisch denken. So gelingt es uns, wirtschaftlichen Erfolg, gesellschaftliche Verantwortung und den Schutz der Umwelt miteinander zu verbinden.

Quelle: *BASF* 2015

Außerhalb des Unternehmens spielt der **Arbeitsmarkt** als der (reale oder fiktive) Ort, an dem Arbeitsnachfrage und Arbeitsangebot zusammentreffen, eine wichtige Rolle. Gemäß der volkswirtschaftlichen bzw. mikroökonomischen Theorie geht man davon aus, dass Angebot und Nachfrage den Preis, d. h. den Arbeitslohn, in ein Gleichgewicht führen. Somit kennzeichnet der Arbeitsmarkt nicht nur die verfügbare Menge an Personal, sondern auch dessen Preis und damit einen großen Teil der Personalkosten. Das Arbeitsangebot wird maßgeblich durch die Bevölkerung Deutschlands determiniert und hängt von der demographischen Entwicklung ab. Gegenwärtig bestehen schon vereinzelte Beschaffungsengpässe in bestimmten Personalkategorien bzw. sie werden für die nahe Zukunft prognostiziert (vgl. *Be-*

Angebot und Nachfrage bestimmen die Arbeitskosten.

Personalengpässe *cker* 2014, S. 204–205). Dies stellt das Personalmanagement vor die Herausforderung, die zu geringe Verfügbarkeit jüngerer Arbeitnehmer auszugleichen. In diesem Zusammenhang werden die Qualifizierung und Motivation älterer Mitarbeiter, das Diversity Management (vgl. dazu VII, 4), und Maßnahmen, die es Arbeitnehmern ermöglichen, Beruf und Familie zu vereinbaren, als wichtig angesehen. Daneben ist für Unternehmen auch die auf dem Arbeitsmarkt verfügbare Qualifikation bedeutsam, die maßgeblich durch (Berufs-) Schulen und Universitäten geprägt wird; Unternehmen haben erst im Rahmen der Berufsausbildung und Personalentwicklung die Möglichkeit, auf die Qualifikation ihrer Mitarbeiter Einfluss zu nehmen. Zahlreiche Unternehmen subsummieren diese und weitere personalwirtschaftliche

Talentmanagement Aufgaben neuerdings unter dem Dach eines sog. „Talentmanagements" (vgl. *Ewerlin/Süß* 2014). Im Zuge dessen setzen Unternehmen eine Vielzahl an Maßnahmen ein, die in der Regel aus dem Personalmanagement bekannt sind, jedoch im Rahmen des Talentmanagements differenzierter ausgestaltet sowie stärker miteinander und mit der Unternehmensstrategie verzahnt werden.

Abkehr vom Normalarbeits- verhältnis In den letzten Jahrzehnten waren erhebliche Veränderungen auf dem deutschen Arbeitsmarkt zu verzeichnen. In erster Linie kann die kontinuierliche Abkehr von dem Normalarbeitsverhältnis eines arbeitsvertraglich an ein Unternehmen gebundenen, dauerhaft und in Vollzeit beschäftigten Mitarbeiters beobachtet werden. An seine Stelle sind **Neue Beschäftigungsverhältnisse** getreten, unter anderem Zeit- bzw. Leiharbeit sowie Ein-Mann/Frau-Unternehmen, die sich in der Literatur unter verschiedenen Begriffen wie z. B. Neue Selbstständige und Freie Mitarbeiter bzw. Freelancer finden (vgl. *Becker/Süß/Sieweke* 2014). Heute ist gut ein Drittel aller Erwerbstätigen nicht (mehr) in einem Normalarbeitsverhältnis beschäftigt (vgl. *Statistisches Bundesamt* 2013). Die Zahl der atypisch Beschäftigten (Personen in neuen Beschäftigungsverhältnissen sowie Teilzeitbeschäftigte) hat in den letzten 15 Jahren um rund 40 % zugenommen, die der Soloselbstständigen (Selbstständige ohne weitere Mitarbeiter) um knapp 30 % (vgl. *Statistisches Bundesamt* 2013). Damit sind nicht mehr nur Personen, die einfache Arbeit leisten, atypisch beschäftigt, sondern zunehmend auch Hochqualifizierte wie z. B. IT-Spezialisten, Berater oder Ärzte (vgl. *Keller/Wilkesmann* 2014).

Flexibilisierung Gemeinsam ist sämtlichen Neuen Beschäftigungsverhältnissen auf Seiten des Unternehmens ein deutlicher Gewinn an Flexibilität gegenüber dem Normalarbeitsverhältnis. In Anlehnung an *Atkinson* lässt sich diese in drei Formen unterscheiden (vgl. 1984): Erstens wird durch die Möglichkeit, den Personalbestand kurzfristig zu verändern, numerische Flexibilität gewonnen. Zweitens besteht funktionale Flexibilität in Form einer erhöhten Variabilität der Aufgabenerfüllung, die sich beispielsweise durch die Möglichkeit, projektbezogen Experten zu beschäftigen, realisieren lässt. Dies resultiert nicht zuletzt daraus, dass Personen in Neuen Beschäftigungsverhältnissen nicht selten besondere Kompetenzen aufweisen, die im Unternehmen nicht vorhanden, aber auch nur temporär erforderlich sind und daher flexibel über den Markt beschafft werden (vgl. *Süß/Becker* 2013). Drittens ergibt sich finanzielle Flexibilität daraus, dass die Lohn- und Lohnnebenkosten in Neuen Beschäftigungsverhältnissen deutlich geringer als im Normalarbeitsverhältnis sind. Allerdings darf nicht übersehen werden, dass die Zunahme der Flexibilität automatisch einen Verlust an Stabilität für Individuum und Unternehmen mit sich bringt, mit dem negative Konsequenzen, wie der Verlust an Wissen und Vertrauen sowie Arbeitsunzufriedenheit oder geringeres Commitment, einhergehen können (vgl. *Felfe et al.* 2008; *Süß/Haarhaus* 2013).

Unter dem Stichwort **Wertewandel** bekannt gewordene empirische Untersuchungen verdeutlichen, dass sich Werte, Einstellungen und Verhalten von Menschen (langfristig) verändern. Die Arbeit in Unternehmen bleibt davon nicht unberührt. Erwartungen, die Menschen an die Arbeit richten, werden maßgeblich durch individuelle und gesellschaftliche Werte bestimmt. Sie nehmen Einfluss auf die Motivation der Mitarbeiter und ihre Identifikation mit der Arbeit und dem Unternehmen. In der Vergangenheit führte der Wertewandel insbesondere zu einer Höherbewertung der Freizeit, der Betonung der Selbstentfaltung und zu der sinkenden Bereitschaft zur Unterordnung (vgl. *Becker* 2006). Gegenwärtig werden entsprechende Wertemuster mit der sog. Generation Y in Verbindung gebracht. Darunter werden Individuen subsumiert, die im Zeitraum von etwa 1990 bis 2010 zu den Teenagern zählten und die folglich mittlerweile am Anfang ihres Berufslebens stehen bzw. erste berufliche Erfahrungen gemacht haben. Sie weisen wertbezogene Differenzen zu früheren Generationen auf (vgl. *Breitsohl/Ruhle* 2012), die vor allem für die individuellen Erwartungen an Karrieren und Arbeitsplatzsicherheit Konsequenzen haben sowie die individuelle Fluktuationsneigung bestimmen (vgl. *Kattenbach et al.* 2011). Das Personalmanagement muss darauf in der Anreizgestaltung, Karriereplanung, Qualifizierung und Personalführung reagieren.

Veränderung individueller und gesellschaftlicher Werte

Ich operier' dann morgen weiter

Zum Eklat kam es kürzlich in einem Operationssaal in Norddeutschland. Auf dem Tisch unter grünen Tüchern: ein 58jähriger Patient, dem der Blinddarm entfernt wird. Ein Student im praktischen Jahr hält mit Haken die Bauchdecke auf, während der Chefarzt operiert.

Da sagt der Student: „In einer Viertelstunde muss ich gehen, ich habe seit fünf Minuten Feierabend." Der Chefarzt traut seinen Ohren nicht. „Wenn Sie das hier nicht interessiert, können Sie direkt gehen" raunzt er verärgert. „Gut, dann schaue ich mir die Operation auf YouTube an, dort bekomme ich wenigstens auch was erklärt. Tschüss." sagt der Student, übergibt die Haken an einen Assistenzarzt und verlässt den Saal.

„Das war ein sehr ausgeprägter Vertreter seiner Generation", sagt Andreas Kirschniak. Doch in seiner Rolle als Vorsitzender der Arbeitsgemeinschaft Junge Chirurgen hat er in letzter Zeit häufiger von Fällen wie diesem gehört. „Vor 20 Jahren wäre so etwas undenkbar gewesen", sagt Kirschniak.

Heute hingegen sind solche Auseinandersetzungen keine Seltenheit mehr. Wenn man so will, sind die Kliniken zum Schauplatz eines Kampfes zwischen zwei Generationen geworden, die völlig unterschiedliche Lebens- und Arbeitsauffassungen haben.

Diejenigen, die heute ganz unten stehen, können mit diesen Vorstellungen ihrer Chefs nicht viel anfangen. Kaum einer der jungen Assistenzärzte ist bereit, sich für die Klinik aufzuopfern; der Beruf nimmt in ihrem Leben einfach keinen so hohen Stellenwert mehr ein. Die jungen Ärzte wollen eine „gute Work-Life-Balance", ganz oben in Umfragen stehen auch „Anerkennung für gute Arbeit" und das „Eingehen auf private Sorgen durch die Vorgesetzten". Anders als ihre Vorgänger sind sie keine Bittsteller: In drei Vierteln aller Krankenhäuser fehlen für offene Arztstellen die Bewerber, junge Mediziner können sich das Fachgebiet und den Arbeitsplatz gewissermaßen aussuchen. So kommt die Generation Y mit einem neuen Selbstbewusstsein in den Kliniken an. Der Konflikt ist programmiert. Dabei geht es nicht nur darum, dass der Nachwuchs wegen der Arbeitsmarktsituation eine bessere Verhandlungsposition hat. Was sich hier abspielt, ist ein Kampf der Mentalitäten. Vereinbarkeit von Berufs- und Privatleben.

Quelle: *Heinrich* 2015

Zwar hat im Zuge des Wertewandels einerseits die subjektiv empfundene Bedeutung der Freizeit zugenommen; andererseits sind – nicht zuletzt in Neuen Beschäftigungsverhältnissen – die Grenzen zwischen Arbeit und Freizeit immer mehr verschwommen (vgl. *Süß/Sayah* 2013). Vor diesem Hintergrund ist in den letzten Jahren die **Work-Life-Balance** von Mitarbeitern zu einem populären Thema geworden. Dies resultiert aus gesellschaftlichen und ökonomischen Entwicklungen, die die Frage mit sich bringen, wie die Hauptlebensbereiche Arbeit, Familie und Freizeit zufriedenstellend koordiniert werden können. Beispielhaft können Flexibilisierungstendenzen auf dem Arbeitsmarkt, diskontinuierliche Erwerbsbiografien, Dual-Career-Couples, ständige Erreichbarkeit in Folge des technologischen Wandels oder familiäre Verpflichtungen als Entwicklungen genannt werden, aus denen (zusätzliche) emotionale und zeitliche Belastungen resultieren.

Vereinbarkeit von Berufs- und Privatleben

Unter Work-Life-Balance wird angesichts dessen die Vereinbarkeit von Berufs- und Privatleben diskutiert, die zu einer besseren Lebens- und Arbeitsqualität der Beschäftigten führen soll. Den Mitarbeitern sollen Erfolg und Zufriedenheit in ihrer beruflichen Situation genauso wie ein erfülltes Privatleben ermöglicht werden. Zu diesem Zweck ist im

Rahmen des Personalmanagements die strikte Trennung der beiden scheinbar konkurrierenden Pole Berufs- und Privatleben zu überwinden, indem Unternehmen verstärkt auf die spezifischen Belange ihrer Mitarbeiter eingehen. Neben der Flexibilisierung der Arbeitszeiten (vgl. VI, 4) umfasst dies den Aspekt räumlicher Flexibilität, um beispielsweise familiären Verpflichtungen besser nachkommen zu können. Dabei ist allerdings zu beachten, dass es intersubjektive Unterschiede hinsichtlich der Präferenzen, Berufs- und Privatleben zu trennen, gibt. Deren Berücksichtigung kann erforderlich sein, um effektive Work-Life-Balance-Maßnahmen zu garantieren (vgl. *Liu et al.* 2013).

Henkel unterzeichnet Charta für Work-Life Flexibility

Mit besonderem Engagement widmet sich Henkel dem Thema flexiblem Arbeiten. Im Juni 2012 setzten der Henkel-Vorstand sowie das Top-Management ein deutliches Zeichen, als sie gemeinsam die globale Charta für Work-Life Flexibility unterzeichneten. Diese betont nachdrücklich, dass die Vereinbarkeit von Familie und Beruf für Henkel ein entscheidendes Handlungsfeld darstellt. Dahinter steckt die Erkenntnis, dass sich Fähigkeiten und Talente nur dann optimal nutzen lassen, wenn die Beschäftigten auch die Herausforderungen von beruflichem und privatem Leben erfolgreich meistern können. Flexible Arbeitszeitmodelle sind bereits an vielen Standorten weltweit etabliert. Darüber hinaus schaffen Job-Sharing-Modelle, Teilzeitarbeitsmöglichkeiten, Heimarbeit sowie die Nutzung mobiler Kommunikation mehr Flexibilität. „Es geht nicht in erster Linie um Anwesenheit am Arbeitsort, sondern darum, die entsprechende Leistung zu erfüllen", sagt Kirsten Sánchez Marín, Leiterin des Bereichs Global Diversity & Inclusion. „Unser Ziel ist es, Präsenzkultur durch Leistungskultur zu ersetzen."

Quelle: *o. V.* 2015

Speziell in Deutschland gibt es eine Vielzahl **rechtlicher Rahmenbedingungen**, die im Personalmanagement zu berücksichtigen sind. Durch das Individualarbeitsrecht wird das Arbeitsverhältnis zwischen Arbeitgeber (Unternehmen) und Arbeitnehmer (Mitarbeiter) juristisch bestimmt (vgl. z. B. *Brox/Rüthers/Henssler* 2010; *Böhm* 2014). Dabei handelt es sich um ein Abhängigkeitsverhältnis, in dem eine Person (Arbeitnehmer) aufgrund eines privatrechtlichen Vertrages für eine andere Person (Arbeitgeber) unselbstständige und weisungsgebundene Arbeit leistet. Der Arbeitgeber zahlt daraufhin dem Arbeitnehmer eine Vergütung. Eingeschränkt wird die Vertragsgestaltung durch das Arbeitsschutzrecht, das sich mit den Umständen befasst, unter denen fremdbestimmte Arbeit geleistet wird. Kernbereiche sind der technische und persönliche Arbeitsschutz. Die Aufgabe des Sozialversicherungsrechts besteht darin, ein staatlich kontrolliertes soziales Auf-

Individual-arbeitsrecht

Arbeitsschutzrecht

Sozialversiche-rungsrecht

fangnetz für die Ungewissheiten zu bieten, die das Arbeitsleben mit sich bringt; entsprechend tritt bei Arbeitslosigkeit, (Berufs-)Krankheit oder im Rentenalter der Leistungsfall ein. Dadurch werden vor allem die Personalkosten beeinflusst, da Arbeitgeber und Arbeitnehmer – abgesehen von der gesetzlichen Unfallversicherung – die Beiträge für die Sozialversicherung weitgehend paritätisch entrichten. Diese rechtlichen Rahmenbedingungen stellen Mindestanforderungen dar, die auf Unternehmens- oder Tarifebene vielfach, beispielsweise durch darüber hinausgehende Sozialleistungen, überschritten werden. Dabei handelt es sich um Ergänzungen der rechtlichen Grundlagen, die von Arbeitgeber und Arbeitnehmervertretern nur gemeinsam vereinbart werden können (vgl. auch VIII).

Seit einigen Jahren ist zu beobachten, dass personalwirtschaftliche Entscheidungen in Unternehmen bzw. das Personalmanagement von Unternehmen zunehmend einem öffentlichen Erwartungsdruck ausgesetzt sind. Diskussionen über Personalpolitik im Allgemeinen (vgl. *Rößler* 2009), Beschäftigungsformen (vgl. *Schäfer* 2010), gesundheitliche Folgen von Arbeitsstress (vgl. *Schmidt/Wilkens* 2014, S. 613–615; *Weiß/Süß* 2016), eine gesundheitsgerechte Gestaltung von Arbeit (vgl. *Langhoff/Krietsch/Schubert* 2012), die Folgen missglückter Personalführung (vgl. *Kellerman* 2004) oder die Notwendigkeit ethischen Verhaltens insbesondere im Rahmen der Personalführung (vgl. *Weibler* 2012, S. 621–662) sind Beispiele dafür. Dies spiegelt wieder, dass das Personalmanagement von zahlreichen Interessengruppen wie Politik, Medien, Kunden und nicht zuletzt (zukünftigen) Beschäftigten sehr genau wahrgenommen wird. Diese Wahrnehmung hat eine hohe Bedeutung für die Einschätzung der Arbeitgeberattraktivität eines Unternehmens, die wiederum auf zunehmend umkämpften Arbeitsmärkten einen Einfluss auf die Verfügbarkeit von Personal aufweist (vgl. *Highhouse/Lievens/Sinar* 2003).

zunehmende öffentliche Wahrnehmung

Deutsche Bahn – Personalpolitik im öffentlichen Rampenlicht

Ulrich Weber, der Personalvorstand der Deutschen Bahn, über das Stellwerk-Chaos in Mainz und Personalpolitik im Rampenlicht.

In Mainz waren von 15 Fahrdienstleitern vier krank und drei in Urlaub. Andere Mitarbeiter konnten wegen des fehlenden Spezialwissens nicht einspringen. Es stellte sich daher die Frage, ob die Jobprofile der Fahrdienstleiter zu eng definiert sind. „Für Spezialistenfunktionen, die längere Qualifizierungszeiten benötigen, ist die Personalplanung besonders anspruchsvoll. Fahrdienstleiter beispielsweise brauchen eine längere Einarbeitung vor Ort, um den Beruf ausüben zu können. Für die Personalplanung heißt das, dass wir mit einer Qualifizierungszeit vor dem eigentlichen Einsatz planen müssen. Darüber hinaus benötigen wir für kurzfristige Lösungen eine Reserve von Kollegen, die woanders arbeiten, aber im Notfall einspringen können.

Der Unterschied zu früheren Tätigkeiten als Arbeitsdirektor ist: Obwohl ich über 30 Jahre im Geschäft bin, ist es beim Konzern Deutsche Bahn immer noch etwas anderes, denn das Unternehmen DB wird so öffentlich wahrgenommen wie kaum ein anderes. Das macht den Reiz aus, aber man muss sich daran gewöhnen."

Quelle: *Straub/Weber* 2014

Für Unternehmen resultiert aus der öffentlichen und medialen Wahrnehmung ihres Personalmanagements die besondere Herausforderung, sich als (potenzieller) Arbeitgeber möglichst positiv darzustellen. Zum einen reagieren sie darauf, indem versucht wird, durch eine moderne Gestaltung des Personalmanagements zeitgemäß zu wirken, etwa durch den Einsatz von Social Media, der die Arbeitgeberattraktivität steigern kann (vgl. *Rode/Süß* 2015). Zum anderen lassen viele Unternehmen heute ihre Personalarbeit (extern) bewerten und erhalten dafür Preise und Auszeichnungen, die sie im öffentlichen Auftritt nutzen, z. B. auf der Unternehmenshomepage oder in Stellenanzeigen, um zeitgemäß und attraktiv zu wirken. Die Verfahren, die diesen „Awards" zu Grunde liegen, sind jedoch oftmals zweifelhaft und daher umstritten (vgl. IX, 4.3). Das verdeutlicht, dass sie eher eine nach außen gerichtete Fassade als eine substanzielle Bewertung des Personalmanagements darstellen (vgl. *Scherm/Süß* 2010).

Notwendigkeit positiver Unternehmensdarstellung

4 Personaltheorie

Der Begriff Personaltheorie ist ungebräuchlich. Daraus auf eine wenig verbreitete theoretische Beschäftigung mit personalwirtschaftlichen Problemen zu schließen, wäre aber falsch. Vielmehr lässt sich vermuten, dass wegen der vielfältigen theoretischen Forschung, die Anleihen bei anderen Teilbereichen der Betriebswirtschaftslehre (z. B. der Organisation) oder in Nachbardisziplinen (z. B. der Psychologie und Soziologie) nimmt, lediglich der Begriff wenig verbreitet ist. Unter **Personaltheorie** soll nicht (ausschließlich) eine bestimmte Theorie, sondern vielmehr ein Theoriepluralismus verstanden werden (vgl. auch *Martin/Nienhüser* 1998, S. 10–25). Damit umschreibt Personaltheorie das – auf vielfältige Weise mögliche – Ergebnis theoretischer Beschäftigung mit Fragen der Personalarbeit. Neben den grundsätzlichen Aufgaben einer Theorie, der Beschreibung und Erklärung realer Sachverhalte, besteht das pragmatische Ziel in der Verbesserung der praktischen Personalarbeit in Unternehmen.

Personaltheorie als Theoriepluralismus

Personaltheoretische Forschung hat keine lange Tradition. Bis in die 1960er Jahre dominierten Überlegungen, die auf die Verwaltung des Personals, die Systematisierung von Aufgaben oder die Anwendung von Instrumenten gerichtet waren. In dem **faktororientierten Ansatz** *Gutenbergs*, der in den 1950er und 1960er Jahren als Hauptströmung innerhalb der Betriebswirtschaftslehre galt, spielte Personal daher allenfalls eine untergeordnete Rolle (vgl. 1951). In seinem System produktiver Faktoren unterscheidet *Gutenberg* menschliche Arbeit in einen dispositiven Faktor (Leitungsfunktion) und den Elementarfaktor (ausführende Arbeit). Er verfolgt das Ziel, die optimale Ergiebigkeit des Faktors Arbeit und die wirtschaftlichste Faktorkombination zu ermitteln. Personal als Elementarfaktor steht hier neben anderen Produktionsfaktoren und erfährt keine spezifische Berücksichtigung.

menschliche Arbeit als dispositiver Faktor und Elementarfaktor

Im Rahmen der zunehmenden Etablierung der Personalwirtschaftslehre als eigenständiges Fach im Rahmen der Betriebswirtschaftslehre intensivierte sich die personaltheoretische Forschung. So kam es in den 1970er Jahren durch den Bezug auf **verhaltenswissenschaftliche Ansätze** zur „Psychologisierung" der Personalwirtschaftslehre (*Martin/Nienhüser* 1998, S. 12). Die Verhaltenswissenschaften subsumieren verschiedene wissenschaftliche Disziplinen (Ethnologie, Anthropologie, Psychologie, Soziologie), denen die Beschäftigung mit menschlichem Verhalten gemein ist. Im Zentrum der Forschung steht auf unterschiedlichen Analyseebenen (Individuum, Gruppe, Organisation) die funktionale Beziehung zwischen einer Person und ihrem Verhalten, das z. B. in Prozessen wie Motivation, Lernen und Anpassung an

funktionale Beziehung zwischen Person und Verhalten

Umweltbedingungen deutlich wird. Entsprechend sind theoretische Grundlagen z. B. in Motivationstheorien, Lerntheorien, Führungstheorien, der Anreiz-Beitrags-Theorie oder der verhaltenswissenschaftlichen Entscheidungstheorie gegeben (vgl. z. B. *Rosenstiel* 2011).

Aus dieser theoretischen Perspektive werden Individuen als komplexe psychische Systeme verstanden, die sich in Werten, Zielen und Bedürfnissen sowie in Fähigkeiten, Motivation und Erfahrungen unterscheiden. Diese Aspekte beeinflussen menschliches Verhalten über kognitive Prozesse wie Wahrnehmung, Denken, Lernen und Entscheiden genauso wie situative Gegebenheiten, die im Lichte individueller Bedürfnisse und Ziele bewertet werden. Folglich werden Entscheidungen als Ergebnisse menschlichen Entscheidungsverhaltens unter Beachtung des situativen Kontextes begriffen. Dabei wird unterstellt, dass Individuen nur über eine begrenzte Rationalität verfügen („bounded rationality"), weshalb das Wissen über Entscheidungsalternativen und -konsequenzen fragmentarisch ist (vgl. *Simon* 1981). Aus diesem Grund werden Alternativen problemnah gesucht und bewertet. Das führt in der Regel nicht zu einem optimalen, sondern zu einem befriedigenden Ergebnis („satisficing") (vgl. *March/Simon* 1958).

begrenzte Rationalität und befriedigende Ergebnisse

Während bis in die 1980er Jahre die Verhaltenswissenschaften die dominante theoretische Grundlage des Personalmanagements darstellten, wurden zu Beginn der 1990er Jahre Forderungen nach einer zunehmenden (Re-)Ökonomisierung des Personalmanagements laut. Das Ziel der infolgedessen entstandenen **Personalökonomik** liegt darin, „dem Wettbewerb angemessene Investitionsstrategien in die Leistungsfähigkeit und Leistungsbereitschaft des Personals zu finden" (*Sadowski* 1991, S. 135). Ihr Gegenstand ist die „Betrachtung von Beschäftigungsentscheidungen unter Marktbedingungen", wobei die Wirkung institutioneller Rahmenbedingungen Berücksichtigung findet (*Backes-Gellner* 1993, S. 516). Personal wird dabei als ein Investitionsgut verstanden, da neben laufenden Kosten auch Investitionen (z. B. in Form von Qualifizierung) erforderlich sind. Diesem Aufwand stehen Erträge infolge der individuellen Beiträge zur Erreichung der Unternehmensziele gegenüber. Unternehmen müssen – um dauerhaft konkurrenzfähig zu sein – ein gewinnbringendes Verhältnis von Kosten und Erlösen realisieren.

Personal als Investitionsgut

Die Personalökonomik basiert auf ökonomischen Theorien, z. B. der Produktivitätstheorie, der Neuen Institutionenökonomik, der Informationsökonomik oder der Spieltheorie. Ihnen gemein sind spezifische Annahmen: (1) Bestehen mehrere Handlungsalternativen, ergreifen Individuen zur Maximierung ihres eigenen Nutzens die für sie vorteilhafteste. Maximierung wird aber nicht im Sinne einer expliziten mathematischen Optimierung verstanden, sondern beschreibt eine kriteriengestützte, systematische Auswahl aus vorgegebenen Alternativen (vgl. *Kirchgässner* 2008, S. 13–15). Aus diesem Grund ist das ökonomische Verhaltensmodell auch mit (2) dem Konzept der

Nutzen-„Maximierung"

eingeschränkte
Rationalität

Opportunismus

eingeschränkten Rationalität vereinbar. In dem ökonomischen Verhaltensmodell wird angenommen, dass menschliches Verhalten darauf gerichtet ist, sich nicht selbst zu schaden (vgl. *Wolff/Lazear* 2001, S. 16). (3) Opportunismus, d. h. die Verfolgung des Eigeninteresses unter Zuhilfenahme von List (vgl. *Williamson* 1990, S. 54), wird in der ökonomischen Theorie nicht ausgeschlossen, wenn damit eine Steigerung des eigenen Nutzens verbunden ist. (4) Das Arbeitsverhältnis wird als „nichtjustiziables Dauerschuldverhältnis" gesehen, worin die Problematik zum Ausdruck kommt, die Bereitschaft der Mitarbeiter (Agenten), dauerhaft Arbeitsleistungen zu erbringen und Entscheidungen im Sinne des Unternehmens (Prinzipal) zu treffen, nicht ausschließlich durch Verträge sicherstellen zu können (vgl. *Backes-Gellner* 1993, S. 517). Weite Teile der personalökonomischen Forschung befassen sich daher basierend auf der Prinzipal-Agenten-Theorie mit der Gestaltung von Anreizsystemen, die bewirken sollen, dass Mitarbeiter im Sinne des Unternehmens handeln. Allerdings findet sich personalökonomische Forschung heute in nahezu allen personalwirtschaftlichen Aufgabenfeldern.

wenige theorie-
geleitete Gestal-
tungsvorschläge

Die mittlerweile in etwa gleiche **Verbreitung** der verhaltenswissenschaftlichen Personalwirtschaftslehre und der Personalökonomik zeigt eine Analyse von Zeitschriftenpublikationen (vgl. *Süß/Altmann* 2015, S. 14–16). Diese Situation birgt zweifelsfrei die Chance, die zahlreichen, komplexen personalwirtschaftlichen Probleme zu bearbeiten und mit Hilfe verschiedener Erklärungen zu differenzierten Gestaltungsvorschlägen zu gelangen. Im Folgenden wird stellenweise auf verhaltenswissenschaftliche und/oder personalökonomische Überlegungen Bezug genommen. Es sollte jedoch deutlich werden, dass ihre Aussagekraft in aller Regel engen Grenzen unterliegt. Daher basieren die folgenden funktionsspezifischen Überlegungen nicht nur auf theoretischen, sondern auch auf empirischen Erkenntnissen, die die Personalforschung gerade in den letzten Jahren aufgrund ihrer Entwicklung zu einer empirisch arbeitenden Wissenschaft gewonnen hat (vgl. *Süß/Altmann* 2015, S. 16–17), womit allerdings durchaus auch die Gefahr der Produktion von ideologischen Aussagen verbunden sein kann (vgl. *Nienhüser* 2011).

Kontrollfragen zu Teil I

1. Was versteht man unter Personalmanagement?
2. Welche Ziele sollen durch das Personalmanagement erreicht werden?
3. Worin bestehen die Rahmenbedingungen des Personalmanagements? Wie beeinflussen Arbeitsmarkt und Wertewandel das Personalmanagement?
4. Welche zentralen Annahmen kennzeichnen die beiden dominanten theoretischen Richtungen im Personalmanagement?

Fallstudie: Personalmanagement in der Steinzeit

Eines Abends entwickelt sich ein Gespräch unter den Aynshents, einer prähistorischen Sippe. Eine der Frauen erklärt, sie habe eine Methode entdeckt, um eine viel größere Maisernte durch sorgfältigere Vorbereitung des Bodens zu erzielen. Um die Erträge jedoch noch weiter zu steigern, benötigt sie eine größere Anzahl an Arbeitskräften, die das Land bearbeiten.

Man erwartete zwar einige Neugeburten in dem kleinen Stamm, aber diese würden erst in einigen Jahren arbeitsfähig sein. Vielleicht sollte der Stamm einige der Reisenden fangen, die ab und zu hier vorbeikamen, und sie zwingen, für den Stamm zu arbeiten. Die Frau sei bereit, so sagte sie, eine solche Expedition zu organisieren und zu leiten. Anderenfalls könne ja einer ihrer Brüder, der sich in letzter Zeit als hoffnungsloser Versager beim Jagen erwiesen hatte, einige landwirtschaftliche Fähigkeiten entwickeln und nicht weiterhin seine Zeit damit vergeuden, Tiere zu verfolgen, die ihm fast immer davonliefen. Auch hoffte der älteste Bruder, eine starke junge Frau von der anderen Seite des Tals als Lebensgefährtin zu bekommen, die sich dann der Sippe anschließen würde. In diesem Fall würden sie eine weitere Arbeitskraft gewinnen und gleichzeitig ein größeres Geburtenpotenzial erzielen.

Dazu komme noch, dass eine Allianz mit der Familie dieser Frau wahrscheinlich dem Stamm spezifisches Medizinmann-Fachwissen zur Verfügung stellen werde, mit dessen Hilfe die Leute jenseits des Tals den anderen beim Aufspüren von Beuteherden zuvorkämen. Weiterhin sah es so aus, als ob die Frau Wissen darüber besaß, wo man wild wachsende Nüsse und Früchte finden und sammeln konnte. Eine Verbindung mit dieser Familie würde dem kleinen Stamm auch helfen, die Eindringlinge abzuwehren, die in letzter Zeit im Tal erschienen waren und den anderen die knappen Quellwasservorräte streitig machten. Die zukünftige Braut war der Familie ihres voraussichtlichen Lebensgefährten schon gut bekannt und auf beiden Seiten bestanden Sympathie und Vertrauen.

Es herrschte allgemein die Ansicht, dass diese Verbindung dem Stamm nicht nur eine weitere Arbeitskraft liefern würde, die zudem über wertvolles Wissen, Fähigkeiten und „Geburtenpotenzial" verfügte, sondern durch ihre Anwesenheit auch das allgemeine positive und kooperative Stammesklima noch verbessern würde.

Einen Tag nachdem die Aynshents am Lagerfeuer darüber geredet hatten, wie man die Versorgung der Familie verbessern könnte, begegnete die Schwester, welche die Diskussion angeregt hatte, dem Bruder, dessen Jagdfähigkeiten am Abend zuvor in Frage gestellt worden waren. Als der Mann sie auf sich zukommen sah, wandte er ihr den Rücken zu. Sofort vermutete sie, seine Gefühle verletzt zu haben, weil sie gesagt hatte, er sei eher für die Landwirtschaft als für die Jagd geeignet.

Als es ihr aber schließlich gelang, ihn zum Reden zu bewegen, bemerkte sie, dass er viel tiefer verletzt war. Er sprach der übrigen Familie jegliches Recht ab, seine Fähigkeiten zu beurteilen. Besonders aber pochte er darauf, dass die Tatsache, die ältere Schwester zu sein, ihr keinerlei Sonderstellung in der Gruppe sichere. Sie antwortete, es sei ihr lediglich darum gegangen, für jedes Mitglied des Stammes bessere Lebensbedingungen zu schaffen, indem sie eine Möglichkeit habe finden wollen, wie man die menschliche Arbeitskraft optimal nutzen könne.

Der Mann hörte ihr sorgfältig zu, forderte sie aber dann heraus, doch einmal die Frage zu beantworten, warum er denn eigentlich in erster Linie als Jäger, der das Fleisch heimbrachte, oder als Bauer, der Feldfrüchte anbaute, betrachtet werden sollte. Warum könne man ihn nicht einfach in seinem Selbstwert respektieren? Das tue man doch, versicherte sie. Wenn das so sei, antwortete er, könne er dann nicht einfach seiner Lieblingsbeschäftigung nachgehen: den Wolken nachschauen oder darüber nachdenken, wie man die Götter dazu bringen könnte, dem Stamm ein wohlwollendes Auge zu schenken.

Das – so sagt die Schwester – ist unmöglich. Andere Familienmitglieder würden einfach nicht akzeptieren, dass sie arbeiten sollten, um einen Mann zu unterhalten, der selbst nicht bereit sei zu arbeiten. Daraufhin stürmte der Bruder aus der Höhle und trat zum Abschied seiner Schwester Staub ins Gesicht. Er lief davon, auf der Suche nach anderen Familienmitgliedern, die mit ihm einer Meinung sind, dass man sich bestimmten Machtverschiebungen innerhalb der Gruppe unbedingt widersetzen sollte.

Quelle: *Watson* 2005

Fragen zum Fallbeispiel

1. Welche Aufgaben des Personalmanagements werden in dem Fall angesprochen?
2. Lassen sich bei den Aynshents Verfügbarkeits- und/oder Wirksamkeitsprobleme erkennen?
3. Welchen Rahmenbedingungen unterliegt das Personalmanagement bei den Aynshents?
4. Wie lässt sich das Verhalten des Bruders vor dem Hintergrund der Verhaltensannahmen der verhaltenswissenschaftlichen Personalwirtschaftslehre und der Personalökonomik interpretieren?

Teil II:
Planung, Beschaffung, Freisetzung

Überblick

Den Kern der Personalplanung bildet die Ermittlung des Personalbedarfs in qualitativer und quantitativer Hinsicht. Verändern sich Aufgaben und Anforderungen im Zeitablauf, resultieren daraus Schwierigkeiten der Bedarfsprognose. Aus der Gegenüberstellung von Personalbedarf und Personalbestand ergibt sich dann die Notwendigkeit, Personal zu beschaffen oder einen Überhang abzubauen. Die Beschaffung von Personal kann unternehmensintern und -extern erfolgen, wobei gerade in jüngerer Zeit die Arbeitgeberattraktivität und das Employer Branding in den Fokus rücken. Die Maßnahmen im Rahmen der Personalfreisetzung hängen im Wesentlichen davon ab, wie viel Zeit zur Verfügung steht und in welchem Umfang Mitarbeiter davon betroffen sind.

Lehr-/Lernziele

Nachdem Sie diesen Teil gelesen haben, sollten Sie

- das grundsätzliche Vorgehen bei der Ermittlung des qualitativen Personalbedarfs kennen,
- Verfahren der Prognose des quantitativen Personalbedarfs und ihre Voraussetzungen beschreiben können,
- wissen, wie der Nettopersonalbedarf und ein Personalüberhang ermittelt werden,
- Vorteile und Nachteile interner und externer Personalbeschaffung kennen,
- Aufgaben und Instrumente des Personalmarketings nennen können sowie
- in der Lage sein, verschiedene Maßnahmen der reaktiven und antizipativen Freisetzung von Personal zu beschreiben und zu bewerten.

1 Personalplanung

1.1 Personalbedarfsermittlung als Kern der Personalplanung

Die Bereitstellung von Personal zielt darauf ab, Mitarbeiter in der für die Leistungserstellung erforderlichen Menge und Qualifikation im Unternehmen verfügbar zu haben. Aufgrund der Arbeitsmarktsituation und der – obwohl gestiegenen – vielfach eingeschränkten Mobilität der Arbeitskräfte ist das nicht ohne weiteres zu jedem Zeitpunkt und an jedem Ort möglich. Deshalb muss eine frühzeitige Personalplanung erfolgen. Das Kernstück bildet dabei die **Personalbedarfsermittlung**, die das Bindeglied zwischen der Unternehmensplanung und der (Planung der) Personalbereitstellung darstellt. Die Bedarfsermittlung soll Antwort darauf geben, wie viele Mitarbeiter welcher Qualifikation zu welchen Zeitpunkten an welchen Orten im Unternehmen benötigt werden, um die Unternehmensziele zu erfüllen.

Zusammenhang zwischen Unternehmens- und Personalplanung

Auch in anderen Bereichen eines Unternehmens (z. B. Produktion, Absatz) ist Planung erforderlich. Zwischen diesen Bereichsplanungen und der Personalplanung bestehen erhebliche Interdependenzen, denen Rechnung getragen werden muss. Dies lässt sich auf unterschiedliche Weise erreichen: Man kann den Personalbedarf aus anderen Plänen ableiten oder die Personalplanung gleichzeitig bzw. abgestimmt mit der Planung in anderen Bereichen durchführen. Letzteres macht personelle Restriktionen frühzeitig transparent und ermöglicht, sie in der weiteren Planung zu berücksichtigen. Dabei steht nicht der (undifferenzierte) Gesamtbedarf eines Unternehmens im Vordergrund, vielmehr werden Teilbedarfe in Personalkategorien betrachtet, die durch qualitative, aber auch temporäre und lokale Merkmale näher zu konkretisieren sind.

Interdependenz der Bereichsplanungen

Der Personalbedarf wird durch zahlreiche **Einflussfaktoren** bestimmt, die sowohl außerhalb als auch innerhalb des Unternehmens liegen. Unternehmensextern haben vor allem die Entwicklung der Gesamtwirtschaft bzw. der Branche, die Wettbewerbssituation, rechtliche und politische Rahmenbedingungen, Tarifverträge sowie technologische Veränderungen Bedeutung. Unternehmensintern kommen in erster Linie Unternehmensstrategien, das Leistungsprogramm, organisatorische und technologische Bedingungen, Fehlzeiten, Fluktuation, aber auch die individuellen Leistungen der Mitarbeiter zum Tragen.

extern und intern

Im Folgenden wird zunächst die Ermittlung des qualitativen und quantitativen Personalbedarfs näher betrachtet. Diesem ist der fortgeschriebene Personalbestand gegenüberzustellen, um den Nettobedarf oder Überhang an Personal zu bestimmen. Darauf aufbauend sind weitergehende Maßnahmen, d. h. der Beschaffung oder Freisetzung, aber auch der Entwicklung, zu planen (vgl. 2, 3 und V).

1.2 Prognose des qualitativen Personalbedarfs

Im **qualitativen Personalbedarf** kommen die Kenntnisse und Fähigkeiten zum Ausdruck, über die Mitarbeiter bei ihrem Einsatz im Unternehmen verfügen sollen; er spiegelt die Anforderungsprofile der gegenwärtig und zukünftig vorhandenen Stellen wider. Deshalb erfordert die Personalplanung zunächst eine Prognose der zukünftigen Aufgaben im Unternehmen, aus denen sich die Anforderungen ableiten lassen. Bei weitgehend konstanten (Änderungen der) Aufgaben können die Anforderungen im Wesentlichen fortgeschrieben werden. Die Anforderungsprognose bringt aber umso größere Schwierigkeiten mit sich, je neuartiger die Aufgaben sind bzw. in Zukunft sein werden (vgl. auch *Drumm* 2008, S. 205–206). Das ist der Fall bei grundlegenden Änderungen der Strategie, der Organisation, der Produktions- bzw. Informationstechnologie, der Wettbewerbsbedingungen, aber auch der Gesetzgebung oder der Ressourcenversorgung; diese können sehr weitgehende Veränderungen der Aufgaben und damit der Anforderungen an die Mitarbeiter nach sich ziehen.

(Randnotiz: Prognose der zukünftigen Aufgaben)

Um solche Veränderungen und ihre Auswirkungen auf den Personalbedarf frühzeitig aufzudecken, ist für die Bedarfsermittlung ein **mehrstufiges Vorgehen** erforderlich (vgl. *Drumm* 2008, S. 206–219; auch *Großheim/Hoffmann* 2014):

- Analyse der externen Einflussfaktoren und der Unternehmenspläne bzw. -strategien
- Prognose zukünftiger Tätigkeitsfelder und Aufgaben
- Ableitung der Anforderungen an die Stelleninhaber
- Bündelung von Aufgaben und Anforderungen

Faktoren, die den Personalbedarf eines Unternehmens beeinflussen, finden sich in allen Umweltbereichen. Ihre jeweilige Wirkung ist unterschiedlich und nicht für alle Unternehmen gleich. Es müssen daher die im Einzelfall relevanten **Einflussfaktoren** identifiziert und deren zukünftige Entwicklung prognostiziert werden. Da im Zeitablauf nicht immer die gleichen Faktoren Bedeutung haben und ihre zukünftige Entwicklung von der Vergangenheitsentwicklung abweichen kann, sind neben quantitativen auch qualitative Prognoseverfahren einzusetzen. Außerdem ist es notwendig, diskontinuierliche Umweltentwicklungen in den verschiedenen Bereichen zu antizipieren. Dazu können Experten innerhalb und außerhalb des Unternehmens herangezogen werden. Einen konzeptionellen Rahmen für die systematische Kombination verschiedener qualitativer und quantitativer Verfahren bietet die Szenariotechnik (vgl. *Wilms* 2006; *Stock-Homburg* 2013, 109–114). Dabei werden auch explizit Diskontinuitäten in der Entwicklung der Einflussfaktoren betrachtet und alternative Umweltzustände (Szenarien) entwickelt, die das Spektrum möglicher Umweltentwicklungen aufzeigen. Zusammen mit den **Unternehmens(teil)plänen bzw. -strategien**, die sich nicht allein auf die Leistungserstellung beziehen müssen, sondern auch den Auf- und Ausbau von strategisch relevanten Potenzialen oder Kernkompetenzen zum Gegenstand haben können, stellen sie die Ausgangsbasis dar.

Szenariotechnik

Aus dieser Informationsgrundlage müssen **Aufgaben** oder **Tätigkeitsfelder** (als eine größere Menge von Aufgaben) abgeleitet werden. Die Planbarkeit dieser kann erhebliche Unterschiede aufweisen. Vergleichsweise geringe Schwierigkeiten bereitet es, wenn bereits ein Pilotprojekt existiert oder bei den Ausrüstern bzw. Dritten (z. B. Erstnutzer eines Verfahrens) Erfahrungen bestehen. Lassen sich die Aufgaben noch nicht vollständig strukturieren, ist nur eine schrittweise Konkretisierung im Zeitablauf möglich. Bei hoch innovativen Tätigkeitsfeldern müssen die zukünftig notwendigen Aufgaben selbst erst erarbeitet werden.

unterschiedliche Planbarkeit

Ausgehend von den mehr oder weniger konkreten Aufgaben sind die **Anforderungen** an die Mitarbeiter zu ermitteln. Abhängig von der jeweiligen Planbarkeit lässt sich hierbei ein unterschiedlicher Präzisionsgrad erzielen. Je weniger Klarheit bezüglich der Aufgaben besteht, desto unschärfer fallen die Anforderungsmerkmale aus; es ist möglich, dass sich lediglich Mindestanforderungen angeben oder notwendige Schlüsselqualifikationen (z. B. Kommunikations-, Teamfähigkeit) formulieren lassen. Grundsätzlich kann man sich dabei entsprechend der Arbeitsbewertung an Kenntnissen und Fähigkeiten (aufbauend auf dem Genfer Schema; vgl. VI, 2) orientieren oder auf verhaltensorientierte Merkmale abstellen, die im Rahmen der Leistungsbeurteilung herangezogen werden und auf erwartetes Verhalten zielen (Verhaltenserwartungsskalen) (vgl. IV, 2.1.4). Als flankierende Anforderung spielt die individuelle Lernfähigkeit eine zentrale Rolle, da im Zeitablauf entstehende Defizite schnell beseitigt werden müssen.

unterschiedlicher Präzisionsgrad

Im einfachsten Fall liefert die Aufgabenprognose nur überschaubare Variationen der bekannten Aufgaben mit Anforderungen, die sich nicht grundsätzlich verändert haben oder (schnell) erlernbar sind. Neue Aufgabenteile können dann den vorhandenen Stellen zugewiesen werden. Bei erheblichen Anforderungsänderungen ist das jedoch nicht mehr möglich und es muss eine **Bündelung der Aufgaben bzw. Anforderungen** erfolgen, um (besetzbare) Stellen zu erhalten. Diese Bündelung kann nach verschiedenen Prinzipien erfolgen, wobei die Erfüllbarkeit der Aufgabe bzw. die Lehr- und Lernbarkeit der Anforderungen, aber auch Erwartungen der Mitarbeiter beachtet werden

Lehr- und Lernbarkeit des Anforderungsprofils

müssen. Wenn aus Motivationsüberlegungen ganzheitliche Aufgaben mit einem abgeschlossenen, eigenständigen Arbeitsergebnis angestrebt werden, resultiert in der Regel ein komplexes Anforderungsprofil. Fasst man dagegen nur Aufgaben mit ähnlichen Anforderungen zusammen, ist die Ganzheitlichkeit der Aufgabe in der Regel nicht mehr gegeben und es kann eine Restmenge von (Teil-)Aufgaben verbleiben, die nach einem anderen Kriterium verteilt werden müssen.

Vollzeit- und
Teilzeitstellen

Um die Zahl der notwendigen Stellen für die Erfüllung der so gebildeten Aufgaben zu bestimmen, ist die Schätzung der Arbeitsmenge – gemessen in der Arbeitszeit für die Erfüllung der jeweiligen Aufgabe(n) – erforderlich. Dieser abschließende Schritt, bei dem sowohl Vollzeit- als auch Teilzeitstellen gebildet werden können, bildet die Schnittstelle zur Ermittlung des quantitativen Personalbedarfs.

1.3 Prognose des quantitativen Personalbedarfs

Bruttobedarf =
Einsatzbedarf +
Reservebedarf

Die Ermittlung des quantitativen Personalbedarfs, d. h. der Zahl der benötigten Mitarbeiter, erfolgt für Stellenkategorien, die sich aus der Zusammenfassung ähnlicher Stellen ergeben. Der Bruttopersonalbedarf, der zu einem bestimmten Zeitpunkt für die Erreichung der Unternehmensziele notwendig ist, setzt sich zusammen aus dem Einsatzbedarf und dem Reservebedarf. Der Einsatzbedarf entspricht der Zahl der Mitarbeiter, die ständig verfügbar sein müssen, während im Reservebedarf zum Ausdruck kommt, wie viele Mitarbeiter notwendig sind, um die erfahrungsgemäß auftretenden Ausfälle wegen Fehlzeiten (z. B. Urlaub, Arbeitsunfähigkeit, Mutterschutz, Freistellungen) zu kompensieren.

Fortführungs- vs.
Nullbasis

Die Bedarfsermittlung kann auf Fortführungsbasis erfolgen. Dabei wird davon ausgegangen, dass der bisherige Personalbestand dem Personalbedarf entspricht und deshalb nur Veränderungen eine (erneute) Bedarfsermittlung erfordern. Alternativ dazu wird im Rahmen einer Planung auf Nullbasis – fallweise oder regelmäßig – der gesamte Personalbedarf hinterfragt und jedes Mal grundsätzlich von neuem bestimmt.

Einen Rückgriff auf Vergangenheitsdaten erfordern **quantitative Verfahren der Prognose**. Sie sind in erster Linie für die Ermittlung des Bedarfs in großen, homogenen Personalkategorien bzw. des globalen, undifferenzierten Personalbedarfs eines Unternehmens geeignet. Eine Differenzierung der Verfahren ist hinsichtlich ihrer Annahmen zur Fortschreibung vergangener Ereignisse möglich (vgl. *Scholz* 2014a, S. 301–303): Zum einen wird angenommen, dass sich die Entwicklung aus der Vergangenheit kontinuierlich in die Zukunft fortsetzt, d. h. die Zielgröße (abhängige Variable) nach erkennbarem Muster steigt oder fällt und die Zeit die unabhängige (Verursachungs-)Variable bildet.

Diese sogenannten Zeitreihenverfahren (gleitende Durchschnitte, exponentielles Glätten) prognostizieren den Personalbedarf aus seiner eigenen Vergangenheit durch eine extrapolative Fortschreibung der Vergangenheitswerte. Die Indikatormethode wird angewendet, wenn ein begründeter Zusammenhang zwischen dem Personalbedarf und sogenannten Leitgrößen oder Indikatoren besteht, die diesem zeitlich vorauslaufen (z. B. vom Investitionsvolumen abhängiges Wartungspersonal). Zum anderen geht man von der Prämisse aus, dass mindestens eine der wichtigen Verursachungsvariablen auch in der Zukunft unverändert wirkt und die Zielgröße in konstanter Form von mindestens einer Variablen abhängt, die nicht mit der Zeit in Verbindung steht. Während einfache lineare Regressionsmodelle eine (Personalbedarfs-)Determinante (z. B. Umsatz) verwenden, werden bei multiplen Regressionen mehrere Determinanten herangezogen. Wichtige Voraussetzungen bilden die Konstanz und die Unabhängigkeit der Parameter, deren Ermittlung zudem umfangreiches Datenmaterial voraussetzt.

Personalbedarfsermittlung mithilfe von **Kennzahlen** basiert auf der Annahme, dass stabile Beziehungen zwischen dem Bedarf und einer oder mehreren Bezugsgrößen bestehen. Dann kann aus der Änderung der Bezugsgröße mithilfe der Kennzahl der Personalbedarf bestimmt werden. Wichtige Kennzahlen sind in diesem Zusammenhang die Arbeitsproduktivität (z. B. Umsatz pro Mitarbeiter) und die Arbeitszeit pro Erzeugniseinheit. So lässt sich beispielsweise aus einem vorgegebenen Umsatz (oder Mengenabsatz) bei bekannter oder – mittels der dargestellten Verfahren – prognostizierter Arbeitsproduktivität der Bedarf ermitteln. Solche Kennzahlen bieten sich vor allem an, wenn der Bedarf von der Ausbringungsmenge abhängt (vgl. Abb. II.1). Es müssen jedoch das Leistungsprogramm, die Produktivität und die übrigen Bedarfsdeterminanten konstant bleiben, die Arbeitsproduktivität exakt ermittelt und das Produktionssystem optimiert sein. Wird als Bezugsgröße keine direkte Determinante des Personalbedarfs herangezogen, muss der Zusammenhang dieser mit dem Bedarf empirisch nachgewiesen sein. Darüber hinaus können einzelne Mitarbeitergruppen zueinander in Beziehung gebracht (z. B. Facharbeiter zu angelernten Arbeitern) und Bedienungs- bzw. Betreuungsrelationen (z. B. für Maschineneinrichter oder Personalreferenten) oder Leitungsspannen (Zahl der einem Vorgesetzten unterstellten Mitarbeiter) definiert werden, um den Bedarf in einer Gruppe zu ermitteln. Bei Verwendung dieser einfachen Kennzahlen orientiert man sich wiederum an Erfahrungswerten der Vergangenheit und unterstellt ansonsten konstante Bedingungen.

Verfahren zur **Personalbemessung**, die auf arbeitswissenschaftlichen Methoden oder der Selbstaufschreibung zur Zeiterfassung basieren, können dann zum Einsatz kommen, wenn die Leistungsmenge planbar und individuell zurechenbar ist, Intensitätsschwankungen gering

Zeitreihenverfahren

Indikatormethode

Regressionsmodelle

Bedarf von der Ausbringungsmenge abhängig

arbeitswissenschaftliche Methoden oder Selbstaufschreibung

sind und keine Ablaufprobleme bestehen (vgl. *RKW* 1996, S. 98–102). Ebenso wie mit Kennzahlen lässt sich durch Personalbemessung nur der Einsatzbedarf bestimmen; der Reservebedarf muss in beiden Fällen basierend auf Vergangenheitsdaten für die verschiedenen Personalkategorien geschätzt werden.

Grundgleichung:
Personalbedarf (t_1) = Planmenge (t_1) • Personalbestand (t_0) / Ausbringungsmenge (t_0)
Produktionsvolumen in Relation zu Fertigungsmitarbeitern
umbauter Raum in Relation zu Bauarbeitern
Transportkilometer in Relation zu Fuhrparkmitarbeitern
Umsatz in Relation zu Kassenpersonal/Mitarbeitern im Einkauf bzw. Vertrieb
Gesamtbelegschaft in Relation zu Personalmitarbeitern

Abb. II.1: Kennzahlen für die Bedarfsermittlung (Beispiele)

Ergebnis der Bedarfsermittlung

Ein **Stellenplan** bildet das Ergebnis der Bedarfsermittlung ab und kann deshalb nur dann ohne weitere Analyse als bedarfsbestimmend gelten, wenn die Stellenausstattung weiterhin unverändert dem Bedarf entspricht. Er findet Anwendung im Dienstleistungs- und Verwaltungsbereich, aber auch in hoch automatisierten Produktionsbereichen, wenn der Bedarf (weitgehend) unabhängig von der Ausbringungsmenge ist.

qualitative Prognosen

Wird auf den (expliziten) Rückgriff in die Vergangenheit verzichtet, muss das Urteil eines oder mehrerer interner und/oder externer **Experten** herangezogen werden. Die Qualität dieser Prognose steht und fällt mit der Expertise der Befragten. Qualitative Prognosen stellen jedoch nicht grundsätzlich die schlechtere Alternative dar. Einerseits sind die Voraussetzungen für den Einsatz quantitativer Verfahren bei Weitem nicht immer gegeben, andererseits ist es mit qualitativen Verfahren möglich, nicht nur mehrere, sondern auch nicht quantifizierbare Einflussfaktoren zu berücksichtigen. Interne Experten haben dabei den Vorteil der Kenntnis spezifischer Besonderheiten des Unternehmens, während Einflüsse, die außerhalb des Unternehmens liegen, häufig auch externe Experten erfordern.

Teile des Personalbedarfs können außerdem **gesetzlich oder tarifvertraglich verursacht** sein; Beispiele dafür sind Betriebsärzte, Sicherheitsingenieure sowie die Freistellung von Mitarbeitern für ihre Betriebsratstätigkeit.

1.4 Fortschreibung des Personalbestands

differenziert nach Personal- bzw. Stellenkategorien

Die Fortschreibung des Personalbestands erfolgt analog der Bedarfsermittlung differenziert nach Personal- bzw. Stellenkategorien (d. h. ähnlichen Qualifikations- bzw. Anforderungsmerkmalen) oder sonstigen Teilbereichen eines Unternehmens. Ausgangspunkt der Fortschreibung im Rahmen einer **Abgangs-Zugangs-Rechnung** ist der Personalbestand zu Beginn der Planungsperiode; dieser verändert sich dann durch Abgänge und Zugänge in der Planungsperiode und ergibt so den zukünftigen Bestand am Planungshorizont (vgl. Abb. II.2).

Die **Abgänge** einer Personalkategorie können von Mitarbeiterseite, aber auch von Unternehmensseite veranlasst sein und sind unterschiedlich präzise vorhersagbar. Während altersbedingtes Ausscheiden und das Auslaufen befristeter Verträge feststehen, bergen geplante Beförderungen bzw. Versetzungen aus der Personalkategorie heraus oder geplante Weiterbildungsmaßnahmen Unsicherheiten. Elternzeit, vorzeitiges (auch krankheitsbedingtes) Ausscheiden und Entlassungen bzw. Kündigungen lassen sich dagegen nur schätzen. Bei großen Belegschaftsgruppen kann dazu auf die Häufigkeit des Auftretens einzelner Ursachen in der Vergangenheit zurückgegriffen werden.

unterschiedlich präzise vorhersagbar

	Bestand (in einer Personalkategorie) am Anfang der Planungsperiode
–	Abgänge aus verschiedenen (un-)beeinflussbaren Gründen
+	geplante bzw. feststehende Zugänge
=	Personalbestand (in einer Personalkategorie) am Planungshorizont

Abb. II.2: Abgangs-Zugangs-Rechnung

Den Abgängen stehen **Zugänge** in die jeweilige Personalkategorie bzw. Belegschaftsgruppe gegenüber. Sie ergeben sich z. B. aufgrund der Übernahme von Auszubildenden nach der Ausbildung, bereits feststehender Einstellungen, Versetzungen oder Beförderungen und sind in diesen Fällen geplant oder mit hoher Wahrscheinlichkeit vorhersagbar.

Die Abgangs-Zugangs-Rechnung ist grundsätzlich einfach zu handhaben, birgt aber Schwierigkeiten bei der Schätzung verschiedener Abgangsursachen. Wenn die zugrunde liegenden Belegschaftsgruppen nicht ausreichend groß sind oder nur geringe Homogenität aufweisen bzw. die Rahmenbedingungen sich verändern, stößt man schnell an Grenzen. Die Prognose der Bestandsentwicklung kann durch Simulation der Zugänge in und Abgänge aus der jeweiligen Gruppe sowie der Übergänge zwischen verschiedenen Gruppen unterstützt werden.

Simulation der Zugänge und Abgänge

1.5 Nettopersonalbedarf vs. Personalüberhang

Saldiert man den zukünftigen Bruttopersonalbedarf (als Summe aus Einsatz- und Reservebedarf) und den fortgeschriebenen Personalbestand, ergibt sich entweder ein Nettopersonalbedarf bei positivem Saldo oder ein Personalüberhang bei negativem Saldo (vgl.

Nettobedarf Überhang

Abb. II.3). Im Falle eines Nettobedarfs müssen Maßnahmen der Personalbeschaffung ergriffen werden; liegt ein Personalüberhang vor, gilt es, Verwendungsalternativen für die Mitarbeiter im Unternehmen zu suchen oder einen Personalabbau durchzuführen.

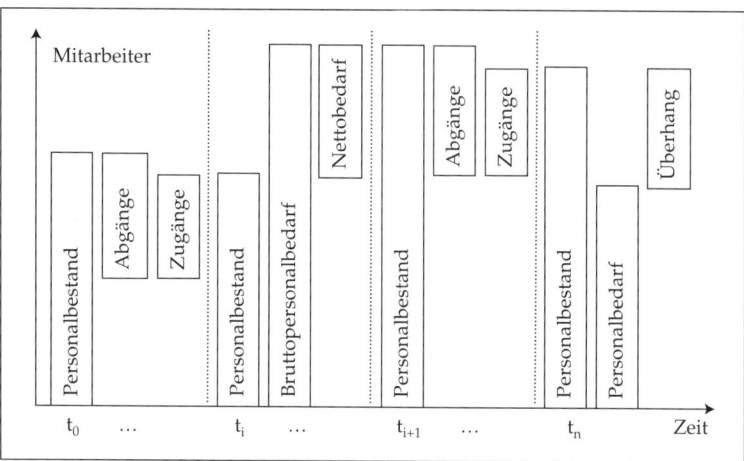

Abb. II.3: Personalbedarfsermittlung

Erhebliche Unsicherheit erfordert Kontrolle.

Sowohl die Prognose des Bruttobedarfs als auch die Bestandsfortschreibung sind aus verschiedenen Gründen mit zum Teil erheblicher Unsicherheit behaftet. Zum einen weisen die Einflussfaktoren keineswegs immer eindeutige, ohne weiteres zu quantifizierende Wirkungen auf und entwickeln sich auch nicht immer in der prognostizierten Art und Weise. Zum anderen liegt weder den ermittelten Anforderungen ein eindeutiger Ableitungszusammenhang zugrunde noch sind in der Regel hinreichend konstante Bedingungen gegeben, um sich auf Ergebnisse der quantitativen Verfahren oder der Expertenprognosen verlassen zu können. Häufig werden deshalb explizit und implizit Prämissen gesetzt, die im Zeitablauf zu kontrollieren sind (vgl. IX, 2). Das gilt für externe Einflussfaktoren und interne Rahmenbedingungen in gleicher Weise.

2 Personalbeschaffung

2.1 Ziel und Wege der Beschaffung

Ziel der Personalbeschaffung ist die fristgerechte Deckung des ermittelten Nettopersonalbedarfs in einer Personalkategorie. Sie wird notwendig, wenn (vorübergehender) Bedarf nicht durch Mehrarbeit bzw. Überstunden gedeckt werden kann oder soll. Dabei ist grundsätzlich danach zu unterscheiden, ob Personal innerhalb oder außerhalb des Unternehmens beschafft wird. Es gibt keine generelle Überlegenheit der internen oder externen Bedarfsdeckung. Beide **Wege der Beschaffung** weisen Vor- und Nachteile auf, die aber nur im konkreten Beschaffungsfall bestimmt werden können (vgl. Abb. II.4).

Deckung des Nettopersonalbedarfs

Beschaffung	Vorteile	Nachteile
intern	• Aufstiegsmöglichkeiten • geringere Beschaffungskosten • Unternehmenskenntnis des Kandidaten • bessere Einschätzungsmöglichkeiten des Kandidaten • schnellere Besetzung • keine Gefährdung des Gehaltsgefüges	• eingeschränkte Auswahl • ggf. hohe Entwicklungskosten • mögliche Betriebsblindheit • ggf. Probleme mit (früheren) Kollegen
extern	• breitere Auswahl • neue Impulse für das Unternehmen • ggf. geeignetere Qualifikation	• höhere Beschaffungskosten • Probleme der Bewerberauswahl • Gefahr der Frühfluktuation • fehlende Unternehmenskenntnis • ggf. höheres Gehaltsniveau • Zeitaufwand der Besetzung • Verringerung der Aufstiegschancen

Abb. II.4: Vor- und Nachteile interner und externer Personalbeschaffung

Zwar kann der Betriebsrat nach § 93 BetrVG eine interne Ausschreibung verlangen (vgl. VIII, 4) oder aus personalpolitischen Überlegungen für bestimmte (Führungs-)Positionen nur der interne oder der externe Weg präferiert werden, damit ist aber nicht sichergestellt, dass sich eine Stelle auf diesem Wege besetzen lässt. Weder auf dem externen Arbeitsmarkt noch im Unternehmen sind jederzeit die gesuchten

interne vs. externe Beschaffung

Qualifikationsprofile hinreichend vorhanden. Deshalb muss genau geprüft werden, welcher der beiden Beschaffungswege am ehesten Erfolg verspricht; ggf. sind gleichzeitig beide zu beschreiten, um eine größere Auswahl an Kandidaten zu haben.

2.2 Interne Personalbeschaffung

vielfach mit Personalentwicklung verbunden

Personalbeschaffung innerhalb eines Unternehmens geht einher mit **Versetzung oder Beförderung** aus anderen Personalkategorien. Sie erfordert parallel dazu Personalentwicklungsmaßnahmen, um Qualifikationsdefizite der Mitarbeiter zu beseitigen und sie auf den neuen Stellen einzuarbeiten. Erfolgt die interne Beschaffung geplant, setzt das eine Laufbahn- oder Karriereplanung für die Mitarbeiter voraus, die mit der Personalentwicklungsplanung gekoppelt ist (vgl. V, 2). Eine langfristig angelegte Form der Bedarfsdeckung stellt die **berufliche Ausbildung** im Unternehmen dar (vgl. V, 1). Im Falle einer zeitgleich in anderen Personalkategorien notwendigen Personalfreisetzung ergibt sich durch die interne Bedarfsdeckung eine Verwendungsalternative für freigesetzte Mitarbeiter (vgl. II, 3.2).

interner Arbeitsmarkt

Ein interner Arbeitsmarkt entsteht, wenn sich Angebot und Nachfrage offen gegenüber stehen, d.h. Transparenz hinsichtlich der gegenwärtig oder zukünftig freien Stellen und der veränderungswilligen Mitarbeiter besteht. In der Vergangenheit erfolgte die **interne Stellenausschreibung** am Schwarzen Brett, in der Hauszeitung oder in Rundschreiben. Inzwischen bieten Internet und Intranet gute Möglichkeiten, zukünftige Stellenvakanzen und interne Stellenausschreibungen auch bei einer größeren Zahl von (internationalen) Standorten unternehmensweit und mit hoher Aktualität allen Mitarbeitern zur Kenntnis zu bringen. Dadurch wird den Mitarbeitern im Gegenzug die aktive Suche nach internen Stellenangeboten ermöglicht, die für sie geeignet und attraktiv sind.

Erweiterung des internen Arbeitsmarkts

Eine Erweiterung des internen Arbeitsmarkts bzw. ein fließender Übergang zur externen Beschaffung ergibt sich durch die Bildung unternehmensübergreifender **Personalpools**. Diese sollen helfen, die Flexibilität des Arbeitskräfteeinsatzes der Unternehmen zu erhöhen, ohne dass hohe Einarbeitungskosten wie bei befristeten Beschäftigungsverhältnissen oder Zeitarbeitskräften auftreten. Unternehmen sollen dabei auf einen geschlossenen Pool von flexibel abrufbaren, qualifizierten, motivierten und mit dem Unternehmen vertrauten Mitarbeitern zugreifen können. Diese rotieren je nach Auftragslage zwischen einer begrenzten Zahl von Unternehmen (vgl. auch *Gutmann/Kilian* 2013, S. 32–34). Beispiele für Kooperationsprojekte sind: Kooperationsinitiative Maschinenbau e. V. (KIM) in der Region Braunschweig (www.kim-braunschweig.de) und VUV-Personalpool Aachen (www.vuv-personalpool.de).

2.3 Externe Personalbeschaffung

Die Personalbeschaffung muss außerhalb des Unternehmens erfolgen, wenn die benötigte Qualifikation im Unternehmen nicht vorhanden bzw. nicht (fristgerecht) zu entwickeln oder die interne Beschaffung personalpolitisch nicht gewollt ist. Soll die externe Beschaffung erfolgreich und wirtschaftlich sein, erfordert das die hinreichende Kenntnis des relevanten (externen) Arbeitsmarkts, d.h. derjenigen Arbeitsmarktsegmente, auf denen das Unternehmen als Nachfrager auftreten kann (und will) (vgl. *Scherm* 2004). **Arbeitsmarktsegmente** lassen sich im Wesentlichen durch drei Dimensionen kennzeichnen. Das sind zum einen diejenigen Qualifikationsmerkmale, die den Anforderungen der jeweiligen Stellenkategorie entsprechen (funktionale Dimension), zum anderen die räumliche Ausdehnung des Gebiets, in dem die notwendigen Qualifikationen auch rekrutiert werden können (regionale Dimension). Hinzu kommt die zeitliche Dimension, da Angebot und Nachfrage nicht zu jedem Zeitpunkt vorliegen.

relevanter Arbeitsmarkt

Grundsätzlich lassen sich zwei Vorgehensweisen bei der externen Beschaffung unterscheiden. So kann ein Unternehmen – vor allem bei einem positiven Arbeitgeberimage (vgl. II, 2.4) – auf eigene Rekrutierungsaktivitäten verzichten und den Bedarf aus Bewerbungen decken, die auf Eigeninitiative der Bewerber hin erfolgen (Spontan-, Blindbewerbungen); daneben gibt es noch die Analyse von Stellengesuchen (passive Beschaffung). Da diese Form lediglich bei einer sehr günstigen Arbeitsmarktsituation die Aussicht auf eine ausreichende Zahl von geeigneten Bewerbungen birgt, müssen Unternehmen in der Regel Aktivitäten entfalten, um Arbeitskräfte zu werben bzw. zur Bewerbung zu bewegen (aktive Beschaffung). Dazu gibt es verschiedene Möglichkeiten, die von der Direktansprache über den Einsatz verschiedener Institutionen bzw. Medien bis hin zu der Nutzung sozialer Netzwerke der eigenen Mitarbeiter reichen und in der Regel (unterschiedlich) kombiniert eingesetzt werden.

passive Beschaffung

aktive Beschaffung

Die **Direktansprache** gehört vor allem bei der Rekrutierung von (Hoch-)Schulabsolventen (Campus Recruiting, College Recruiting) zum Standardrepertoire der Unternehmen. Sie ermöglicht ein besseres Kennenlernen im Vorfeld des Arbeitsverhältnisses, hat geringe Streuverluste und kann einen zeitlichen Vorsprung vor Konkurrenten bringen. Das Instrumentarium reicht von Praktikumsplätzen und der Vergabe von Bachelor- und Masterarbeiten bzw. der Unterstützung von Dissertationen bis hin zu Firmenpräsentationen an Hochschulen und im Rahmen von Hochschulmessen. Als sogenanntes Active Sourcing in Verbindung mit persönlichen Netzwerken spielt es in mittelständischen Unternehmen eine größere Rolle als in großen (vgl. *Weitzel et al.* 2015b, S. 11).

vor allem bei Absolventen

Begeisterung wecken

Der Online-Händler für Fashion und Lifestyle Otto lädt Schüler in den Ferien zur „Hacker-School" oder zu „App-Camps" ein, sich spielerisch mit IT-Themen zu beschäftigen. Dabei gibt es einen Überblick über die Berufsausbildung oder duale Studiengänge bei Otto.

Gemeinsam mit der Initiative „Azubis suchen ihre Nachfolger" werden regelmäßig Schnuppertage auf dem Otto-Campus veranstaltet. Außerdem werden gemeinsam mit ausgewählten Azubis die umliegenden Schulen via Road-Show besucht, um die Ausbildung und einzelne Berufsbilder lebendig und authentisch vorzustellen.

Quelle: *Heinrich* 2014

Netzwerk-
rekrutierung

Es ist schon länger üblich, das soziale **Netzwerk der Mitarbeiter** zu nutzen und diese Suche durch Mitarbeiterempfehlungsprogramme, aber auch mit Prämien zu unterstützen (vgl. *Schüller* 2015). Mitarbeiterempfehlungen sind eine kostengünstige Alternative, auf die sich bei großen Unternehmen in Deutschland 8 %, im Mittelstand gut 15 % der Einstellungen zurückführen lassen (vgl. *Weitzel et al.* 2015b, S. 10). Die Gefahren der Bildung informeller Gruppen mit negativen Effekten für das Betriebsklima sowie einer unsystematischen Personalauswahl sind aber nicht ganz auszuschließen.

Daneben können sich Unternehmen bei der Rekrutierung verschiedener **Institutionen und Medien** bedienen; dazu gehören die staatliche und private Arbeitsvermittlung, Personalberater und Stellenanzeigen in unterschiedlichen Medien:

- Bei einer hohen Zahl von Arbeitslosen, die auch Fachkenntnisse und Führungserfahrung mitbringen, hat die **Bundesagentur für Arbeit** mit ihren zehn Regionaldirektionen, 156 Agenturen für Arbeit und ca. 600 Dependancen sowie 303 Jobcentern (gemeinsame Einrichtungen mit Städten bzw. Landkreisen) eine nicht zu unterschätzende Bedeutung. Die zentrale Auslands- und Fachvermittlung (ZAV) ist für den internationalen Arbeitsmarkt und die Vermittlung spezieller Berufsgruppen (Management, Künstler) zu-

öffentliche und
private Arbeits-
vermittlung

ständig. Grundsätzlich vergleichbar ist die private Arbeitsvermittlung (PAV) (vgl. z. B. www.pav-katalog.de, www.vpda.de); sie wird seit 2002 von der Bundesagentur gefördert, wobei ausschließlich Erfolgshonorare (Höchstbetrag für Arbeitssuchende 2.000 Euro) zulässig sind.

- Der Einsatz von **Personalberatern** ist nicht nur auf die Besetzung hochrangiger Führungspositionen beschränkt, sondern findet sich insbesondere bei angespannter Arbeitsmarktsituation für nahezu alle spezifischen Qualifikationen auf mittlerer Ebene. Die Personalberatungsbranche erreichte nach zehn Jahren erheblicher Schwankungen 2013 einen Umsatz von 1,60 Mrd. Euro. Im Vordergrund steht inzwischen die Kombination verschiedener Suchmethoden vor allem mit der Suche im Internet und Social-Media-Kanälen; die reine Anzeigensuche spielt keine Rolle mehr, auch die reine Direktsuche ist davon betroffen (vgl. *BDU* 2014a).

Kombination der Suchmethoden

- Weit verbreitet sind **Stellenanzeigen**; von den offenen Stellen der großen deutschen Unternehmen wird der größte Teil (90 %) auf der eigenen Unternehmens-Webseite ausgeschrieben, während rund sieben von zehn in Internet-Stellenbörsen veröffentlicht werden. Die beiden Kanäle haben die mit Abstand größte Bedeutung erlangt. Die Agentur für Arbeit folgt mit rund 30 %; Social Media haben für große deutsche Unternehmen inzwischen eine ähnliche Bedeutung erlangt. In Printmedien gelangt nur noch jede neunte Stelle. Drei Viertel der Einstellungen werden dabei zu gleichen Teilen über die Unternehmens-Webseite und Internet-Stellenbörsen generiert; mit deutlichem Abstand folgen Mitarbeiterempfehlungen, dann Social Media (vgl. *Weitzel et al.* 2015a, S. 8–9). Im Mittelstand steht zwar auch die eigene Webseite (rund 70 %) ganz oben, es folgen aber die Arbeitsagentur und dicht auf Internet-Stellenbörsen (jeweils rund 40 %); drei von zehn offene Stellen gelangen in die Printmedien, rund eine von zehn in Social Media. Ein Viertel der Einstellungen wird über die Webseite, jeweils ein Fünftel über Stellenbörsen und Printmedien realisiert; die Arbeitsagentur und Mitarbeiterempfehlungen liegen mit rund 15 % gleich auf, während Social Media im deutschen Mittelstand noch keinen nennenswerten Anteil an den realisierten Einstellungen haben (vgl. *Weitzel et al.* 2015b, S. 8–9). Verschiedene Vergleiche der Stellen-/Jobbörsen bzw. Jobportale finden sich jährlich im Internet und geben einen Überblick (z. B. www.deutschlandsbestejobportale.de).

Stellenbörsen und Social Media

Eine Sonderform der Personalbeschaffung – vor allem bei zeitlich befristetem Bedarf – stellt die **Arbeitnehmerüberlassung** (auch Personalleasing, Leih- oder Zeitarbeit) dar, die seit der Novellierung des Arbeitnehmerüberlassungsgesetzes im Jahr 1997 erheblich an Bedeutung gewonnen hat (vgl. *Gutmann/Kilian* 2013). Der bei einem Unternehmen (Verleiher) beschäftigte Arbeitnehmer (Leiharbeitnehmer) wird unter Beibehaltung seines mit diesem Unternehmen geschlossenen Arbeitsvertrags einem anderen Unternehmen (Entleiher) auf der Grundlage eines Überlassungsvertrags vorübergehend zur Verfügung gestellt; die Bundesagentur für Arbeit erteilt dafür die Erlaubnis. Zeitarbeit erhöht zwar die Flexibilität eines Unternehmens, kann aber auch zu höheren Kosten je Arbeitsstunde, Einarbeitungsaufwand und zu Spannungen mit der Stammbelegschaft führen. Einen Überblick über Zeitarbeitsunternehmen geben z. B. der jährliche Zeitarbeits-Atlas oder Marktübersichten der Zeitschrift Personalwirtschaft (vgl. *o. V.* 2014); für weitere Informationen z. B. Interessenverband Deutscher Zeitarbeitsunternehmen e. V. (www.ig-zeitarbeit.de).

Vor- und Nachteile

Die Auswahl aus den verschiedenen Alternativen muss sich an dem erwarteten Beschaffungserfolg und den jeweiligen Kosten orientieren. Da der Erfolg eines Beschaffungswegs im konkreten Fall nur grob auf der Grundlage von Erfahrungen geschätzt werden kann, ist es mit zunehmender Dringlichkeit der Bedarfsdeckung notwendig, gleichzeitig verschiedene Wege zu beschreiten. Das erhöht zwar die Erfolgswahrscheinlichkeit, jedoch sind Budgetrestriktionen zu beachten. Durch ein systematisches Controlling können die erforderlichen Erfahrungswerte für zukünftige Entscheidungen gewonnen werden (vgl. IX, 3.2 und 3.4.2).

Budgetrestriktionen zu beachten

2.4 Personalmarketing

Das **Personalmarketing** wird seit den 1960er Jahren diskutiert und weist ein erhebliches begriffliches und konzeptionelles Spektrum auf (vgl. *Kreklau* 1974; *Strutz* 2004; *Beck* 2012, S. 9–10). Dieses reicht von der Sicht des Personalmarketings als einer Aufgabe im Rahmen des Personalmanagements bis hin zu einem umfassenden mitarbeiterorientierten personalpolitischen Konzept. Letzteres führt dazu, dass eine Differenzierung von Personalmarketing und Personalmanagement nicht mehr möglich ist. Deshalb soll hier einer engeren Fassung der Vorzug gegeben und Personalmarketing vor allem als Erschließung des externen Arbeitsmarkts verstanden werden. Damit gilt es, den Arbeitsplatz oder das Arbeitsverhältnis für Arbeitskräfte attraktiv zu machen und sie zu einer Bewerbung zu bewegen. Die Attraktivität für die Mitarbeiter im Unternehmen zu erhalten und sie an das Unternehmen zu binden, stellt dagegen eine Aufgabe des Personalmanagements, z. B. im Rahmen der Anreizgestaltung und Personalführung, dar.

Erschließung des externen Arbeitsmarkts

Für das Personalmarketing lassen sich vor diesem Hintergrund zwei **Aufgaben** unterscheiden. Es ist

- ein positives Arbeitgeber- oder Personalimage auf den relevanten Arbeitsmarktsegmenten des Unternehmens zu schaffen.
- das Interesse der Arbeitskräfte zu wecken und einen Anreiz für die Bewerbung zu geben.

Diese Aufgaben des Personalmarketings sind in erster Linie in den Arbeitsmarktsegmenten von Bedeutung, in denen das Angebot an Arbeitskräften die Nachfrage längerfristig nicht decken kann. Um das richtig einschätzen zu können, bedarf es einer systematischen Arbeitsmarktanalyse des Unternehmens, die den Überblick über Angebot und Nachfrage sowie spezifische Rahmenbedingungen eines Segments gibt und die erforderliche Informationsgrundlage für das Personalmanagement schafft (vgl. *Scherm* 2004).

systematische Arbeitsmarktanalyse

Das **Arbeitgeberimage**, also die „Meinung, die sich Menschen am Arbeitsmarkt über einen Betrieb bilden oder gebildet haben" (*Fried*

1963, S. 173), stellt ein theoretisches Konstrukt aus einer Reihe von imagebildenden Faktoren dar, die segmentspezifisch zu erheben sind. Das Arbeitgeberimage steht neben gleichgeordneten Images des Unternehmens, z. B. dem Produktimage, und dem Personalimage der Arbeitsmarktkonkurrenten; außerdem ist es eingebettet in übergeordnete Images wie das Unternehmensimage oder das Branchenimage (vgl. *Lemmink/Schuijf/Streukens 2003*, S. 4–7). Es bestimmt neben den Standortfaktoren und anderen Unternehmensfaktoren die Arbeitsmarktstellung des Unternehmens. nicht unabhängig von anderen Images

In der Forschung wird mittlerweile in instrumentelle und symbolische Arbeitgeberimagedimensionen differenziert. Während die instrumentelle Dimension Faktoren wie Bezahlung, Karriere- und Entwicklungsmöglichkeiten, Arbeitsinhalte und -bedingungen umfasst, wird bei der symbolischen Dimension davon ausgegangen, dass Bewerber den Arbeitgebern Attribute wie ehrlich, innovativ, kompetent, maskulin usw. zuschreiben. Letztere wird als geeigneter angesehen, sich von den Arbeitsmarktkonkurrenten abzugrenzen (vgl. *Van Hoye et al.* 2013, S. 544–545).

Das Arbeitgeberimage bildet sich weder unabhängig von dem Image der Arbeitsmarktkonkurrenten noch in gleicher Weise in den verschiedenen Arbeitsmarktsegmenten. Segmentspezifische Unterschiede kommen zustande, da sich sowohl die Imagefaktoren als auch deren Bewertung unterscheiden (können). So kann ein Unternehmen beispielsweise ein gutes Image in dem lokalen Segment für Fachkräfte haben, während es im Segment höherer Führungskräfte oder hochqualifizierter Spezialisten erheblichen Imageproblemen gegenübersteht. segmentspezifische Unterschiede

---

Huch, ächz, stöhn … Comics im Personalmarketing

Die Branche des öffentlichen Nahverkehrs hat eher ein undynamisches Image. Verkehrsunternehmen werden mit Attributen wie zuverlässig, beständig, planvoll und sicher, nicht jedoch mit innovativ, modern oder vielseitig und interessant in Verbindung gebracht.

Die Verkehrsbetriebe Zürich (VBZ) haben die langweiligen Printinserate schon 2010 abgeschafft, stattdessen suchen die Vorgesetzten ihre Mitarbeiter konsequent per Video. Auch TV-Spots im Regionalfernsehen, Werbebanner mit Videoverknüpfung auf Smartphones, Kinowerbung und die Großleinwand im Hauptbahnhof Zürich sollen die VBZ-Berufswelt verdeutlichen. Mit Comics eröffnet sich eine neue Welt in der visuellen Kommunikation und in der Rekrutierung. Menschen können direkt und auf witzige Art angesprochen werden. Die Bewerber lernen die Arbeitswelt der VBZ auf eine unterhaltsame Weise kennen.

Einerseits wirkt der Comic humorvoll und leicht, andererseits hilft er den Lesenden, auch schwierige und seriöse Themen leichter zu verstehen.

> Die perfekte Welt wird auch in den Comics nicht gezeigt. Am Beispiel von Tinka, der Tramführerin, sind dies etwa Passanten, die noch kurz vor der fahrenden Tram vorbeihuschen: Gerade auch für die Fahrgäste gefährliche Situationen, in die künftige Tramführer immer wieder kommen.
>
> Quelle: *Buckmann/Kaczkowski* 2013

Geht es um die Gewinnung und Bindung von Personal, wird seit *Ambler/Barrow* (1996) zunehmend von **Employer-Branding** gesprochen. Die zentrale Grundannahme liegt darin, dass der Arbeitgeber als Marke gesehen werden kann und es dem Arbeitnehmer möglich ist, dazu eine Beziehung zu entwickeln, deren Qualität seine Leistung beeinflusst (vgl. 1996, S. 185). Die Arbeitgebermarke wird als objektiv erkennbar angenommen; sie lässt sich von Arbeitgebern erzeugen, von Arbeitnehmern wahrnehmen und ist empirisch zu erfassen (vgl. *Auer/Edlinger/Mölk* 2014, S. 348–349).

Arbeitgebermarke

Ziel des Employer Branding ist der Aufbau und die Führung dieser Marke, bei der sich Selbst- und Fremdbild unterscheiden lassen, aber übereinstimmen sollten (vgl. *Fauth/Müller/Straatmann* 2011). Das Selbstbild (Employer Brand Identity) umfasst die Eigenschaften, die aus Sicht der Mitarbeiter nachhaltig die Marke prägen, und bezieht sich vor allem auf das personalwirtschaftliche Leistungsangebot. Im Fremdbild (Arbeitgeber-, Employer Brand Image) kommt dagegen die Sicht ehemaliger oder potenzieller Mitarbeiter zum Ausdruck. Die zentrale Rolle spielt dabei das Nutzenversprechen gegenüber den Arbeitnehmern (Employer Value Proposition).

Selbst- und Fremdbild

In diesem Zusammenhang sehen Unternehmen auch eine wichtige Aufgabe in der Erhöhung ihrer **Arbeitgeberattraktivität**, die sich dann in hohen Bewerberzahlen und geringer Fluktuation niederschlagen soll. Die Einflussfaktoren sind vielfältig und reichen von monetären bzw. karrierebezogenen Aspekten über die Arbeitszeit und Unternehmenskultur bis hin zur Work-Life-Balance (vgl. *Altmann/Süß* 2015a). Untersuchungen zeigen jedoch, dass zwischen der Arbeitgeberattraktivität (z. B. aufgrund des Umweltengagements) und der Bewerbungsabsicht (z. B. aufgrund hoher Vergütung) differenziert werden muss, da Erstere eher passiv beurteilt wird, Letztere dagegen aktives Handeln erfordert (vgl. *Highhouse/Lievens/Sinar* 2003). Bewerbungen erfolgen daher auch nicht bei allen attraktiven Unternehmen. Im Idealfall gelingt es einem Unternehmen, sich der breiten Öffentlichkeit als attraktiver Arbeitgeber zu präsentieren, jedoch nur relevante („passende") Kandidaten zur Bewerbung zu ermuntern (vgl. z. B. *Eberz/Baum/Kabst* 2012).

vielfältige Einflussfaktoren

Attraktivität und Bewerbungsabsicht

Anhaltspunkte z. B. für Erwartungen bzw. Anforderungen potenzieller Mitarbeiter lassen sich aus zahlreichen empirischen Untersuchungen ziehen, die vor allem bei Studierenden und Hochschulab-

Erwartungen potenzieller Mitarbeiter

solventen durchgeführt werden (vgl. z. B. *Becker/Ulrich/Staffel* 2012). An Komplexität gewinnt das Ganze dadurch, dass die verschiedenen Arbeitsmarktsegmente bzw. Zielgruppen unterschiedlich sind und deshalb nicht nur eine differenzierte Analyse, sondern auch verschiedene Maßnahmen erfordern.

Das **Instrumentarium**, mit dem ein positives Arbeitgeberimage aufgebaut, Attraktivität oder Motivation zur Bewerbung geschaffen werden können, reicht von den verschiedenen Formen der Direktansprache (z. B. Hochschulmessen, Girls Day, Azubi-Night) über (Stellen-)Anzeigen, denen ein konkreter Personalbedarf zugrunde liegen kann, aber nicht muss, bis hin zu einem ansprechenden und zielgruppengerechten Internetauftritt (vgl. auch II, 2.3). Der Aufbau und die Führung einer Arbeitgebermarke unterscheidet sich nicht grundsätzlich von dem Vorgehen der (Produkt-)Markenbildung, beeinflusst das ganze Personalmanagement und ist nicht nur auf große Unternehmen beschränkt (vgl. *Stritzke* 2010; *Trost* 2013). Empirische Erkenntnisse deuten darauf hin, dass sich Arbeitgeberzertifizierungen bzw. Personal-Awards positiv auf das Arbeitgeberimage auswirken (vgl. *Eichel et al.* 2013; auch IX, 4.3).

Zielgruppenorientierung wichtig

Da Maßnahmen des Personalmarketings und Employer Branding mit erheblicher Unsicherheit behaftet sind, spielt deren **Kontrolle** eine wichtige Rolle (vgl. IX, 3.4). Die daraus gewonnenen Erkenntnisse bilden dann die Grundlage für zukünftige Entscheidungen, auch wenn für einzelne Maßnahmen erhebliche Zurechnungsprobleme bestehen und ihre Effektivität jeweils nur sehr begrenzt zu bestimmen ist. Außerdem muss die Wirtschaftlichkeit der verschiedenen Maßnahmen geprüft werden, da es nicht um einen einmaligen Einsatz, sondern die ständige Pflege und kontinuierliche Weiterentwicklung der Arbeitgebermarke bzw. des Arbeitgeberimages geht (vgl. *Fölsing/Lindner/Scherm* 2014).

Effektivität und Effizienz nur begrenzt bestimmbar

Best Practice Deutsche Bahn

Die DB wird in den nächsten Jahren bis zu 7.000 neue Mitarbeiter pro Jahr einstellen. Als einer der größten Arbeitgeber des Landes galt die DB lange als „unentdeckter Riese": 500 Berufe vom klassischen Eisenbahner über den Ingenieur aller Fachrichtungen bis hin zum Geologen oder Koch, rund 50 Ausbildungsberufe, mehr als 20 duale Studiengänge.

Bei der Personalgewinnung hat sich der DB-Konzern neu aufgestellt. Recruiting und Employer Branding wurden unter einem Dach gebündelt. Das Team entwickelt Strategien, um als Top-Arbeitgeber wahrgenommen zu werden, und arbeitet operativ an der Gewinnung der Bewerber. Dabei setzt die DB an zehn Hebeln an:

1. Glaubwürdiges Employer Branding
2. Professionelles Recruiting
3. Ansprechender Social Media-Auftritt und Karriereportal

4. Zusammenarbeit mit Schulen und Hochschulen
5. Frühzeitige Identifizierung und Bindung von Talenten
6. Internationales Recruiting
7. Koordiniertes Vorgehen am Arbeitsmarkt
8. Gewandeltes Berufsbild Recruiter: Von Administrator zu Navigator
9. Moderne IT-Plattform für das Recruiting
10. Aussagefähiges Reporting

Kern der neuen Personalgewinnungsaktivitäten war die Entwicklung einer Employer Branding-Kampagne: „Kein Job wie jeder andere" soll die Vielfalt als Arbeitgeber und die zahlreichen Entwicklungsmöglichkeiten vermitteln. Die DB erhielt dafür den Award für die „Excellence Employer Branding Kampagne" 2013.

Quelle: *Wagner* 2014

3 Personalfreisetzung

3.1 Begriff, Ursachen und Formen der Freisetzung

Fallen in einem Unternehmen Stellen bzw. Stellenaufgaben weg, liegt in dieser Stellenkategorie ein Personalüberhang vor. In der Folge muss für das freigesetzte Personal eine andere Verwendung gefunden werden. Dabei darf die **Freisetzung von Personal** nicht mit dessen Entlassung gleich gesetzt werden. Diese stellt nur eine Verwendungsalternative unter mehreren dar, da freigesetzte Mitarbeiter auch im Unternehmen eine andere Verwendung finden können.

Freisetzung ≠ Entlassung

Die Ursachen für eine Personalfreisetzung sind vielfältig; sie reichen von der rückläufigen konjunkturellen Entwicklung oder saisonalen Beschäftigungsschwankungen über Veränderungen der Wirtschaftsstruktur bis hin zu strategischen, technologischen oder organisatorischen Veränderungen. Die **Formen** der Freisetzung lassen sich danach differenzieren, ob erst nach Eintritt der Freisetzungsursache reagiert wird oder ob diese Ursachen frühzeitig erkannt bzw. antizipiert werden und eine Freisetzungsplanung ermöglichen. Letztere erlaubt es in der Regel, aus einer tendenziell größeren Menge von Verwendungsalternativen zu wählen, während diese im reaktiven Fall eng begrenzt und häufig nur die Entlassung möglich ist.

extern und intern

antizipativ und reaktiv

Volumen und Zeitpunkt der Freisetzung ergeben sich aus der Personal(bedarfs)planung und sind ebenso wie die zu wählende Verwendungsalternative von der Ursache des Personalüberhangs abhängig. Eine wichtige weitere Differenzierung der Freisetzungsmaßnahmen resultiert aus dem zu realisierenden Freisetzungsvolumen. Man kann dabei zwischen einzelfallbezogenen und gruppenbezogenen Freisetzungen unterscheiden, die teilweise unterschiedlich zu handhaben sind (vgl. *Scholz* 2014a, S. 614–622).

einzelfallbezogene und gruppenbezogene Freisetzungen

Die Wahl der geeigneten Freisetzungsmaßnahme muss im konkreten Einzelfall vor dem Hintergrund **konfliktärer Zielsetzungen** erfolgen. Die (Personal-)Kostensenkung spielt dabei in den meisten Fällen eine wichtige Rolle, sie darf jedoch nicht in den Vordergrund gerückt und auf die Erzielung kurzfristiger Kosteneffekte reduziert werden. Wichtig sind auf Unternehmensseite auch längerfristige und strategische Ziele. Die Berücksichtigung sozialer Ziele ist schon dadurch unumgänglich, dass die Freisetzung nicht ohne Beteiligung der Organe der Arbeitnehmervertretung erfolgen kann und Imageverlusten vorgebeugt werden muss. Daneben sollten aber auch individuelle

unternehmerische vs. soziale Ziele

Ziele Beachtung finden, um die Motivation der – freigesetzten und verbleibenden – Mitarbeiter zu erhalten. Da nicht nur die Wahl der Freisetzungsalternative(n), sondern vor allem auch deren Umsetzung erhebliche Unsicherheit birgt, die Kosten in der Regel beträchtlich sind und teilweise wichtige Personalpotenziale abgebaut werden (müssen), stellt die Freisetzung ein zentrales Objekt des Personalcontrollings dar (vgl. IX).

3.2 Antizipative Personalfreisetzung

Lässt sich frühzeitig erkennen, dass die Entwicklung des Personalbedarfs und des Personalbestands auseinanderdriften, kann im Rahmen einer antizipativen Freisetzung mit verschiedenen **personalwirtschaftlichen Maßnahmen** gegengesteuert werden (vgl. *RKW* 1996, S. 207–242; *Drumm* 2008, S. 260–267). In einem ersten Schritt sind ein Einstellungsstopp und die gleichzeitige Nutzung der natürlichen Fluktuation möglich. Diese kann zudem gefördert werden durch Nichtverlängerung von Zeitverträgen, den Abschluss von Aufhebungsverträgen oder eine vorzeitige Pensionierung (auch Altersteilzeit), wobei gerade Letztere nicht unerhebliche Kosten verursacht. Sind die durch Fluktuation frei werdenden Stellen nicht identisch mit den wegfallenden Stellen, werden Umsetzungen der freigesetzten Mitarbeiter im Unternehmen erforderlich. Diese müssen in der Regel durch Personalentwicklungsmaßnahmen flankiert sein, um die Mitarbeiterqualifikation den Stellenanforderungen anzupassen. Ist eine direkte Umsetzung, z.B. aufgrund zu großer Qualifikationsunterschiede, nicht möglich, kommt nur eine sequenzielle Umsetzung mehrerer Mitarbeiter in Frage. Dabei fällt zwar der individuelle Qualifizierungsbedarf geringer aus, über alle Umsetzungsbetroffenen hinweg kann der Bedarf aber (wesentlich) höher sein und hohe Kosten verursachen.

(sequenzielle) Umsetzung kombiniert mit Personalentwicklung

Außerdem kann durch verschiedene Maßnahmen im Rahmen der **Arbeitszeitgestaltung** (ergänzend) versucht werden, weitergehenden Personalabbau zu verhindern (vgl. VI, 4). Die Möglichkeiten reichen – soweit vorhanden – von einem Abbau der Überstunden oder Sonderschichten über die vorübergehende Herabsetzung der regelmäßigen Arbeitszeit in Form von Kurzarbeit, die mit der Zahlung von Kurzarbeitergeld durch die Bundesagentur für Arbeit verbunden ist (§§ 95–109 SGB III), bis zur Kürzung der regulären Arbeitszeit (ohne Lohnanpassung). In einzelnen Fällen können Angebote zur Umwandlung von Vollzeit- in Teilzeitarbeitsverhältnisse oder zur Gewährung von unbezahltem Urlaub aussichtsreich sein. Arbeitszeitverkürzungen bzw. -verlagerungen ohne Entgeltreduzierung, so auch der Langfristurlaub (Sabbatical), dienen jedoch nur der Kompensation von Beschäftigungsschwankungen.

vorwiegend als Ergänzung

Daneben ist es möglich, Mitarbeiter mit dem Ziel der **Erhöhung ihrer Arbeitsmarktchancen** zu qualifizieren und so ihre Mobilität zu fördern. Bei hochqualifizierten Mitarbeitern kann das in selbstständige Existenzen münden, wobei das Unternehmen mit den neuen Selbstständigen zur Starterleichterung (vorübergehend) Beratungsverträge schließen kann. Es muss auch die Möglichkeit geprüft werden, Personal gezielt bei anderen Unternehmen zu platzieren. Die Bildung von Personalpools, die bereits im Rahmen der (internen) Beschaffung angesprochen wurden (vgl. II, 2.2), oder die Übernahme in konzerneigene Zeitarbeitsunternehmen, können hier (begrenzte) Alternativen darstellen, Mitarbeiter nicht unmittelbar in die Arbeitslosigkeit zu entlassen. In der Praxis finden sich z. B. Bankpower (Deutsche Bank), Vivento (Deutsche Telekom), AutoVision (Volkswagen) und db-Zeitarbeit (Deutsche Bahn).

Personalpools oder konzerneigene Zeitarbeitsunternehmen

Darüber hinaus kann bei größerem Planungshorizont geprüft werden, inwieweit es möglich ist, die Lagerhaltung auszuweiten, Fremdaufträge zurückzunehmen sowie Reparatur-, Wartungs- und Erneuerungsarbeiten vorzuziehen. Dadurch lässt sich gegebenenfalls der Rückgang des Personalbedarfs und somit der **Eintritt des Personalüberhangs verzögern** oder einem vorübergehenden Bedarfsrückgang in einzelnen Personalkategorien begegnen. Diese Alternativen erfordern aber eine sorgfältige Analyse der kurz- und langfristigen Vor- und Nachteile.

sorgfältige Analyse erforderlich

Lässt sich mithilfe dieser Möglichkeiten eine Bestandsanpassung in dem erforderlichen Umfang nicht realisieren, muss auch bei längerem Planungshorizont auf **Entlassungen** zurückgegriffen werden, die bei der reaktiven Freisetzung aufgrund des fehlenden Planungsvorlaufs die wichtigste Form des Personalabbaus darstellen.

vor allem bei großen Personalüberhängen

3.3 Reaktive Personalfreisetzung

Tritt ein Personalüberhang unvermittelt auf, besteht im Falle vorübergehender Probleme zwar grundsätzlich die Möglichkeit, vorhandene Überstunden abzubauen oder Kurzarbeit zu beantragen (vgl. *Köhler* 2015). Hat der Überhang keine vorübergehende Ursache, muss er schnell abgebaut werden. Dazu kann man zwar auch kurzfristig Aufhebungsverträge schließen, kommt jedoch meist nicht umhin, **Kündigungen** auszusprechen (vgl. dazu *Oechsler/Paul* 2015, S. 516–526). Diese können sich auf Einzelfälle oder ganze Gruppen beziehen und sind durch das Kündigungsschutzgesetz und eine Vielzahl weiterer Rechtsvorschriften geregelt, die vor allem spezielle Arbeitnehmergruppen (z. B. werdende Mütter, Erziehungsurlauber, Schwerbehinderte, Auszubildende, Betriebsräte) unter besonderen Kündigungsschutz stellen. Häufig weisen Tarifverträge Rationalisierungsschutzabkommen und Vereinbarungen zum Kündigungsschutz älterer Arbeitnehmer auf. Außerdem gibt es Beteiligungsrechte der Arbeitnehmervertretung im Kündigungsfall (vgl. VIII, 4).

Kündigungsschutzgesetz und weitere Gesetze

Wird Personal freigesetzt, wenn sich der Bestand und der Bedarf an Personal in qualitativer und/oder quantitativer Hinsicht aufgrund von Veränderungen im Unternehmen nicht mehr entsprechen, liegen **betriebsbedingte Gründe** vor. Ist ein Mitarbeiter dagegen bei gleich bleibenden Anforderungen nicht mehr in der Lage, die geforderte Arbeitsleistung zu erbringen, kann eine ordentliche **personenbedingte Kündigung** ausgesprochen werden. Demgegenüber bildet die ordentliche **Kündigung aus verhaltensbedingten Gründen** im Normalfall keine Maßnahme zum Abbau eines Personalüberhangs. Sie ist dann auszusprechen, wenn vertragswidriges Verhalten eine Weiterbeschäftigung ausschließt. Analog gilt das für die außerordentliche (auch fristlose) Kündigung bei schwerwiegender Störung, wenn die Fortsetzung des Arbeitsverhältnisses unzumutbar ist.

keine Maßnahme zum Abbau eines Personalüberhangs

Damit eine Kündigung sozial gerechtfertigt ist, muss sie auf betriebs-, personen- oder verhaltensbedingten Gründen beruhen. Darüber hinaus hat bei betriebsbedingten Kündigungen eine **Sozialauswahl** zu erfolgen (§ 1 III, 1 KSchG), die den Kriterien Alter, Betriebszugehörigkeit, Unterhaltspflichten und Schwerbehinderung Rechnung trägt. Dem Arbeitgeber steht zwar ein gewisser Spielraum bei der Gewichtung zu, wobei diese nicht so ausfallen darf, dass ein Kriterium faktisch unberücksichtigt bleibt. Von der Sozialauswahl können Leistungsträger ausgenommen werden, deren Weiterbeschäftigung wegen ihrer Kenntnisse, Fähigkeiten und Leistungen oder zur Sicherung einer ausgewogenen Personalstruktur im berechtigten betrieblichen Interesse liegt (§ 1 III, 2 KSchG).

Leistungsträger ausgenommen

Aus dem **Grundsatz der Verhältnismäßigkeit** hat die Rechtsprechung zudem den „Vorrang der Änderungskündigung vor Beendigungskündigung" abgeleitet; dieser erfordert eine Weiterbeschäftigung des Arbeitnehmers auf einem anderen Arbeitsplatz zu geänderten Arbeitsbedingungen, wenn es sowohl dem Arbeitgeber als auch dem Arbeitnehmer objektiv möglich und zumutbar ist. Wird eine solche Versetzung im Unternehmen nicht geprüft und mit dem Arbeitnehmer erörtert, führt dies automatisch zur Unwirksamkeit der Beendigungskündigung. Eine ordentliche Kündigung ist dann unter Einhaltung der gesetzlichen oder der (einzel- bzw. tarif-)vertraglich vereinbarten Kündigungsfrist möglich, wenn sie bei Abwägung der Arbeitgeber- und Arbeitnehmerinteressen die unausweichliche Lösung darstellt („Ultima-Ratio-Prinzip"); offenbar unsachliche, unvernünftige und willkürliche Rationalisierungen sind nicht zulässig.

Änderungskündigung vor Beendigungskündigung

Ultima-Ratio-Prinzip

Umfasst der Personalüberhang eine größere Gruppe, schreibt § 17 I KSchG die Information der Agentur für Arbeit vor, wenn einer betriebsgrößenabhängigen Höchstzahl von Arbeitnehmern innerhalb von 30 Tagen gekündigt wird (**Massenentlassung**). Es kann dann eine zeitweilige Entlassungssperre durch die Agentur für Arbeit ausgesprochen werden (§ 18 KSchG). Daneben ist zu prüfen, ob eine **Betriebsänderung** im Sinne des § 111 BetrVG vorliegt; dazu zählen

zeitweilige Entlassungssperre

(1) Einschränkung oder Stilllegung des Betriebs oder wesentlicher Betriebsteile, (2) Verlegung des Betriebs oder wesentlicher Betriebsteile (3) Zusammenschluss mit anderen Betrieben oder Spaltung von Betrieben, (4) grundlegende Änderungen hinsichtlich Organisation, Zweck oder Anlagen des Betriebs sowie (5) die Einführung grundlegend neuer Arbeitsmethoden oder Fertigungsverfahren. Liegt keine Betriebsänderung vor, kann analog der einzelfallbezogenen (betriebsbedingten) Freisetzung mittels Kündigung vorgegangen werden.

Im Falle einer Betriebsänderung muss mit dem Betriebsrat nach § 112 BetrVG ein **Interessenausgleich** (über deren konkrete Abwicklung) angestrebt und ein **Sozialplan** zum Ausgleich der wirtschaftlichen Nachteile aufgestellt werden (vgl. *Hromadka/Maschmann* 2014, S. 451–479; auch VIII, 4). Die Höhe des Sozialplans richtet sich überwiegend nach Lebensalter, Familienstand, Betriebszugehörigkeit und letztem Bruttoverdienst der betroffenen Mitarbeiter. Diese Kriterien können, um den Sozialplan für das Unternehmen finanzierbar zu gestalten, zu einer Fehlsteuerung führen, indem zwar dringend benötigte, aber kostengünstiger abbaubare Arbeitskräfte ausgewählt werden. Außerdem kann die mit einem Sozialplan verbundene finanzielle Belastung notwendige Reorganisations- bzw. Rationalisierungsmaßnahmen unwirtschaftlich machen.

Ausgleich der wirtschaftlichen Nachteile

Aufhebungsverträge führen zu einer Beendigung des Arbeitsverhältnisses im gegenseitigen Einvernehmen und beinhalten die Zahlung von Abfindungen. Sie sind gezielt einsetzbar und keinen gesetzlichen Restriktionen in zeitlicher und prozeduraler Hinsicht oder im Hinblick auf bestimmte Beschäftigungsgruppen unterworfen. Außerdem verursachen sie in der Regel geringere Kosten als ein Sozialplan und schaden dem Image des Unternehmens weitaus weniger als anzeigepflichtige Entlassungen. Mit Aufhebungsverträgen nicht zu verwechseln sind die Abwicklungsverträge, die die Folgen einer Kündigung durch den Arbeitgeber regeln, z. B. den Verzicht auf Kündigungsschutzklage. Die kündigungsschutzrechtlichen Bestimmungen bleiben anwendbar. Hinsichtlich der Sperrzeiten vor dem Bezug von Arbeitslosengeld werden sie wie Aufhebungsverträge behandelt (vgl. *Hromadka/Maschmann* 2015, S. 390–391).

Zahlung von Abfindungen

Um die negativen Effekte einer Trennung von Mitarbeitern auf beiden Seiten zu reduzieren, wird bereits seit längerer Zeit im Rahmen einer Kündigung oder Vertragsaufhebung **Outplacement** eingesetzt (vgl. *Lohaus* 2010). Es umfasst die Beratung und Unterstützung des freigesetzten Mitarbeiters bei der Suche nach einem neuen Beschäftigungsverhältnis. Dabei geht es vor allem um die Bewältigung der psycho-sozialen Konsequenzen der Trennung und die systematische Vorbereitung auf die Bewerbung sowie Hilfen bei der Entscheidung und Vertragsgestaltung. Unternehmen wollen damit soziale Verantwortung übernehmen, ein entsprechendes Arbeitgeberimage nach außen und innen dokumentieren, die Bindung der verbleibenden Mitar-

Beratung und Unterstützung des freigesetzten Mitarbeiters

beiter und das Verhältnis zu ausscheidenden Mitarbeitern verbessern sowie eine Verringerung der gesamten (Trennungs-)Kosten vor allem im Falle einer schnellen Weitervermittlung erreichen. Der Markt weist einen langfristig positiven Wachstumstrend auf (vgl. *BDU* 2014b, S. 3).

Einzel- und Gruppenberatung Outplacement war ursprünglich eine Einzelberatung für Mitglieder des höheren Managements. Inzwischen hat eine Erweiterung auf andere Hierarchieebenen und auf Gruppen stattgefunden (vgl. *BDU* 2014b, S. 8, 12–14). Dazu muss nicht generell ein externer Outplacementberater herangezogen werden, von denen es allein etwa 50 spezialisierte Beratungsunternehmen gibt (vgl. *BDU* 2014b, S. 5), auch unternehmensintern durchgeführte Beratung ist möglich (vgl. *Lohaus* 2010, S. 68–73).

Typische Vorgehensweise in qualifizierten Einzeloutplacement-Projekten

Analysephase

1. Detaillierte Analyse der beruflichen und privaten Situation
2. Aufbau einer positiven Grundeinstellung für die anstehende berufliche Veränderung und einer realistischen Einschätzung der Karriereperspektiven

Profilbildungsphase

3. Beurteilung der beruflichen und persönlichen Qualifikation und gemeinsames Erarbeiten der besonderen Potenziale des Kandidaten

Strategiephase

4. Erarbeitung der beruflichen Zielsetzung unter Berücksichtigung zentraler Faktoren, z. B. Berufs- und Führungserfahrung oder Arbeitsmarktsituation
5. Entwickeln einer zielgerichteten und individuell zugeschnittenen Marketing- und Such-Strategie

Bewerbungsphase

6. Inhaltliche und optische Gestaltung aussagefähiger Bewerbungsunterlagen sowie ein erstes allgemeines Bewerbertraining
7. Durchführung einer zielgerichteten Bewerbungskampagne
8. Intensive Vorbereitung von Bewerbungsgesprächen und Interviews mit Unternehmensvertretern oder Personalberatern
9. Sichtung, Vergleich und abschließende Bewertung von Stellenangeboten

Abschlussphase

10. Unterstützung und Beratung beim Abschluss eines neuen Arbeitsvertrages

Quelle: *BDU* 2014b, S. 15

Sind im Zuge von Betriebsänderungen Mitarbeiter von Arbeitslosigkeit bedroht, kann die Teilnahme dieser an Transfermaßnahmen gefördert werden, wenn eine Transferberatung durch die Agentur für Arbeit erfolgt, die Maßnahme der Eingliederung in den Arbeitsmarkt dient, von Dritten durchgeführt wird und ihre Durchführung gesichert ist (§110 SGB III). In einem **Transfersozialplan** werden neben den Barleistungen **Transfermaßnahmen** vereinbart, die den Mitarbeiter schnell in eine neue Beschäftigung bringen sollen. Das können vor der Entlassung die Freistellung für Eingliederungsprojekte oder Outplacementberatung und die Betreuung durch eine Transferagentur sein; diese werden mit 50 % (maximal 2.500 Euro) bezuschusst (§110 II SGB III). Möglich ist auch die Aufhebung des bisherigen Beschäftigungsverhältnisses bei gleichzeitigem Abschluss eines Arbeitsvertrags mit einer Transfergesellschaft. Die **Transferagentur** ist eine Beratungs- und Vermittlungsstelle, die entweder im Unternehmen oder bei einer Beratungsfirma eingerichtet wird. Die Agentur übernimmt die Betreuung der von Arbeitslosigkeit bedrohten Beschäftigten. Da sie bereits in der Kündigungsfrist aktiv ist, verbessert sie die Vermittlungschancen der Betroffenen nachhaltig und kann gegebenenfalls Arbeitslosigkeit verhindern. Eine **Transfergesellschaft** ist demgegenüber eine eigenständige Organisationeinheit bei einem Personaldienstleister, die die betroffenen Mitarbeiter in ein befristetes Beschäftigungsverhältnis übernimmt, sie berät, qualifiziert und nach Möglichkeit in Arbeit vermittelt. Sie zielt im Unterschied zur Beschäftigungsgesellschaft ausschließlich auf die möglichst schnelle Vermittlung in neue Beschäftigungsverhältnisse. Die Beschäftigten erhalten in dieser Zeit (maximal zwölf Monate) Transferkurzarbeitergeld nach §111 SGB III, das gegebenenfalls von dem entlassenden Unternehmen aufgestockt wird.

Barleistung und Beratung

Betreuung der freigesetzten Mitarbeiter

befristetes Beschäftigungsverhältnis der betroffenen Mitarbeiter

Kontrollfragen zu Teil II

1. Welche Schritte sind für die Ermittlung des qualitativen Personalbedarfs notwendig? Nennen Sie Verfahren für die Prognose des quantitativen Personalbedarfs.
2. Unter welchen Voraussetzungen ist eine Bedarfsbestimmung mithilfe von Kennzahlen möglich?
3. Welche Instrumente stehen für die unternehmensexterne Personalbeschaffung zur Verfügung?
4. Welche Aufgaben müssen im Rahmen des Personalmarketings erfüllt werden?
5. Welches Ziel verfolgt Employer-Branding?
6. Welche grundlegenden Formen der Personalfreisetzung lassen sich unterscheiden?
7. Wie sind die Bildung von Personalpools und die Überleitung freigesetzter Mitarbeiter in Zeitarbeitsunternehmen aus Mitarbeitersicht zu beurteilen?

Fallstudie: Szenariogestützte Personalplanung bei der Daimler AG

Im Rahmen eines vom Gesamtbetriebsrat der Daimler AG initiierten und gemeinsam mit dem Unternehmen auf den Weg gebrachten Forschungsprojekts wurden von drei Forschungsinstituten die langfristigen Beschäftigungswirkungen der Elektrifizierung des Antriebsstrangs von Automobilen untersucht. Dabei ging man in fünf Schritten vor:

Schritt 1: Trends in der Fahrzeugtechnik

Zunächst wurden 62 Fahrzeuge deutscher und ausländischer Produzenten analysiert, die entweder bereits zu kaufen sind oder als Prototypen getestet werden, um dann sechs Fahrzeuge bzw. Antriebskonzepte detaillierter zu untersuchen: drei verschiedene Hybride mit unterschiedlicher Bedeutung des Elektromotors (Mild-, Full-/Plug-in-Hybrid, Range-extended Electric Vehicle), rein elektrisch angetriebene (Batterie-)Fahrzeuge, Brennstoffzelle, konventioneller Verbrennungsmotor.

Die Antriebsstränge der Referenzfahrzeuge wurden virtuell zerlegt und die technischen Entwicklungen der einzelnen Komponenten bis 2030 abgeschätzt. Je nach Antriebskonzept ergibt sich dabei ein mehr oder weniger einschneidender Wandel; Komponenten entfallen oder werden modifiziert, neue kommen hinzu.

Schritt 2: Marktszenarien

Es sollte abgeschätzt werden, welche Marktanteile Elektrofahrzeuge bis 2030 haben, um Produktionsvolumina zu prognostizieren. Basis dafür waren vorliegende Studien unterschiedlicher Herkunft. Erstellt wurden vier Szenarien: das Referenzszenario als ausgewogenes Mittel aus den analysierten Studien und als denkbare zukünftige Entwicklung, das konservative Szenario, in dem der Verbrennungsmotor weiterhin dominiert, das entgegengesetzte für Elektrofahrzeuge optimistische Szenario, in dem konventionelle Antriebe verdrängt werden und Batteriefahrzeuge dominieren, sowie das zweite optimistische Szenario, in dem der konventionelle Antrieb auf zehn Prozent Marktanteil zurückgeht und Brennstoffzellenvarianten dominieren.

Schritt 3: Produktionsprozesse und Personalbedarf auf Komponentenebene

Die Untersuchung zeigte, dass sich die Komponentenherstellung in vielen Bereichen wandeln wird, Prozesse optimiert und zum Teil neue Produktionstechnologien eingesetzt werden. Es sind Fertigungsverfahren notwendig, die bislang in der Automobilindustrie nicht vorkommen.

Besteht ein Verbrennungsmotor aus rund 1.400 Teilen, sind es bei einem Elektromotor etwa 200; daraus ergeben sich gravierende Folgen für die herkömmliche Metallbearbeitung. Neben traditionelle Verfahren wie Gießen tritt z. B. Laserschweißen, flexible Industrieroboter werden verstärkt für Montage- und Wickelprozesse eingesetzt, neue Werkstoffe treten hinzu.

Auf Basis dieser Ergebnisse ging es im nächsten Schritt um die Abschätzung des Personalbedarfs; dazu wurden neben vorliegenden Analysen vor allem Interviews mit Experten aus Produktionsbetrieben und des Anlagenbaus genutzt. Im konventionellen Bereich gibt es eine Vielzahl von Erkenntnissen. Bei den alternativen Konzepten wurden unter anderem Daten extrapoliert (aus kleinen Losgrößen auf hohe Stückzahlen hochgerechnet) oder aus ähnlichen Bauteilen abgeleitet (Nutzung von Analogien). Zusätzlich wurde eine mehrstufige Befragung von Experten mit Rückkopplung der Ergebnisse durchgeführt (Delphi-Studie).

Für die Ermittlung des Personalbedarfs in der Produktion wurden die Tätigkeiten in drei Gruppen eingeteilt: direkte Mitarbeiter in Fertigung und Montage, produktionsnahe indirekte Mitarbeiter (z. B. Logistik, Instandhaltung, Qualitätssicherung) und indirekte Mitarbeiter (Meister, Betriebsingenieure). Der Bruttobedarf ergibt sich aus dem für die Produktion notwendigen Nettobedarf zuzüglich des Mehrbedarfs aufgrund von Urlaub, Krankheit und ähnlichem.

Schritt 4: Personalbedarf einer idealtypischen Produktion

Die Untersuchung geht von einer Produktion aus, bei der die Verteilung der Wertschöpfung auf verschiedene Unternehmen und Standorte ausgeblendet wird. Zugekaufte Komponenten werden nicht detailliert analysiert. Angenommen wird eine jährliche Produktion von einer Million Antriebssträngen.

Für das Referenzszenario ergibt sich vor diesem Hintergrund ein Anstieg von zuletzt 6.000 auf 7.200 Personen bis 2030. Bei den drei anderen Szenarien verändert sich der Personalbedarf in der Zeit bis 2030 unterschiedlich; es sind Schwankungen und unterschiedliche Anstiege möglich. Der Personalbedarf 2030 liegt über alle vier Szenarien zwischen 6.173 und 7.816 Personen.

Schritt 5: Kompetenzanforderungen und Qualifikation

Kompetenzanforderungen und Qualifikationsbedarfe wurden durch einen Methodenmix ermittelt: Analyse der Produktionsprozesse, Expertengespräche und Literaturanalyse.

Mit dem Verbrennungsmotor verliert die spanende Metallbearbeitung an Bedeutung, formgebende Fertigungsverfahren werden von Montageprozessen abgelöst, die Kompetenzanforderungen verändern sich entsprechend. Zentrales neues Qualifikationserfordernis in Produktion und Montage ist der Umgang mit Hochvoltsystemen; es reicht jedoch meist eine „Hochvoltsensibilisierung" als Qualifikationsschritt aus. Diejenigen, die diese Systeme in Betrieb nehmen, prüfen oder nacharbeiten, müssen zusätzlich zur entsprechenden

Fachkraft qualifiziert werden. Mit der Verschiebung von Wertschöpfungsanteilen zu Elektrik/Elektronik geht ein Wandel im Mix der Ausbildungsberufe einher. Mechatroniker und Elektroniker für Automatisierungstechnik ersetzen zunehmend klassische Metaller.

- Für die einzelnen Komponenten ergeben sich jeweils spezifische Qualifikationserfordernisse.
- Traktionsbatterien: Die Anforderungen betreffen im Wesentlichen die Verbindungs- und Fügetechnik, Qualitätssicherung, Prüfung und Tests. Bei künftig höheren Stückzahlen ist eine sehr hohe Automatisierung zu erwarten.
- Elektromotoren werden künftig ähnlich hochautomatisiert gefertigt. Deshalb sind Fähigkeiten wie Einrichten, Bedienen, Überwachen und Warten ebenso wie Testen, Prüfen und Qualitätssicherung gefragt.
- Leistungselektronik erfordert in der Produktion zum einen Facharbeiter mit Ausbildung Elektronik oder Mechatronik, die hochautomatisierte Anlagen überwachen und instand halten, zum anderen angelernte Beschäftigte für die Bestückung.
- Brennstoffzellensysteme verlangen in der Produktion technische Kompetenzen rund um die Dünnfilmbearbeitung und elektrochemische Beschichtung sowie Kompetenzen in Sachen Sorgfalt, Reinheit, Qualitätssicherung. Für die Fertigung von Wasserstofftanks sind spezifische Kenntnisse insbesondere im Leichtbau und Hochdruck erforderlich.

Hier wird die Komplexität einer Prognose des Personalbedarfs bei Strukturbrüchen deutlich, selbst wenn realitätsferne Annahmen gesetzt und eine idealtypische Produktion unterstellt, aber auch strategische Entscheidungen und der damit verbundene zukünftige Wandel in der Wertschöpfungskette der Automobil- und Zulieferindustrie unbeachtet bleiben werden.

Quelle: *Fraunhofer IAO et al.* 2012

Fragen zum Fallbeispiel

1. Welche Schritte der Ermittlung des qualitativen Personalbedarfs finden sich in der Fallstudie? Welche nicht?
2. Wie könnte man sich die Ergänzung des Vorgehens in der Fallstudie vorstellen? Welche Probleme sind dabei zu erwarten?
3. Wie ist die Annahme der idealtypischen Produktion zu bewerten?
4. Welche Veränderungen würden sich ergeben, wenn man strategische Entscheidungen über die Struktur der zukünftigen Wertschöpfung berücksichtigt?
5. Wie beurteilen Sie diese „Personalbedarfsplanung"?

Teil III: Auswahl, Einführung, Zuweisung

Überblick

Wenn die Personalplanung einen Nettopersonalbedarf ermittelt, muss zu dessen Deckung (intern oder extern) Personal beschafft und ausgewählt werden. Im Rahmen der Personalauswahl wird die Übereinstimmung der Anforderungen einer Stelle mit der Qualifikation der Bewerber überprüft. In diesem Teil werden verschiedene Auswahlinstrumente beschrieben und ihre jeweiligen Grenzen aufgezeigt. Besondere Aufmerksamkeit wird dabei dem Assessment-Center zu Teil, das mehrere Auswahlverfahren vereint. Abschließend erfolgt ein Überblick über die (fachliche und soziale) Personaleinführung sowie die Personalzuweisung, bei der Mitarbeiter Stellen zugeordnet werden.

Lehr-/Lernziele

Nachdem Sie diesen Teil gelesen haben, sollten Sie
- Begriff, Prozess und Probleme der Personalauswahl kennen,
- Kenntnis von verschiedenen Schritten und Instrumenten der Personalauswahl haben,
- über Verlauf, Besonderheiten und Grenzen des Assessment-Centers informiert sein,
- Ansatzpunkte der Personaleinführung kennen und
- den Grundgedanken der Personalzuweisung verstanden haben.

1 Personalauswahl

1.1 Begriff, Probleme und Auswahlprozess

Wird im Rahmen der Personalplanung ein Nettopersonalbedarf ermittelt, ist dieser durch interne oder externe Personalbeschaffung zu decken. Dabei muss in jedem Fall eine **Personalauswahl** erfolgen, d.h. eine Prüfung der Bewerber hinsichtlich der Übereinstimmung ihrer Qualifikation mit den Anforderungen der vakanten Stelle, um denjenigen mit der besten Eignung zu identifizieren. Voraussetzung dafür ist die Kenntnis des Anforderungsprofils der zu besetzenden Stelle (vgl. dazu *Scherm/Pietsch* 2007, S. 150–155), denn nur auf dieser Grundlage lässt sich die Übereinstimmung oder Abweichung von Stellenanforderungen und Bewerberqualifikation ermitteln.

Prüfung der Übereinstimmung von Qualifikation und Anforderungen

Die Häufigkeit von Personalauswahlentscheidungen hat vor dem Hintergrund des Rückgangs der Zahl der „lebenslang" in einem Unternehmen beschäftigten Mitarbeiter und des damit verbundenen Anstiegs der Beschaffungsvorgänge in den letzten Jahren zugenommen. Auch die Zahl der zu berücksichtigenden Anforderungen an Bewerber ist gestiegen. So findet nicht mehr nur die fachliche Eignung eines Kandidaten Berücksichtigung, auch verschiedene persönliche Eigenschaften und besondere Fähigkeiten in Folge zunehmender Technisierung fast aller Aufgabenbereiche (z.B. Computer- und Internetkenntnisse), veränderter Arbeitsorganisation (z.B. Team- und Kooperationsfähigkeit, Mobilität, Flexibilität) und nach wie vor zunehmender Internationalisierung (z.B. Sprachfähigkeiten, interkulturelle Kompetenz) gewinnen an Bedeutung und müssen durch zuverlässige Auswahlverfahren erhoben werden.

fachliche Eignung, persönliche Eigenschaften, besondere Fähigkeiten

Personalökonomische Überlegungen machen auf Probleme der Personalauswahl aufmerksam, die darauf zurückzuführen sind, dass das Unternehmen zum Zeitpunkt der Auswahl nicht alle Informationen über den Bewerber hat („hidden information") bzw. dessen Handlungsabsichten nicht offenkundig sind („hidden intention"). In der Regel sind nicht alle Eigenschaften des Bewerbers bekannt („hidden characteristics") und er kann versuchen, sich besonders vorteilhaft darzustellen, um ausgewählt zu werden. Der Bewerber hat dabei einen Informationsvorsprung, da er sein Wissen, seine Fähigkeiten, seine Motivation und seine Ziele besser beurteilen kann als das Unternehmen. Diese Problematik ist in jedem Auswahlprozess gegeben, wenn auch unterstellt werden kann, dass im Rahmen einer internen Beschaffung umfassendere Informationen über den Bewerber, bei-

Informationsdefizite als Schwierigkeit

Ursache der
Fehlauswahl:
Informations-
asymmetrie

spielsweise aus vergangenen Leistungsbeurteilungen, vorliegen. Für das Unternehmen besteht vor diesem Hintergrund stets die Gefahr der **Fehlauswahl**(„adverse selection"). Diese tritt ein, wenn die zum Auswahlzeitpunkt vorliegende Informationsasymmetrie zu einer Fehleinschätzung der Eignung des Kandidaten führt. Eine Fehlauswahl zieht in aller Regel erhöhte Kosten nach sich. Diese entstehen durch die suboptimale Besetzung der Stelle und die damit verbundene geringere Produktivität des Mitarbeiters. Wird versucht, den ausgewählten Mitarbeiter durch Personalentwicklung an die Stellenanforderungen anzupassen, verursacht das Kosten. Sind diese Bemühungen erfolglos und das Unternehmen trennt sich von dem Mitarbeiter, zieht die Freisetzung Kosten nach sich; außerdem muss der Beschaffungs- und Auswahlprozess neu initiiert werden, wodurch weitere Kosten entstehen.

Um teure Fehlentscheidungen zu vermeiden, muss dem **Auswahlprozess** hohe Aufmerksamkeit gewidmet werden. Dabei geht es in der Vorauswahl vor allem darum, den Kreis grundsätzlich geeigneter Bewerber auf eine wirtschaftlich handhabbare Anzahl zu reduzieren. Im Weiteren werden dann Vorstellungsgespräche und/oder Auswahltests durchgeführt, um einen differenzierteren persönlichen Eindruck von den Bewerbern zu erhalten. Für den verbleibenden Rest kann ein Assessment-Center veranstaltet werden, das unterschiedliche Auswahlverfahren kombiniert.

Grundsätzlich sollten nur Verfahren Anwendung finden, die eine hinreichende **Validität** aufweisen, so dass aussagekräftige Schlussfolgerungen über die Eignung des Bewerbers möglich sind (vgl. *Schuler* 2004, Sp. 1374–1376). Dazu ist es wichtig, dass das eingesetzte Verfahren (1) alle gewünschten Beobachtungsdimensionen erfasst (Konstruktvalidität), (2) repräsentativ für die berufliche Situation ist (Inhaltsvalidität) und (3) Schlussfolgerungen auf den späteren beruflichen Erfolg zulässt (Prognosevalidität).

Diskriminierungs-
verbot

Auswirkungen auf die Gestaltung des Auswahlprozesses hat das **Allgemeine Gleichbehandlungsgesetz** (AGG), das ein Diskriminierungsverbot aufgrund von Rasse, Ethnie, Geschlecht, Alter, Behinderung, sexueller Identität oder Religion unter anderem am Arbeitsplatz und im Geschäftsleben beinhaltet. Konsequenzen hat das AGG bereits für die Ausschreibung von Stellen, bei der nur Einschränkungen auf bestimmte Adressaten formuliert werden dürfen, wenn diese durch die Anforderungen der zu besetzenden Stelle begründet sind. Vielmehr sollen Ausschreibungstexte neutral und diskriminierungsfrei gehalten sein. Beispielsweise sind in Ausschreibungen, wenn möglich, Hinweise auf den Umfang der Arbeitszeit zu vermeiden, um nicht von vornherein bestimmte Bewerbergruppen auszugrenzen (vgl. *Rühl/ Hoffmann* 2008, S. 109). Im Rahmen der Personalauswahl müssen bewusste oder unbewusste Filter, etwa Alter oder äußere Merkmale der Bewerber, vermieden werden, die das Ziel einer Gleichbehandlung

Berücksichtigung
v. a. im Rahmen der
Personalauswahl

verletzten könnten. Als dazu besonders geeignet werden Online-Verfahren angesehen, wenn diese – im Zuge der Vorauswahl – standardisiert ablaufen. Um Konformität mit dem AGG zu erreichen wird empfohlen, vor jedem Auswahlschritt genaue, anforderungsbezogene Kriterien festzulegen und im weiteren Prozess zu dokumentieren, inwieweit die Bewerber diese erfüllen (vgl. *Rühl/Hoffmann* 2008, S. 110–113; *Püttner* 2014). Die endgültige Entscheidung für bzw. gegen einen Bewerber darf dann allein durch die Anforderungen des Arbeitsplatzes und die (fehlende) Qualifikation begründet werden. Empirische Studien zeigen, dass das AGG die Formulierung von Stellenanzeigen in den letzten Jahren deutlich verändert hat. So wiesen im Jahr 2010 nur noch ca. 25 % aller Stellenanzeigen diskriminierende Formulierungen auf (2005 noch 47 %); Altersdiskriminierungen finden sich darunter kaum noch (vgl. *Bauhoff/Schneider* 2013). In dieser Entwicklung kann ein Beleg dafür gesehen werden, dass institutionelle (rechtliche) Veränderungen durchaus Konsequenzen für die personalwirtschaftliche Praxis haben.

1.2 Selbstselektion, Bewerbungsunterlagen, Fragebögen

Die Zahl der Bewerber reduziert sich bereits durch die **Selbstselektion der Kandidaten**, da angenommen wird, dass Bewerber daran interessiert sind, eine Stelle zu finden, die ihrem Können, ihren Zielen und Neigungen entspricht, da dann die individuelle Bedürfnisbefriedigung und Zielerreichung maximiert werden. Für das Unternehmen bietet die – differenzierte – Formulierung der Stellenanforderungen eine erste Möglichkeit, um potenziellen Bewerbern Informationen für die Selbstselektion bereitzustellen. Daneben muss es sein Image, seine Kultur und seine Anreizsysteme so gestalten, dass die Attraktivität des Unternehmens für passende Kandidaten gegeben ist. Beispielsweise stellen Entgeltniveau und -struktur eines Unternehmens ein Signal für die Arbeitnehmer dar: Ein hoher Anteil variabler Entlohnung macht das Unternehmen für Mitarbeiter attraktiv, die sich als besonders leistungsstark einschätzen. Damit die gewünschte Selektionswirkung eintritt, müssen die relevanten Unternehmensmerkmale den (potenziellen) Bewerbern möglichst transparent sein. Ob in Zeiten hoher und dauerhafter Arbeitslosigkeit auf diesem Wege die erhoffte Reduzierung des Bewerberkreises eintritt, muss aber bezweifelt werden. Vielmehr ist davon auszugehen, dass Arbeitnehmer auch solche Stellen bzw. Unternehmen akzeptieren, die ihren Vorstellungen weniger entsprechen.

Transparenz relevanter Unternehmensmerkmale

Die Sichtung der **Bewerbungsunterlagen** ist Basis nahezu jeder Personalauswahl (vgl. *Schuler* 2014a, S. 261). Sie bestehen aus Bewerbungsschreiben, Lebenslauf, Zeugnissen und Referenzen. Hinzu kam traditionell in der Regel ein Foto, das eine Einschätzung der äußeren Erscheinung des Kandidaten ermöglicht, die jedoch vor dem Hintergrund des AGG kritisch zu sehen ist. Heute sind Bewerbungen daher immer häufiger ohne Foto. Während es früher üblich war, die Unterlagen postalisch zu versenden, erfolgt der Versand heute häufig per E-Mail. In vielen Unternehmen werden internetbasierte E-Recruitings eingesetzt. Dazu müssen Bewerber online Fragen z. B. zu ihrer Biographie beantworten, Testverfahren durchlaufen oder Fallstudien bearbeiten. Unternehmen erzielen durch diese Form der Vorauswahl eine höhere Effizienz, da eine automatische Auswertung möglich ist. Unklar bleibt aber, inwieweit durch (programmierte) Routinen valide Auswahlergebnisse erzielt werden. Außerdem ist nicht sichergestellt, dass der Bewerber selbst die Online-Auswahl absolviert; aufgrund der damit verbundenen Anonymität kann dies eine andere Person (z. B. Familienmitglied, Freund) sein, wodurch falsche Informationen generiert werden.

starke Verbreitung von Online-Bewerbungen

Online-Assessment bei Credit Suisse Private Banking

Bei der Credit Suisse Private Banking wird im Rahmen der Personalauswahl mehrstufig vorgegangen. Zunächst durchlaufen Bewerber ein Online-Assessment, das zur Erfassung derjenigen Persönlichkeitsmerkmale dient, die positionsunabhängig jeder Mitarbeiter der Bank aufweisen muss (z. B. Streben nach Spitzenleistungen, Innovation, Arbeiten im Team, Integrität und Ethik). Diese Anforderungsdimensionen wurden durch Interviews und Workshops mit über 300 Experten der Bank gewonnen. Sie werden im Online-Assessment in insgesamt 150 Aussagen (z. B. „Die meisten Leute, die ich kenne, arbeiten weniger als ich.") differenziert, die von dem Bewerber auf einer Skala von eins („stimme gar nicht zu") bis sieben („stimme vollständig zu") bewertet werden müssen. Durch einen Passwortschutz und eine zeitliche Limitierung der Zugriffsmöglichkeit wird verhindert, dass die Bewerber das Online-Assessment mehrfach durchlaufen und Lerneffekte sammeln können. Die Auswertung erfolgt durch eine dafür programmierte Software. Der mit der Vorauswahl betraute Mitarbeiter der Recruitingabteilung hat auf dieser Grundlage die Möglichkeit, die Ergebnisse eines Bewerbers mit dem Durchschnitt zu vergleichen und über Ablehnung oder Zulassung des Bewerbers zur zweiten Auswahlstufe zu entscheiden.

Quelle: *Frintrup/Renner* 2002

Die Bewerbungsunterlagen geben – unabhängig vom Weg ihrer Übermittlung – erste Hinweise auf die Fähigkeiten und das Karrieremuster des Bewerbers. Personalökonomen bezeichnen diesen Prozess, in dem von beobachtbaren Merkmalen (Signale) auf nicht beobachtbare (oder bewusst verborgene) Eigenschaften des Bewerbers geschlossen wird, als „Signalling" (vgl. *Backes-Gellner/Lazear/Wolff* 2001, S. 121–128). Als

auf unbeobachtbare Merkmale schließen

wichtigstes Signal für die individuelle Leistungsfähigkeit und Produktivität gilt dabei die (Schul- und Berufs-)Ausbildung. Sie kann Hinweise auf Wissen und Fähigkeiten geben, zeigt aber auch, ob der Bewerber zielstrebig und ehrgeizig ist.

In einem ersten Schritt erfolgt die Betrachtung der Bewerbungsunterlagen unter **formalen Aspekten**. Dabei wird darauf geachtet, ob die Unterlagen vollständig, fehlerfrei, ordentlich und übersichtlich angelegt sowie angemessen sind (vgl. *Schuler* 2014a, S. 263). Auf dieser Grundlage kann bereits aus formalen Gründen der Ausschluss eines Bewerbers erfolgen, wenn ein unbedingt erforderliches Qualifikationsmerkmal nicht gegeben ist (z. B. Führerschein für eine Fahrertätigkeit). Auch (höchster) Schulabschluss oder Zeugnisnoten können entscheidungsrelevant sein, wobei jedoch Probleme bestehen, Noten und Zeugnisse unterschiedlicher Schulen oder Länder zu vergleichen (vgl. *Schuler* 2014a). Formale Aspekte dienen der Vorselektion, sollten aber nicht (allein) zu einer Entscheidung führen (vgl. *Ridder* 2015, S. 103–104). Die nähere Auseinandersetzung mit verschiedenen Unterlagen basiert auch auf **inhaltlichen Aspekten**:

Vorselektion mittels formaler Prüfung

- Das **Bewerbungsschreiben** kann – insbesondere für kaufmännische Tätigkeiten – als eine erste Arbeitsprobe verstanden werden, die Rückschlüsse auf das Ausdrucksvermögen und die Fähigkeit zur systematischen Darstellung ermöglicht. Gegebenenfalls lässt sich die Motivation für die Bewerbung erkennen.

- Die Analyse des **Lebenslaufs** des Kandidaten erfolgt mit Blick auf Kontinuität bzw. erklärungsbedürftige Lücken. Aus dem bisherigen (persönlichen und beruflichen) Werdegang werden Hinweise auf die Eignung für die vakante Stelle gewonnen. Außerdem sind Spezialkenntnisse ersichtlich (z. B. Sprachen, EDV, sonstige Weiterbildung). Schlüsse auf Persönlichkeitsmerkmale, wie z. B. Initiative, Durchhaltevermögen oder Ehrgeiz, sind nur bedingt valide, da die Interpretation subjektiv erfolgt und eine Fortschreibung in die Zukunft nicht generell möglich ist (vgl. *Goth* 2009, S. 43–44).

- **(Hoch-)Schulzeugnisse** können besondere Begabungen und Fähigkeiten oder aus Ausbildungs- bzw. Studienschwerpunkten die Eignung für die Stelle erkennen lassen, wenn Inhalte und Leistungsniveau einzelner Studienfächer bzw. Hochschulen bekannt sind. In diesen Fällen gelten sie sogar als valideste Komponente der üblichen Bewerbungsunterlagen (vgl. *Schuler* 2014a, S. 264–265).

- **Arbeitszeugnisse** geben aufgrund der Verpflichtung zu wohlwollender Formulierung, unterschiedlicher Ausführlichkeit und der uneinheitlichen Konventionen bei der Formulierung wenig Aufschluss über das wahre Leistungspotenzial eines Bewerbers. Auch das verbreitete „Lesen zwischen den Zeilen" bringt nur subjektive Einschätzungen zustande (vgl. *Schuler* 2014a, S. 266). Jedoch liefern sie in der Regel zumindest einen Überblick über die Tätigkeiten, die eine Person in der Vergangenheit ausgeführt hat. Referenzen können nicht nur von bisherigen Arbeitgebern, sondern auch von anderen Personen oder Institutionen (z. B. Parteien, Kirchen, Verbänden) stammen. Da diese aufgrund einer persönlichen Verbundenheit von Referenzgeber und Bewerber in aller Regel positiv sind, kann hier allenfalls von Bedeutung sein, wer dem Kandidaten eine Referenz erteilt.

Im Rahmen der Sichtung der Bewerbungsunterlagen können **graphologische Gutachten** (Handschriftprobe des Bewerbers) Anwendung finden. Dazu wird in der Regel eine unlinierte Seite beschrieben, wobei der Inhalt unwichtig ist. Die Analyse erfolgt durch Fachleute anhand verschiedener Kriterien und es sollen umfassende Aussagen zu berufsrelevanten Merkmalen abgeleitet werden. Die Validität graphologischer Gutachten ist gering; daher verwundert es nicht, dass sie in Deutschland kaum noch zum Einsatz kommen (vgl. *Schuler* 2004, Sp. 1375–1376).

geringe Validität und Verbreitung

Insgesamt gilt die **prognostische Validität der Bewerbungsunterlagen** traditionell als gering (vgl. *Schmidt/Hunter* 1998, S. 262–274). Zum einen gibt es zahlreiche Bewerbungsratgeber für die Erstellung, worunter die Originalität der Bewerbung leidet. Zum anderen enthalten die Bewerbungsunterlagen vielfach Aufgaben, die nicht aufgabenbezogen sind. Außerdem muss eine beträchtliche Interpretationsleistung erbracht werden, um die Leistungsfähigkeit des Bewerbers in der späteren beruflichen Situation zu prognostizieren. Gleichwohl liefern Bewerbungsunterlagen erste Informationen über die (externen) Bewerber und sind damit im Rahmen der Personalauswahl unverzichtbar.

Um die Informationen aus den Bewerbungsunterlagen zu überprüfen oder zu vervollständigen, können **Personalfragebögen** zum Einsatz kommen. Da man damit die gleichen Informationen über alle Bewerber erhebt, wird ein direkter Vergleich möglich. Grenzen ergeben sich aus der Unzulässigkeit verschiedener Fragen (z. B. bezüglich Heiratsabsichten, Kinderwunsch, Partei- oder Gewerkschaftszugehörigkeit; vgl. *Rühl/Hoffmann* 2008, S. 113–116) sowie aus dem AGG, das bestimmte Fragen, z. B. nach Geschlecht und Alter problematisch macht. Außerdem muss der Betriebsrat dem Fragebogen zustimmen (vgl. VIII, 4). Werden im Fragebogen nicht nur Fakten erhoben, die unmittelbaren Bezug zu der (angestrebten) Tätigkeit aufweisen, sondern auch Daten, die das (berufliche und private) Verhalten des Bewerbers in der Vergangenheit sowie seine Ziele und Pläne widerspiegeln (sollen), spricht man von **biographischen Fragebögen**. Darin beantwortet der Bewerber eine Vielzahl von Fragen zu überdauernden, nicht situationsspezifisch geprägten Aspekten (vgl. *Schuler* 2014b, S. 268–271; Abb. III.1). Dies ist zulässig, so lange keine Persönlichkeitsrechte verletzt werden (vgl. *Püttner* 2014, S. 1212–1215).

Direkter Vergleich wird möglich.

Merkmalsbereich	Typische biografische Frage
Intelligenz	Wie viel Prozent Ihrer Klassenkameraden hatten bessere Schulnoten als Sie?
	Wie oft haben Sie bemerkt, dass Sie Probleme schneller lösen können als Ihre Freunde und Bekannten?
Persönlichkeit (Temperamentsmerkmale)	Wie oft haben Sie im letzten Monat etwas mit Freunden unternommen?
	Wie haben Sie reagiert, als Sie das letzte Mal gekränkt wurden?
Motivation und berufliche Interessen	Haben Sie neben Schule und Studium etwas gelernt, wozu Sie nicht verpflichtet waren?
	Haben Sie eine Computerzeitschrift abonniert?
Kenntnisse und Fertigkeiten	Haben Sie als Jugendlicher Ihr Fahrrad selbst repariert?
	In welchem Alter haben Sie begonnen, am Computer zu arbeiten?
Unmittelbarer Berufs-/ Aufgabenbezug	Hatten Sie bisher schon Gelegenheit, Führungs- aufgaben wahrzunehmen?
	Haben Sie schon als Kind oder Jugendlicher etwas verkauft?

Abb. III.1: Biographischer Fragebogen (in Anlehnung an Schuler 2014a, S. 268–269)

Die Grundidee dieser Fragebögen besteht darin, von der Biographie des Bewerbers auf sein zukünftiges Verhalten und Leistungspotenzial zu schließen. Dahinter steht die Annahme, dass die Antwort auf bestimmte Fragen mit einem entscheidenden Erfolgskriterium korreliert. Dabei müssen die Antworten nicht in einem ursächlichen Zusammenhang zu dem Erfolgskriterium stehen, vielmehr wird auf eine bestimmte Eigenschaft oder Verhaltensweise geschlossen. Biographische Fragebögen stammen aus den USA; dort haben sich mit dem „Weighted-Application Blank" (WAB) und dem „Biographical Information Blank" (BIB) zwei Ausgestaltungsformen etabliert (vgl. *Cascio* 1991, S. 191–192; *Becker* 2002, S. 133–135). Während bei dem WAB aus den Ausprägungen der Beobachtungsmerkmale in der Vergangenheit auf die Eignung des Bewerbers geschlossen wird, kommen bei dem BIB solche biographischen Daten zum Einsatz, die deutlicher auf subjektive Entscheidungen und Selbstbeurteilungen des Bewerbers abstellen.

Rückschluss von vergangenem auf zukünftiges Verhalten

Die Prognosevalidität dieser Fragebögen wird nicht als besonders hoch angesehen (vgl. *Schuler* 2004, Sp. 1375–1376). Außerdem sind die unterstellten Zusammenhänge zwischen dem Lebenslauf eines Kandidaten und seinem beruflichen Erfolg theoretisch bislang nicht geklärt. Die Akzeptanz auf Seiten der Bewerber ist gegeben, wenn die Fragen einen Bezug zur beruflichen Laufbahn erkennen lassen; sie sinkt, wenn sich die Fragen zu stark auf private und persönliche Bereiche beziehen. Die Qualität biographischer Fragebögen hängt davon ab, ob die passenden Fragen für die jeweilige berufliche Zielgruppe gefunden werden und der Zusammenhang mit den dahinter vermu-

Qualität hängt von zielgruppenadäquaten Fragen ab.

teten Erfolgsfaktoren gesichert ist. Diese Zusammenhänge sind gerade bei jungen Bewerbern (Berufsanfängern) aufgrund der tendenziell geringeren Verhaltensstabilität jedoch fraglich. Außerdem wird durch biographische Fragebögen nur ein Teil der berufsrelevanten Qualifikationsmerkmale geprüft. Ethische Probleme ergeben sich, da vielfach Fragen gestellt werden, die die Persönlichkeitssphäre berühren.

1.3 Bewerbungsgespräch und Testverfahren

Das **Vorstellungsgespräch** (Bewerbungsgespräch, Einstellungsinterview) findet in Form eines oder mehrerer Gespräche zwischen dem Bewerber und Vertretern des Unternehmens statt. Es gilt als das wichtigste Verfahren der Personalauswahl, dient dem beiderseitigen Kennenlernen und wird von den Bewerbern am besten akzeptiert (vgl. *Rosenstiel/Nerdinger* 2011, S. 159). Für das Unternehmen bietet sich die Möglichkeit, einen persönlichen Eindruck von dem Bewerber zu gewinnen und Aspekte zu klären, die aus den Bewerbungsunterlagen nicht (ausreichend) hervorgehen. Vorstellungsgespräche lassen sich anhand von drei Merkmalen unterscheiden (vgl. *Scholz* 2014a, S. 537–538):

Beiderseitiger persönlicher Eindruck wird möglich.

- Strukturierungsgrad des Gesprächs

- Anzahl der Beteiligten

- Gesprächsinhalte

Der **Strukturierungsgrad** bringt zum Ausdruck, inwieweit Inhalt und Ablauf des Gesprächs standardisiert sind. Bei einem strukturierten Gespräch werden die Fragen vor dem Interview festgelegt und allen Bewerbern im gleichen Wortlaut und in der gleichen Reihenfolge gestellt. Das halbstrukturierte Gespräch orientiert sich an einem Leitfaden, der es ermöglicht, Formulierungen situationsspezifisch zu wählen. Bei einem freien Gespräch wird auf eine solche Grundlage verzichtet, die Fragen werden frei formuliert und Antworten aufgegriffen. Zwar steigt damit die Spontanität des Gesprächs, jedoch nimmt die Vergleichbarkeit zwischen unterschiedlichen Bewerbern ab. Das unstrukturierte Interview gilt als wenig valide, da es einer subjektiven Urteilsbildung unterliegt und zahlreiche Fehlerquellen beinhaltet (vgl. *Schuler 2014a*, S. 278–280). Diese können beispielsweise darin gesehen werden, dass erste Eindrücke ein dominantes Gewicht aufweisen, negative Informationen überbewertet werden oder die Gesprächssituation zu starken Einfluss auf den Gesprächsverlauf und die Antworten gewinnt. Daher verwundert es nicht, dass in der Unternehmenspraxis vor allem strukturierte (2007 in 81,6 % der Fälle) und kaum noch unstrukturierte Interviews (2007 in 33,6 % der Fälle) durchgeführt werden (vgl. *Schuler* 2007, S. 60–70).

strukturiertes, halbstrukturiertes und freies Gespräch

Nach der **Anzahl der beteiligten Personen** unterscheidet man Einzel- und Gruppengespräche. Bei einem Einzelgespräch sind nur der

Einzel- und Gruppengespräch

Bewerber und ein Unternehmensmitglied anwesend, während an einem Gruppengespräch mehrere Personen teilnehmen. Dabei kann es sich auf der einen Seite um mehrere Bewerber handeln, die sich in der Gruppensituation profilieren sollen, woraus man sich Erkenntnisse hinsichtlich der Team- und Durchsetzungsfähigkeit der Bewerber erhofft. Auf der anderen Seite können mehrere Beurteilungspersonen am Gespräch teilnehmen, um ein tendenziell objektiveres Urteil zu erzielen.

Daneben lassen sich die **Gesprächsinhalte** variieren. Stehen fachliche Fragen im Mittelpunkt, erfordert das auf Unternehmensseite einen Spezialisten und es besteht ein enger Zusammenhang mit der Arbeitsprobe. Bei einem Stressgespräch wird versucht, den Bewerber (verbal) unter Druck zu setzen, um seine Belastbarkeit zu testen und widersprüchliche Aussagen aufzudecken. Mithilfe eines Tiefeninterviews sollen die Persönlichkeit des Bewerbers und unbewusste Einstellungen, Werte und Motive offen gelegt werden.

fachliches Gespräch

Stressgespräch und Tiefeninterview

„Wie viele Golfbälle passen in ein Flugzeug?" – Brain Teaser bei Google

Um die passendsten Kandidaten aus den Tausenden von Bewerbungen auszuwählen, die sie jedes Jahr erhalten, setzt Google seit einiger Zeit auf empirische Evidenz. So wurden z. B. die Einschätzungen der Bewerber durch die Interviewer im Bewerbungsgespräch mit der tatsächlichen späteren Leistung der Mitarbeiter abgeglichen. „We found zero relationship", berichtet Laszlo Bock, Senior Vice President of People Operations bei Google.

Lange Zeit wurden bei Google sogenannte „Brain Teaser" im Bewerbungsgespräch eingesetzt. Dabei wurden den Bewerbern Fragen gestellt wie „Wie viele Golfbälle passen in ein Flugzeug?" oder „Wie viele Tankstellen gibt es in Manhattan?". Die Ergebnisse der empirischen Überprüfung zeigen: Diese Fragen sind völlige Zeitverschwendung, weil sie nichts vorhersagen. Stattdessen ist Google dazu übergegangen, strukturierte Interviews mit den Bewerbern zu führen und dabei besonders situative Fragen bezogen auf eigene Erfahrungen des Bewerbers zu fokussieren, z. B. „Geben Sie mir ein Beispiel für eine Situation, in der Sie ein schwieriges analytisches Problem lösen mussten." Der Vorteil aus Sicht von Laszlo Bock liegt darin, dass man gleich zwei Arten von Informationen über den Bewerber gewinnt: Zum einen erfährt man etwas darüber, wie er sich in einer realen Situation verhalten hat und zum anderen bekommt man ein Gefühl dafür, was der Bewerber selbst als schwierig einschätzt. Und diese Informationen sind ein weit besserer Prädiktor für die spätere Leistung eines Kandidaten, als die früher eingesetzten Brain Teaser, die laut Bock vor allem einem Zweck dienen: „They serve primarily to make the interviewer feel smart."

Quelle: *Bryant* 2013

multimodales Interview

Eine besondere Form des Vorstellungsgesprächs stellt das **Multimodale Interview** dar (vgl. ursprünglich *Schuler* 1992; auch *Schuler* 2014a, S. 286–288). Es beinhaltet neben einer Selbstdarstellung der Bewerber unterschiedliche Elemente, durch deren Anwendung strukturiert und interaktiv Informationen über den Bewerber erhoben werden sollen. Dies gelingt durch fachliche und biographische Fragen. Eine Besonderheit sind situative Fragen, in denen eine alltägliche Arbeitssituation geschildert wird und der Bewerber beschreiben muss, wie er in dieser Situation agieren würde (vgl. *Blickle* 2011, S. 232). Die Antwort wird vorher festgelegten Antwortalternativen zugeordnet, die seitens des Unternehmens hinsichtlich ihrer Erwünschtheit in eine Rangfolge gebracht werden, so dass messbar ist, ob das Antwortverhalten des Bewerbers die Erwartungen des Unternehmens widerspiegelt.

Multimodales Interview bei Credit Suisse

Im mehrstufigen Personalauswahlprozess bei der Credit Suisse Private Banking erfolgt nach einem positiv bewerteten Online-Assessment sowie einem positiv bewerteten Telefoninterview die Einladung zu einem persönlichen Vorstellungsgespräch. Dieses wird als Multimodales Interview durchgeführt, das unterschiedliche Gesprächsteile (z. B. Selbstvorstellung, freie Fragen, Fragen zur Berufs- und Unternehmenswahl, Fragen zu Erfahrungen und Interessen sowie situative Fragen) beinhaltet. Für die Gestaltung der Gesprächsteile bestehen im Unternehmen unterschiedliche Leitfäden, die in Abhängigkeit von der angestrebten Position zum Einsatz kommen. Eine weitere Differenzierung ist im Rahmen freier oder tätigkeitsbezogener Fragen möglich. Auf Unternehmensseite nehmen an dem Gespräch immer ein Linienvertreter (der potenzielle Vorgesetzte) und ein Mitarbeiter der Recruitingabteilung teil. Die Bewertung der Gesprächsteile erfolgt differenziert mit unterschiedlichen Skalen.

Quelle: *Frintrup/Renner* (2002)

Das Vorstellungsgespräch bietet eine Möglichkeit zum gegenseitigen Austausch von personen-, aufgaben- und unternehmensbezogenen Informationen. Es kann sehr flexibel eingesetzt und anforderungsspezifisch ausgestaltet werden. Jedoch dürfen **Probleme** nicht übersehen werden, die insbesondere bei unstrukturierten Interviews aus Wahrnehmungsverzerrungen des Beurteilenden resultieren. Vor diesem Hintergrund verwundert es nicht, wenn unterschiedliche Interviewer zu verschiedenen Beurteilungen und damit Auswahlentscheidungen gelangen. Ein mangelnder Anforderungsbezug der Fragen, eine möglicherweise unzulängliche Verarbeitung der aufgenommenen

relativ geringe Validität

Informationen und emotionale Einflüsse auf die Urteilsbildung (z. B. Sympathie, Antipathie) können Gründe für eine relativ geringe Validität dieses Verfahrens sein (vgl. *Schmidt/Hunter* 1998, S. 262–274; *Schuler*

2014a, S. 289). Die Aussagekraft des Vorstellungsgesprächs wird daher oft überschätzt. Um sie zu erhöhen, sollten möglichst erfahrene Interviewer eingesetzt und verschiedene (weitgehend strukturierte) Interviewelemente verbunden werden. Jedoch sollten für eine Auswahlentscheidung weitere Verfahren herangezogen werden.

Eine Möglichkeit dazu stellen (psychologische) **Testverfahren** dar. Darunter werden standardisierte, routinemäßig anwendbare Verfahren verstanden, die die Ausprägung individueller Eigenschaften und Verhaltensmerkmale messen. Sie sollen Rückschlüsse auf Eigenschaften oder das Verhalten des Testkandidaten in anderen Situationen (z. B. während einer Beschäftigung im Unternehmen) ermöglichen. Tests sind – mit unterschiedlichen inhaltlichen Schwerpunkten – für alle Berufsgruppen durchführbar. Ein Vergleich der individuellen Auswertung mit Soll-Werten oder den Ergebnissen unmittelbarer Konkurrenten hilft, die Versuchsperson einzuschätzen.

standardisierte, routinemäßig anwendbare Verfahren

In der psychologischen Forschung ist eine Vielzahl unterschiedlicher **Testverfahren** entwickelt worden (vgl. z. B. *Rosenstiel/Nerdinger 2011*, S. 167–176); im Rahmen der Personalauswahl finden vor allem

- Intelligenztests,
- Leistungstests und
- Persönlichkeitstests

Anwendung.

Intelligenztests dienen dazu, die intellektuelle Leistungsfähigkeit von Bewerbern zu ermitteln. Ansatzpunkte zur Erfassung der Intelligenz bestehen beispielsweise in dem verbalen Verständnis, Wortschatz, Ausdrucksvermögen, Analogie-Denken, den allgemeinen Problemlösungsfähigkeiten sowie der Kombinations- und Merkfähigkeit. Daneben soll auch die Intelligenzstruktur erfasst werden (sprachliche und logisch-mathematische Intelligenz, räumliches Vorstellungsvermögen, Gedächtnisleistung), um intellektuelle Stärken und Schwächen potenzieller Mitarbeiter zu ermitteln.

Ermittlung der intellektuellen Leistungsfähigkeit

Leistungstests können allgemein ausgerichtet sein und auf Grundvoraussetzungen für jede Leistung abstellen (z. B. Konzentrationsfähigkeit, Aufmerksamkeit). Spezielle Leistungstests zielen auf die Erfassung spezifischer Fähigkeiten, die in Abhängigkeit von der angestrebten Tätigkeit unterschiedlich wichtig sind. Von Bedeutung sind vor allem motorische Leistungstests (z. B. Handgeschicklichkeit), sensorische Leistungstests (z. B. Sehschärfe, Farbwahrnehmung, Gehörsinn), technische Leistungstests (z. B. technisches Verständnis) und psychische Leistungstests (z. B. psychische Belastbarkeit). Weisen diese Testverfahren einen Bezug zur angestrebten Tätigkeit auf, stellen sie auch eine Arbeitsprobe dar. Arbeitsproben weisen generell die höchste Validität im Rahmen der Personalauswahl auf (vgl. *Schmidt/Hunter* 1998, S. 262–274).

Erfassung spezifischer Fähigkeiten

Erfassung von Persönlichkeitsmerkmalen

Durch **Persönlichkeitstests** sollen situationsunabhängige und zeitlich konstante Eigenschaften und Persönlichkeitsmerkmale eines Bewerbers erfasst werden, da die Leistung eines Mitarbeiters nicht nur von der Fähigkeit, sondern auch von der Persönlichkeit maßgeblich geprägt wird. Sie kommen vor allem bei der Einstellung von Führungs(nachwuchs)kräften zum Einsatz, wenn bestimmte Persönlichkeitsmerkmale besonders erfolgskritisch sind. Um zu aussagefähigen Ergebnissen zu gelangen, müssen diese Tests in jedem Fall von geschulten Psychologen durchgeführt und ausgewertet werden. Es ist jedoch nicht notwendig, dass die ermittelten Persönlichkeitsmerkmale in unmittelbarem Zusammenhang zu der vakanten Stelle stehen; vielmehr ist eine Übertragungs- bzw. Interpretationsleistung erforderlich. Eine besondere Form der Persönlichkeitstests sind berufsbezogene Tests, in denen in erster Linie tätigkeitsübergreifende Aspekte wie Motivation, Kontaktfähigkeit, Flexibilität oder Belastbarkeit abgefragt werden (vgl. *Weller/Matiaske* 2009; *Kanning/Schuler* 2014). Im Ergebnis liefern diese Tests ein berufsbezogenes Persönlichkeitsprofil und bieten in der Praxis vielfach den Einstieg in ein vertiefendes Gespräch.

vergleichbare Ergebnisse bei Verzicht auf situative und dynamische Einflüsse

Vorteile der Testverfahren bestehen darin, dass alle Kandidaten gleiche Chancen haben und keine persönlichen Präferenzen der Beurteiler zum Tragen kommen. Die Ergebnisse kommen auf einer eindeutigen Bewertungsgrundlage zustande und erlauben den Vergleich zwischen verschiedenen Bewerbern. Daher wird Testverfahren eine hohe Validität bescheinigt (vgl. *Schmidt/Hunter* 1998, S. 262). Jedoch bleiben Situationsmerkmale außer Acht, die vorhandene Fähigkeiten oder Eigenschaften in unterschiedlichen Situationen mehr oder weniger leistungsfördernd darstellen können. Auch die Möglichkeit, dass Menschen im Zeitablauf lernen und bestimmte Verhaltensweisen und Eigenschaften verändern bzw. Schwächen abstellen, bleibt unberücksichtigt. Aufgrund (vielfach) fehlender theoretischer Fundierung ist eine hohe Qualität der Testergebnisse nicht immer gegeben. Das ist insbesondere der Fall, wenn Unternehmen auf selbstentwickelte Verfahren zurückgreifen oder auf die professionelle Durchführung verzichten. Schließlich sollte bedacht werden, dass Bewerber sich auf Tests vorbereiten und Routine entwickeln können, wodurch das Ergebnis positiv beeinflusst wird.

Persönlichkeitstest für Auszubildende

Provadis, ein Bildungsdienstleister in Frankfurt-Höchst, hatte Probleme mit seinen Auszubildenden: Ein zu großer Anteil erwies sich nach der Einstellung als unzuverlässig und zu wenig gewissenhaft. Viele erhielten schlechte Bewertungen ihres Ausbilders oder brachen die Ausbildung ganz ab.

Um dieser Entwicklung entgegenzuwirken ergänzte Provadis die bis dahin eingesetzten kognitiven Tests sowie Leistungstests um einen Persönlichkeitstest, der mehr Auskunft über die Gesamtpersönlichkeit eines potenziellen Auszubildenden geben sollte. In

Zusammenarbeit mit der Ludwig-Maximilians-Universität München wurde eine Formel entwickelt, die auf Basis der Selbsteinschätzung der Kandidaten bezogen auf die Big-Five-Persönlichkeitseigenschaften (Extraversion, Offenheit, Verträglichkeit, Gewissenhaftigkeit, Neurotizismus) die Wahrscheinlichkeit errechnet, mit der der Kandidat seine Ausbildung erfolgreich abschließen wird. Es handelt sich um ein kompensatorisches Modell, in dem Defizite im kognitiven Bereich teilweise durch bestimmte Persönlichkeitseigenschaften ausgeglichen werden können. Alleine auf diese Kennzahlen will sich Provadis aber nicht verlassen: „Alle anderen Fragen – wie Passung zum Beruf oder Unternehmen – klären wir nach wie vor im Interview", sagt Markus Vogel, Leiter Personalcenter, Schwerpunkt Ausbildung bei Provadis.

Quelle: *Sattler* 2015

1.4 Assessment-Center

Das **Assessment-Center** stellt ein komplexes, standardisiertes, meist mehrtägiges Verfahren dar, bei dem mehrere Auswahlverfahren kombiniert zum Einsatz kommen, um die Eignung von Bewerbern zu beurteilen (vgl. *Rosenstiel/Nerdinger* 2011, S. 185–190). Zentrale **Merkmale** bestehen darin, dass mehrere Kandidaten gleichzeitig von mehreren Beurteilern (Führungskräfte oder Experten) beobachtet werden. Die Kandidaten durchlaufen verschiedene, möglichst arbeitstypische Übungen und Beurteilungssituationen und werden auf der Grundlage zuvor festgelegter Beurteilungsregeln hinsichtlich ihres Leistungs- und Sozialverhaltens beurteilt. Das Assessment-Center kann nicht nur zur Auswahl externer Bewerber, sondern auch zur Potenzialfeststellung bei Mitarbeitern eingesetzt werden (vgl. auch IV, 3). Es folgt – idealtypisch – einem **Ablauf**, der durch die Phasen Vorbereitung, Durchführung und Abschluss gekennzeichnet ist (vgl. Abb. III.2).

(Randnotiz: komplexes, standardisiertes Verfahren)

Mit dem Assessment-Center ist das **Ziel** verbunden, durch die Kombination mehrerer Verfahren die Auswahlentscheidung auf eine breite Basis zu stellen und Schwächen einzelner Verfahren zu kompensieren. Die Redundanz, die entsteht, wenn Merkmale durch mehrere Übungen erfasst werden, soll ebenso der Kompensation von Beurteilungsfehlern dienen, wie die hohe Standardisierung und der Einsatz mehrerer Beobachter. Durch Orientierung der Übungen an arbeitstypischen Situationen erhalten diese den Charakter von Arbeitsproben und es wird Realitätsnähe erzeugt. Zudem sind die Übungen so konstruiert, dass sie beobachtbares Verhalten provozieren. Die Beurteilung des gezeigten Verhaltens ist von der Beobachtung getrennt. Beobachtungen werden zunächst deskriptiv festgehalten und erst zu einem späteren Zeitpunkt bewertet, um frühzeitige Fehlschlüsse zu vermeiden.

(Randnotiz: breite Basis der Auswahlentscheidung)

Abb. III.2: Ablauf eines Assessment-Centers

Im Rahmen eines Assessment-Centers kommen Gruppendiskussionen mit oder ohne Rollenvorgabe, Kurzvorträge und Präsentationen, die Bearbeitung von Fallstudien und Aufgabensimulationen zum Einsatz (vgl. *Schuler/Kanning* 2014, S. 230–246). Jede dieser Übungen zielt auf vorgegebene spezifische Beurteilungsdimensionen (Fähigkeitsmerkmale), z. B. Kommunikationsfähigkeit, Durchsetzungskraft, Kooperationsfähigkeit, Führungskompetenz, Konfliktfähigkeit, Problemlösungsverhalten, Ausdrucksvermögen und Terminplanung sowie Prioritätensetzung (vgl. *Ridder* 2015, S. 110–111). Eine Leistungseinschätzung erfolgt üblicherweise anhand vorgegebener Skalen. Für Bewerber bietet das Assessment-Center den Vorteil eines weitgehend transparenten Vorgehens. Außerdem stellen sie ihre Eignung in mehreren Übungen unter Beweis, wodurch Schwächen ausgeglichen werden können.

Assessment-Center verursachen aber auch einen erheblichen Aufwand für Vorbereitung und Durchführung sowie Schulung der Beobachter (vgl. *Rosenstiel/Nerdinger* 2011, S. 190). Außerdem kann nicht grundsätzlich ausgeschlossen werden, dass es zu Beurteilungsfehlern durch subjektive Einschätzungen der Beobachter kommt. Umstritten ist, ob die Verfahren, die jeweils nur spezifische Facetten der Anforderungen erfassen können, verallgemeinernde Rückschlüsse auf

Überprüfung spezifischer Fähigkeiten durch verschiedene Übungen

Probleme:
– Aufwand

– Beurteilungsfehler

das spätere Verhalten der Mitarbeiter zulassen. Hinzu kommt, dass im Assessment-Center in erster Linie die relative Leistungsfähigkeit eines Teilnehmers innerhalb einer Gruppe beobachtet werden kann; das allgemeine (hohe oder geringe) Leistungsniveau der Gruppe findet keine Berücksichtigung. Die im Assessment-Center durchgeführten Übungen können bestimmte Verhaltensweisen der Teilnehmer begünstigen. Beispielsweise ist es denkbar, dass sich extrovertierte Personen durchsetzen und kooperative von konkurrenzorientierten Persönlichkeiten verdrängt werden. Die Einschätzungen über die Validität des Assessment-Centers gehen auseinander. Einerseits wird ihm eine geringe Validität bescheinigt (vgl. *Schmidt/Hunter* 1998, S. 262–274), andererseits bezeichnet man seine Validität als relativ hoch, was dann auch darauf zurückzuführen ist, dass die Teilnehmer in der Regel bereits die Vorauswahl erfolgreich absolviert haben und daher nur solche Bewerber teilnehmen, die grundsätzlich Potenzial erkennen lassen (vgl. *Ridder* 2015, S. 111–112). In der Praxis hat es eine erhebliche – nicht nur auf Führungskräfte beschränkte – Verbreitung gefunden. Aufgrund der skizzierten Probleme nehmen einige Unternehmen jedoch heute Abstand vom Assessment-Center und verlassen sich in ihrer Personalauswahl auf ausführlichere Interviewverfahren, wie das multimodale Interview (vgl. *Schuler* 2014a, S. 286–288), dessen Validität bei deutlich geringerem Aufwand nicht viel schlechter ausfällt (vgl. *Rosenstiel/Nerdinger* 2011, S. 190).

> – Messen der relativen Leistungsfähigkeit

> relativ valides Auswahlinstrument

In der Literatur finden sich unterschiedliche **Modifikationen des Assessment-Centers**: Zum einen wird seine Dynamisierung zur Erfassung von Verhaltensänderungen im Zeitablauf angeführt (vgl. *Schuler/Kanning* 2014, S. 232). Zum anderen weicht man teilweise von der Gruppenvariante ab und versucht, durch ein Einzel-Assessment-Center das Individuum stärker in den Mittelpunkt zu rücken. Dabei wird dann in erster Linie eine Fokussierung auf fachliche Kompetenzen vorgenommen, die u. a. in sog. Task-Based-Assessment-Centern geprüft werden und die eine „Aneinanderreihung unterschiedlicher Arbeitsproben" (*Schuler/Kanning* 2014, S. 232) darstellen.

Assessment Center entschärft

In Zeiten des Auszubildenden-Mangels muss man sich etwas einfallen lassen. Christoph Tacke, Direktor des Yachthotels Chiemsee veranstaltet daher seit einiger Zeit Assessment-Center der etwas anderen Art. Inspiriert von großen Hotelketten hat er diese auf seine Bedürfnisse zugeschnitten und etwas entschärft.

Jedes Assessment-Center beginnt mit der Begrüßung durch die Hotelleitung. „Wir machen das bewusst zu zweit, damit einer den leitenden Part übernehmen kann, während der andere das Szenario beobachtet", so Tacke. Es folgt eine Hausführung, bei der kleinere „Fallen" eingebaut sind. „Zum Beispiel das berühmte Papierknäuel auf dem Boden, um zu sehen, wer sich danach bückt", erläutert

Direktionsassistentin Christina Gruber. Außerdem stellt ein fiktiver Gast der Gruppe eine konkrete Frage, einzelne Räume im Hotel werden mit Fehlern präpariert und nach der Vorführung des Hotelfilms wird per Fragebogen geprüft, wer die darin enthaltenen Informationen noch im Kopf hat. Auch Tests in Mathematik, Englisch und Allgemeinwissen gibt es. Den Abschluss der Tagesveranstaltung bildet eine persönliche Feedbackrunde, bei der Tacke gute Bewerber zum Praktikum einlädt.

Der Hotelchef ist von dieser Vorgehensweise überzeugt. Auch, weil sie ihm viele Vergleichsmöglichkeiten bietet. „Es ist sehr aufschlussreich, die Jugendlichen in der Gruppe zu sehen." Das sei ganz anders, als bei einem üblichen Bewerbergespräch. „Man erkennt sofort, wer welche Rolle übernimmt. Das ist manchmal richtig spannend."

Quelle: *Gabler* (2014)

2 Personaleinführung

Der **Einführung von Mitarbeitern** wird in Unternehmen vielfach weit weniger Aufmerksamkeit als der Auswahl beigemessen. Dies ist problematisch, da die ersten Erfahrungen neuer Mitarbeiter im Unternehmen für das spätere Leistungsverhalten bedeutsam sind und häufig Anlass für Frustration und Demotivation geben. Zudem erscheint es vor dem Hintergrund überdurchschnittlich hoher Fluktuation in der Anfangsphase einer neuen Anstellung notwendig, den Einführungsprozesses näher zu betrachten.

Durch Personaleinführung soll Frustration verhindert oder abgebaut, eine schnellere Entfaltung des Leistungspotenzials des neuen Mitarbeiters ermöglicht und damit eine Fehlinvestition vermieden werden. Sie gilt als erfolgreich, wenn dem Mitarbeiter seine Aufgaben nahe gebracht und Wissens- und Fähigkeitsdefizite ausgeglichen werden sowie eine hohe Bindung (Commitment) an das Unternehmen entsteht. Die Personaleinführung beinhaltet zwei Teilaufgaben:

Frustration vorbeugen oder abbauen

- Unterweisung am neuen Arbeitsplatz
- soziale Integration in das neue Arbeitsumfeld

Eine systematische **Unterweisung** am Arbeitsplatz sieht eine Wissens- und Erfahrungsvermittlung durch den Vorgesetzten oder (erfahrene) Kollegen vor. Dadurch sollen neue Mitarbeiter mit arbeitsplatzrelevanten Informationen versorgt und mit ihren Aufgaben vertraut gemacht werden. Die Notwendigkeit dazu ergibt sich aus der Diskrepanz zwischen den Anforderungen an dem neuen Arbeitsplatz und den Kenntnissen des Mitarbeiters. Diese muss durch einen Überblick über Aufgaben, Besonderheiten des Unternehmens und wichtige Interaktionspartner überbrückt werden.

Informationsversorgung und Aufgabenkenntnis

> **Eindrucksvoll: Ihre ersten Wochen bei Henkel**
>
> Ihr erster Arbeitstag startet in der Regel schon wenige Wochen nach Ihrer Bewerbung. In den ersten Wochen werden viele neue Eindrücke auf Sie einwirken. Doch keine Sorge: Wir organisieren für jeden neuen Kollegen ein Orientierungsprogramm für den Einstieg – so heißen wir Sie herzlich bei uns willkommen. Bereits einige Wochen vor Ihrem ersten Arbeitstag erhalten Sie von uns ein „Onboarding e-Book". Das hilft Ihnen dabei, sich schnell zurechtzufinden. Am ersten Tag lernen Sie zunächst Ihre neuen Kollegen kennen. Wir zeigen Ihnen Ihr Arbeitsumfeld, erledigen mit Ihnen einige organisatorische Dinge und freuen uns auf den ersten gemeinsamen Team Lunch. Im ersten Jour-Fixe mit Ihrem Vorgesetzten erhalten

Sie Ihren Einarbeitungsplan und weitere nützliche Checklisten, die Ihnen dabei helfen, den ersten Wochen eine Struktur zu geben. Sie können vom ersten Tag an Verantwortung übernehmen und erhalten schnell Ihre ersten eigenen Projekte. Gerade zu Beginn werden Sie dabei natürlich nicht allein gelassen, sondern von Ihren Kollegen tatkräftig unterstützt.

Quelle: *Henkel* 2015

Mit der Einführung neuer Mitarbeiter ist ein **Sozialisationsprozess** verbunden, der auf Seiten des neuen Mitarbeiters ebenso wie auf Seiten des Unternehmens und der neuen Kollegen eine Anpassung erfordert. Er weist drei idealtypische Phasen auf (vgl. *Schanz* 2000, S. 398–401): (1) Die Vor-Eintrittsphase ist durch die Herausbildung von Erwartungen auf beiden Seiten, erste Erfahrungen (z. B. im Bewerbungsgespräch), einen Spannungsaufbau bei dem neuen Mitarbeiter und den etablierten Mitarbeitern sowie der Herausbildung gegenseitiger Ansprüche gekennzeichnet. (2) In der Eintrittsphase werden bei der Konfrontation mit dem neuen Umfeld nicht selten destabilisierende Erfahrungen (z. B. Praxisschock bei Berufsanfängern) gemacht. Die eigenen Werte, Ziele und Verhaltensweisen stoßen in dem neuen Umfeld an Grenzen. Es kommt zu ersten Zufriedenheitseinschätzungen auf Seiten des Unternehmens und des Mitarbeiters. (3) In der Metamorphose-Phase werden (im günstigsten Fall) Sozialisationsschwierigkeiten überwunden und der neue Mitarbeiter wird auf der Basis geteilter Werte, Ziele und Regeln in das Unternehmen integriert.

drei Phasen der Anpassung

Im Rahmen der Einführung neuer Mitarbeiter treten regelmäßig **Probleme** auf (vgl. *Bröckermann* 2014, S. 158–159). Diese resultieren zum einen aus der Aufgabe, wenn der neue Mitarbeiter durch die (ungewohnte) Arbeit (qualitativ oder quantitativ) unter- oder überfordert ist und eigene Kenntnisse (wie häufig bei Hochschulabgängern) nur in geringem Maße genutzt werden können. Außerdem können auf beiden Seiten zu hohe Erwartungen bestehen, die (kurzfristig) nicht erfüllbar sind. Zum anderen ergeben sich im Sozialisationsprozess Probleme, wenn Unklarheit über Erwartungen an das eigene Verhalten und die eigene Rolle besteht. Eng damit zusammen hängt ein Konflikt, der die Folge unklar abgegrenzter Aufgabenbereiche ist. Fehlendes Feedback durch Vorgesetzte und/oder Kollegen kann die Unsicherheit auf Seiten des neuen Mitarbeiters erhöhen.

Über- oder Unter-forderung

Rollenunklarheit

Es finden sich verschiedene Maßnahmen zur **Verbesserung der Einführung neuer Mitarbeiter** in das Unternehmen (vgl. *Bröckermann* 2014, S. 160–164). Damit sollte bereits vor dem Eintritt in das Unternehmen begonnen werden, indem der neue Mitarbeiter mit realistischen Informationen versorgt wird. Hilfreich ist es auch, wenn er frühzeitig (z. B. bei Vertragsunterzeichnung) Arbeitsplatz und Kollegen kennen lernt. Im Rahmen eines Einführungsgesprächs bzw. Einführungs-

Versorgung mit Informationen zum Unternehmen

seminars können Informationen zu Zielen, Produkten und Struktur des Unternehmens sowie zu Ansprechpartnern gegeben werden; in größeren Unternehmen lassen sich diese in „Einführungsbroschüren" zusammenfassen. In Ergänzung dazu bieten sich Paten- oder Mentorensysteme an, bei denen dem neuen Mitarbeiter für begrenzte Zeit ein erfahrener Kollege (nicht der Vorgesetzte) zur Seite gestellt wird, der die fachliche und soziale Integration unterstützen soll. Durch ein Einarbeitungsprogramm kann festgelegt werden, in welcher Reihenfolge Aufgaben übernommen und beherrscht werden müssen. Nicht zuletzt sollte der Vorgesetzte den Integrationsprozess durch regelmäßige Gespräche und frühzeitiges Feedback unterstützen.

regelmäßige Gespräche, frühzeitiges Feedback

3 Personalzuweisung

Zuordnung auf Stellen

Im Rahmen der **Personalzuweisung** (auch: Personaleinsatzplanung) werden Mitarbeiter frühzeitig, bewusst und unter Ausnutzung aller zur Verfügung stehenden Informationen auf Stellen im Unternehmen zugeordnet. Ziel dabei ist es, eine möglichst hohe Eignung der Mitarbeiter zu erreichen, d. h. Stellenanforderungen und Mitarbeiterqualifikation in Übereinstimmung zu bringen und eine Über- oder Unterqualifikation zu vermeiden. Dazu müssen die Anforderungen der Stellen und die Qualifikationen der Mitarbeiter einem sogenannten Profilvergleich unterzogen werden; von größerer Ähnlichkeit wird auf höhere Eignung geschlossen.

Abstands- und Verlaufsmaße

Als Maße für die Ähnlichkeit von Anforderungs- und Qualifikationsprofil können z. B. die Summe der (absoluten) Differenzen bzw. die euklidische Distanz herangezogen werden, bei denen sich Über- und Unterdeckungen gleich auswirken; es kann aber auch notwendig sein, die Unterdeckung zu minimieren. Im Gegensatz zu den Abstandsmaßen steht bei Verlaufsmaßen nicht die Differenz zwischen den Profilen, sondern der (ähnliche) Verlauf im Vordergrund; es wird daher auf – unterschiedliche – Korrelationskoeffizienten zurückgegriffen. Daneben können Mindestanforderungen definiert werden, die eine zwingende Voraussetzung für die Eignung darstellen. Die Kombination von Abstands- und Verlaufsmaßen sowie Mindestanforderungen ist ebenso möglich wie die Gewichtung der Merkmale.

Wird die Eignung eines Mitarbeiters für mehrere Stellen ermittelt, ergibt sich ein Eignungsprofil mit je einem Eignungswert für die verschiedenen Stellen. Auf der Grundlage des Eignungsprofils der Mitarbeiter lässt sich eine Zuordnung auf Stellen vornehmen. Mit zunehmender Zahl von Stellen und Mitarbeitern erleichtert Computerunterstützung die Lösung. Formal handelt es sich dabei um ein **Assignment-Problem**, bei dem eine gegebene Menge von Mitarbeitern auf eine gegebene Menge von Stellen derart zuzuordnen ist, dass die Summe der durch die Zuordnung realisierbaren Eignungswerte maximiert wird (vgl. *Spengler* 2004, Sp. 1473–1478).

Probleme der Personalzuweisung

Ein Profilvergleich weist einige Probleme auf und bringt nur eingeschränkt die Eignung von Mitarbeitern für Stellen zum Ausdruck. Es werden zum einen Teile der Qualifikation eines Mitarbeiters, denen keine Stellenanforderungen gegenüber stehen, sowie Interdependenzen zwischen verschiedenen Merkmalsausprägungen nicht betrachtet. Zum anderen besteht die Gefahr, dass die im Rahmen der Maximierung der Eignung entstehenden Kosten für das Schließen von Deckungslücken unbeachtet bleiben. Als Nebenbedingungen sollten gruppendynamische Einflüsse und die Motivation des Mitarbeiters für eine Stelle berücksichtigt werden. Erstere beeinflussen die Zusammenarbeit in einer Gruppe unabhängig von der Eignung der Mitarbeiter, Letztere wirkt sich nicht nur positiv auf die Leistung, sondern auch auf die Lernbereitschaft im Falle einer (teilweisen) Unterdeckung aus.

Jung, teamorientiert, kreativ: Internetstores setzt auf Workforce Management

Internetstores zählt zu den größten Bike- und Outdoor-E-Commerce-Unternehmen weltweit. Bereits 250 Mitarbeiter zählt das Unternehmen heute. Das Esslinger Unternehmen setzt auf eine Workforce Softwarelösung. Nach nur drei Monaten Projektlaufzeit liefen sowohl die Zeiterfassung als auch die Personaleinsatzplanung und Personalzuweisung. Korrekturen und Urlaubsplanungen werden über Workflow-Funktionalitäten abgewickelt. Dort, wo es erforderlich ist, sind Genehmigungsprozesse abgebildet. Durch das papierlose Verfahren werden erhebliche Zeiteinsparungen und starke Verbesserungen der Datenqualität realisiert. Gleichzeitig hat jeder Mitarbeiter umfassenden Einblick in die für ihn relevanten Informationen – z. B. geleistete Arbeitszeiten, Fehlzeitenplanungen oder in seinen Einsatzplan. Als integrierter Bestandteil kommt die Personaleinsatzplanungskomponente zum Einsatz. Das größte Augenmerk liegt dabei auf der gleichmäßigen Auslastung sowie dem Abfangen der ausgeprägten Saisonspitzen. Die Planung erfolgt unter Berücksichtigung der Gleichberechtigung der einzelnen Mitarbeiter. Somit wird sichergestellt, dass kein Mitarbeiter bei der Schichtverteilung bevorzugt wird, also die Verteilung der Früh- und Spätschichten gleichberechtigt erfolgt.

Quelle: *GFOS* 2015

Kontrollfragen zu Teil III

1. Welche Gründe können – unabhängig vom Verfahren – zu einer Fehlauswahl von Personal führen? Welche Konsequenzen sind damit verbunden?
2. Worin bestehen Validitätsprobleme (der Verfahren) der Personalvorauswahl?
3. Wie lassen sich Vorstellungsgespräche differenzieren?
4. Welche Einschränkungen der Aussagefähigkeit von Testverfahren sind zu berücksichtigen?
5. Welche Merkmale kennzeichnen ein Assessment-Center?
6. Worin bestehen Probleme bei der Einführung neuer Mitarbeiter? Wie lassen sie sich lösen?
7. Welche Probleme sind mit einer Zuweisung auf der Basis von Eignungswerten verbunden?

Fallstudie: Personalauswahl beim Auswärtigen Amt – drei Schritte bis zum „Laureaten"

Um EU-Beamter zu werden, muss man erfolgreich an einem Auswahlverfahren des Europäischen Amts für Personalauswahl (EPSO) teilnehmen. Ob Kommission, Parlament oder Rat, ob Gerichtshof, Wirtschafts- und Sozialausschuss oder Ombudsmann – durch das Auswahlverfahren müssen alle Bewerber. Die Anmeldung zur Teilnahme am Auswahlverfahren erfolgt ausschließlich online über die Website des Europäischen Amts für Personalauswahl (EPSO).

Nachdem der Bewerber seine Bewerbungsdaten innerhalb der Bewerbungsfrist eingegeben hat, findet im ersten Schritt ein Vorauswahltest in einem von vielen deutschlandweiten Prüfzentren statt.

Ist der erste Schritt geschafft, folgt ein zweiter: der E-Tray (Postkorbübung). Hier geht es darum, unter Zeitdruck und teilweise mit unvollständigen Informationen für den Berufsalltag typische, prozedurale oder inhaltliche Entscheidungen zu treffen. Damit sollen wichtige Kernkompetenzen wie Prioritätensetzung, Ergebnisorientierung und Organisationsfähigkeit getestet werden. Der E-Tray wird ebenfalls in den Prüfzentren abgelegt.

Ist auch der zweite Schritt erfolgreich, wird der Bewerber zum Assessment Center geladen. In dieser Wettbewerbsphase müssen individuelle Aufgaben (u. a. umfassende Fallstudie, strukturiertes kompetenzbezogenes Interview, Vortrag) und Gruppenübungen absolviert werden. Ziel ist es, folgende Kompetenzen einzuschätzen:

- Analyse- und Problemlösungskompetenz
- Kommunikationsfähigkeit
- Liefern von Qualität und Ergebnissen
- Fähigkeit zur persönlichen Weiterentwicklung
- Prioritätensetzung und Organisationsvermögen
- Belastbarkeit
- kooperative Zusammenarbeit
- ggf. Führungsfähigkeit

Der im Assessment-Center erfolgreiche Bewerber hat den „Concours" bestanden und wird in eine Eignungs- bzw. Reserveliste aufgenommen. Nur die Personen, die auf der Reserveliste stehen („Laureaten") können sich, innerhalb eines Jahres, auf konkrete, ausgeschriebene Stellen in den europäischen Institutionen bewerben. Es folgen dann weitere Auswahlprozesse.

Quelle: *Auswärtiges Amt* 2015

Fragen zum Fallbeispiel

1. Ist es möglich, durch das skizzierte System die Validität der Personalauswahl zu erhöhen?

2. Stellt die Standardisierung mit dem Ziel der Vergleichbarkeit ausschließlich einen Vorteil dar?

3. Worin bestehen aus Sicht der Bewerber mögliche Vorteile? Lassen sich auch Nachteile identifizieren?

4. Glauben Sie, dass durch die mehrstufige Personalauswahl des Auswärtigen Amtes bessere Auswahlentscheidungen getroffen werden? Warum (nicht)?

Teil IV:
Beurteilung

Überblick

Personalbeurteilung findet in Unternehmen als Leistungs- und/oder Potenzialbeurteilung statt. Der Beschreibung der mit ihnen verbundenen Zwecke schließen sich ein Überblick über die wichtigsten hierarchischen Beurteilungsverfahren sowie deren kritische Würdigung an. Als nicht-hierarchische Verfahren werden die Vorgesetztenbeurteilung, die Kollegenbeurteilung und die Selbstbeurteilung sowie das 360-Grad-Feedback besprochen. Im Anschluss werden generelle Grenzen und Probleme der Leistungsbeurteilung skizziert. Eine knappe Darstellung der Potenzialbeurteilung schließt diesen Teil ab.

Lehr-/Lernziele

Nachdem Sie diesen Teil gelesen haben, sollten Sie
- Begriff und Zwecke der Personalbeurteilung kennen,
- die wichtigsten hierarchischen Beurteilungsverfahren erläutern können,
- nicht-hierarchische Beurteilungsverfahren verstanden haben,
- die Grundidee des 360-Grad-Feedbacks skizzieren können,
- in der Lage sein, Grenzen, Probleme und Fehlerquellen der Leistungsbeurteilung zu erläutern, und
- beschreiben können, was unter Potenzialbeurteilung verstanden wird.

1 Begriff und Zwecke der Personalbeurteilung

Die **Beurteilung** von Menschen ist in Unternehmen die Regel und wird als unvermeidbar angesehen. Sie beinhaltet Urteile über Verhalten, Leistung oder Leistungspotenzial von Mitarbeitern. Während bei informeller Beurteilung die Beurteilungskriterien nicht eindeutig vorgegeben sind, werden bei formaler Beurteilung explizite Kriterien benannt, die eine transparente und nachvollziehbare Beurteilung ermöglichen sollen.

Urteile über Verhalten, Leistung, Leistungspotenzial

Personalbeurteilung bezeichnet einen institutionalisierten Prozess, in dem planmäßig und formalisiert Informationen über Leistungen und/oder Potenziale von Unternehmensmitgliedern durch dazu beauftragte Personen erhoben werden (vgl. *Becker* 2009, S. 160–161). Beurteilungsgrundlagen sind in der Regel arbeitsplatzrelevante Leistungs- und Verhaltenskriterien. Die **Leistungsbeurteilung** fokussiert auf die (beobachtbare) Leistung eines Mitarbeiters oder einer Gruppe. Eine outputorientierte Beurteilung setzt an dem Arbeitsergebnis an und vergleicht das Ist- mit dem Soll-Ergebnis. Der Grad der Übereinstimmung bzw. Abweichung wird als Indikator für die Leistung betrachtet. Dafür muss die Leistung einer Person zugerechnet und in nachvollziehbarer, möglichst objektiver Weise gemessen werden können. Eine inputorientierte Beurteilung basiert auf der Annahme, dass Leistung maßgeblich von Eigenschaften, Qualifikation und Verhalten der Mitarbeiter geprägt ist. Auch hier kommt es zu einem Abgleich zwischen Soll und Ist als Leistungsindikator. Während die Leistungsbeurteilung aus einer Ex-post-Perspektive erfolgt, stellt die **Potenzialbeurteilung** auf die Bildung von Erwartungen für die Zukunft durch eine (begründete) Abschätzung individueller und kollektiver Leistungspotenziale ab.

formalisierter, planmäßiger Prozess

Beobachtbare Leistung wird gemessen.

Abschätzung von Leistungspotenzialen

Die Leistungsbeurteilung wird vielfach nur im Rahmen der leistungsabhängigen Entgeltdifferenzierung betrachtet. Daneben existieren noch viele andere **Verwendungszwecke der Beurteilung**:

- Anreizdifferenzierung
- Personalzuweisung
- Entwicklungsbedarfsermittlung
- Führung
- Kontrolle

Die **Differenzierung von Anreizen** basiert neben den Anforderungen der Stelle vielfach auf der individuellen oder kollektiven Leistung der Mitarbeiter. Dadurch sollen Leistungsanreize geschaffen und die Leistung gefördert werden. Die Leistungsbeurteilung stellt dazu eine **informatorische Grundlage** dar und soll den Zusammenhang zwischen Leistung und Anreizgewährung transparent und nachvollziehbar machen (vgl. VI).

Zur Optimierung des Leistungserstellungsprozesses benötigen Unternehmen Informationen über die Leistung ihrer Mitarbeiter. Diese Informationen bilden die Grundlage der **Personalzuweisung**, damit jeder Mitarbeiter auf einer Stelle beschäftigt werden kann, die seiner qualitativen und quantitativen Leistungsfähigkeit möglichst weitgehend entspricht (vgl. III, 2). Eng damit zusammenhängend stellt die Leistungsbeurteilung Informationen für die Beförderung, Versetzung und Freisetzung von Mitarbeitern zur Verfügung.

Werden in der Leistungsbeurteilung Leistungsdefizite aufgedeckt, kann darin der Anlass zu **Personalentwicklung** gesehen werden (vgl. V). Die Bereitschaft der Mitarbeiter zum Abbau der Defizite wird gefördert, wenn sie aufgrund einer systematischen, nachvollziehbaren Beurteilung ermittelt werden. Außerdem sind Leistungsbeurteilungsergebnisse ein Kriterium für die Auswahl der Entwicklungskandidaten, die in Abhängigkeit von Umfang und Bedeutung aufgedeckter Defizite erfolgen kann.

Im Rahmen der **Personalführung** soll die Leistungsbeurteilung durch den Vorgesetzten dem Mitarbeiter die Einschätzung seiner Leistung und seines Verhaltens wiederspiegeln und gegebenenfalls zu einer Leistungsverbesserung und Verhaltensänderung motivieren. Durch eine (partizipative) Festlegung von Leistungserwartungen für die kommende Periode in Form einer Zielvereinbarung wird der Abgleich von Soll- und Ist-Leistung nach Beendigung der Periode transparent gemacht und die Nachvollziehbarkeit der Beurteilungsergebnisse erhöht (vgl. VII, 4).

Die **Kontrolle** kann sich zum einen auf die Leistung der Mitarbeiter richten; zum anderen beinhaltet sie auch eine Überprüfung des Erfolgs durchgeführter personalwirtschaftlicher Maßnahmen (z. B. Behebung von Defiziten durch Personalentwicklung).

Damit die skizzierten Beurteilungszwecke erreicht werden, müssen verschiedene **Anforderungen** erfüllt sein (vgl. *Becker* 2009, S. 270–284):

- Es sollten durch Bezugnahme auf den erwünschten individuellen Anteil an der Gesamtleistung des Unternehmens vorab definierte Leistungsziele bestehen, die einen Soll-Ist-Vergleich ermöglichen und damit eine Zielerreichung oder Zielabweichung deutlich machen.

- Die Beurteilung der Leistung bezieht sich auf die relevante Leistungsperiode und die in dieser Periode vorherrschenden situativen Bedingungen. Während günstige Bedingungen leistungsförderlich sein können, führen ungünstige Rahmenbedingungen zu einer

Margin notes:

informatorische Grundlage

Optimierung der Stellenbesetzung

Abbau von Leistungsdefiziten

Feedback zu Leistung und Verhalten

Kontrolle individueller Leistung und personalwirtschaftlicher Maßnahmen

Bezugnahme auf …

… individuelle Leistung

… relevante Leistungsperiode

Leistungsminderung. Blieben diese Zusammenhänge unberücksichtigt, würde das Leistungsergebnis von Zufälligkeiten und Unwägbarkeiten abhängen. Ein negativer Einfluss auf die Motivation der Mitarbeiter wäre dann nicht auszuschließen. Inwieweit daneben persönliche Leistungsvoraussetzungen (z. B. persönliche Situation) in die Beurteilung einfließen sollten, ist umstritten.

- Da die Leistung das Ergebnis des Zusammenspiels von Motivation und Fähigkeit ist, müssen beide Komponenten – von Fall zu Fall in unterschiedlicher Gewichtung – in die Beurteilung eingehen.

… Fähigkeiten und Motivation

In der Literatur findet sich eine Vielzahl an **Beurteilungsverfahren**, die danach unterschieden werden können, ob die Leistungsbeurteilung hierarchisch („von oben nach unten") oder nicht-hierarchisch erfolgt. Im Folgenden wird auf die in Abbildung IV.1 enthaltenen hierarchischen Verfahren vertieft eingegangen. Ergänzt werden diese um nicht-hierarchische Beurteilungsverfahren sowie das 360-Grad-Feedback (vgl. 2.2, 2.3).

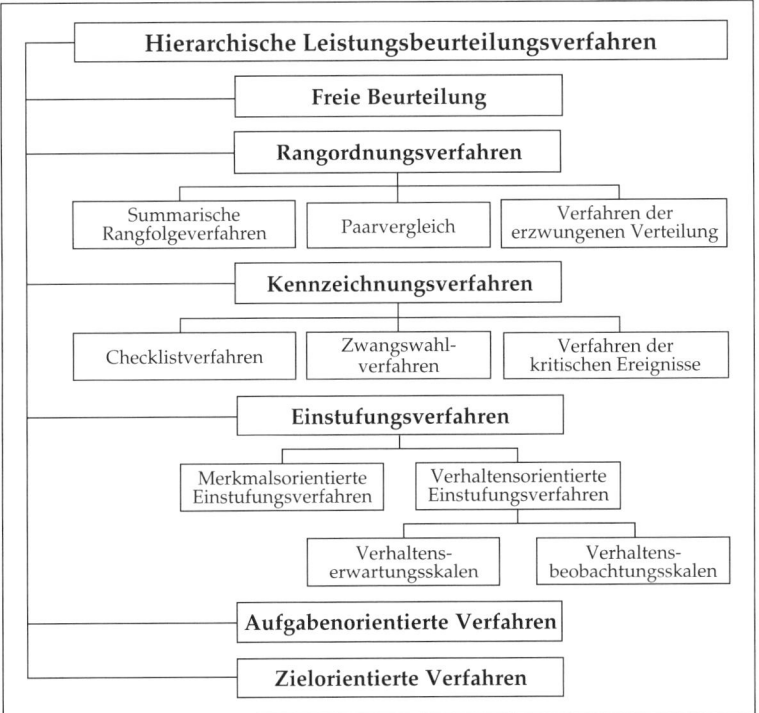

Abb. IV.1: Hierarchische Verfahren der Leistungsbeurteilung
(in Anlehnung an Becker 2009, S. 286)

2 Leistungsbeurteilung

2.1 Hierarchische Verfahren

2.1.1 Freie Beurteilung

intuitives, informelles Urteil

Werden Leistungen von Mitarbeitern ohne strukturierte Vorgaben und Verfahren beurteilt, spricht man von **freier Beurteilung** (vgl. *Blickle* 2014, S. 277). Der Beurteiler bildet sich mehr oder weniger intuitiv ein Urteil darüber, ob er mit dem Mitarbeiter zufrieden ist. Dadurch sollen Erfahrungen und Fachwissen von Führungskräften genutzt werden, ohne dafür ein formalisiertes Verfahren anstoßen zu müssen (vgl. *Lohaus/Schuler* 2014, S. 369). Im Gegensatz zu informellen Beurteilungen erfolgen freie Beurteilungen hierarchisch. Sie werden bewusst instrumentalisiert und können daher durchaus Konsequenzen nach sich ziehen.

differenzierte Leistungsbeschreibung

ggf. Akzeptanzprobleme

geringe Vergleichbarkeit

Ein Vorteil freier Beurteilungen besteht darin, dass Leistungen sehr differenziert beschrieben werden können, da der Beurteiler nicht an bestimmte Kriterien und Verfahren gebunden ist und daher genauer auf die Spezifika des Arbeitsplatzes und der Person eingehen kann. Außerdem sind freie Beurteilungen wesentlich spontaner möglich, als dies bei anderen Beurteilungsverfahren der Fall ist. Da jedoch Kriterien fehlen, muss das Beurteilungsergebnis nicht immer nachvollziehbar sein und es können Akzeptanzprobleme auftreten. Sie bieten aber eine Einstiegsmöglichkeit in das Mitarbeitergespräch, das die Konflikte aufgreifen und klären kann. Die geringe Vergleichbarkeit mit den Beurteilungsergebnissen anderer Mitarbeiter sorgt dafür, dass die Ergebnisse auch aus Unternehmensperspektive nur eingeschränkt nutzbar sind und Konsequenzen nicht ohne weiteres objektiv abgeleitet werden können. Trotz der Nachteile kann freien Beurteilungen insbesondere in kleinen Unternehmen eine verbreitete Anwendung bescheinigt werden. Jedoch versucht man auch hier zunehmend, Kriterien zu benennen, um die Nachvollziehbarkeit und Akzeptanz der Beurteilung zu erhöhen.

2.1.2 Rangordnungsverfahren

Werden die Beurteilten hinsichtlich ihrer Leistung in eine Rangfolge gebracht, spricht man von **Rangordnungsverfahren**. Darunter fasst man (vgl. *Becker* 2009, S. 288–293):

- Rangfolgeverfahren
- Paarvergleich
- Verfahren der erzwungenen Verteilung

Bei dem **summarischen Rangfolgeverfahren** wird die Leistung in Form einer undifferenzierten Gesamtbetrachtung bestimmt. Der Beurteilende stellt fest, welcher Mitarbeiter in der betrachteten Periode die beste Leistung gebracht hat und wer am schlechtesten war. Im nächsten Schritt werden der zweitbeste bzw. der zweitschlechteste benannt usw. Dadurch stehen alle Mitarbeiter zueinander in Relation. Aufgrund der mangelnden Nachvollziehbarkeit der Kriterien ist jedoch der Unterschied zur freien Beurteilung nur gering. Dem versucht man durch **analytische Rangfolgeverfahren** mit verschiedenen Leistungskriterien entgegenzutreten. Für jedes Kriterium wird dann eine Rangfolge der beurteilten Mitarbeiter bestimmt. Die Rangplätze erhalten gleichmäßig abgestufte Punktwerte (z. B. 5, 10, 15, 20 Punkte usw.), durch Addition der Punkte ergibt sich die Gesamtrangfolge.

undifferenzierte Gesamtrangfolge

Analytisches Rangfolgeverfahren				
Kriterium / Punkte	Leistungsmenge	Leistungsgüte	Verantwortung	Führungsverhalten
25	Müller		Lehmann	Lehmann
20		Müller	Müller	
15	Meyer	Meyer		Meyer
10			Meyer	
5	Lehmann	Lehmann		Müller
Rangfolge				
1		Müller	(70)	
2		Lehmann	(60)	
3		Meyer	(55)	

Abb. IV.2: Leistungsbeurteilung mit Hilfe des Rangfolgeverfahrens (in Anlehnung an Becker 2009, S. 310)

Vergleicht der Beurteiler (summarisch oder analytisch) alle Mitarbeiter einer Arbeitsgruppe bezüglich des zu beurteilenden Merkmals untereinander, spricht man vom **Paarvergleich** (vgl. *Blickle* 2014, S. 279). Dadurch wird ermittelt, welcher Mitarbeiter jeweils der bessere ist. Dieser erhält dann einen Punkt; aus der Addition der Punktwerte ergibt sich eine Gesamtrangfolge. Der Paarvergleich zwingt dazu, im Hinblick auf vordefinierte Kriterien direkte Vergleiche vorzunehmen. Bei wachsender Gruppengröße ergeben sich aber erhebliche Schwierigkeiten, die Kriterien konsistent anzuwenden.

paarweiser Vergleich der Mitarbeiter

Das **Verfahren der erzwungenen Verteilung** basiert auf der Annahme, dass jede Gruppe ein normalverteiltes Leistungsspektrum auf-

Einordnung in Normalverteilung

weist (10 % sehr gute bzw. sehr schlechte, 20 % gute bzw. schlechte, 40 % durchschnittliche Mitarbeiter; vgl. z. B. *Blickle* 2014, S. 279). Der Beurteiler muss die Mitarbeiter in diese Vorgabe einordnen und dabei die gebildeten Kategorien jeweils vollständig füllen; daher werden solche Verfahren auch als Verfahren mit Quotenvorgabe bezeichnet (vgl. *Lohaus/Schuler* 2014, S. 374–375). Als problematisch erweisen sich dabei die fehlenden Differenzierungsmöglichkeiten vor allem in der (großen) mittleren Gruppe. Außerdem entstehen relativ harte Übergänge an den Gruppengrenzen. Die Abstufung der vorgegebenen Kategorien muss mit der Realität im Einzelfall nicht übereinstimmen.

Mitarbeiter-Ranking-Methode bei Microsoft

Von 2006 bis 2013 nutzten die Manager bei Microsoft eine erzwungene Verteilung als Form der Personalbeurteilung. Dabei musste die Leitungsebene der Abteilungen alle Mitglieder der Abteilungen beurteilen und als Top-Performer (20 %), überdurchschnittliche (20 %), durchschnittliche (40 %) und unterdurchschnittliche (13 %) Leistungsträger sowie Totalversager (7 %) einordnen. Dabei wurde die Führungskraft angewiesen, die festgelegten Prozentsätze zu nutzen, was nicht nur vereinzelt zu Konkurrenz untereinander geführt hat. Zumindest die Gruppe der Totalversager war akut entlassungsgefährdet. Darüber hinaus wurden auch leistungsabhängige Anteile der Vergütung an diese Beurteilung geknüpft. Die Leitungsebene war aufgrund des Personalbeurteilungsverfahrens gezwungen, einen gewissen Anteil ihrer Mitarbeiter sehr schlecht zu bewerten. Dabei waren insbesondere die Vergleiche zwischen den Abteilungen kaum aussagekräftig. In einer sehr leistungsstarken Abteilung wurden daher Individuen als Totalversager eingestuft, die als Mitglied einer anderen Abteilung als durchschnittliche Leistungsträger beurteilt worden wären. Da die Grenzen zwischen den Abteilungen fließend verliefen, versuchten leistungsstarke Beschäftigte nicht mit anderen Abteilungen zusammenzuarbeiten. So sollte die Gefahr einer schlechteren Beurteilung verringert werden. Auf Grund diverser negativer Entwicklungen wurde diese Form der Beurteilung 2013 wieder abgeschafft.

Quelle: *Donath* 2013

---

präzise Relation der Mitarbeiter

Rangordnungsverfahren setzen alle Mitarbeiter in eine vergleichsweise präzise Relation zueinander. Das bildet eine transparente Grundlage für nachgelagerte Entscheidungen (z. B. Aufstieg, Entgelt). Jedoch **hoher Aufwand** erweisen sich diese Verfahren als äußerst aufwändig und sind bei großen Gruppen kaum noch handhabbar. Ein Vergleich zwischen **eingeschränkter Vergleich zwischen Mitarbeitergruppen** Gruppen ist – wegen fehlender (einheitlicher) Kriterien – nicht möglich. Liegt der Beurteilung eine Ordinalskala zugrunde, wird über die Differenz zwischen zwei Arbeitsplätzen nichts ausgesagt (vgl. *Becker* 2009, S. 340). Zudem gestaltet sich eine differenzierte Beurteilung im durchschnittlichen Leistungsbereich (in der Mitte der Rangordnung) als schwierig. Folglich sind Rangordnungsverfahren mittlerweile relativ wenig verbreitet (vgl. *Berthel/Becker* 2013, S. 275)

2.1.3 Kennzeichnungsverfahren

Kennzeichnungsverfahren geben an, ob und inwieweit der Beurteilte vorgegebene Kriterien (z. B. Leistung, Eigenschaften, Verhalten) erfüllt. Es lassen sich drei Verfahren unterscheiden:

- Checklistverfahren

- Zwangswahlverfahren

- Verfahren der kritischen Ereignisse

Im Rahmen von **Checklistverfahren** erhält der Beurteiler eine Liste, die knappe Verhaltensbeschreibungen („Items") aufweist, anhand derer der Beurteilte eingeschätzt werden soll (vgl. *Lohaus/Schuler* 2014, S. 372). In der Regel ist nicht bekannt, welche der Verhaltensbeschreibungen positive oder negative Konsequenzen für das mit der Beurteilung verbundene Ziel haben. Vielmehr wird lediglich eine Beschreibung abgegeben, deren Auswertung an anderer Stelle (z. B. in der Personalabteilung) erfolgt. Die in der Liste enthaltenen Items können gleiche Bedeutung aufweisen; verbreiteter ist es jedoch, sie mit einer Gewichtung zu koppeln.

Beurteilung anhand knapper Verhaltensbeschreibungen

Bei dem **Zwangswahlverfahren** handelt es sich um eine Spezifikation des Checklistverfahrens. Der Beurteilende soll die Verhaltensbeschreibungen dichotom (zweigeteilt) in positiver und negativer Weise vornehmen (z. B. durch Statements wie „richtig" oder „falsch", „trifft zu" oder „trifft nicht zu"). Es können keine eigenen Kriterien und differenzierte Ausprägungen eingebracht, sondern nur die vorgegebenen Items und dichotomen Urteile verwendet werden. Welche Konsequenz das abgegebene Urteil hinsichtlich des mit der Beurteilung verknüpften Ziels hat, ist dem Beurteiler nicht bekannt.

dichotome Verhaltensbeschreibungen

Das **Verfahren der kritischen Ereignisse** basiert auf der Annahme, dass spezifische Verhaltensweisen bzw. Handlungen für den (Miss-)Erfolg einer Aufgabenerfüllung besondere Bedeutung aufweisen. Auffällige Verhaltensweisen von Mitarbeitern werden dazu über einen Zeitraum hinweg gesammelt und als zielführend und nicht-zielführend differenziert. In ein Formular überführt bilden sie den Gegenstand einer Beurteilung, deren Ergebnis sich aus dem Saldo positiver und negativer Ereignisse (Verhaltensweisen) ergibt (vgl. *Becker* 2009, S. 303–304).

Beurteilung anhand spezifischer Verhaltensweisen und Handlungen

Kennzeichnungsverfahren sind relativ stark formalisiert und auch zur Beurteilung größerer Gruppen verwendbar. Sie engen den Auslegungsspielraum des Beurteilenden ein, indem die Kriterien und zum Teil auch die Beurteilung in dichotomer Weise vorgegeben werden. Damit kann keine individualisierte oder auf besondere Aufgabenanforderungen abgestellte Bewertung erfolgen. Eine inhaltlich fundierte

Starke Formalisierung verhindert individualisierte, situative Beurteilung.

Begründung der Beurteilung ist nicht vorgesehen (vgl. *Becker* 2009, S. 343–344). Die Verfahren verursachen einen hohen Aufwand, wenn stellenspezifische Kriterienkataloge erstellt werden müssen. Ihre Verbreitung in der Praxis ist daher begrenzt (vgl. *Berthel/Becker* 2013, S. 276).

2.1.4 Einstufungsverfahren

vorgegebene, gewichtete Beurteilungskriterien

Bei **Einstufungsverfahren** werden Beurteilungskriterien vorgegeben, gewichtet und mit Skalen versehen, die unterschiedliche Ausprägungen der Kriterien abbilden. Die eingesetzten Formulare enthalten in der Regel die Beurteilungskriterien und geordnete, teilweise verbal beschriebene Ausprägungsstufen. Die von dem Beurteiler wahrgenommene Ausprägung der Kriterien bei einem Mitarbeiter wird mit den vorgegebenen Kategorien verglichen und die treffendste Ausprägung ausgewählt. Dadurch sollen Pauschalurteile vermieden und die Hervorhebung oder Vernachlässigung bestimmter Aspekte verhindert werden. Man unterscheidet **zwei Formen** der Einstufungsverfahren:

- merkmalsorientierte Verfahren

- verhaltensorientierte Verfahren

Tätigkeits- und Eigenschaftsmerkmale

Bei **merkmalsorientierten Verfahren** sind Tätigkeitsmerkmale, aber auch Eigenschaftsmerkmale vorgegeben. Der Beurteiler muss mithilfe numerischer Skalen angeben, inwieweit die Merkmale bei der beurteilten Person zutreffend sind. Empirischen Studien zufolge schwankt die Zahl der Merkmale zwischen 3 und 40 (vgl. *Becker* 2009, S. 307). Dabei finden in der Regel in Unternehmen für alle Mitarbeiter die gleichen Merkmale Verwendung; allenfalls bei Führungskräften kommt es zu einer Ergänzung um führungsbezogene Merkmale. Dadurch wird die unternehmensweite, aufgabenunabhängige Vergleichbarkeit der Beurteilungsergebnisse angestrebt. Eine Gewichtung der Merkmale kann erforderlich sein, um unterschiedlichen Anforderungen angemessen Rechnung zu tragen. Dazu werden die Gewichtungsfaktoren verbindlich vorgegeben (festgelegte Gewichtung) oder von dem Beurteilenden bestimmt (freie Gewichtung). Es lassen sich zwei Grundmodelle merkmalsorientierter Verfahren unterscheiden: Zum einen werden Erläuterungen je Merkmal und Stufe in Sätzen beschrieben, zum anderen erfolgt eine Erläuterung der Hauptmerkmale nur durch exemplarische Fähigkeiten, Eigenschaften und/oder Verhaltensweisen, wobei nur die (fett gedruckten) Hauptmerkmale bewertet werden (vgl. Abb. IV.2).

numerische, alphabetische und verbal beschreibende Skalen

Beurteilungsskalen werden benutzt, um bei den Merkmalen zu Einstufungen zu gelangen. Dabei finden numerische, alphabetische und verbal beschreibende Stufengrade Anwendung. Bei Festlegung der Beurteilungsstufen ist zu entscheiden, ob eine gerade oder ungerade Stufenzahl gewählt wird; bei einer ungeraden Anzahl wird dem Beurteilenden eine „Tendenz zur Mitte" ermöglicht, während mit der geraden Zahl grundsätzlich Festlegungen in die eine oder andere Richtung verbunden sind. Eine hohe Stufenzahl führt zu ausgeprägteren Differenzierungsmöglichkeiten, jedoch erschwert sie die Einstufung. Durch die Stufendefinition kann der Interpretationsspielraum des Beurteilers mehr oder weniger eingeengt werden. Je eindeutiger die Definition der Stufen ist, desto geringerer Interpretationsspielraum verbleibt dem Beurteilenden (vgl. *Becker* 2009, S. 310–311).

Bei der Auswahl der **Beurteilungsmerkmale** steht man vor einem Dilemma: Einerseits sollen sie unternehmensweit verwendbar sein und geringen Anpassungsbedarf verursachen; andererseits sollen die Beurteilungen trennscharf und valide erfolgen, wofür eine anforde-

unternehmensweite Skalenverwendung vs. valide Beurteilung

Leistungsbeurteilung 20XX					
Beurteilungsmerkmale	ggf. Gewicht in %	**Beurteilungsskala**			
		4 sehr gut	3	2	1 mit Mängeln
Arbeitsqualität • Fachkenntnisse • Einhalten von Vorschriften und Anweisungen • Ordnung • Verwendbarkeit der Arbeitsergebnisse • …					
Arbeitsquantität • Zeitaufwand für einwandfreie Arbeitsergebnisse • Belastbarkeit • Termineinhaltung • Intensität der Arbeitsausführung • …					
Leistungsverhalten • Zuverlässigkeit • Kostenbewusstsein • Zusammenarbeit • Verantwortungsbereitschaft • …					
Führungsverhalten (nur für Vorgesetzte) • Planung, Disposition, Delegation • Kontrolle • Motivation der Mitarbeiter • Durchsetzungsfähigkeit • …					

Abb. IV.3: Merkmalsorientierte Leistungsbeurteilung
(in Anlehnung an Becker 2009, S. 310)

rungsbezogene Merkmalsdifferenzierung unumgänglich ist. Werden – offen oder verdeckt – persönliche Eigenschaften zum Objekt der Beurteilung gemacht, basiert das auf der Annahme, dass ein kausaler Zusammenhang zwischen den Eigenschaften und der Leistung besteht, d. h. ein erfolgreicher bzw. leistungsstarker Mitarbeiter sich durch eine bestimmte Konfiguration von Eigenschaften kennzeichnen lässt (z. B. Initiative, Durchsetzungsfähigkeit, Ausdauer, Kreativität, Flexibilität).

Verhaltensorientierten (Einstufungs-)Verfahren liegt die Hypothese zugrunde, dass das Arbeitsergebnis durch ein bestimmtes Verhalten zustande kommt. Ist dieses beobachtbar und kann ein Sollverhalten formuliert werden, knüpft die Leistungsbeurteilung an dem Vergleich von Ist- und Sollverhalten an. Dazu werden (empirisch) stellentypische Verhaltensbeispiele ermittelt und als Ausprägungen für Beurteilungskriterien verwendet. Mit Verhaltenserwartungsskalen und Verhaltensbeobachtungsskalen werden zwei Beurteilungsskalen unterschieden, die jeweils durch die (über Verhaltensskalen und Leistungsmerkmale) summierten (Skalen-)Werte die Mitarbeiterleistung zum Ausdruck bringen (vgl. auch *Lohaus/Schuler* 2014, S. 370–372).

Beurteilung anhand eines Sollverhaltens

Verhaltenserwartungsskalen werden gemeinsam mit zukünftigen Beurteilern für einen spezifischen Arbeitsplatztyp entwickelt. Verschiedene Leistungsniveaus je Beurteilungsmerkmal werden durch Verhaltensbeispiele der Positionsinhaber in Beurteilungsskalen „verankert". Ein Beurteilungsformular enthält verschiedene verhaltensorientierte Beschreibungen, die auf abgestuften Leistungsmerkmalen beruhen und als Beurteilungskriterien dienen sollen (vgl. Abb. IV.3). Bei der Beurteilung ist dann zu entscheiden, welches Verhalten von dem Beurteilten zu erwarten gewesen wäre; das Verhalten muss nicht gezeigt worden sein (vgl. *Becker* 2009, S. 314–315). Dadurch wird eine bessere Vergleichbarkeit und Standardisierung der Beurteilung erreicht. Die Beurteilungsformulare liegen in Form graphischer Einstufungsskalen vor; es werden vier bis zehn Leistungsniveaus unterschieden und vertikal angeordnet (vgl. zu Modifikationen *Becker* 2009, S. 315–319).

Beurteilung anhand eines grundsätzlich erwartbaren Verhaltens

Die Verhaltenserwartungsskalen erfassen Verhaltensmuster nur sehr begrenzt. Daher ist es schwierig, beobachtetes Leistungsverhalten einem bestimmten Niveau eines vorgegebenen Leistungsmerkmals zuzuordnen. Effektives, aber nicht häufig gezeigtes oder aus leistungsirrelevanten Gründen nicht geschätztes Verhalten fließt kaum in die Bewertung ein. Daneben besteht die Gefahr, dass Beurteiler vorab Bewertungen vornehmen und bei der Skalierung die Aussage wählen, die den gewünschten Skalenwert zum Ausdruck bringt, oder Erfahrungen durchschlagen, die nicht in der Beurteilungsperiode gemacht wurden. Insbesondere bei einer Dynamik arbeitsplatzrelevanter Einflussfaktoren ist eine regelmäßige Anpassung erforderlich, die einen hohen Aufwand verursacht. Da in den Verhaltenserwartungsskalen aber ein gewünschtes Leistungsverhalten zum

begrenzte Erfassung der Leistung

Ausdruck kommt, ist eine unmittelbare Beeinflussung der Mitarbeiterleistung möglich.

Abb. IV.4: Beispiel einer Verhaltenserwartungsskala
(in Anlehnung an Lohaus/Schuler 2014, S. 371)

Die **Verhaltensbeobachtungsskalen** („Behavioral Observation Scales") basieren auf tatsächlich wahrgenommenen Verhaltensweisen. Der Beurteiler soll auf einer Fünf-Punkte-Likert-Skala angeben, wie häufig die vorgegebenen Verhaltensweisen beobachtet wurden („fast nie", „selten", „gelegentlich", „oft" oder „fast immer"). Die summierten Skalenwerte bilden die von dem Mitarbeiter hinsichtlich eines arbeitsplatzrelevanten Merkmals gezeigte Leistung ab (vgl. Abb. IV.4). Für jeden Arbeitsplatz besteht ein Beurteilungsformular aus drei bis zehn Leistungsmerkmalen mit jeweils etwa acht bis zehn Verhaltensaussagen. Die arbeitsplatzrelevanten Merkmale werden von Arbeitsplatzexperten (Beurteiler, Beurteilte) entwickelt; die Partizipation der Beurteilten erhöht nicht nur die Akzeptanz, sondern auch die inhaltliche Qualität, da sie um relevante Merkmale wissen (vgl. *Becker* 2009, S. 320–321).

Beurteilung anhand des tatsächlichen Verhaltens

Die Verhaltensbeobachtungsskalen vereinfachen durch die Vorgabe der Kriterien- bzw. Verhaltensliste die Aufgabe des Beurteilers; allerdings wird hier das als relevant erachtete Verhalten stark reduziert.

Reduzierung relevanter Verhaltensweisen

Beispiel eines BOS-Kriteriums für zu bewertende Führungskräfte

I. Beseitigung von Widerstand gegenüber Veränderungen*

(1) Beschreibt den Untergebenen die Einzelheiten der Veränderung

    Fast nie   1   2   3   4   5   Fast immer

(2) Erklärt, warum die Veränderung notwendig ist

    Fast nie   1   2   3   4   5   Fast immer

(3) Erläutert, wie die Veränderung die Mitarbeiter betreffen wird

    Fast nie   1   2   3   4   5   Fast immer

(4) Hört die Bedenken der Mitarbeiter an

    Fast nie   1   2   3   4   5   Fast immer

(5) Bittet die Mitarbeiter um Mithilfe, die Veränderung zum Laufen zu bringen

    Fast nie   1   2   3   4   5   Fast immer

(6) Setzt, falls erforderlich, einen Termin für eine Nachfolge-Besprechung an, in der auf die Bedenken der Mitarbeiter eingegangen wird

    Fast nie   1   2   3   4   5   Fast immer

                  Summe = _____

Nicht ausreichend	Ausreichend	Ordentlich	Ausgezeichnet	Hervorragend
6–10	11–15	16–20	21–25	26–30

* Punkte werden durch die Leitungsebene festgelegt

Abb. IV.5: Beispiel einer Verhaltensbeobachtungsskala
(in Anlehnung an Becker 2009, S. 321)

Die Skalen erfordern jedoch den gleichen Erstellungsaufwand wie die Verhaltenserwartungsskalen. Die relative Häufigkeit des Auftretens eines Verhaltens, die letztlich die Leistung des Mitarbeiters repräsentiert, wird nicht konkretisiert. Außerdem muss ein Zusammenhang zwischen der Häufigkeit und der Wirksamkeit eines Verhaltens nicht immer gegeben sein (vgl. *Becker* 2009, S. 361). In der Praxis werden Einstufungsverfahren mehrheitlich verwendet (vgl. *Lohaus/Schuler* 2014, S. 370).

2.1.5 Aufgabenorientierte Verfahren

Aufgabenorientierte Verfahren nehmen auf Grundlage der in einer Beurteilungsperiode zu erfüllenden Aufgaben eine darauf abgestimmte Leistungsbeurteilung vor. Mit Bezug auf konkrete Stellenaufgaben geht der Verzicht auf die stellenübergreifende Vergleichbarkeit von Leistungen einher (vgl. *Becker* 2009, S. 323–327). Die Verfahren sehen vier **Schritte** vor: (1) Gemeinsam mit dem Stelleninhaber werden wesentliche Stellenaufgaben festgelegt. (2) Die Beurteilung der Leistung erfolgt anhand der stellenspezifischen Aufgabenerfüllung durch eine Beschreibung mit fünf möglichen Ausprägungen (ungenügend, mit Mängeln, befriedigend, gut, ausgezeichnet). Es schließt sich (3) die

Bezug auf konkrete Aufgaben unter Verzicht auf Vergleichbarkeit

Suche nach Verhaltensursachen an, um daraus (4) Maßnahmen, z. B. der Qualifizierung oder Arbeitsplatzveränderung, abzuleiten (vgl. Abb. IV.5). Damit dienen diese Verfahren nicht als Basis für die Berechnung einer Leistungszulage, sondern als eine Bewertung der realen im Vergleich zu der erwarteten Aufgabenerfüllung.

Aufgabenorientierte Verfahren sind vergleichsweise aufwändig. Konfliktpotenzial resultiert aus dem mit der stellenbezogenen Beurteilung verbundenen Verzicht auf stellenübergreifend gleiche Beurteilungskriterien; damit wird nicht (nur) die Leistung, sondern auch die Wertigkeit einer Aufgabe bestimmt. Die Zuschneidung der Kriterien auf spezifische Aufgaben verhindert die unternehmensweite Vergleichbarkeit der Beurteilungen. Die Ergebnisse der aufgabenorientierten Verfahren lassen vor allem Rückschlüsse auf die Ursachen von Leistungsdefiziten zu und ermöglichen die Initiierung von Maßnahmen zu deren Abbau.

hoher Aufwand bei hohem Konfliktpotenzial

Leistungsbeurteilung 20XX							
Name etc.: AB	Position: Firmenkundenbetreuer					Beurteiler: XY	
Wesentliche **Aufgaben** in 20XX	**Beurteilungs- merkmale**	**Beurtei- lungsstufen**				Gründe für die Bewertung	Konse- quenzen der Bewertung
		u	m	b	g	a	
Kundenberatung und -betreuung	• individueller Zuschnitt • treffende Lösungen • hoher Informationsstand			x			AB besitzt hohen Informationsstand, ist aber noch nicht sehr sicher im Entwurf individueller Lösungen	keine; ist Erfahrungssache
Pflege bestehender Geschäftsverbindungen	• Kontinuität • Systematik • Engagement • gleichbleibende Zahl von Kunden und verkauften Dienstleistungen				x		kleine Mängel in der Systematik	verdeutlichen, dass Systematik wichtig ist, da sonst ein späterer Nachfolger es schwerer hat
Marktbeobachtung	• Kontinuität • Qualität der Dossiers • treffsichere Prognosen					x	qualitativ hochwertige Dossiers; Prognosen fast immer korrekt, stets auf der Höhe der Zeit	verstärkt in diese Aufgabe einbeziehen
Akquisition internationaler Kunden	• Nutzung bestehender Kontakte • Zusammenarbeit mit Abteilung Firmenkunden/ Ausland		x				zu geringe Nutzung der Auslandsfilialkontakte; ungenügende Zusammenarbeit; Anzahl von Neukunden könnte unter den Bedingungen höher sein	Hilfestellung bei der Nutzung der Kontakte; regelmäßige Treffen; Verkaufstraining
* u = ungenügend m = mit Mängeln b = befriedigend g = gut a = ausgezeichnet							

Abb. IV.6: Aufgabenorientierte Leistungsbeurteilung
(in Anlehnung an Becker 2009, S. 327)

2.1.6 Zielorientierte Verfahren

Zielorientierte Beurteilungsverfahren sind vor allem mit dem bekannten Management by Objectives verbunden (vgl. *Lohaus/Schuler* 2014, S. 375–377). Dabei werden Mitarbeitern Ziele vorgegeben und ihre Leistung wird anhand des Zielerreichungsgrads gemessen. Dies erfolgt durch die Gegenüberstellung der Sollvorgaben und der (Ist-) Zielerreichung am Ende der jeweiligen Beurteilungsperiode.

Ziele dienen als Basis der Beurteilung

Zielorientierte Beurteilungsverfahren konzentrieren sich auf die Arbeitsleistung und beachten nicht die sonstigen Eigenschaften der Beurteilten. Damit wird die Beurteilungsgrundlage transparent. Jedoch sollten **Probleme** nicht übersehen werden, die in erster Linie mit der Formulierung der Ziele zusammenhängen (vgl. *Becker* 2009, S. 363–366). Ihre Operationalisierung wird umso problematischer, je höherrangiger sie sind, je stärker die Interdependenzen mit anderen Zielen sind und je strategischer ihr Charakter ist. Eine unscharfe Formulierung der Sollausprägungen ist die Folge. Zudem birgt der Zwang zur Operationalisierung die Gefahr der Vernachlässigung nicht quantifizierbarer Aspekte. Außerdem ist die Zurechenbarkeit individueller Leistung auf die Zielerreichung häufig schwierig (z. B. bei Gruppenarbeit). Schließlich dürfen Rahmenbedingungen nicht übersehen werden, die eine Zielerreichung mehr oder weniger begünstigen. Eine zielorientierte Beurteilung ist daher nur anwendbar, wenn eigenständige Verantwortungsbereiche gegeben sind. Sie eignet sich vor diesem Hintergrund in erster Linie für den Führungsbereich. Zunehmend gibt es aber auch ganzheitlichere Aufgaben im ausführenden Bereich, so dass Voraussetzungen für eine Zielvereinbarung geschaffen werden.

transparente Beurteilungsgrundlage

problematische Zieloperationalisierung

Grenzen der Zurechenbarkeit individueller Leistung

Zielorientierung bei der Kreisverwaltung Pinneberg

Die Möglichkeit zur Einführung von leistungsorientierten Zielen im öffentlichen Dienst wurde bei der Kreisverwaltung Pinneberg mit besonderer Aufmerksamkeit verfolgt. So wurde der starre Tarifvertrag aufgeweicht und die zusätzliche Option der Zielorientierung eröffnet. So entstand die Möglichkeit, durch das Beurteilen von Zielen die Motivation der Mitarbeiter zu steigern und mit der konsequenten Verfolgung der Organisationsziele zu verknüpfen. Im Rahmen einer Projektgruppe (unter Beteiligung von Mitarbeitern der einzelnen Abteilungen sowie der Personalabteilungsleitung und der Gleichstellungsbeauftragten) wurde festgehalten, dass mindestens zwei und maximal fünf Ziele beurteilt werden. Die Ziele sind prozentual gewichtet, je nach Bedeutung des individuellen Ziels für die Organisation. Zusätzlich wird die Erfüllung des Ziels anhand von vier Stufen ermittelt. Diese Stufe wird mit der Gewichtung des Ziels multipliziert und aus der Summe der Ergebnisse ergibt sich dann der Gesamtzielerreichungsgrad.

Quelle: *Tiedt* 2007

2.2 Nicht-hierarchische Beurteilungsverfahren

Leistungsbeurteilung muss nicht (ausschließlich) durch den Vorgesetzten erfolgen. Es können auch **nicht-hierarchische Beurteilungsverfahren** zum Einsatz kommen. An diese werden prinzipiell die gleichen Anforderungen gestellt wie an hierarchische Verfahren und sie können grundsätzlich den gleichen Zwecken dienen. Allerdings fungieren Kollegen oder unterstellte Mitarbeiter als Beurteiler. Es werden drei nicht-hierarchische Beurteilungsverfahren unterschieden:

- Vorgesetztenbeurteilung
- Kollegenbeurteilung
- Selbstbeurteilung

Im Rahmen der **Vorgesetztenbeurteilung** bewerten Unternehmensmitglieder ihren direkten Vorgesetzten bezüglich seines Führungsverhaltens und/oder seiner Kenntnisse und Fähigkeiten (vgl. *Ridder* 2015, S. 254). Der Vorgesetzte soll dadurch Feedback erhalten, das es ihm ermöglicht, sein Führungsverhalten zu hinterfragen und zu verbessern. Eine Vorgesetztenbeurteilung kommt üblicherweise auf Veranlassung des Vorgesetzten bzw. der Personalabteilung zustande. Dabei werden Leistung und Führungsverhalten des Vorgesetzten in Fragebogenform anonym erhoben. Vielfach soll der Vorgesetzte gleichzeitig eine Selbsteinschätzung zu identischen Fragen vornehmen. Die Ergebnisse der Beurteilung durch die Mitarbeiter werden dem Vorgesetzten in einer Form zur Verfügung gestellt, die Rückschlüsse auf Antworten einzelner Mitarbeiter ausschließt.

Feedback für Vorgesetzte

Mit den Beurteilungsergebnissen kann auf verschiedene Weise umgegangen werden: Zum einen ist es möglich, die Entscheidung, welche Konsequenzen daraus zu ziehen sind, dem beurteilten Vorgesetzten selbst zu überlassen. Zum anderen können die Ergebnisse an den nächsthöheren Vorgesetzten weitergegeben werden, der sie mit dem Beurteilten bespricht, um gemeinsam Maßnahmen daraus abzuleiten. Am weitreichendsten ist die Diskussion mit den Mitarbeitern, die Wahrnehmungsunterschiede verdeutlichen und Anregungen zur Verbesserung des Führungsverhaltens geben soll. Damit verringern Vorgesetztenbeurteilungen die (hierarchische) Distanz zu den Mitarbeitern, ohne sie jedoch aufzuheben.

unterschiedliche Konsequenzen

Vorgesetztenbeurteilung im Gymnasium

Ulrich Güth stellt fest, dass er als Schulleiter sehr viele Managementaufgaben verrichten muss. Jedoch genoss er in seinem Studium keine besondere Ausbildung im Personalmanagement. Durch eine Meinungsumfrage an der Schule wurde ihm bewusst, dass etwas passieren musste. Über das Projekt „Schulleitercoaching durch SeniorExperten NRW" entstand die Zusammenarbeit mit dem ehemaligen Bayer Werksleiter Johannes Sandbrink. Mithilfe eines Fragebogens, mit dem Herr Sandbrink früher selbst als Vorgesetzter beurteilt wurde, wurden Herrn Güths Stärken und Schwächen durch eine Befragung unter den Lehrern der Schule identifiziert. Kritikpunkte waren unter anderem fehlende Transparenz in Entscheidungen, schwach ausgeprägte Delegation von Aufgaben und vor allem eine zu große Distanz zu den Kollegen. Das Ergebnis wurde erst einmal nicht dem Kollegium mitgeteilt. Herr Güth wollte dadurch zeigen, dass er sich selbst infrage stellt und sich verbessern will. Er war von nun an immer erreichbar. Von Zeit zu Zeit findet nun ein Arbeitsfrühstück statt, um mit den Kollegen ungezwungener ins Gespräch zu kommen. Es wurden auch regelmäßige Besprechungen in größerem Kreis angesetzt, um die Entscheidungen besser zu vermitteln.

Quelle: *Guldner* 2015

Da davon ausgegangen werden muss, dass sowohl Vorgesetzte als auch Mitarbeiter nicht notwendigerweise objektive Urteile abgeben (wollen), ist die Aussagekraft der Beurteilungen vielfach eingeschränkt. Die Beurteilungsergebnisse und Vorschläge der Mitarbeiter müssen keine Konsequenzen nach sich ziehen. Sie stellen aber einen Ansatzpunkt zu einer gemeinsamen Verbesserung des Führungsverhaltens dar.

beschränkte Aussagekraft

Beurteilen sich Mitarbeiter auf gleicher Hierarchieebene gegenseitig, spricht man von **Kollegenbeurteilung** (auch: Gleichgestelltenbeurteilung). Diese kann vorteilhaft sein, wenn Vorgesetzte (insbesondere bei großer Leitungsspanne) nicht im Detail über jede Handlung ihrer Mitarbeiter Bescheid wissen oder hochspezialisierte Leistungen nicht adäquat beurteilen können (vgl. *Nerdinger* 2014a, S. 203–206). Insbesondere bei enger Zusammenarbeit sind Leistungen durch gleichrangige Mitarbeiter besser zu beurteilen, da sie die Leistungsbeiträge zum Gruppenergebnis kennen. Grundsätzlich können im Rahmen einer Kollegenbeurteilung die Verfahren eingesetzt werden, die bei der hierarchischen Beurteilung Anwendung finden. Daneben besteht eine Vielzahl an Varianten, die Kombinationen der Verfahren darstellen oder modifizierte Schrittfolgen aufweisen (vgl. Abb. IV.7).

gegenseitige Beurteilung auf gleicher Hierarchieebene

Durch Kollegenbeurteilungen werden über jeden Mitarbeiter simultan mehrere Beurteilungen abgegeben. Deshalb ist eine systematische Verdichtung der Daten erforderlich, um zu aussagefähigen und handhabbaren Ergebnissen zu gelangen. Die aufbereiteten Daten müssen sowohl dem Beurteilten als auch dem Vorgesetzten zur Verfügung gestellt werden, die – vielfach gemeinsam mit der Gruppe – über Konsequenzen beraten. Sinnvoll ist es zudem, den Beurteilern Vergleiche der von ihnen abgegebenen Beurteilungen mit denen der Kollegen zu ermöglichen. Dadurch können Beurteilungsverzerrungen, z. B. durch Sympathie und Antipathie oder durch gruppendynamische Effekte,

Notwendigkeit der Verdichtung simultan abgegebener Beurteilungen

ggf. Beurteilungsverzerrungen

aufgedeckt werden, die vor allem auftreten, wenn es an der notwendigen Beurteilungserfahrung mangelt. Soll die Kollegenbeurteilung systematisch eingesetzt werden und sind daran Konsequenzen (Entgelt, Aufstieg) gekoppelt, empfiehlt sich eine Schulung, um dieses Beurteilungssystem und seine Ergebnisse konstruktiv zu nutzen und negative Konsequenzen (z. B. Demotivation) zu verhindern. Die Beurteilungsergebnisse können dann valider sein als Ergebnisse, die nur aufgrund des Urteils einer Person zustande kommen. Dennoch hat die Kollegenbeurteilung von den nicht-hierarchischen Beurteilungsverfahren bisher die geringste Verbreitung erfahren, wofür der relativ hohe Aufwand möglicherweise einen Grund darstellt (vgl. *Gerpott* 2012).

Kooperationsverhalten

Der beurteilte Kollege…

1. geht offen und konstruktiv auf andere Kollegen zu.

   Fast nie   1   2   3   4   5   6   7   Fast immer

2. entwickelt proaktiv Pläne zur Bewältigung der Aufgaben der eigenen Arbeitsgruppe.

   Fast nie   1   2   3   4   5   6   7   Fast immer

3. gibt arbeitsrelevante Informationen unaufgefordert an andere Kollegen weiter.

   Fast nie   1   2   3   4   5   6   7   Fast immer

4. versäumt es sicherzustellen, dass Teilaufgaben zufriedenstellend abgeschlossen werden.

   Fast immer 1   2   3   4   5   6   7   Fast nie

Für negative Verhaltensbeschreibungen kehrt sich die Bedeutung der Skalenstufen um.

Abb. IV.7: Kollegenbeurteilung im Einstufungsverfahren
(in Anlehnung an Nerdinger 2014a S. 2)

„HR kann das nicht besser"

Bei dem Entwickler von Talent Management Lösungen Haufe-Umantis übernehmen die Mitarbeiter viele Aufgaben in Eigenverantwortung, die sonst HR ausführt. Jedoch ist das Unternehmen davon überzeugt, im Rahmen des Compensation Managements noch nicht den optimalen Weg gefunden zu haben. Es gibt einige Mitarbeiter, die die Löhne gerne transparenter gestalten wollen – andere sind aber strikt dagegen. Einfacher ist es bei Neueinstellungen. Hier wird in den meisten Teams gemeinsam der Lohn des neuen Mitarbeiters bestimmt. Im Forschungs- und Entwicklungsbereich, wo bereits ohne feste Teammanager gearbeitet wird, gibt es die Rolle des „People Coach". Er bemüht sich darum, dass jeder

Mitarbeiter fair und objektiv auf Basis des Feedbacks von Kollegen bewertet wird. Gemeinsam mit anderen Kollegen aus den betroffenen Bereichen legt HR Abläufe fest, die eingehalten werden müssen, wenn eine Lohnerhöhung anstehen soll. Ebenso gibt es Feedback-Prozesse für den Bonus der Mitarbeiter. Ein breites Feedback wird hier als der beste Weg für eine objektive Bewertung angesehen. Dazu gehören Mitarbeitergespräche genauso wie Zielvereinbarungen. Wer mit wem spricht, in welchem Rhythmus und mit welchem Fokus ist stark personenabhängig. In manchen Projekten braucht es eine stärkere Gewichtung auf Feedback von Kollegen, in gewissen Phasen muss jeder Mitarbeiter selbst seine Ziele quartalsweise anschauen und anpassen. Eine feste Regelung gilt als nicht zielführend. Den notwendigen Rahmen zur Strukturierung und Koordination dieser Gespräche gewährleistet ein Tool zum Mitarbeitermanagement. Jeder Mitarbeiter kann auf diese Weise Gespräche initiieren. Auch Entwicklungen lassen sich sichtbar machen. Hier kann sich ein Mitarbeiter eine Beurteilung zur eigenen Arbeit von jedem internen und externen Kunden holen – zum richtigen Zeitpunkt, von den richtigen Personen und mit dem richtigen Fokus.

Quelle: *Enderle/Horsten* 2015

Im Rahmen einer **Selbstbeurteilung** bewerten Mitarbeiter ihre eigene Leistung. Dieses Instrument wird vor allem in Verbindung mit anderen Beurteilungsformen eingesetzt (vgl. *Nerdinger* 2014a, S. 207–209). Mitarbeiter werden dann rechtzeitig vor einem Beurteilungsgespräch aufgefordert, ihre Leistungen auf einem Selbstbeurteilungsbogen einzuschätzen. Im Gespräch wird dieser Einschätzung die Fremdbeurteilung durch den Vorgesetzten (oder die Kollegen) gegenübergestellt. Bestehen zwischen den Ergebnissen Divergenzen, bieten diese Anhaltspunkte zur Diskussion, insbesondere um (gegenseitig) Wahrnehmungsverzerrungen festzustellen. Selbstbeurteilung findet in der Regel statt, damit der Mitarbeiter eigene Schwächen erkennt und gegenüber Maßnahmen zur Beseitigung der Defizite aufgeschlossen ist.

Selbsteinschätzung im Vergleich zur Fremdbeurteilung

2.3 360-Grad-Feedback

Das **360-Grad-Feedback** hat seinen Ausgangspunkt in der Problematik, dass insbesondere Führungskräfte trotz vielfältiger Kontakte innerhalb und außerhalb des Unternehmens selten Rückmeldungen über ihre Leistungen, ihr Verhalten sowie ihre persönlichen Stärken und Schwächen erhalten. Vielmehr erfolgen Leistungseinschätzungen in der Regel nur mittelbar über das (Nicht-)Erreichen von Zielen (vgl. *Scherm* 2005a, S. 3). Das 360-Grad-Feedback reagiert darauf, indem Einschätzungen insbesondere über Verhaltensweisen aus unterschiedlichen Perspektiven (Vorgesetzte, Kollegen, Mitarbeiter, Kunden) erfolgen und mit einer Selbstbeurteilung kombiniert werden (vgl. *Scherm/ Sarges* 2002; *Lohaus/Schuler* 2014, S. 381–383). Die Bezeichnung als 360-Grad soll den „Rundum-Charakter" (*Neuberger* 2000, S. 6) dieser Form des Feedbacks zum Ausdruck bringen. Neben den Arbeitsergebnissen stellen Führungsverhalten, Umgang mit Kunden oder spezifische Kompetenzen Kriterien dar.

Die Grundidee des 360-Grad-Feedbacks weist zwei **konstitutive Elemente** auf (vgl. *Scherm* 2005a, S. 4–5): Erstens wird unter Feedback weniger eine formale Leistungsbeurteilung verstanden als vielmehr das Einholen verschiedener subjektiver Einschätzungen und Eindrücke bezogen auf eine bestimmte sogenannte Fokusperson („Feedbacknehmer"). Zweitens ist eine Multiperspektivität charakteristisch, da die Einschätzungen notwendigerweise von verschiedenen Personen stammen und damit verschiedenartige Perspektiven widerspiegeln. Das 360-Grad-Feedback hebt sich dadurch von hierarchischen und nicht-hierarchischen Beurteilungsformen ab, die in aller Regel durch Monoperspektivität gekennzeichnet sind. Durch die Multiperspektivität wird versucht, verschiedenen Rollen von Führungskräften gerecht zu werden. Ein 360-Grad-Feedback gibt dann Aufschluss darüber, welche Rollenerwartungen an die beurteilte Person bestehen und wie die Wahrnehmung der Rolle beurteilt wird.

Üblicherweise erstreckt sich ein 360-Grad-Feedback über mehrere **Phasen**. In der ersten Phase werden Einschätzungen über die Fokusperson bei sachkompetenten Personen eingeholt. Dies erfolgt durch schriftliche und standardisierte Befragungen; die Einschätzungen werden zumeist anonym abgegeben. Nach ihrer Auswertung durch Experten, die an der Befragung nicht beteiligt waren, erfolgt eine Rückmeldung an die Fokusperson. Diese wird in der Regel durch externe Experten vorgenommen, die dem Betroffenen bei der Interpretation der Ergebnisse behilflich sind (vgl. *Nerdinger* 2014a, S. 211). In dieser Phase ist es zudem nicht unüblich, die Anonymität der Bewerter aufzuheben, um ein differenzierteres Feedback-Gespräch zu ermöglichen. Die Auswertungsergebnisse lassen sich sowohl im Sinne einer klassischen Leistungsbeurteilung als auch als Grundlage der Kompetenzentwicklung von Führungskräften verstehen (vgl. *Scherm* 2005a, S. 7–13). Konkret können sie beispielsweise die Notwendigkeit von Entwicklungsmaßnahmen aufzeigen, Modifikationen des Anreizsystems anregen oder für die beurteilte Personen im Rahmen einer Selbstreflexion den Anstoß zu Verhaltensänderungen geben. Idealerweise wird das 360-Grad-Feedback nach zwei bis drei Jahren wiederholt (vgl. *Freimuth* 2009, S. 42).

Das 360-Grad-Feedback ist im angloamerikanischen Bereich seit Jahren weit verbreitet. Allerdings findet es auch mehr und mehr Einsatz in deutschen Unternehmen (vgl. die Beispiele in *Scherm* 2005b).

Kritik

Dennoch ist das 360-Grad-Feedback keineswegs kritiklos geblieben. Vielmehr wird darauf hingewiesen, dass damit ein nicht zu unterschätzender Aufwand verbunden ist (insbesondere Arbeitszeit), dem nur begrenzter und schwer operationalisierbarer Nutzen gegenübersteht (vgl. *Nerdinger* 2014a, S. 211); ein systematisches Controlling der Wirtschaftlichkeit des 360-Grad-Feedbacks bleibt daher in den meisten Unternehmen aus. Außerdem ist die postulierte Anonymität des Verfahrens nur scheinbar gegeben, da sie in der letzten Phase aufgebrochen werden muss, um ein differenziertes Feedback-Gespräch zu ermöglichen. Fraglich ist dann aber, inwiefern die Fokusperson tatsächlich ein echtes Feedback beispielsweise von hierarchisch untergeordneten Personen erhält. Zudem wird kritisiert, dass 360-Grad-Feedbacks vielfach konsequenzlos bleiben, womit ihr grundsätzlicher Nutzen zumindest dann in Frage steht, wenn die Fokusperson nicht von selbst den Bedarf an Verhaltensänderungen aus dem Feedback ableitet (vgl. *Sprenger* 2005, S. 363–364). Auch die Grundannahme, dass Feedback aussagekräftiger ist, wenn es von mehreren Personen stammt, wird bezweifelt. Vielmehr muss die Urteilsqualität nicht notwendigerweise besser sein, da die Multiperspektivität dazu beitragen kann, dass sich Beurteilungsfehler (vgl. dazu IV, 2.4) potenzieren (vgl. *Neuberger* 2000, S. 19).

360-Grad-Feedback als Grundlage der Personalentwicklung

Insbesondere bei der Weiterentwicklung von Führungskräften wird das 360-Grad-Feedback verwendet. So auch im Falle eines großen internationalen Versicherungskonzerns. Hier gibt der Feedback-Nehmer eine Einschätzung über sich selbst, sein Verhalten und seine Kompetenzen in Form einer Selbsteinschätzung ab. Im Anschluss wird der Feedback-Nehmer dann von seinen Vorgesetzten, Kollegen und Mitarbeitern nach den gleichen Verhaltens- und Kompetenzkriterien beurteilt (Fremdeinschätzung). So wird beispielsweise ein stellvertretender Gruppenleiter im Rahmen eines 360-Grad-Feedbacks beurteilt. Das Feedback gibt dabei Aufschluss über die Stärken und Schwächen. Es dient als Grundlage der Weiterentwicklung. Dabei wird ein Report erstellt, um daraus für den Feedback-Nehmer in Rücksprache mit Vorgesetztem und Personalabteilung Entwicklungsziele, -schritte und konkrete Maßnahmen zu vereinbaren. Dabei stellen die Ergebnisse der Auswertung des 360-Grad-Feedbacks ein wichtiges Entscheidungskriterium dar.

Quelle: *Irmler/Eggelhöfer* 2009

2.4 Grenzen, Probleme und Fehlerquellen der Beurteilung

Beurteilungen in Unternehmen müssen – unabhängig von den eingesetzten Verfahren – verschiedenen Gütekriterien genügen, damit aussagefähige Ergebnisse erzielt werden. Zentrale Anforderungen bestehen hinsichtlich Objektivität, Reliabilität und Validität der Verfahren (vgl. *Lohaus/Schuler* 2014, S. 385–391).

Objektivität bringt zum Ausdruck, in welchem Maße mehrere unabhängige Anwender und Auswerter eines Beurteilungsverfahrens bei der gleichen Person(engruppe) zu gleichen Ergebnissen gelangen (Durchführungs-, Auswertungs- und Interpretationsobjektivität). Durch **Reliabilität** wird die Zuverlässigkeit eines Beurteilungsverfahrens umschrieben. Darunter wird das Ausmaß verstanden, in dem unabhängig voneinander abgegebene Urteile über einen bestimmten Sachverhalt oder eine Person mit dem gleichen Verfahren zu gleichen Ergebnissen führen. Reliabilitätsprüfungen sind in der Praxis sehr schwierig, da unterschiedliche Personen aufgrund subjektiver Wahrnehmung zu verschiedenen Urteilen gelangen (können). Die **Validität** der Beurteilung gibt an, inwieweit die Beurteilung tatsächlich Aufschluss über die Leistung oder das Potenzial eines Mitarbeiters gibt. Dafür ist es erforderlich, dass die Beurteilung auf Anforderungsmerkmalen beruht, die aus Stellenanforderungen abgeleitet sind.

Gütekriterien der Beurteilung

Allerdings kann Leistung in vielen beruflichen Bereichen nicht ausschließlich an dem Leistungsergebnis festgemacht werden. Vielmehr spielen auch Eigenschaften und Verhalten eine Rolle (z. B. Kooperationsbereitschaft, Teamfähigkeit, Verhalten gegenüber Kollegen und Kunden). Diese Aspekte entziehen sich jedoch – gerade in dezentralen Organisationsstrukturen – vielfach einer unmittelbaren, direkten Beobachtung. Daher wird vom Beurteiler eine hohe Kompetenz verlangt, um **Beurteilungsfehler** zu vermeiden. Selbst wenn diese gegeben ist, lassen sich Beurteilungsfehler nicht ausschließen, die sich zum einen aus den Schwächen der jeweiligen Beurteilungsverfahren ergeben (vgl. auch IV, 2.1–2.3), zum anderen aus den folgenden Gründen auftreten:

- situative Störfaktoren
- bewusste Verfälschungen
- Vorurteile
- Maßstabsanwendung
- Wahrnehmungsverzerrungen
- begrenzte Informationsverarbeitungskapazität

Situative Störfaktoren bestehen z. B. in positiven oder negativen aktuellen Erlebnissen im beruflichen oder privaten Bereich des Beurteilers. Sie beeinflussen Einstellungen sowie Stimmungen und können sich in der Beurteilung niederschlagen.

positive oder negative Erlebnisse im beruflichen oder privaten Bereich

Absicht, objektives Urteil zu fällen, fehlt

Bewusste Verfälschungen liegen vor, wenn der Beurteiler nicht die Absicht hat, ein objektives Urteil abzugeben, sondern entgegen der eigentlichen Einschätzung ein verfälschtes Urteil abgeben will. Ein Grund dafür kann in der Sympathie bzw. Antipathie gegenüber dem Beurteilten bestehen. Außerdem erfolgen Beurteilungen häufig als Mittel zum Zweck (z. B. Wegloben) (vgl. *Ridder* 2015, S. 256).

(un-)bewusste Komplexitäts-reduktion

Vorurteile werden vielfach – bewusst oder unbewusst – herangezogen, um die Beurteilung zu erleichtern. Entweder kommen personenspezifische Vorurteile auf der Grundlage früherer Bewertungen zustande oder es handelt sich um generelle Vorurteile über bestimmte Gruppen (z. B. Nationalitäten, Berufsgruppen), die ein verfälschtes Bild ergeben.

Daneben können – in der Regel unbewusst – Fehler auftreten, die aus der Person des Beurteilenden resultieren (vgl. *Becker* 2009, S. 366–370). Im Rahmen der Beurteilung ist es unvermeidbar, dass in den Maßstab zur Klassifikation guter oder schlechter Leistungen auch das eigene Anspruchsniveau an Leistung Eingang findet. Diese **Maßstabsanwen-**

Tendenz zur Mitte

dung birgt die Gefahr von Beurteilungsfehlern, die aus (1) der Tendenz zur Mitte folgen, bei der mittlere Urteile bevorzugt werden. Dagegen

Strenge- oder Mildefehler

führen (2) Strenge- oder Mildefehler dazu, dass Beurteilungen einer Person systematisch von denen anderer Beurteiler differieren, worin ein zu hoher oder zu niedriger Maßstab zum Ausdruck kommt. (3)

Reueeffekt

Der Reueeffekt zeigt sich, wenn von dem Mitarbeiter Fehler zugegeben werden und die Beurteilung dann tendenziell weniger streng erfolgt. Macht (4) der Beurteiler sich selbst zum Maßstab, spielt auch

eigene Person als Maßstab

das Verhältnis zwischen ihm und dem Beurteiltem eine Rolle: Mitarbeiter, die ihm ähnlich sind, werden dann tendenziell besser beurteilt; entsprechend schwer fällt es, Personen einzuschätzen, die der eigenen Person unähnlich sind.

Darüber hinaus ist es nicht immer garantiert, dass der Beurteiler relevante Merkmale wahrnimmt und objektiv interpretiert. Eine Interpretationsleistung ist vor allem erforderlich, wenn Beurteilungsmerkmale nicht unmittelbar beobachtet werden können und von den Ausprägungen anderer Merkmale auf Leistung oder Leistungspotenzial geschlossen werden muss. Dadurch wird die Beurteilung fehleranfällig und **Wahrnehmungsverzerrungen** bzw. Interpretationsfehler können die Folge sein (vgl. *Ridder* 2015, S. 258). Strahlt ein besonders stark ausgeprägtes Beurteilungsmerkmal auf andere Merkmale aus,

Halo-Effekt

spricht man (1) von dem Halo-Effekt. Es kann andere Merkmale überlagern und die Bewertung in seine Richtung verändern. Das ist z. B. gegeben, wenn von Äußerlichkeiten (Kleidung, Auftreten) auf bestimmte charakterliche Eigenschaften geschlossen wird. Auch eine zeitliche Komponente kann zu einer Fehlinterpretation der tatsächlichen Leistung führen: Nimmt der Beurteiler vor allem Ereignisse als Beurteilungsgrundlage, die erst kürzlich stattgefunden haben, ist

Recency-Effekt

(2) vom Recency-Effekt die Rede (synonym: Nikolaus-Effekt). (3) Der

Primacy-Effekt ist gegeben, wenn vor allem Ereignisse Berücksichtigung finden, die zu Anfang des Beurteilungszeitraumes aufgetreten sind. Werden besonders geschätzte Mitarbeiter intensiver als andere beobachtet und bestätigt sich die positive Einschätzung, besteht die Gefahr, dass der Beurteiler mit der Zeit Probleme übersieht; das wird (4) als Pygmalioneffekt bezeichnet. Schließlich werden (5) längere Zeit nicht beförderte Mitarbeiter unterschätzt und erhalten daher eine negativere Beurteilung (Kleber-Effekt), während ein Urteil umso besser ausfällt, je höher die Position des zu beurteilenden Mitarbeiters in der Hierarchie ist (Hierarchie-Effekt).

Primacy-Effekt

Pygmalioneffekt

Kleber-Effekt

Hierarchie-Effekt

Erfolgsfaktor oder Misserfolgsfaktor?

Das Unternehmen Cisco aus Silicon Valley war ein „Liebling" der New-Economy-Ära. Nach Auffassung der Wirtschaftsjournalisten machte es einfach alles richtig – die beste Kundenorientierung, eine perfekte Strategie, großes Geschick bei Akquisitionen, eine einzigartige Unternehmenskultur, ein charismatischer CEO. Im März 2000 war Cisco das wertvollste Unternehmen der Welt.

Als die Cisco-Aktie im folgenden Jahr 80 % verlor, warfen Journalisten dem Unternehmen nun genau das Gegenteil vor – schlechte Kundenorientierung, eine unflexible Unternehmenskultur, ein blasser CEO. Und das, obwohl weder die Strategie noch der CEO gewechselt hatten. Die Nachfrage war eingebrochen – aber das hatte nichts mit Cisco zu tun. Vielmehr war der Halo-Effekt zu beobachten: Wir lassen uns von einem Aspekt blenden und schließen von ihm auf das Gesamtbild. Die Journalisten ließen sich von den Aktienkursen blenden und schlossen auf die internen Qualitäten des Unternehmens, ohne ihnen genauer nachzugehen.

Der Halo-Effekt funktioniert immer gleich: Aus einfach zu beschaffenden oder besonders plakativen Fakten, zum Beispiel der finanziellen Situation eines Unternehmens, schließen wir automatisch auf schwieriger zu eruierende Eigenschaften wie die Güte des Managements oder die Brillanz einer Strategie. So tendieren wir dazu, Produkte eines Herstellers, der einen guten Ruf besitzt, als qualitativ wertvoll wahrzunehmen, selbst wenn es dafür keine objektiven Gründe gibt. Oder: Von CEOs, die in einer Branche erfolgreich sind, wird angenommen, dass sie in allen Branchen erfolgreich sein werden.

Quelle: *Dobelli* 2014

Die **begrenzte Informationsverarbeitungskapazität** des Menschen macht sich darin bemerkbar, dass Beurteiler nicht immer in der Lage sind, alle relevanten Merkmale oder Verhaltensweisen wahrzunehmen und zu verarbeiten. Verfahren, die auf eine Vielzahl von Merkmalen abstellen, können dieses Problem verstärken und schnell zu einer Überforderung des Beurteilers führen. Weitere Grenzen bestehen

Grenzen in der Wahrnehmung relevanter Merkmale oder Verhaltensweisen

– insbesondere bei einer großen Zahl an Beurteilungen – darin, die Beurteilungsergebnisse gedanklich zu speichern und zu gegebener Zeit abzurufen. Eine computerunterstützte Beurteilung, Auswertung und Speicherung kann hier Abhilfe schaffen; sie stößt aber an Grenzen, da nicht alle Beurteilungen ohne weiteres in eine schriftliche Form zu überführen oder als Daten in ein Personalinformationssystem aufzunehmen sind.

Unvermeidbarkeit der Beurteilung

Trotz aller Probleme sind formale Beurteilungen in der Regel unverzichtbar. Sie legen die (Gewichtung der) Beurteilungskriterien offen und bieten damit – trotz der möglichen Fehler – bessere Möglichkeiten als informelle Beurteilungen, die auf Transparenz und Systematik verzichten. Außerdem schützen sie vor Willkür und erleichtern im Vergleich zur informellen Beurteilung die Nachvollziehbarkeit und den intersubjektiven Vergleich.

3 Potenzialbeurteilung

Im Gegensatz zu der Leistungsbeurteilung stellt die **Potenzialbeurteilung** eine in die Zukunft gerichtete Beurteilungsform dar. Dabei wird die individuelle Eignung eines Mitarbeiters für zukünftige Anforderungen ermittelt (vgl. *Blickle* 2014, S. 287). Im Vordergrund steht dabei die Abschätzung der mittel- bis langfristigen Entwicklung bestimmter Merkmalsausprägungen (z. B. Leistung, Verhalten) vor dem Hintergrund der individuellen Entwicklungsfähigkeit. Es wird systematisch, nach Möglichkeit regelmäßig, die Frage beantwortet, welches Potenzial Mitarbeiter aufweisen. Das Potenzial einer Person umfasst aktuell vorhandene und in der Zukunft entwickelbare Qualifikationsmerkmale, die die Eignung für eine Tätigkeit beeinflussen. Es bestimmt, welchen Anforderungen Mitarbeiter zukünftig genügen können. Von der inhaltlich ähnlichen Personalauswahl (vgl. dazu III) lässt sich die Potenzialbeurteilung abgrenzen, da Beurteilern hier mehr Informationen über die zu Beurteilenden zur Verfügung stehen (können).

in die Zukunft gerichtete Beurteilung

Mit der Potenzialbeurteilung ist eine Reihe von **Zielen** verbunden (vgl. auch *Kanning/Holling 2004*, Sp. 1686): Es soll (1) permanent und unternehmensweit das Leistungspotenzial der Mitarbeiter bzw. des Unternehmens erhoben werden. Dadurch wird angestrebt, (2) Leistungsdefizite der Mitarbeiter zu antizipieren, um sie nach Möglichkeit, im Rahmen der Personalentwicklung abzubauen (vgl. V). Außerdem ist beabsichtigt, durch Potenzialbeurteilung (3) Informationen für die Stellenbesetzung, Karriere- und Nachfolgeplanung im Unternehmen zu generieren. Indem Potenziale rechtzeitig erkannt und gefördert werden, soll (4) ungewollte Fluktuation – insbesondere bei qualifizierten Führungs(nachwuchs)kräften – vermieden werden. Die Ergebnisse der Potenzialbeurteilung fließen in ein Personalinformationssystem ein, um bei Bedarf genutzt zu werden.

Leistungspotenzial erheben

Leistungsdefizite antizipieren

Informationen für Stellenbesetzungen generieren Fluktuation vermeiden

Die Potenzialbeurteilung weist eine enge Verbindung zur Ermittlung des qualitativen Personalbedarfs auf (vgl. II, 1.2): Zum einen stellt der qualitative Personalbedarf den Ausgangspunkt der Potenzialbeurteilung dar. Ausgehend von zukünftigen Aufgaben des Unternehmens werden Anforderungen an Mitarbeiter bestimmt. Vor diesem Hintergrund muss geprüft werden, ob Mitarbeiter die notwendige Qualifikation aufweisen bzw. ob diese auf der Grundlage vorhandener Potenziale zu entwickeln ist. Die Potenzialbeurteilung erfolgt dann auf konkrete Aufgaben und Anforderungen gerichtet. Zum anderen können Qualifikationsmerkmale der Mitarbeiter ungerichtet erhoben und Potenziale identifiziert werden. Der festgestellte qualitative Personalbestand kann die Grundlage zukünftiger Unternehmensstra-

Zusammenhang zum qualitativen Personalbedarf

tegien darstellen; daraus leiten sich dann neue Anforderungen und Aufgaben ab.

Für die Potenzialbeurteilung kommen verschiedene **Verfahren** in Betracht (vgl. *Berthel/Becker* 2013, S. 289–298; *Kanning* 2014, S. 511–514), die sich aber nicht grundsätzlich von denen der Personalauswahl bzw. Leistungsbeurteilung unterscheiden. (1) Die diagnoseorientierten Verfahren beziehen sich auf die Vergangenheit und deuten – vielfach willkürlich – Qualifikationsmerkmale und -entwicklungen unter der Prämisse konstanter Entwicklungen der Rahmenbedingungen. (2) Im Rahmen biographischer Verfahren wird versucht, auf der Grundlage biographischer Daten und Leistungsindikatoren Rückschlüsse auf das Leistungspotenzial des Mitarbeiters zu erhalten. (3) Den verhaltensorientierten Verfahren (Assessment Center) kann noch die größte Eignung für die Potenzialbeurteilung bescheinigt werden (vgl. III, 1.4); sie stellen aber sehr hohe Anforderungen an die Beurteiler und verursachen erheblichen Aufwand.

Neben den grundlegenden Problemen der Leistungsbeurteilung (vgl. IV, 2.4) treten weitere **Einschränkungen** auf. Die dynamische Entwicklung von Anforderungen erschwert eine aussagekräftige Beurteilung, insbesondere vor dem Hintergrund begrenzter prognostischer und diagnostischer Fähigkeiten der meisten Beurteiler. Sowohl die Möglichkeiten, überhaupt Beurteilungsdaten zu generieren, als auch die Objektivität, Reliabilität und Validität der Daten sind daher vielfach gering (vgl. *Berthel/Becker* 2013, S. 293). Auf Seiten der Beurteilten muss die Motivation gegeben sein, vorhandene Potenziale auch zu entwickeln. Es bestehen jedoch keine zuverlässigen Verfahren, die aktuelle oder gar die zukünftige Motivation eines Mitarbeiters zu erheben, so dass der Erfolg einer Fremd- oder Selbstentwicklung fraglich bleibt. Außerdem kann nicht immer die kontinuierliche Entwicklung latenter Qualifikation unterstellt werden, da auch sprunghafte bzw. zeitpunktbezogene Veränderungen möglich sind. Insgesamt muss der Potenzialbeurteilung daher eine sehr beschränkte Aussagekraft bescheinigt werden.

Randglossen:
diagnoseorientierte Verfahren

biographische Verfahren

verhaltensorientierte Verfahren

Dynamische Entwicklung erschwert valide Urteile.

Potenzialanalyse und Weiterbildung bei der Allianzgruppe

Wandelnde Märkte und individuelle Karrierewege können eng miteinander verknüpft sein. Die Allianz hat erkannt, dass als Arbeitgeber langfristige und gemeinsam mit dem Mitarbeiter erarbeitete Ziele einerseits die persönliche Entwicklung fördern, andererseits aber auch eine betriebswirtschaftliche Notwendigkeit sind. Dabei gilt nicht die Prämisse, dass jeder Mitarbeiter vom Auszubildenden bis hin zum Vorstand gefördert werden kann. Ziel ist es aber, dass jeder Mitarbeiter fair und anhand objektivierter Kriterien beurteilt wird. Basierend auf jährlich vereinbarten Zielen und deren Erreichung werden am Anfang des Folgejahres ausführlich mit dem Mitarbeiter Personalentwicklungsmaßnahmen anhand der Stärken und Schwächen, aber auch anhand der individuellen Entwicklungsbereitschaft des Mitarbeiters abgestimmt.

Dies zeigt sich insbesondere in der Förderung von Führungskräften. Für diese gründete das Unternehmen eigens das Allianz Management Institute. Als eigenständige Bildungsstätte kommen nationale und internationale Führungskräfte vor dem Hintergrund des individuellen Potenzials zusammen und werden entsprechend weitergebildet. So haben junge Führungskräfte einen aufgezeigten Entwicklungspfad, der die Wechselabsicht reduzieren soll. Das Unternehmen erzielt im zunehmenden Kampf um Talente so eine positive Bindungswirkung.

Quelle: *Allianz* 2015a

Kontrollfragen zu Teil IV

1. Was versteht man unter Personalbeurteilung? Welche Beurteilungsformen können unterschieden werden?
2. Zu welchen Zwecken wird die Personalbeurteilung durchgeführt?
3. Welche hierarchischen Verfahren der Leistungsbeurteilung kennen Sie?
4. Welche nicht-hierarchischen Beurteilungsverfahren gibt es?
5. Was versteht man unter dem 360-Grad-Feedback?
6. Welche Beurteilungsfehler können auftreten?
7. Worin besteht der zentrale Unterschied zwischen der Leistungs- und der Potenzialbeurteilung?

Fallstudie: Wenn weniger mehr ist – Feedback-Prozess bei Kabel Deutschland

In vielen großen Unternehmen ist es selbstverständlich, ein 360-Grad-Feedback einzusetzen. Der größte deutsche Kabelnetzbetreiber Kabel Deutschland befand sich jedoch in einer Situation, in der das etablierte Feedbackinstrumentarium Gefahr lief, an Akzeptanz und vor allem Teilnahmebereitschaft zu verlieren. Um dem entgegenzuwirken, überdachte die Personalabteilung von Kabel Deutschland den kompletten Prozess.

Als große Schwäche des bestehenden Prozesses identifizierte die Personalabteilung die ungleiche Aufwandsverteilung zwischen dem onlinegestützten Feedback-Prozess und den angebundenen Nachbereitungsschritten für die Feedback-Empfänger. Der Feedback-Prozess nahm einen zu hohen Stellenwert im Gesamtprozess ein. Die Anzahl der involvierten Teilnehmer, der Aufwand der Projektsteuerung und somit die Belastung der Organisation waren beträchtlich. Das grundlegende Ziel der Überarbeitung lag somit auf der Hand: Der Prozess sollte schlanker, einfacher und nachhaltiger werden.

Zusätzlich interessierte sich die Unternehmensleitung schon länger dafür, wie zufrieden alle Mitarbeiter von Kabel Deutschland sind. Über eine Umfrage, das sogenannte Stimmungsbarometer, konnten die Mitarbeiter ihre Erfahrungen und Wahrnehmungen aus dem persönlichen Arbeitsalltag mitteilen. Die Umfrageergebnisse zeigten einerseits Stärken, andererseits Entwicklungspotenziale auf Unternehmensebene auf. Doch auch hier galt es, eine Lösung zu finden, um die Befragung schlank und effizient durchzuführen. Das Stimmungsbarometer wurde direkt an den neuen, individuellen Feedback-Prozess gekoppelt, um Prozesssynergien zu nutzen und beide Verfahren effizient durchzuführen.

Bis dahin hatte der Kabelnetzbetreiber auf das klassische 360-Grad-Feedback gesetzt. Die Fragen müssen hier so gestaltet sein, dass sowohl Mitarbeiter als auch Vorgesetzte und Kollegen sie beurteilen können – eine kaum lösbare Aufgabe, da Blickwinkel und Erwartungen doch zu unterschiedlich sind. Zusätzlich sorgten sehr lange und teilweise unverständliche Ergebnisberichte dafür, dass die allgemeine Akzeptanz des Verfahrens niedrig war. Daher wurde aus dem 360-Grad-Feedback ein 90-Grad-Feedback: Führungskräfte erhalten ausschließlich von ihren direkten Mitarbeitern Rückmeldung. Vorgesetzte der Feedback-Empfänger nehmen nicht mehr an der Befragung teil, werden jedoch direkt in die Nachbereitungsschritte eingebunden. Ein Feedback der Kollegen zum Führungsverhalten des Feedback-Empfängers kann nur sekundär und indirekt sein, daher wäre mit deren Einbindung nur ein geringer Mehrwert verbunden. Das heißt: Die Perspektiven wurden eingeschränkt, womit nun ein viel stärkerer Fokus auf dem Führungsverhalten selbst liegt. Der Fragebogen ist dadurch weniger umfangreich. Auch der neue Ergebnisreport des Führungsfeedbacks wurde verschlankt, sodass er leichter verständlich ist und mehr Aussagekraft für die Feedback-Empfänger besitzt. Um den aus der Erweiterung um das Stimmungsbarometer resultierenden Aufwand gering zu halten, wurde die Befragung direkt an das Führungsfeedback gekoppelt. Das entlastet die Teilnehmer zeitlich. Zudem ist nun auch die Skalierung der Antworten in beiden Umfragen einheitlich und so einfacher übertragbar. Daneben wurde auch die technische Komponente so überdacht, dass der Aufwand für die Teilnehmer geringer ist: Mit dem Onlinetool „Meta 360" lassen sich Führungsfeedback und Stimmungsbarometer über dieselbe Plattform abbilden. Teilnehmer können über ein individuelles Login ihre persönliche Homepage aufrufen. Auch die Organisation der Maßnahmen läuft über diese Plattform. So können die Teilnehmer für die nachgelagerten Auswertungsgespräche gleich Termine buchen und ihre Nachbereitungsschritte eigenständig im Tool dokumentieren.

Um die Nachhaltigkeit des Prozesses zu verbessern, wurden klar definierte und verbindliche Folgemaßnahmen festgelegt: Auswertungsgespräche mit einem bewusst neutral gewählten Coach, Runden mit den Feedback-Gebern und Vorgesetztengespräche. Im Auswertungsgespräch reflektieren die Feedback-Empfänger anhand der Ergebnisse ihre individuelle Situation als Führungskraft mit dem Coach. Das Vier-Augen-Gespräch ermöglicht es, Themenschwerpunkte gemäß der spezifischen Bedürfnisse des Feedback-Empfängers zu setzen.

Im Anschluss führen die Führungskräfte ein Rückmeldegespräch mit ihrem Vorgesetzten. Darin besprechen sie die vereinbarten Folgemaßnahmen, um deren Umsetzung anzugehen. Hier zeigte sich im ersten Durchlauf, wie wichtig das Thema „Kommunikation" im Feedback-Prozess war.

Um die Ergebnisse transparent zu halten, dokumentieren die Führungskräfte die Nachbereitungsschritte online. Die Projektverantwortlichen können auf diese Weise jederzeit die Umsetzung der geplanten Schritte nachvollziehen und bei Bedarf gezielt nachsteuern.

Kabel Deutschland ist bestrebt, das Instrument stetig zu optimieren und weiterzuentwickeln: Alle Feedback-Geber werden zu einer Online-Evaluation des durchgeführten Prozesses eingeladen. Ihre Erfahrungen und Verbesserungsvorschläge sollen eine bedarfsgerechte Anpassung der geplanten Folgeprozesse ermöglichen. Auf diese Weise soll das Feedback-Verfahren nicht Gefahr laufen zu versanden.

Quelle: *Klöpfer/Neymanns* 2013

Fragen zum Fallbeispiel

1. Welche Gründe führten bei Kabel Deutschland zu einer Abwandlung des etablierten 360-Grad-Feedback-Prozesses?
2. Welche Ansätze wurden entwickelt, um diese Defizite auszugleichen?
3. Stellen Sie sich vor, Sie wären in der Position einer Führungskraft bei Kabel Deutschland. Wie würden Sie den neuen Feedback-Prozess nach dem ersten Durchlauf bewerten?
4. Welchen Einschränkungen unterliegt das neue Verfahren im Vergleich zu einem vollständigen 360-Grad-Feedback und wie sind diese Einschränkungen zu bewerten?
5. Wie beurteilen Sie die Anonymität des Verfahrens? Welche Vorteile und Nachteile könnten hierbei auftreten?

Teil V:
Ausbildung und
Entwicklung

Überblick

Im Rahmen von Ausbildung und Personalentwicklung sollen Auszubildenden und Mitarbeitern notwendige Qualifikationsmerkmale vermittelt werden. Während die Berufsausbildung in einer Funktionsteilung von Staat und Unternehmen vor Beginn der eigentlichen Berufstätigkeit stattfindet, richtet sich Personalentwicklung an Mitarbeiter, die bereits einen Beruf erlernt haben bzw. ausüben. In diesem Teil werden zunächst die Grundlagen der Berufsausbildung skizziert. Im Anschluss daran erfolgt die Darstellung der Ziele und des Prozesses der Personalentwicklung. Es folgen die Beschreibung der Determinanten des Entwicklungsbedarfs, Überlegungen zur Kandidatenwahl, eine skizzenhafte Darstellung der wichtigsten Maßnahmen der Personalentwicklung, Hinweise zur Kontrolle des Entwicklungserfolgs sowie personalökonomisch fundierte Überlegungen zu Nutzen und Kosten der Personalentwicklung. Abschließend werden mit Dualen Studiengängen und Corporate Universities moderne Qualifizierungsformen in den Blick genommen.

Lehr-/Lernziele

Nachdem Sie diesen Teil gelesen haben, sollten Sie

- Ziele, Struktur sowie Vor- und Nachteile der Berufsausbildung kennen und sie von der Personalentwicklung abgrenzen können,
- in der Lage sein, den Prozess der Personalentwicklung zu skizzieren,
- erkannt haben, woraus Personalentwicklungsbedarf entsteht,
- erläutern können, worauf bei der Kandidatenwahl zu achten ist,
- in der Lage sein, Maßnahmen der Personalentwicklung zu differenzieren,
- Ansatzpunkte der Kontrolle der Personalentwicklung beschreiben können,
- verstanden haben, wer auf Grundlage humankapitaltheoretischer Überlegungen die Kosten der Personalentwicklung tragen soll und
- die Grundideen von dualen Studiengängen sowie von Corporate Universities erläutern können.

1 Berufsausbildung im dualen System

Die **(Berufs-)Ausbildung** vermittelt Berufseinsteigern grundlegende Qualifikationsmerkmale, die erforderlich sind, um eine Stelle im Unternehmen zu besetzen; sie stellt damit eine Form der Personalbeschaffung dar (vgl. II, 2.1). Das **duale Ausbildungssystem** in Deutschland setzt seinen Schwerpunkt vor den Beginn der eigentlichen Berufstätigkeit und nimmt eine Funktionsteilung zwischen staatlicher und unternehmerischer Berufsausbildung vor. Auf staatlicher Seite sollen die berufsbildenden Schulen für die Vermittlung allgemeiner, theoretisch geprägter Ausbildungsinhalte sorgen, demgegenüber zeichnet das Unternehmen für die Vermittlung praktischer Kenntnisse und Fertigkeiten verantwortlich. Die Abschlussprüfung obliegt staatlich kontrollierten Selbstverwaltungsorganisationen der Wirtschaft.

Das **staatliche Ziel** besteht darin, die für die Ausübung einer qualifizierten beruflichen Tätigkeit notwendigen beruflichen Fertigkeiten, Kenntnisse und Fähigkeiten (berufliche Handlungsfähigkeit) zu vermitteln und den Erwerb der erforderlichen Berufserfahrung zu ermöglichen (vgl. §1 II und III BBiG). Die **Ziele der Unternehmen** sind konkreter. Geht die Anzahl der Auszubildenden nicht über den eigenen Bedarf hinaus, soll durch die Berufsausbildung in erster Linie der Bedarf an Nachwuchs im kaufmännischen oder gewerblichen Bereich gesichert werden. Damit kann man sich weitgehend vom Arbeitsmarkt abkoppeln und frei werdende Stellen intern besetzen. Weitere Vorteile bestehen darin, dass den Auszubildenden unternehmensspezifische Kenntnisse vermittelt werden, sie das Umfeld bzw. die Kollegen kennen und damit die Einarbeitung und Sozialisation entfallen. Durch die Vermittlung spezifischer Qualifikationsmerkmale werden die Auszubildenden zwar für das ausbildende Unternehmen wertvoller als externe Mitarbeiter, gleichzeitig sinkt aber ihre Attraktivität für andere Unternehmen. Vor diesem Hintergrund widersprechen sich die staatlichen und unternehmerischen Ziele teilweise.

Die wichtigste Rechtsgrundlage beruflicher Ausbildung bildet das 2005 zum Teil neu formulierte **Berufsbildungsgesetz (BBiG)**. Sein Ziel ist die Festschreibung von Mindestanforderungen an die Berufsausbildung, um ein möglichst hohes und einheitliches Ausbildungsniveau zu gewährleisten. Außerdem werden Formen der Ausbildung festgelegt und die Prüfung wird unter die Obhut der Kammern (Selbstverwaltungsorgane der Wirtschaft) gestellt. Gleichzeitig bildet es die Rechtsgrundlage beruflicher Fortbildung und Umschulung (vgl. Abb. V.1). Daneben regelt das Betriebsverfassungsgesetz die Mitwir-

Funktionsteilung zwischen Staat und Unternehmen

Voraussetzungen für Beschäftigungsfähigkeit schaffen

Bedarf an Nachwuchskräften decken

Gewährleistung eines hohen Ausbildungsniveaus

kung des Betriebsrats (§§ 96–98 BetrVG). Begründet wird das Berufsausbildungsverhältnis durch den privatrechtlichen Ausbildungsvertrag. Ausbilden darf nur, wer über die erforderliche persönliche und fachliche Eignung verfügt. Diese wird durch die zuständige Industrie- und Handels- oder Handwerkskammer festgestellt, die zudem die Eignung der Ausbildungsstätte prüft.

Regelungsbereiche des BBiG
• Ordnung der Berufsausbildung; Anerkennung von Ausbildungsberufen (§§ 4–9)
• Begründung, Beginn, Beendigung und Inhalt der Berufsausbildungsverhältnisse, Pflichten des Auszubildenden und der Ausbildenden, Vergütung (§§ 10–26)
• Eignung von Ausbildungsstätte und Ausbildungspersonal (§§ 27–33)
• Verzeichnis der Berufsausbildungsverhältnisse (§§ 34–36)
• Prüfungswesen (§§ 37–50a)
• Interessenvertretung des Auszubildenden (§§ 51–52)
• Berufliche Fortbildung und Umschulung (§§ 53–63)
• Organisation der Berufsbildung (§§ 71–83)

Abb. V.1: Wichtige Regelungsbereiche des Berufsbildungsgesetzes

unterschiedliche Modelle der Berufsausbildung

Das Berufsbildungsgesetz schreibt keine bestimmte Struktur der dualen Berufsausbildung vor, so dass sich unterschiedliche Modelle entwickelt haben. Es gibt Ausbildungsberufe, in denen keine Spezialisierung stattfindet, aber auch solche mit Spezialisierung in Fachrichtungen, Ausbildungsberufe in Stufenausbildung sowie mit Modulen oder Bausteingliederung (vgl. *Becker* 2013, S. 277–282).

Vermittlung von Grundkenntnissen im Unternehmen

Unternehmen bilden Schulabgänger zu Facharbeitern oder Fachangestellten aus. Dabei werden in der Regel unter Anleitung eines Ausbilders am Arbeitsplatz oder in besonderen Lehrwerkstätten Grundkenntnisse und Grundfertigkeiten zur praktischen Berufsausübung vermittelt. Die Ausbildungsinhalte sind in Form von Mindestanforderungen durch Bundesrecht (Lehrpläne betrieblicher Ausbildung) und Landesrecht (Lehrpläne der Berufsschulen) festgeschrieben. Damit bleiben aber die Qualität und Inhalte der Ausbildung unbestimmt.

verschiedene Ansatzpunkte zur Erhöhung der Ausbildungsqualität

Vor diesem Hintergrund ergeben sich für die Unternehmen bei der Gestaltung der Ausbildung Freiheitsgrade, die genutzt werden können, um eine möglichst hohe **Ausbildungsqualität** zu erzielen. Ein erster Ansatzpunkt dazu besteht in der Gestaltung der Lehr- und Lernorte. Die Ausbildung am Arbeitsplatz kann z. B. durch Lehrwerkstätten ergänzt werden. Daneben wird die Ausbildungsqualität im Unternehmen vom Ausbildungspersonal beeinflusst; es empfiehlt sich, fachlich und pädagogisch besonders geeignete Personen zu Ausbildern zu machen. Diese Spezialisten können durch anerkannte und moderne Ausbildungsmaßnahmen die Qualität der Ausbildung verbessern. Es kann auch erforderlich sein, die produktive Mitarbeit der Auszubildenden zu reduzieren und dadurch die Ausbildungszeit auszudehnen. Vor allem kleine und mittlere Unternehmen können unternehmensübergreifende Ausbildungskooperationen in Betracht ziehen, um eine hohe Qualität sicherzustellen (vgl. *Becker* 2013, S. 268–271).

„Nein, die Schüler, die jetzt aus unseren Schulen kommen und in eine Ausbildung wollen, sind nicht dümmer als früher." Das ist die Erfahrung von Dieter Omert, Chef des Bildungswesens beim Automobilbauer Audi in Ingolstadt. Omert steckt jedes Jahr mehr als 40 Jugendliche zunächst für zwölf Monate in eine sogenannte Einstiegsqualifizierung. „Nur ein oder zwei von ihnen wären in unserem Auswahlverfahren durchgekommen." Nach einem Jahr Defizitabbau schaffen 60 Prozent den Sprung in die Ausbildung bei Audi.

Quelle: *Heimann* 2013

Im Rahmen der Ausbildung entstehen dem Unternehmen **Kosten** vor allem in Form der (anteiligen) Vergütung der Auszubildenden und Ausbilder, des Lernortes und der Lernmittel sowie der Gebühren für die prüfenden Institutionen (vgl. *Jansen et al.* 2015). In diesem Zusammenhang machen personalökonomische Analysen auf die „**Vorratskosten**" der Ausbildung aufmerksam und greifen dabei auf die Analogie zur Lagerwirtschaft und Vorratshaltung von Maschinen, Gütern und Vorprodukten zurück. Eine denkbare Ausbildungsstrategie besteht in der aktiven Ausbildung, die einen Vorrat an polyvalent einsetzbaren Mitarbeitern schaffen soll. Dazu ist die Vermittlung flexibel einsetzbarer Qualifikationsmerkmale erforderlich. Jedoch entstehen dann Kosten durch die „Vorhaltung" der Mitarbeiter, da das Gelernte nicht unmittelbar angewendet werden und zu Produktivitätsfortschritten führen kann. Zudem besteht die Gefahr, dass Mitarbeiter nach ihrer Ausbildung zu Konkurrenzunternehmen wechseln. Folglich haben Unternehmen einen Anreiz, die Zahl der Auszubildenden und damit die Höhe der Kosten der Vorratshaltung zu begrenzen. Eine andere Ausbildungsstrategie sieht eine reaktive inkrementale Anpassung an die Anforderungen des Marktes vor; Ausbildung erfolgt nur zur Deckung des konkreten Bedarfs. Zwar entstehen dann keine Vorratskosten, es kann aber zu Fehlmengenkosten kommen, wenn im Bedarfsfall entsprechend qualifizierte Nachwuchskräfte nicht vorhanden sind bzw. nicht (zeitgerecht) ausgebildet werden können. Die an ökonomischen Kriterien orientierte Planung der Ausbildung im Unternehmen macht zwar auf die damit verbundenen Kosten aufmerksam, jedoch bleibt unabhängig von den jeweiligen Nachteilen der skizzierten Ausbildungsstrategien die Frage offen, in welcher Form die unterschiedlichen Kosten auf einzelne Maßnahmen oder Personen (Auszubildende, Ausbilder) zugerechnet werden können.

> Vorrat polyvalent einsetzbarer Mitarbeiter

> reaktive, inkrementale Anpassung an konkreten Bedarf

Determinanten des Nutzens der Ausbildung

Neben den Kosten muss auch der (potenzielle) **Nutzen der Ausbildung** Berücksichtigung finden. Er hängt von zukünftigen Anforderungen an die Mitarbeiter, der Entwicklung auf dem Arbeitsmarkt, der späteren Verweildauer der Ausgebildeten im Unternehmen und dem produktiven Beitrag der Auszubildenden während ihrer Ausbildung ab (vgl. *Jansen et al.* 2015). Die Entscheidung für Ausbildung muss folglich unter Unsicherheit getroffen werden. Gegenwärtigen Kosten, die nicht eindeutig zurechenbar sind, steht ein späterer Nutzen gegenüber, dessen Eintritt unsicher ist.

berufliche Differenzierung und theoretische Fundierung

Schwerfälligkeit des Systems

Das duale System der Berufsausbildung in Deutschland weist einige **Vorteile** auf, die im internationalen Vergleich immer wieder hervorgehoben werden. Zum einen ermöglicht es eine weitreichende berufliche Differenzierung. Zum anderen erhöht die theoretische Fundierung der Ausbildung an den berufsbildenden Schulen die Ausbildungsqualität und führt zu einer weitgehenden Vereinheitlichung und damit tendenziellen Chancengleichheit der Auszubildenden auf dem Arbeitsmarkt. **Nachteile** sind in der Schwerfälligkeit des Systems zu sehen, da es sich Veränderungen der Berufswelt zu langsam anpasst bzw. Anpassungen aufgrund der Ausbildungszeit von zwei bis drei Jahren nur langsam umgesetzt werden können. Hinzu kommt, dass die Ausbildung lediglich auf den Beginn des Berufslebens abzielt, während eine berufsbegleitende Qualifizierung nicht geregelt und in der Obhut der Unternehmen belassen wird. Daher erfährt das duale System zunehmend eine Ergänzung durch einen tertiären Bereich (vgl. V, 3) und es gibt seit längerem eine kontroverse Diskussion seiner Modernisierung (vgl. *Kremer* 2008 und die weiteren Beiträge in diesem Heft).

Bootcamps und Lernortkooperationen

Aus Sicht der Otto GmbH & Co. KG, Hamburg, ist der Bedarf der Wirtschaft an ausreichend gebildeten und an MINT-Berufen interessierten Nachwuchskräften in den Schulen noch nicht angekommen. In den allgemeinbildenden Schulen spielen diese Fächer eine geringe Rolle, an den berufsbildenden Schulen mangelt es an Fachlehrern, Unterricht fällt aus, das Fach Informatik spielt praktisch keine Rolle.

Die Hauptschüler, die eine Ausbildung als Kaufleute für Büromanagement (früher Bürokaufleute) machen, werden zum Start der Ausbildung in einem vierwöchigen Bootcamp vorbereitet; Inhalte, die an den Hauptschulen oft fehlen (z. B. Englischtrainings, Präsentationstechniken, Office-Software, Business-Knigge, Projektmanagement), werden dabei vermittelt. Die Lücken im Rechnungswesen oder bei Wirtschaftsthemen werden im Verlauf der Ausbildung durch regelmäßige Inhouse-Lerneinheiten geschlossen.

Aufgrund der Defizite in der Ausbildung der Fachinformatiker wurde auch hier ein Bootcamp ins Leben gerufen. Die Defizite der Berufsschule entstehen durch ausfallenden Unterricht, fehlende Unterrichtseinheiten und fehlendes Handwerkszeug; die Azubis bekommen deshalb ein selbst zu verwaltendes Notebook. Die tutorielle Begleitung zu den im Bootcamp begonnenen Themen ist fester Bestandteil der betrieblichen Ausbildung der Fachinformatiker, aber teilweise auch anderer Azubis und dual Studierender.

Im Rahmen von Lernortkooperationen wird versucht, die Inhalte des Unterrichts an den relevanten Berufsschulen aktiv mitzugestalten. So fehlt z. B. in den Ausbildungsrahmenplänen für Groß- und Außenhandelskaufleute das Fach E-Commerce, das bei Otto in der praktischen Ausbildung eine wesentliche Rolle spielt. Die Fachexperten des Unternehmens gehen deshalb in die Berufsschulen, um interessierten Lehrern das Thema näherzubringen, und bieten Schülern neben dem regulären Unterricht fachbezogene Projektarbeit an. Einige Lehrer haben zudem in den Ferien eine Hospitation bei Otto absolviert.

Quelle: *Heinrich* 2014

2 Personalentwicklung

2.1 Begriff, Ziele und Prozess

Technischer Fortschritt, veränderte Wettbewerbsbedingungen und unternehmensinterne Umstrukturierungen führen dazu, dass die Qualifikation von Mitarbeitern schnell veraltet und Qualifizierungsbedarf entsteht. Maßnahmen zur Deckung dieses Bedarfs finden sich in der Literatur unter verschiedenen Begriffen. Als Sammelbegriff für alle Maßnahmen, die der beruflichen Höherqualifizierung dienen, findet **Personalentwicklung** Verwendung. Sie umfasst die Erweiterung und Verbesserung derjenigen Kenntnisse, Fähigkeiten und Verhaltensweisen sowie Einstellungen des Personals, die im Unternehmen zur Erreichung seiner Ziele gegenwärtig und zukünftig genutzt werden können. Dabei sollten individuelle Zielsetzungen zumindest als Nebenbedingung beachtet werden, da erfolgreiche Personalentwicklung die Motivation und Lernbereitschaft der Mitarbeiter voraussetzt. Personalentwicklung zielt somit nicht nur auf die Qualifikationsanforderungen einer konkreten Aufgabe, sondern auch auf Verhalten, generelle Fähigkeiten (z. B. Teamfähigkeit), allgemeine Kenntnisse (z. B. Sprachen, EDV-Kenntnisse) sowie Einstellungen und Werte (z. B. Unternehmenskultur). Sie richtet sich an Mitarbeiter, die bereits einen Beruf erlernt haben bzw. ausüben. In der Regel weist die Personalentwicklung aber zumindest mittelbar einen Tätigkeitsbezug auf. Alternativ kann das Unternehmen bestrebt sein, seine Flexibilität zu erhöhen, um eventuelle Vakanzen kurzfristig intern beheben oder auf veränderte Umweltanforderungen schnell reagieren zu können.

In den letzten Jahren ist zu beobachten, dass Mitarbeiter mehr Eigenverantwortung zeigen müssen und im Rahmen des Qualifikationserwerbs eine Selbstentwicklung, d.h. eine eigenverantwortliche Qualifizierung, notwendig wird. Verbreitung gefunden haben diese Überlegungen auch unter dem Schlagwort **Employability** (vgl. *Rump/ Sattelberger* 2011; *Becker* 2013). Darunter versteht man die Aufgabe, die Beschäftigungsfähigkeit der Arbeitnehmer zu erhalten oder herzustellen. Das dazu erforderliche lebenslange Lernen soll sowohl in der Verantwortung des Unternehmens als auch des Individuums erfolgen und zielt auf das planmäßige Herbeiführen und Ergreifen individueller Karrierechancen innerhalb und außerhalb des Unternehmens ab. Vielfach werden Mitarbeiter damit auch auf das Ausscheiden aus dem Unternehmen vorbereitet.

Marginalien:

Erweiterung und Verbesserung von Kenntnissen, Fähigkeiten, Verhaltensweisen, Einstellungen

Beschäftigungsfähigkeit erhalten oder herstellen

Aus **Mitarbeiterperspektive** sind mit der Personalentwicklung generell verschiedene Ziele verbunden. Zum einen dient sie dazu, Aufstiegs- und Bildungsbedürfnisse zu befriedigen, da ein hierarchischer Aufstieg in aller Regel an Kenntnisse und Fähigkeiten gebunden ist, die im Rahmen der Personalentwicklung erworben oder verbessert werden können. Eng damit zusammen hängt das Bedürfnis, eine höhere Vergütung zu erzielen, die häufig an Aufstieg, Qualifikation oder die (regelmäßige) Teilnahme an Personalentwicklungsmaßnahmen gekoppelt ist. Zum anderen trägt die Personalentwicklung zur Befriedigung immaterieller Bedürfnisse bei, wenn dadurch mehr Ansehen innerhalb und außerhalb des Unternehmens erlangt werden kann oder einem Entwicklungsinteresse entsprochen wird.

individuelle Ziele

An die Durchführung von Personalentwicklungsmaßnahmen sind auf Seiten des Unternehmens verschiedene **Voraussetzungen** geknüpft. Es muss die Kosten für die Entwicklungsmaßnahmen tragen können. Außerdem reduzieren die Maßnahmen die Zeiten produktiver Arbeit im Unternehmen und verursachen dadurch Opportunitätskosten. Damit sich die Investitionen in die Mitarbeiter amortisieren, ist nicht zuletzt eine längerfristige Mitgliedschaft dieser im Unternehmen notwendig.

Amortisation notwendig

Personalentwicklung erfolgt in einem Regelkreis, der logisch aufeinander aufbauende Schritte beinhaltet. Dieser **Prozess** beginnt mit der Feststellung des Entwicklungsbedarfs. Parallel zur Auswahl der Personalentwicklungskandidaten sind auf der Grundlage des geschätzten individuellen Entwicklungspotenzials aus dem Spektrum der möglichen die geeigneten Maßnahmen je Bedarfskategorie auszuwählen. Der skizzierte Prozess der Personalentwicklung endet mit der Kontrolle des Entwicklungserfolgs (vgl. Abb. V.2).

Regelkreismodell

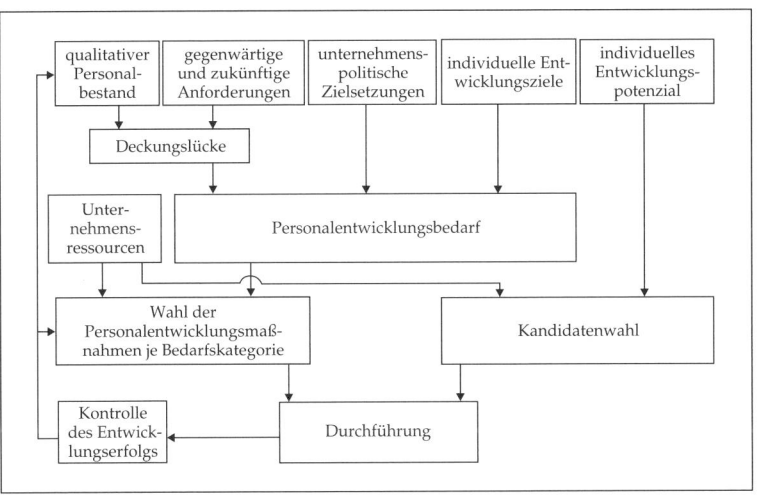

Abb. V.2: Prozess der Personalentwicklung

> **Fit für die Zukunft im Skill Development Center**
>
> Aus dem ehemaligen Großrechneranbieter IBM hat sich ein Software-, Services- und Beratungsspezialist entwickelt. Der Konzern setzt deshalb auf ein Skill Development Center zur Karriereentwicklung der Mitarbeiter.
>
> **Startpunkt: Qualifizierungsanalyse**
>
> Im Rahmen einer vertraulichen Analyse wird der Istzustand geklärt: Wie ist der berufliche Status? Wie sehen die privaten Pläne aus? Ist das Ziel eine höhere Qualifikationsstufe in der derzeitigen Profession? Wird eine berufliche Neuorientierung im Unternehmen angestrebt? Dabei kommt ein Online-Verfahren zur Erhebung arbeitsbezogener Verhaltens- und Bedürfnispräferenzen zum Einsatz; die Ergebnisse werden in Coaching-Gesprächen erläutert und die nächsten Entwicklungs- und Karriereschritte ausgelotet.
>
> **Individuelle Ausbildungspläne**
>
> In einem ausbalancierten Mix aus Fachschulungen, Training on the job, Zertifizierungen und dem schrittweisen Übergang in ein neues Aufgabengebiet wird die notwendige Basis für die Weiterentwicklung gelegt.
>
> **Zukunftsfähige Jobprofile**
>
> Auf der anderen Seite soll die Aus- und Weiterbildung zum Unternehmen passen. Gemeinsam mit den Geschäftseinheiten und weiteren Personalfunktionen ist ein permanentes Scannen der benötigten Skills und zukünftigen Anforderungen unerlässlich.
>
> Die Erfahrung zeigt: Interne Qualifizierung ist erfolgreich, wenn Karriereplanung und unternehmerische Ausrichtung zusammenpassen. Die durch das Skill Development Center begleiteten Stellenbesetzungen sind ein Indikator dafür.
>
> Quelle: *Wiedemann* 2014

2.2 Entwicklungsbedarf

Der **Personalentwicklungsbedarf** wird durch drei Einflussfaktoren bestimmt, deren Bedeutung nicht generell festgelegt werden kann, sondern im Einzelfall zu entscheiden ist:

- Deckungslücke

- unternehmenspolitische Zielsetzungen

- individuelle Entwicklungsziele

Abgleich zwischen Qualifikation und Anforderungen

Zur Ermittlung der **Deckungslücke** ist ein Abgleich zwischen der Qualifikation der Mitarbeiter sowie gegenwärtigen und zukünftigen Anforderungen erforderlich. Qualifikation umfasst alle kognitiven (allgemeines und spezifisches Wissen sowie erlangte Erfahrung), physischen (Geschicklichkeit, Ausdauer und körperliche Kraft) und sozialen Fähigkeiten (Einstellungen, Verhaltensweisen, Kommunikations- und Kooperationsfähigkeit) (vgl. *Becker* 2007, S. 147). Anforderungen an einen Mitarbeiter oder eine ganze Personalkategorie sind Gegenstand der Ermittlung des qualitativen Personalbedarfs (vgl. II, 1.2). Tritt eine Differenz zwischen der Qualifikation der Mitarbeiter und den Stellenanforderungen auf, spricht man von einer Deckungslücke. Entwicklungsbedarf kann auf Grundlage einer konkreten oder einer unscharfen Deckungslücke identifiziert werden. Wird Letztere als Indiz für Entwicklungsbedarf und zum Anlass für Entwicklungsmaßnahmen genommen, soll durch die Vermittlung allgemeiner Kenntnisse oder Schlüsselqualifikationen erreicht werden, dass das konkrete Qualifikationsdefizit nicht maximal ausfällt. Zu der Ermittlung der Deckungslücke kann auch der Mitarbeiter beitragen, da er häufig selbst am besten um die individuellen Defizite weiß, die im Rahmen der alltäglichen Aufgabenerfüllung auftreten.

Personalpolitische Zielsetzungen berühren grundlegende, werthaltige Entscheidungen und Festlegungen im Rahmen der Personalarbeit. Sie sind ihrerseits von **unternehmenspolitischen Zielsetzungen** beeinflusst und können durch grundsätzliche (strategische) Festlegungen (z. B. hinsichtlich eines neuen oder erweiterten Produktprogramms oder einer angestrebten Internationalisierung) Entwicklungsbedarf verursachen. <small>strategische Festlegungen</small>

Der Personalentwicklungsbedarf wird zusätzlich von den **individuellen Entwicklungszielen** der Mitarbeiter beeinflusst. Daher kann vor allem bei Entwicklungsmaßnahmen, die (auch) einen Beitrag zur Realisierung individueller Ziele leisten, die erforderliche Motivation und Lernbereitschaft der Mitarbeiter unterstellt werden. Da keine typischen individuellen Entwicklungsziele angenommen werden können, sind auch hierzu die Mitarbeiter zu befragen. <small>Realisierung individueller Ziele</small>

2.3 Kandidatenwahl

Die Frage, welche Mitarbeiter die erforderlichen Personalentwicklungsmaßnahmen durchlaufen sollen, hängt eng mit der Identifizierung des Entwicklungsbedarfs zusammen, da sich die Deckungslücke adressatenabhängig ergibt und auch individuelle Entwicklungsziele zum Tragen kommen. Wenn in Unternehmen **Entwicklungskandidaten** nach ihrer Funktion (z. B. Projektmanager) oder Position (z. B. Führungskräfte) ausgewählt werden, lässt sich dies nicht rational begründen. Das gilt auch, wenn die Entscheidung über die Teilnahme an einer Entwicklungsmaßnahme allein dem Mitarbeiter überlassen bleibt, da dieser häufig die zukünftigen Anforderungen nicht (in vollem Umfang) abschätzen kann. <small>bedarfsabhängige Kandidatenwahl</small>

Die zur Verfügung stehenden zeitlichen und finanziellen Ressourcen sowie die Kapazität einzelner Maßnahmen sind in der Regel begrenzt.

Daher muss eine Auswahl unter möglichen Entwicklungskandidaten vorgenommen werden (vgl. *Drumm* 2008, S. 345–347). Auf Seiten des Mitarbeiters stellt die Bereitschaft zur Teilnahme eine Voraussetzung dar. Daneben sollte hinreichendes **Entwicklungspotenzial** erkennbar sein. Grundlage ist die Leistungsbeurteilung bzw. die Potenzialbeurteilung, in der eine begründete Schätzung der Entwicklungsfähigkeit des Mitarbeiters abgegeben wird (vgl. auch IV, 2 und 3).

potenzialabhängige Kandidatenwahl

Soll die Auswahlentscheidung rational erfolgen und für die betroffenen Mitarbeiter nachvollziehbar sein, sind drei Regeln in Betracht zu ziehen:

drei Auswahlregeln

- Wenn bei Entwicklungsbedarfen gleicher Bedeutung die Auswahl der Entwicklungsadressaten in fallender Reihenfolge ihres Potenzials erfolgt, spricht man von der **Potenzialregel**.

- Nach der **Engpassregel** werden bei unterschiedlicher Bedeutung der Entwicklungsbedarfe die Entwicklungsadressaten nach der Priorität ihres Entwicklungsbedarfs ausgewählt.

- Generell wird die Auswahl durch das Entwicklungsbudget restringiert. Nach der **Budgetregel** können so lange Mitarbeiter für die Personalentwicklung ausgewählt werden, bis das Budget erschöpft ist.

Kombination der Regeln

Effizient ist eine Kombination der Auswahlregeln: Bei gegebener Budgetrestriktion werden Mitarbeiter ausgewählt, die eine große Deckungslücke aufweisen. Dabei können Kandidaten mit möglichst hohem Potenzial bevorzugt werden. Erst danach sind Mitarbeiter mit kleinerer Deckungslücke und/oder geringerem Potenzial an der Reihe, bis das Budget erschöpft ist. Demgegenüber decken werthaltige Regeln, nach denen z. B. Chancengleichheit für alle gegeben ist, bestimmte (Hierarchie- oder Alters-)Gruppen privilegiert sind oder lediglich Kandidaten mit sehr hohem Potenzial entwickelt werden, nur zufällig einen bestehenden Entwicklungsbedarf.

2.4 Maßnahmen

Die Maßnahmen der Personalentwicklung sind vielfältig und können hier nicht alle detailliert dargestellt werden (vgl. dazu z. B. *Bröckermann/Müller-Vorbrüggen* 2010). Es hat sich in der Literatur durchgesetzt, **Maßnahmenkategorien** nach unterschiedlichen Kriterien zu bilden. Weit verbreitet ist eine Einteilung, die an dem Lebenszyklus eines Beschäftigungsverhältnisses anknüpft (Into-the-job- bzw. Out-off-the-job-Maßnahmen) und als zusätzliches Kriterium die Nähe zur jeweiligen Aufgabe wählt (on the job, near the job und off the job) (vgl. *Scholz* 2014a, S. 579–591; auch Abb. V.3). Diese Kategorisierung wird im Folgenden aufgegriffen und es werden die wichtigsten Maßnahmen skizziert.

Einteilung setzt am Lebenszyklus des Beschäftigungsverhältnisses und an der Aufgabennähe an.

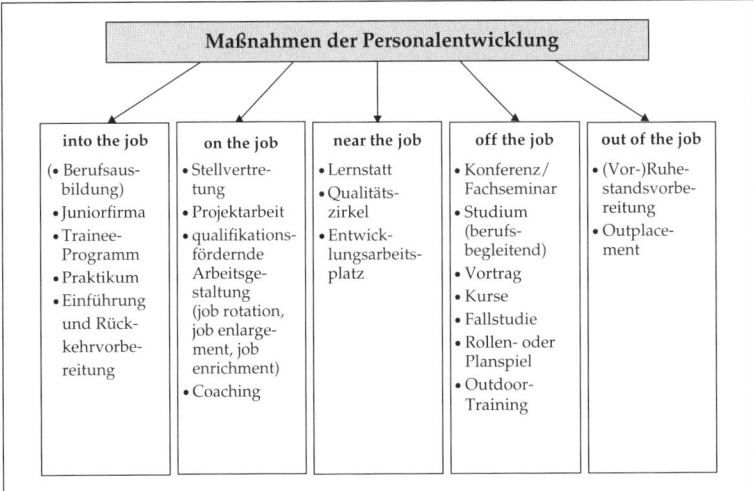

Abb. V.3: Kategorisierung von Personalentwicklungsmaßnahmen

Personalentwicklung into the job umfasst Maßnahmen, die der eigentlichen Berufstätigkeit vorausgehen oder einen Mitarbeiter befähigen, die Aufgaben einer Stelle zu erfüllen, die er neu besetzen soll oder die er längere Zeit nicht mehr besetzt hat (vgl. *Kolleker/Wolzendorff* 2010). Sie dienen der Vorbereitung und sollen einer Person die Ausübung ihrer Tätigkeit ermöglichen. Eine Sonderstellung nimmt die (duale) Berufsausbildung ein, die sich an Berufsanfänger richtet und eine Primärausbildung darstellt (vgl. V, 1). Daneben ist als Variante der Planspielmethode das Konzept der Juniorfirma entwickelt worden, bei dem innerhalb des ausbildenden Unternehmens eine teilautonome Unternehmenseinheit gebildet wird (vgl. *Leyhausen* 2010; auch www. juniorenfirmen.com). Darin können alle gewerblichen und kaufmännischen Funktionen erlernt und weitgehend selbstständig ausgeübt werden.

Maßnahmen gehen der Berufstätigkeit voraus.

Berufsausbildung

Juniorfirma

BMW Juniorfirma: Auszubildende führen eine Firma unter realen Geschäftsbedingungen.

Die Mitarbeiter der Juniorfirma am Standort München kommen im kaufmännischen Bereich hauptsächlich aus dem ersten, in der Fertigung hingegen aus dem ersten bis dritten Ausbildungsjahr.

Den Vorstand der Juniorfirma bilden hauptamtliche Mitarbeiter aus der Berufsausbildung. Dem Aufsichtsrat gehören unter anderem die Leiter der Bildungsakademie an. Das Headquarter setzt sich zusammen aus Geschäftsführung, Vertrieb, Materialwirtschaft, Finanzwirtschaft, Personalwirtschaft, Qualitätsmanagement, Produktionswirtschaft, Azubibüro und IT-Support.

Damit möglichst viele Auszubildende in der Juniorfirma eingesetzt werden können, streben wir einen rotierenden 12-wöchigen Einsatz je Abteilung an. Die Position des Geschäftsführers, der das operative Geschäft leitet, wird von einem Azubi übernommen. Ein Referent steht ihm in allen seinen Tätigkeiten zur Seite. Unterstützt wird diese Aufgabe durch die Ausbilderin in der Juniorfirma.

Auch die Produktion wird von Ausbildern überwacht, dennoch arbeiten die Azubis selbstständig unter der Leitung von zwei Gruppensprechern, die regelmäßig gewählt werden.

Damit die Azubis sowohl das technische als auch kaufmännische Tätigkeitsfeld der Juniorfirma näher kennen lernen, können sie für einen bestimmten Zeitraum in den jeweils anderen Bereich wechseln. Um die Kommunikation zwischen den einzelnen Abteilungen und der Fertigung aufrecht zu erhalten, findet jede Woche eine Teamrunde statt, in der wichtige Themen besprochen, Rückmeldungen gegeben und mögliche Probleme gelöst werden.

Quelle: *Arbeitsgemeinschaft der Juniorenfirmen* o. J.

Trainee-Programme

Eine besondere Form der Ausbildung stellen (ein- bis zweijährige) Trainee-Programme dar, die sich an höherqualifizierte Berufsanfänger (z. B. Hochschulabsolventen) richten (vgl. *Nesemann* 2012, S. 38; *Wegerich* 2013). Sie sollen das vorhandene theoretische Wissen durch eine komprimierte, praxisnahe Ausbildung ergänzen sowie die Sozialkompetenz und die Integration dieser Mitarbeiter in das Unternehmen fördern. Vor allem bei schlechter wirtschaftlicher Lage war es in der Vergangenheit nicht unüblich, Hochschulabsolventen in Form eines **Praktikum** oft gering oder nicht bezahlten Praktikums zu beschäftigen, um auf diesem Wege unternehmensspezifische Qualifikationsmerkmale zu vermitteln und einen fundierten Eindruck von der Qualifikation der Praktikanten zu erhalten. Studien zeigen, dass durch ein Praktikum die Bindung von Absolventen an ein Unternehmen positiv beeinflusst werden kann (vgl. *Kratz et al.* 2013, S. 53–54; *Abrell/Rowold* 2015, S. 140). Welchen Einfluss das Mindestlohngesetz auf das Angebot von Praktikumsstellen hat, nachdem nur noch „echte" Praktikanten davon ausgenommen sind (§ 22 I MiLoG), muss sich noch zeigen.

Einführung

Die Einführung der Mitarbeiter in das Unternehmen ist generell erforderlich, um Informationen zu vermitteln und die Konfrontation mit neuen Aufgaben, der Unternehmenskultur und den neuen Kollegen zu bewältigen (vgl. III, 2). Wenn Mitarbeiter nach längeren Abwesenheiten (z. B. nach Auslandseinsätzen, Krankheit, Elternzeit) in das Unternehmen zurückkehren, stehen vor allem Informationen über **Reintegration** Veränderungen im Unternehmen und Unternehmensumfeld, kurzfristige Schulungen und Trainings zur Auffrischung der Qualifikation der Mitarbeiter sowie die Versorgung mit aktuellen Informationen im Vordergrund.

Rückkehr erfolgreich gestalten

Für Anwaltskanzleien ist es überlebensnotwendig, Instrumente zur Vereinbarkeit von Beruf und Privatleben bereitzustellen. Die Kanzlei Linklaters unterstützt ihre Anwältinnen mit einem Maternity Coaching (zehn Stunden). Der Prozess erstreckt sich über drei Phasen: Während der Schwangerschaft findet nach dem „Chemistry Meeting" die erste Coaching-Session statt, bei der die individuellen Ziele festgelegt werden; die Sitzungen während der Elternzeit werden individuell vereinbart. Die verbleibenden Stunden verteilt man an deren Ende und zu Beginn des Wiedereinstiegs. Weitere Sitzungen folgen bei Bedarf.

Quelle: *Göbbels/Roth* 2014

Training (Personalentwicklung) on the job hat im Vergleich zu anderen Formen der Personalentwicklung an Relevanz gewonnen. Als Begründung werden die größere Praxisnähe, der schnellere Transfer und geringere Kosten dieser Maßnahmen genannt (vgl. *Schier* 2010). Training on the job beschreibt Maßnahmen, durch die eine Qualifizierung im Rahmen der normalen Ausübung der Arbeitstätigkeit erreicht werden soll. Dem Mitarbeiter bietet das die Möglichkeit eines handlungsorientierten, auf Eigeninitiative beruhenden Lernens in der Konfrontation mit alltäglichen arbeitsplatzbezogenen Problemen. Neben einer Erfahrungsvermittlung durch ältere Kollegen und den Vorgesetzten bestehen in der Stellvertretung, der Projektarbeit bzw. in Sonderaufgaben weitere Maßnahmen, die eine selbstständige Problemlösung durch den Mitarbeiter erfordern und damit höhere Anforderungen stellen (vgl. *Erkelenz* 2010; *Stelzer-Rothe* 2010). Da neue Aufgaben in einem veränderten Umfeld wahrgenommen werden, sollen Fachwissen, kognitive und emotionale Intelligenz, methodisches Vorgehen, Phantasie und Kreativität sowie Führungsstärke erworben werden. Traditionell zählen auch Maßnahmen der qualifikationsfördernden Arbeitsgestaltung (Job Rotation, Job Enlargement, Job Enrichment) zum Training on the job. Durch sie werden monotone und einseitige Tätigkeiten angereichert und so breitere Qualifikationsprofile geschaffen (vgl. *Fricke* 2010; *Wilms* 2010). Eine modernere Maßnahme stellt das Coaching dar, das weniger der direkten Einflussnahme dient, als vielmehr einen „Prozess der Hilfe zur Selbsthilfe" initiieren soll (vgl. *Rauen/Eversmann* 2014). Vorgesehen ist die psychische, zum Teil auch physische, zeitlich befristete Begleitung von Mitarbeitern (Coachee) durch einen Berater (Coach), bei dem es sich um den Vorgesetzten, aber auch um einen externen Berater handeln kann. Der Coach nimmt die Rolle des Ratgebers und Förderers ein. Er soll Wahrnehmungsblockaden lösen und Selbststeuerungsprozesse in Gang setzen, damit der Mitarbeiter seine Arbeitsanforderungen künftig zielgerichteter bewältigen kann. Auch das Weitergeben eigener Erfahrungen an Mitarbeiter kann in diesem Zusammenhang als Personalentwicklungsmaßnahme verstanden werden.

Marginalien:
Qualifizierung im Rahmen der Arbeitstätigkeit

Erfahrungsvermittlung

qualifikationsfördernde Arbeitsgestaltung

Coaching

vorübergehende
Ausgliederung
aus dem täglichen
Arbeitsvollzug

Qualitätszirkel

Lernstatt

Entwicklungs-
arbeitsplatz

Personalentwicklung near the job erfolgt durch vorübergehende Aus-gliederung des Teilnehmers aus dem täglichen Arbeitsvollzug in eine arbeitsplatzähnliche Umgebung, wobei der Bezug zur Arbeitsaufgabe weitgehend erhalten bleibt; bekannte Beispiele sind Qualitätszirkel und Lernstatt (vgl. *Strasmann* 2010). Qualitätszirkel sind Gruppen von Mitarbeitern eines Arbeitsbereichs, die sich regelmäßig treffen, um Sachprobleme und Konflikte in der Zusammenarbeit zu erörtern und Lösungen zu entwickeln, die in Abstimmung mit dem Vorgesetz-ten umgesetzt werden. Dadurch soll die Qualifikation des einzelnen Mitarbeiters, aber auch der Gruppe als Ganzes gefördert und ein Motivationseffekt erzielt werden. Das Konzept der Lernstatt ist damit eng verwandt, bindet jedoch den unmittelbaren Vorgesetzten (als Moderator) stärker ein. Entwicklungsarbeitsplätze werden für einen bestimmten Zeitraum und insbesondere für Führungsnachwuchs-kräfte eingerichtet, um sie auf ihr späteres Einsatzgebiet vorzubereiten (vgl. *Friedrich* 2010, S. 86).

Distanz zur nor-
malen Tätigkeit

Konferenzen und
Fachseminare

berufsbegleitendes
Studium

Fallstudien

Rollenspiele

Erlebnis-
orientierung

Personalentwicklung off the job versucht, aus der Distanz zur norma-len Tätigkeit oder durch externe Fachkompetenz neue Erfahrungen und Motivation zu erreichen. Bekannte Maßnahmen sind Konferen-zen und Fachseminare, bei denen Wissen und Fähigkeiten vermittelt werden sollen. Ein unmittelbarer Tätigkeitsbezug muss – wie auch bei dem berufsbegleitenden Studium – nicht gegeben sein. Die Praxisnä-he steigt aber beispielsweise durch eine Bearbeitung von Fallstudien (vgl. *Sonntag/Schaper* 2006, S. 272). Dabei treffen Teilnehmer – allein oder im Team – auf Grundlage verfügbarer Informationen Entschei-dungen über bestimmte Sachverhalte, wodurch vor allem die Proble-merkennung, Urteilsfähigkeit und das Entscheidungsvermögen der Mitarbeiter geschult werden. Rollenspiele zielen in erster Linie auf eine Verhaltensänderung ab. Durch die Simulation von (Konflikt-) Situationen und die Übernahme verschiedener Rollen werden die Teilnehmer aufgefordert, sich in andere Erfahrungsbereiche hinein zu versetzen. Die anschließende Reflexion des gezeigten Verhaltens – z. B. in einem gefilmten Rollenspiel – rundet die Maßnahme ab. In diesen Zusammenhang können auch erlebnisorientierte Formen eingeordnet werden, die unter dem Stichwort „Outdoor Training" bekannt gewor-den sind (vgl. *Kanning* 2014, S. 546–552); diese Maßnahmen sollen die Teilnehmer außerhalb des bekannten Arbeitsumfelds und im Team mit überraschenden Problemstellungen konfrontieren.

Ausstieg aus dem
Unternehmen soll
erleichtert werden.

(Vor-)Ruhestands-
vorbereitung

Outplacement

Personalentwicklung out of the job wird dann notwendig, wenn dem Adressaten der Ausstieg aus dem Unternehmen erleichtert werden soll. Das kann zum einen die (Vor-)Ruhestandsvorbereitung sein, die die Akzeptanz entsprechender Programme fördern soll und allge-meinbildende Inhalte mit dem Ziel eines erfüllten Ruhestands umfasst (vgl. *Becker* 2013, S. 707–709). Zum anderen gehören dazu im Rahmen eines Outplacements Entwicklungsmaßnahmen zur Erleichterung des Wiedereinstiegs in das Berufsleben (vgl. II, 3.3).

Die meisten Personalentwicklungsmaßnahmen setzen eine Präsenz des Kandidaten am Lernort und eine Face-to-Face-Interaktion mit dem Lehrpersonal voraus. Allerdings gibt es auch Maßnahmen, bei denen dies nicht der Fall ist und die potenziell (unterstützend) in allen skizzierten Maßnahmenkategorien zum Einsatz kommen können: In den letzten Jahren hat die **Fernlehre** mehr und mehr Verbreitung gefunden (vgl. *Jung/Oppermann* 2011). Während das Fernstudium an staatlichen Hochschulen schon seit Jahrzehnten angeboten wird und hohe Studierendenzahlen verzeichnet, hat sich inzwischen eine Vielzahl privater Anbieter etabliert. Fernlehre richtet sich vorwiegend an Berufstätige, denen aufgrund zeitlicher Restriktionen der Zugang zu einem Hochschulstudium oder einer anderen Weiterbildung verwehrt ist. Da Lehrende und Lernende während des Studiums überwiegend räumlich getrennt sind, erfolgt die Vermittlung der Lehrinhalte über Medien. Dadurch wird den Lernenden maximale Flexibilität hinsichtlich Zeit und Ort ermöglicht.

räumliche Distanz, Stoffvermittlung über Medien

In diesem Zusammenhang hat die technologische Entwicklung internet- bzw. intranet-basierte Weiterbildungsmaßnahmen hervorgebracht. **E-Learning** wird in der Regel als zusammenfassender Begriff für diese Maßnahmen der Personalentwicklung gebraucht (vgl. *Arnold et al.* 2013; *Erpenbeck/Sauter/Sauter* 2015). Elektronische Medien bieten verschiedene Einsatzmöglichkeiten und schöpfen eine erhebliche Bandbreite der didaktischen Möglichkeiten aus. Für den Entwicklungskandidaten erhöhen sich die zeitliche und räumliche Flexibilität. Lernbedarf, Lerntempo und Lernstil des Einzelnen finden durch weitgehende Selbstbestimmung im Lernprozess Berücksichtigung. Im Rahmen des Online-Learning ermöglicht die Interaktivität des Mediums Internet/Intranet die (zum Teil zeitversetzte) Kommunikation mit anderen Lernenden oder auch mit einem Tutor, z. B. durch Chat, Diskussionsforen, Videokonferenzen oder E-Mail. Diese Virtualisierung kann jedoch zu einem Mangel an sozialer Nähe führen, und es fällt schwer, soziale, kommunikative oder teambezogene Fähigkeiten zu entwickeln. Vom Einzelnen wird ein hohes Maß an Selbstdisziplin und autodidaktischer Kompetenz gefordert. Um mögliche Nachteile des E-Learnings zu reduzieren, werden Kombinationen mit Präsenzphasen vorgeschlagen; die Mischung verschiedener Lernformen wird als „Blended Learning" bezeichnet.

technologiebasierte Weiterbildung

Volkswagen Bildungsportal

Als Mitarbeiter von Volkswagen steht Ihnen mit dem Volkswagen Bildungsportal ein breites Angebot an Inhalten in unterschiedlichen Lernformen zur Verfügung. Dabei können Sie dann selbst entscheiden, von wo aus Sie lernen möchten:

- direkt an Ihrem Arbeitsplatz
- im Selbstlernzentrum Wolfsburg
- oder von zu Hause

Eigenständig lernen, optimal betreut werden

Selbstlernen bedeutet für uns: optimal betreutes Lernen. Als Teilnehmer eines Online-Kurses sind Sie nicht auf sich allein gestellt. Denn für eine gute Vermittlung der Lerninhalte sind die Mitarbeiter des Selbstlernzentrums vor Ort und per Hotline oder E-Mail schnell und unkompliziert erreichbar. So ist sichergestellt, dass sich Lernerfolge schnell und nachhaltig einstellen.

Quelle: *Volkswagen* 2010

Aus der Vielzahl an möglichen Personalentwicklungsmaßnahmen ist in aller Regel eine **Auswahl** zu treffen. Wie diese ausfällt, hängt von der Eignung der Maßnahme(n) zur Deckung des Entwicklungsbedarfs ab, der neben der Deckungslücke von unternehmenspolitischen und individuellen Zielsetzungen bestimmt wird (vgl. *Becker* 2013, S. 392–394; auch V, 2.2). Grundsätzlich können Entwicklungsbedarfe für Mitarbeiter bestehen, die in das Unternehmen eintreten oder aus dem Unternehmen ausscheiden. Dann sind Into-the-job- bzw. Outoff-the-job-Maßnahmen erforderlich. Für die größere Gruppe der im Unternehmen tätigen Mitarbeiter bieten sich mehrere Maßnahmenkategorien, aus denen eine Auswahl erfolgen muss. Die Wahl zwischen Maßnahmen(kategorien) kann anhand verschiedener **Entscheidungskriterien** erfolgen; deren Gewichtung ist im Einzelfall möglich (vgl. auch *Drumm* 2008, S. 348–350):

- Werthaltungen der Entscheidungsträger
- individuelle Präferenzen
- Kosten und Nutzen der Maßnahmen
- situative Einflüsse

werthaltige Präferenzen auf Unternehmensseite

Unter **Werthaltungen** der Entscheidungsträger können – nicht immer rationale – Präferenzen hinsichtlich einer bestimmten Maßnahmenkategorie oder unterschiedlichen Anbietern verstanden werden. Sie schränken die Wahl einer Personalentwicklungsmaßnahme von vornherein ein. Die Werthaltungen sind neben (guten oder schlechten) Erfahrungen in der Vergangenheit (auch) von unternehmenskulturellen Werten sowie persönlichen Einstellungen geprägt.

Bedürfnisse und Ziele der Mitarbeiter

Individuelle Präferenzen der Mitarbeiter sind von Bedürfnissen und Zielen beeinflusst, denen Maßnahmen unterschiedlich entsprechen können. Diese müssen nicht nur im beruflichen Bereich bestehen, auch private Aspekte finden Berücksichtigung. Wenn der Mitarbeiter aufgrund seiner familiären Situation eine längere Abwesenheit vermeiden will, kann damit eine Präferenz für On-the-job-Maßnahmen verbunden sein. Daneben spielen unterschiedliche Lernstile eine Rolle, denen Personalentwicklungsmaßnahmen unterschiedlich stark entsprechen. Auch Erfahrungen, die der Mitarbeiter in der Vergangenheit mit unterschiedlichen Maßnahmen gemacht hat, können Präferenzen nach sich ziehen. Durch ihre Berücksichtigung kann im Rahmen der Maßnahmenwahl eine Individualisierung erreicht werden.

Ein Vergleich der **Kosten** unterschiedlicher Maßnahmen fällt häufig schwer. Fehlende Kostentransparenz ist vor allem bei internen Maßnahmen gegeben, da Kosten für Lehrpersonal sowie Opportunitäts- und Transaktionskosten nicht leicht zu bestimmen sind. Bei externen Maßnahmen sind die Kosten leichter zu ermitteln und zuzurechnen. Der **Nutzen** der Maßnahmen hängt von deren Qualität ab, bei der Unterschiede gegeben sind. Es kann davon ausgegangen werden, dass die Qualität externer und interner Maßnahmen bei Konstanz der Rahmenbedingungen (z. B. hinsichtlich Entwicklungsbedarf, Anbieter der Maßnahmen, Lehrpersonal) am besten abschätzbar ist.

geringe Kostentransparenz und …

… unklare Qualität

Situative Rahmenbedingungen im Unternehmen sind maßgeblich für die Freiheitsgrade, die bei der Wahl einer Maßnahme bzw. Maßnahmenkategorie bestehen. Die konjunkturelle Situation beeinflusst neben finanziellen Möglichkeiten des Unternehmens auch die Auslastung einzelner Mitarbeiter; damit können in Zeiten hoher Auslastung Einschränkungen hinsichtlich zeitintensiver oder externer Maßnahmen bestehen, da eine (längere) Abwesenheit des Mitarbeiters nicht möglich ist. Gleiches gilt für Mitarbeiter, die aufgrund bestimmter Kompetenzen nicht entbehrt werden können. Außerdem müssen im Unternehmen Voraussetzungen z. B. in Form entsprechender Arbeitsplätze und qualifizierten Lehrpersonals gegeben sein, wenn Personalentwicklung intern durchgeführt werden soll.

Entscheidungskontext prägt Freiheitsgrade

2.5 Kontrolle

Die im Rahmen der Personalentwicklung erforderlichen Entscheidungen hinsichtlich Entwicklungsbedarf sowie Adressaten- und Maßnahmenwahl werden auf Grundlage unvollständiger Informationen getroffen und sind daher mit erheblicher Unsicherheit behaftet. Hinzu kommt, dass aufgrund der Dynamik der Unternehmensumwelt ständig neue Anforderungen an Unternehmen und Mitarbeiter entstehen. Vor diesem Hintergrund ist eine **Kontrolle** der Personalentwicklung notwendig, die auch als Evaluation bezeichnet wird.

Umweltdynamik erfordert Kontrolle

Das **Ziel** der Kontrolle besteht darin, Mängel im Prozess der Personalentwicklung aufzuzeigen und die Maßnahmeneignung zu überprüfen. Dabei können Barrieren der Personalentwicklung aufgedeckt und beseitigt sowie Ursachen möglicher Abweichungen von den Entwicklungszielen identifiziert und Korrekturmaßnahmen eingeleitet werden (vgl. *Berthel/Becker* 2013, S. 519–524). Die Ergebnisse der Kontrolle gehen in neue Personalentwicklungsprozesse ein. Durch die Kontrolle der Personalentwicklung soll sichergestellt werden, dass der Ressourceneinsatz (z. B. Zeit, (Transaktions-)Kosten, Mitarbeiterkapazität) in

Mängel aufzeigen, Maßnahmeneignung prüfen

einem wirtschaftlichen Verhältnis zum Entwicklungsergebnis (z. B. Abbau der Deckungslücke) steht.

Die Durchführung der Kontrolle in der Personalentwicklung unterliegt einigen **Voraussetzungen**: (1) Die Entwicklungsziele müssen **präzise Ziele** hinreichend präzise formuliert sein. Auf dieser Grundlage erfolgt eine Festlegung des Zielmaßstabs und des gewünschten Zielerreichungsgrads, um eine Erfolgsmessung (Soll-Ist-Vergleich) vornehmen **valide Instrumente** zu können. Dafür sind (2) nicht nur Instrumente erforderlich, die eine valide Erfolgsmessung ermöglichen, sondern es muss (3) auch **geschultes Personal** geschultes Personal vorhanden sein, um eine verlässliche Erfolgsmessung durchzuführen. Nicht zuletzt unterliegt die Kontrolle (4) **Wirtschaftlichkeit** Wirtschaftlichkeitsaspekten, d. h., ihr Nutzen sollte größer sein als die durch sie verursachten Kosten. Eine Erfolgskontrolle, die diese Voraussetzungen erfüllt, geht weit über die (vielfach diskutierte) reine Kostenkontrolle mithilfe der Bildung zum Teil wenig aussagekräftiger Kennzahlen hinaus und stellt stärker auf qualitative Aspekte ab, indem die Wirkungen der Personalentwicklungsmaßnahmen transparent gemacht werden (vgl. IX, 3.4.2).

Die Kontrolle der Personalentwicklung beinhaltet unterschiedliche **Handlungsfelder** (ausführlich dazu *Becker* 2011, S. 267–291):

- Durchführungs- und Maßnahmenkontrolle
- Ergebniskontrolle
- Transferkontrolle
- Prämissenkontrolle

Lehrmethoden, Lehrmittel, Lehrkräfte adäquat? Die Beurteilung der Lehrmethoden, der eingesetzten Lehrmittel und Lehrkräfte bzw. Trainer hinsichtlich ihrer Eignung ist Gegenstand der **Durchführungs- und Maßnahmenkontrolle**. Die Ergebnisse dienen der Bewertung einzelner Maßnahmen auch im Hinblick auf eine zukünftige Maßnahmenwahl. Die Einbeziehung der Mitarbeiter in die Maßnahmenkontrolle ist notwendig, da ein Außenstehender, z. B. der Vorgesetzte oder ein Personalentwickler, eine Maßnahme nicht hinsichtlich aller Aspekte, wie Durchführung, Trainer/Referent und Lernsituation, einschätzen kann. Der Verzicht auf jegliche Fremdkontrolle würde die Fähigkeit der Mitarbeiter zur Selbstkontrolle aber weit überschätzen. Während die Maßnahme durchgeführt wird, erfolgt die Kontrolle des Lernfortschritts durch (Zwischen-)Prüfungen im Lernfeld. Teilnehmer und Lehrpersonal erhalten dadurch ein Feedback über den Lernerfolg und es ist möglich, bei Abweichungen rechtzeitig in die Personalentwicklung einzugreifen. Diese Durchführungskontrolle kann in vorab definierten Teilschritten oder fortlaufend durch Rückkopplungen zwischen Lehrpersonen und Teilnehmern erfolgen.

Entwicklungsziele erreicht? Im Rahmen der **Ergebniskontrolle** gilt es zu ermitteln, in welchem Umfang die Entwicklungsziele durch eine Maßnahme erreicht werden. Dazu kann zunächst eine Kontrolle im Lernfeld (z. B. in Form einer abschließenden Prüfung oder Arbeitsprobe) erfolgen. Da sich aber die Wirkungen unterschiedlicher oder aufeinander folgender Maßnahmen im Zeitablauf überlagern, ist eine trennscharfe Ermittlung des Lernerfolgs nicht immer möglich. Eine unscharf formulierte Deckungslücke führt dazu, dass das Ergebnis einer Maßnahme nur ungenau bestimmt werden kann. Außerdem lässt sich mit einer Kontrolle im Lernfeld nur die Rezeption von Lehrinhalten überprüfen. Diese gibt jedoch keinen Aufschluss darüber, ob Qualifikationsdefizite beseitigt wurden und Gelerntes (zukünftig) umgesetzt werden kann. Wenn auch individuelle Ziele in den Entwicklungsbedarf eingeflossen sind, ist deren Erreichung durch Befragung der Mitarbeiter zu überprüfen.

Ein zufriedenstellendes Kontrollergebnis im Lernfeld muss nicht zwangsläufig den Anwendungserfolg nach sich ziehen und die im Rahmen einer Tätigkeit aufgetretene Deckungslücke tatsächlich abbauen. Diese Prüfung erfolgt im Zuge der **Transferkontrolle** im Tätigkeitsfeld. Dazu ist die (regelmäßige) Personalbeurteilung erforderlich, die den Vergleich zwischen Leistung und/oder Verhalten des Kandidaten vor und nach der Maßnahme vornimmt. Das setzt voraus, dass die neu erworbenen Kenntnisse und/oder Fähigkeiten tatsächlich vollständig zur Anwendung kommen. Es sollte aber nicht der Fehler begangen werden, mögliche Leistungsverbesserungen monokausal und undifferenziert den durchgeführten Entwicklungsmaßnahmen zuzuschreiben. Im Rahmen der Transferkontrolle kann es hilfreich sein, den Kandidaten selbst über den Erfolg der Maßnahme zu befragen, da (auch) der Mitarbeiter beurteilen kann, ob er nach der Entwicklungsmaßnahme besser als zuvor in der Lage ist, seine Tätigkeit auszuüben.

Transfer in das Tätigkeitsfeld erfolgt?

Im Rahmen der Personalentwicklung werden unterschiedliche Prämissen gesetzt. Dies erfolgt (1) hinsichtlich der zukünftigen Aufgaben und Anforderungen und damit des Entwicklungsbedarfs, (2) hinsichtlich der individuellen Qualifikationsdefizite, der Lernbereitschaft und Lernfähigkeit sowie (3) der Ressourcen. Der gesamte Prozess der Personalentwicklung sollte vor diesem Hintergrund von einer fortwährenden **Prämissenkontrolle** begleitet sein. Dabei sind insbesondere Veränderungen der Prämissen und des Ziels der Personalentwicklung im Zeitablauf zu berücksichtigen. Eine Veränderung kann dazu führen, dass aufgrund des geänderten Entwicklungsbedarfs die Adressaten- und Maßnahmenwahl modifiziert bzw. revidiert werden müssen. Dadurch sind Misserfolge und Kosten, denen kein befriedigendes Ergebnis gegenüber steht, vermeidbar.

Prämissen (un-)verändert?

Obwohl die Ansatzpunkte vielfältig sind, wird die Kontrolle der Personalentwicklung in der **Unternehmenspraxis** vernachlässigt (vgl. *Berthel/Becker* 2013, S. 519–520). Die Gründe reichen von fehlendem Evaluationsbewusstsein und dem Glauben an die Effektivität einer Maßnahme über instrumentelle Defizite bis hin zu Ängsten der Beteiligten sowie den Kosten der Kontrolle. Hinzu kommt, dass weder

Vernachlässigung der Kontrolle

der ökonomische Erfolg von Personalentwicklungsmaßnahmen exakt gemessen noch ein eindeutiger Zusammenhang mit Qualifikationsänderungen unterstellt werden kann. Diese erfolgen in der Regel eher langfristig, so dass eine Erfolgszuschreibung auf eine bestimmte Maßnahme zu undifferenziert ist. Verzichten Unternehmen aber ganz auf die Kontrolle der Personalentwicklung, ist damit die Gefahr verbunden, ineffektive Maßnahmen nicht aufzudecken und dadurch Ressourcen zu verschwenden.

2.6 Exkurs: Wer bezahlt die Personalentwicklung?

Personalökonomische Überlegungen machen auf einen weiteren Aspekt aufmerksam, der in der Personalentwicklung eine Rolle spielt. In der Frage, wer die mit der Entwicklung verbundenen Kosten trägt, hat die maßgeblich von *Becker* geprägte **Humankapitaltheorie** zentrale Bedeutung (vgl. 1993). Ihre Grundaussage besteht darin, dass nicht nur die (externen) Arbeitsbedingungen auf die Produktivität des Faktors Arbeit wirken, sondern auch die individuelle Leistungsfähigkeit Bedeutung aufweist. Diese ist neben allgemeinen Grundeigenschaften (persönliche Veranlagung, soziale Kompetenz und Allgemeinbildung) auch durch spezifische Qualifikation für den betreffenden Arbeitsplatz geprägt.

individuelle Leistungsfähigkeit bestimmt Produktivität

Der Begriff „**Humankapital**" wird in der Literatur unterschiedlich interpretiert. Einerseits werden darunter in einer weiten Begriffsfassung alle Aktivitäten verstanden, die das zukünftige (individuelle und unternehmerische) Einkommen bestimmen (neben Qualifizierung z. B. auch Gesundheitsvorsorge, Informationssammlung, vgl. *Becker* 1993, S. 15–16). Andererseits findet Humankapital auch im Sinne von Qualifikation Verwendung und umfasst dann das Wissen und die Fähigkeiten von Mitarbeitern, die ihre Produktivität determinieren. Humankapital wird nicht nur im Unternehmen (zumeist on the job) bzw. außerhalb des Unternehmens (off the job) erworben, sondern auch in früheren Lebens- bzw. Qualifizierungsabschnitten (Schule, Berufs- oder Hochschule) gebildet.

Aktivitäten, die das zukünftige Einkommen bestimmen

Wissen und Fähigkeiten von Mitarbeitern

Personalentwicklung zielt darauf ab, den Bestand an Humankapital zu erweitern. Auf Seiten des Unternehmens bzw. der Mitarbeiter sind Überlegungen erforderlich, ob dazu notwendige Investitionen erfolgen sollen. Damit wird die Frage der Rentabilität von Investitionen in Humankapital angesprochen und eine **kapitaltheoretische Interpretation** der menschlichen Arbeit vorgenommen. Entscheidungsgrundlage für eine Entwicklungsmaßnahme ist die Gegenüberstellung des erforderlichen Aufwands und der zukünftig erwarteten Erträge. Aufwand entsteht in Form der Kosten der Maßnahme selbst und der Opportunitätskosten, d. h. während der Maßnahme auftre-

Gegenüberstellung des erforderlichen Aufwands und der zukünftigen Erträge

tender Produktivitäts- und Einkommensverluste; die individuellen Erträge bestimmen sich durch Einkommenserhöhungen in Folge der Höherqualifizierung. Auf Unternehmensseite werden zukünftige Erträge durch Leistungssteigerungen der Arbeitnehmer und eine zunehmende Produktivität geprägt. Ihre Höhe hängt neben der prognostizierten Fortdauer des Beschäftigungsverhältnisses vom Alter des Arbeitnehmers (Jahre bis zum Ausscheiden aus dem Berufsleben) und der erwarteten Nutzungsdauer der vermittelten Qualifikation ab. Wenn die Aufwendungen die Erträge nicht übersteigen, wird – in einem rationalen Kalkül – die Investition in Humankapital, d.h. eine Qualifizierung, vorgenommen. Die Übernahme der damit verbundenen Kosten erklärt *Becker* ausgehend von einer empirisch beobachtbaren Fluktuationsproblematik in Unternehmen: Danach hängt die Wahrscheinlichkeit, mit der Mitarbeiter das Unternehmen wechseln, vor allem davon ab, in wie weit ihre Qualifikation für andere Unternehmen attraktiv ist. Vor diesem Hintergrund differenziert *Becker* in spezifisches und allgemeines Humankapital (vgl. 1993, S. 30–51):

Investitionen in **spezifisches Humankapital** führen nur im ausbildenden Unternehmen zu einer erhöhten Grenzproduktivität. Die erworbene Qualifikation ist daher bei einem Arbeitsplatzwechsel wertlos, so dass für den Arbeitnehmer kein Anreiz besteht, die Kosten zu tragen. Übernimmt das Unternehmen die Kosten vollständig und lässt die Arbeitnehmer am Produktivitätsfortschritt nicht in Form eines höheren Lohns teilhaben, besteht für sie kein Anreiz, im Unternehmen zu verbleiben. Arbeitnehmer könnten, ihren individuellen Nutzen maximierend, den Arbeitsplatz wechseln, wodurch dem Unternehmen wichtiges Know-how verloren geht und der Humankapitalinvestition keine Erträge durch langfristige Zusammenarbeit entgegenstehen. Wird der Produktivitätsfortschritt sofort in voller Höhe an den Mitarbeiter weitergegeben, kann es aber zu einem ungerichteten Qualifizierungsverhalten und einem Überhang an Bewerbern für spezifische Qualifizierung kommen. Daher wird vorgeschlagen, Mitarbeiter zunächst an den Kosten zu beteiligen und nur geringfügig über dem Konkurrenzlohn zu bezahlen. Die Fluktuationswahrscheinlichkeit reduziert sich, da ein Unternehmenswechsel mit Einkommensverlusten verbunden wäre. Später, d.h. im Laufe einer langjährigen Beschäftigung, fließen die Aufwendungen in Form eines höheren Lohns an die Arbeitnehmer zurück, wobei Diskontierungseffekte berücksichtigt werden müssen. Es liegt eine Form der Senioritätsentlohnung vor, die Interesse an einer langfristigen Zusammenarbeit schaffen und qualifizierte Mitarbeiter an das Unternehmen binden soll (vgl. *Franz* 2013, S. 91–92).

Grenzproduktivität steigt nur im ausbildenden Unternehmen.

Demgegenüber ist **allgemeines Humankapital** dadurch gekennzeichnet, dass es in allen Unternehmen zur gleichen Produktivitätserhöhung führt. Die entwickelten Qualifikationsmerkmale sind nicht an ein Unternehmen gebunden, daher kann der Arbeitnehmer bei vollkommener Konkurrenz auf den Arbeitsmärkten jederzeit ohne Ein-

Grenzproduktivität steigt in allen Unternehmen.

kommensverlust den Arbeitsplatz wechseln. Unter der Prämisse der Nutzen- bzw. Gewinnmaximierung ist es für das Unternehmen nicht sinnvoll, die mit diesen Entwicklungsmaßnahmen einhergehenden Kosten zu übernehmen (vgl. *Glietz* 2011, S. 24). Vielmehr sind diese vom Arbeitnehmer bzw. vom Staat (in Form der (Berufs- oder Hoch-) Schulausbildung) zu tragen (vgl. *Sesselmeier/Funk/Waas* 2010, S. 147). Mitarbeiter haben dazu neben einer direkten Übernahme auch die Möglichkeit, für die Dauer der Qualifizierung auf Teile des Lohns zu verzichten, da in diesem Zeitraum ihre produktive Arbeit reduziert wird. Müssen sie selbst für die Kosten der Qualifizierung aufkommen, nehmen – humankapitaltheoretisch interpretiert – nur solche Arbeitnehmer teil, die langfristig Nettoerträge aus der Investition erzielen. Dies hängt in erster Linie von der Länge der erwarteten Nutzungsdauer der erworbenen Qualifikation ab. Folglich werden vor allem jüngere Mitarbeiter bereit sein, die Kosten ihrer Qualifizierung zu übernehmen (vgl. *Behringer* 1999, S. 34).

Die Humankapitaltheorie ermöglicht eine differenzierte Analyse des Produktionsfaktors Arbeit und leistet damit einen Beitrag zur Erklärung des Arbeitsmarktes und seiner Strukturen. **Kritik** erfährt zunächst die Annahme, wonach sich Humankapitalinvestitionen und Sachinvestitionen nur durch das Risiko, dass der Mitarbeiter das Unternehmen verlässt, unterscheiden; damit kann der besonderen Komplexität des Produktionsfaktors „Mensch" nicht Rechnung getragen werden (vgl. *Süß* 2004, S. 122–124). Es wird übersehen, dass die Rentabilität einer Qualifizierung neben der (Fort-)Dauer der Beschäftigung auch von der Produktivität, Lohnhöhe, Höhe der Güterpreise sowie der Entwicklung dieser Faktoren abhängt. Hinzu kommen die Irreversibilität der Humankapitalinvestitionen und die individuelle Verhaltensannahme, nach der Qualifizierungsentscheidungen einzig unter ökonomischen Motiven zustande kommen. Empirische Untersuchungen liefern Hinweise, dass das Qualifizierungsverhalten nur bedingt rationalen Regeln und dem Ziel der individuellen Nutzenmaximierung folgt. In der Praxis besteht das Problem, gegenwärtige Kosten und den zukünftigen Nutzen der Investition zu erfassen. Eine generelle, undifferenzierte Anwendung der Humankapitaltheorie sollte daher – und vor dem Hintergrund der Verschiedenartigkeit der Menschen – vermieden werden.

Komplexitätsreduktion

3 Duale Studiengänge und Corporate Universities

Als Sonderformen haben sich duale Studiengänge und Corporate Universities etabliert. Sie durchbrechen die traditionelle Trennung zwischen Berufsausbildung und Personalentwicklung.

Die Anzahl dualer Studiengänge ist in den letzten Jahren deutlich gestiegen; im Jahr 2014 gab es 1.505 duale Studiengänge (für die Erstausbildung) mit über 41.000 beteiligten Unternehmen und fast 95.000 Studierenden (vgl. *BiBB* 2015; auch www.ausbildungplus.de). Da eine einheitliche Definition fehlt, müssen verschiedene Modelle unterschieden werden. Im engeren Sinne handelt es sich um Studienangebote für die berufliche Erstausbildung mit hohem Praxisanteil in Zusammenarbeit mit einem Unternehmen. Sie können noch in ausbildungsintegrierende und praxisintegrierende Angebote unterschieden werden und richten sich in erster Linie an Studieninteressierte mit (Fach-)Abitur ohne Berufserfahrung. Erstere führen neben dem Studienabschluss zu einem Abschluss in einem Ausbildungsberuf; wird zusätzlich der Meisterbrief erworben, spricht man auch von trialem Studium (vgl. *Gertz* 2015; auch www.triales-studium.de). Letztere führen allein zu einem Hochschulabschluss. Im weiteren Sinne rechnet man berufsintegrierende und berufsbegleitende Studiengänge dazu; dies sind Angebote beruflicher Weiterbildung und vor allem für Interessenten mit Berufsausbildung und Berufserfahrung geeignet.

Das Ziel der Studienangebote für die Erstausbildung besteht darin, potenziellen Führungskräften eine akademische Ausbildung zu ermöglichen, die gegenwärtigen und zukünftigen Anforderungen der Unternehmenspraxis genügt. Außerdem wird das Eintrittsalter qualifizierter Nachwuchskräfte gesenkt und deren Bindung an das Unternehmen erhöht (vgl. *BDA/Stifterverband* 2011, S. 7–8). Diese dualen Studiengänge werden in erster Linie in den Wirtschafts- und Ingenieurwissenschaften und der Informatik angeboten. Verstärkt entwickeln sich Angebote in den Bereichen Sozialwesen, Erziehung, Gesundheit und Pflege. Sie werden an Fachhochschulen, Berufsakademien und zunehmend an Universitäten angeboten und finden sich in allen Bundesländern, auch wenn es die meisten in Bayern, Nordrhein-Westfalen und Baden-Württemberg gibt (vgl. *BiBB* 2015, S. 8–11; auch *Minks/Netz/Völk* 2011). Als Vorteile für Studierende werden vielfach die finanzielle Vergütung, gute Studienbedingungen, Praxisnähe, Übernahmechancen und gegebenenfalls ein zweiter oder sogar dritter Abschluss genannt, während von Seiten der Unternehmen durchaus

Studienangebote für die …

… berufliche Erstausbildung

… Weiterbildung

Erstausbildung vor allem in Informatik, Wirtschafts- und Ingenieurwissenschaften

Vorteile, aber auch Nachteile

die Gefahr möglicher „Betriebsblindheit" angeführt wird (vgl. *Wagner/Melchert/Braun-Grüneberg* 2011, S. 302).

unternehmensspezifische, praxisnahe Weiterbildungsprogramme

Corporate Universities fanden aus USA kommend in Deutschland begeisterte Aufnahme; ab 2002 gab es jedoch keine nennenswerte Neugründung mehr außer der Volkswagen AutoUni (vgl. *Hovestadt/Beckmann* 2010, S. 1–2). Sie stellen ein oft weltweites Netzwerk aus internen und externen Experten dar, das unternehmensspezifische, sehr praxisnahe Weiterbildungsprogramme entwickelt und unmittelbar umsetzt. Diese fokussieren in aller Regel für das Unternehmen besonders relevante Schwerpunkte und zielen auf die Vermittlung fachlicher, aber auch strategischer und kultureller Inhalte (vgl. *Seufert* 2010, S. 307–308). Sie werden teilweise auch für Mitarbeiter anderer Unternehmen geöffnet. Corporate Universities sollen dazu beitragen, das unternehmerische Handeln konsequent an aktuellen Ergebnissen der Managementforschung und -praxis auszurichten. Nicht selten begleiten sie Veränderungsprozesse oder strategische Neuausrichtungen in Unternehmen. Dabei sind sie allerdings im Gegensatz zu Universitäten nicht wissenschaftlich orientiert (vgl. *Seufert* 2010, S. 306). Die meisten Corporate Universities sind bislang nicht staatlich anerkannt. Daher kooperieren einige mit staatlichen Hochschulen, um den Absolventen der Weiterbildungsprogramme nicht nur ein unternehmensspezifisches Zertifikat, sondern mithilfe des Kooperationspartners auch einen staatlich anerkannten Abschluss bescheinigen zu können.

Um die Ziele der Corporate Universities zu erreichen, müssen die Unterstützung des Managements sowie eine solide finanzielle Ausstattung und die strukturelle Einbindung in das Unternehmen mit notwendiger Autonomie gewährleistet sein. Inhaltlich kann nur durch eine Verknüpfung zwischen alltäglicher Aufgabenerbringung und Lernen die beabsichtigte Praxisnähe erreicht werden. Ansonsten besteht die Gefahr, dass Firmenuniversitäten ihre Zielsetzungen verfehlen, nicht zu einer Verbesserung der Personalentwicklung beitragen und nur aus symbolischen Gründen betrieben werden; es wird stellenweise ohnehin von einer Managementmode gesprochen (vgl. *Hovestadt/Beckmann* 2010, S. 2). Auch wenn sich ein „Comeback de Corporate Universities" abzuzeichnen scheint (*Teske* 2014), können sie Hochschulen, die eine unternehmensunabhängige, allgemeiner angelegte Ausbildung auch mit Praxisbezug anbieten, nicht ersetzen.

Euromaster gründet Akademie

Die Veränderung der Unternehmensstrategie war die treibende Kraft; das Ziel, reiner Reifenexperte zu sein, war nicht mehr haltbar, es mussten neue Geschäftsfelder erschlossen werden hin zum Full-Service-Provider rund um das Kfz.

Um sich an die Veränderungen des Marktes anpassen zu können, fußt die die 2014 aufgebaute Euromaster-Akademie auf vier Säulen:

- Verkaufs- und Technikcoachs zur bedarfsorientierten Qualifikationsplanung der Mitarbeiter zusammen mit der Führungskraft vor Ort und zur nachhaltigen Maßnahmengestaltung
- Externe Akademiepartner für das Gros der vor allem technischen Standardtrainings
- Theoretische (und praktische) Weiterbildung in den Bereichen Führung und Betriebswirtschaft am Firmensitz, um eine bessere Verbindung zur Zentrale zu erreichen
- Trainings on the job in den Centern der Akademie (je zwei pro Vertriebsgebiet), um das Trainierte umzusetzen, wenn am eigentlichen Arbeitsplatz dazu kaum Möglichkeit besteht (z. B. im Bereich der Achsvermessung).

Vor allem zur Vor- und Nachbereitung des Präsenztrainings kommt E-Learning zum Einsatz; das reduziert die Abwesenheitszeiten der Mitarbeiter und die Kosten und erlaubt individuelle Lernzeiten und -geschwindigkeiten.

Quelle: *Pandolfi* 2015

Kontrollfragen zu Teil V

1. Welche Einflussfaktoren auf die Qualität der Ausbildung im Unternehmen kennen Sie?

2. Wodurch entstehen den Unternehmen Kosten für die Ausbildung? Welcher Nutzen steht diesen gegenüber?

3. Welche Ziele werden aus Unternehmensperspektive und aus Mitarbeiterperspektive mit der Personalentwicklung verfolgt?

4. Nach welchen Regeln kann die Auswahl von Entwicklungskandidaten erfolgen?

5. Wie werden Maßnahmen der Personalentwicklung kategorisiert? Nennen Sie Beispiele für Maßnahmen der einzelnen Kategorien.

6. Warum ist eine Kontrolle der Personalentwicklung erforderlich? Welche Teilaufgaben beinhaltet sie?

7. Was versteht man unter allgemeinem bzw. spezifischem Humankapital? Welche Überlegungen zur Finanzierung von Personalentwicklungsmaßnahmen sind mit diesen Kategorien verbunden?

8. Welche Ziele werden mit Dualen Studiengängen und Corporate Universities verfolgt?

Fallstudie: Neues Qualifizierungsmanagement bei T-Systems

Der Personalentwicklungsbereich der T-Systems hat seit Ende 2012 die Qualifizierungsprozesse analysiert und einen neuen Ansatz entwickelt: das strategische Qualifizierungsmanagement.

Qualifizierungsmanager betreuen jeweils einen Geschäftsbereich und steuern den erforderlichen „Skillshift". Sie haben hohe fachliche und methodische Kompetenz und eine starke Beratungsmentalität, übersetzen Business-Anforderungen in konkrete Initiativen, sind aber nicht verantwortlich für die Umsetzung der Qualifizierungsmaßnahmen. Sie setzen Akzente durch eine systematische Bedarfsanalyse, die Identifikation neuer Themen, Budgetsteuerung und Bildungscontrolling. Ihre Bündelung in einem Team fördert die Professionalisierung.

Qualifizierungsboards sind mit Vertretern des Fachbereichs und der Telekom Training sowie mit HR Business Partnern besetzt, treten dreimal im Jahr zusammen und werden von den Qualifizierungsmanagern geleitet; hier erfolgt aktives Portfoliomanagement, indem nachgehalten wird, ob neue Inhalte entwickelt oder bestehende Angebote eingestellt werden müssen.

Der Qualifizierungsprozess unterteilt sich in vier Phasen:

Phase 1: Trendanalyse und Bedarfsidentifikation. In den Qualifizierungsboards erfolgen die Bewertung der Trends und der Strategie sowie die Ableitung von Handlungsfeldern. Aus der Personalplanung ergeben sich Hinweise für die Bedarfsidentifikation. Die Boards führen strategische Trends (z. B. neue Geschäftsfelder) und mittel- bzw. kurzfristige Analysen (z. B. Abbau externer Spezialisten) zusammen.

Phase 2: Priorisierung und Planung. In den Boards werden auf Basis der Konzern-Budgetplanung sowie der Bedarfsidentifikation Qualifizierungsschwerpunkte für das Folgejahr qualitativ und quantitativ geplant. Die Führungskräfte brechen diese Planung auf den einzelnen Mitarbeiter herunter.

Phase 3: Qualifizierungs-Konzeption, Organisation und Durchführung. Um dies zu gewährleisten, ist die Telekom Training als interner Anbieter bereits in die Boards eingebunden.

Phase 4: Controlling und Erfolgsmessung. Das monatliche Bildungscontrolling ermöglicht Auswertungen nach Trainingsart, Teilnehmern, Inhalten oder Stunden; es lässt Kosten für die bis zum Jahresende bestellten, aber noch nicht abgerufenen Maßnahmen erkennen, wodurch ein unterjähriges Gegensteuern möglich ist.

Das Qualifizierungsmanagement hat einen Professionalisierungsschub und die Verankerung der Qualifizierung in den Fachbereichen bewirkt. Es existiert für jeden Bereich ein aus der Strategie abgeleiteter globaler Qualifizierungsplan. 70 % der Budgets sind

2015 strategisch verplant, 30% verbleiben bei der einzelnen Füh-rungskraft, damit Mitarbeiter individuelle Entwicklungsziele ver-folgen können.

Neben dem weiteren Ausbau des internationalen Qualifizierungs-managements ist die Weiterentwicklung des Bildungscontrollings geplant. Zudem stellt sich die Frage, wie sich dieser Qualifizie-rungsprozess neben der konzernweiten Skillplanung verankern lässt, die Skillbedarfe aus strategischen Themen wie z. B. Big Data und Cyber Security ermittelt.

Quelle: *Schmitter/Weiland* 2015

Fragen zum Fallbeispiel

1. Welche Schritte des vorher dargestellten Personalentwicklungs-prozesses werden hier angesprochen? Welche nicht?
2. Wie beurteilen Sie die skizzierten vier Phasen? Welche Fragen bleiben dabei unbeantwortet?
3. Welche Verbesserungsvorschläge würden Sie machen?
4. Was halten Sie von den angedachten nächsten Schritten bei T-Systems?

Teil VI:
Vergütung und
Arbeitszeit

Überblick

Vergütung und Arbeitszeitgestaltung sind die zentralen Anreize, die Unternehmen ihren Mitarbeitern gewähren können. In diesem Teil werden theoretische Grundlagen der Anreizgestaltung sowie Funktionen, Anforderungen und Gestaltungsoptionen von Anreizsystemen beschrieben. Bemessungsgrundlage der Anreizgewährung sind neben der individuellen Leistung die Anforderungen der Stelle, die im Rahmen der Arbeitsbewertung ermittelt werden. Im Anschluss an deren Darstellung erfolgt ein Überblick über verschiedene Möglichkeiten der Gestaltung der Vergütung, die unter anderem auf Leistung, sozialen Kriterien oder dem Unternehmenserfolg beruht. Überlegungen zur Arbeitszeitgestaltung greifen die Arbeitszeitflexibilisierung auf. Die Beschreibung der Grundidee individualisierter Anreizgestaltung schließt den Teil ab.

Lehr-/Lernziele

Nachdem Sie diesen Teil gelesen haben, sollten Sie
- wissen, warum Anreizsysteme erforderlich sind,
- die Anforderungen kennen, die an Anreizsysteme gestellt werden,
- Grundidee und Verfahren der Arbeitsbewertung beschreiben können,
- die Grundformen des Leistungslohns erläutern können,
- die Ziele des Soziallohns kennen,
- um alternative Formen der Altersversorgung wissen,
- die Grundideen der Erfolgs- und Vermögensbeteiligung verstanden haben,
- in der Lage sein, die Gestaltungsmöglichkeiten hinsichtlich der Arbeitszeit(flexibilisierung) zu beschreiben, und
- wissen, aus welchen Gründen über eine Individualisierung der Anreizgestaltung nachgedacht wird.

1 Anreizsysteme: Notwendigkeit, Begriff, Anforderungen

Arbeitsverhältnisse können als **Austauschverhältnisse** interpretiert werden, bei denen eine Partei (Arbeitnehmer) ihre Arbeitsleistung zur Verfügung stellt und dafür von der anderen Partei (Arbeitgeber) eine Vergütung (Entgelt) erhält. Es ist jedoch nicht immer sichergestellt, dass sich die Beteiligten tatsächlich in der gewünschten und (vertraglich) vereinbarten Form verhalten. Vielmehr machen Überlegungen aus unterschiedlichen theoretischen Richtungen darauf aufmerksam, dass Mitarbeiter motiviert werden müssen, im Sinne der Unternehmensziele zu handeln:

Arbeitsleistung gegen Entgelt

Die institutionenökonomische **Prinzipal-Agent-Theorie** stellt die Beziehung zwischen einem Auftraggeber (Prinzipal) und einem Auftragnehmer (Agent) in den Mittelpunkt. Eine Übertragung von Aufgaben auf den Agenten (Arbeitnehmer) bietet dem Prinzipal (Unternehmen) die Möglichkeit, sich dessen Spezialkenntnisse zu Nutze zu machen. Jedoch weiß er in der Regel wenig über die Motive, Handlungsmöglichkeiten und das faktische Leistungsverhalten des Agenten. Besteht diese Informationsasymmetrie bereits vor Beginn der Vertragserfüllung, spricht man von „hidden information" oder „hidden intention", wenn Handlungsabsichten unklar sind. Eine ungleiche Informationsverteilung während der Leistungserbringung kann zum Problem der „hidden action" führen, da der Agent bestrebt ist, seinen eigenen Nutzen zu maximieren und nicht ausgeschlossen werden kann, dass er zum Nachteil des Prinzipals handelt. Dieser muss daher versuchen, die Erbringung der geforderten Leistung durch den Agenten sicherzustellen. Eine Möglichkeit besteht darin, Anreize zu gewähren, sodass die korrekte Leistungserbringung gleichermaßen den Zielen des Prinzipals und des Agenten dient (vgl. *Ebers/Gotsch* 2014, S. 213–214).

ungleiche Informationsverteilung

In der verhaltenswissenschaftlichen Literatur werden Fragen der Anreizgestaltung u. a. mithilfe der **Anreiz-Beitrags-Theorie** erklärt. Um das Überleben und das „Gleichgewicht" von Organisationen zu sichern, müssen diese ihre Mitglieder (Individuen) durch Anreize zu ausreichenden Beiträgen motivieren (vgl. *Barnard* 1938, S. 139). Beiträge können aus zur Verfügung gestelltem Kapital oder Arbeit bestehen. Die Organisation befindet sich in einem Gleichgewicht gegenüber der Organisationsumwelt, wenn die angebotenen Anreize den Beiträgen entsprechen („Anreiz-Beitrags-Gleichgewicht"). Unternehmen gewähren Individuen Anreize, um sie zum Eintritt in das Unternehmen und zur Leistung zu motivieren. Die Individuen leisten Beiträge zur Erreichung der Unternehmensziele, aus denen das Unternehmen die

Ziel: Anreiz-Beitrags-Gleichgewicht

Anreize (z. B. in Form einer Vergütung) schöpft. Die Beitragsleistung der Individuen erfolgt, solange die gewährten Anreize mindestens die Höhe der Beiträge aufweisen. Ob das Anreiz-Beitrags-Gleichgewicht individuell als solches empfunden wird, hängt neben der absoluten Höhe der Anreize und Beiträge auch von alternativen Anreizen an anderer Stelle ab. Inwieweit Anreize das gewünschte Verhalten auslösen, wird maßgeblich von ihrer Wahrnehmung beeinflusst. Diese ist in der Regel durch die Motive, Bedürfnisse und Ziele des Einzelnen sowie die Einschätzung der jeweiligen Eignung zur persönlichen Bedürfnisbefriedigung geprägt (vgl. auch VII, 2.1). Die subjektive Bewertung der gebotenen Anreize entscheidet darüber, ob sie als Belohnung oder als Bestrafung verstanden werden.

Leistungen des Unternehmens zur Motivation der Mitarbeiter

Auch wenn ökonomische und verhaltenswissenschaftliche Überlegungen auf unterschiedlichen Annahmen beruhen (vgl. I, 4), machen sie doch übereinstimmend deutlich, dass in Unternehmen **Anreize** erforderlich sind. Darunter werden Leistungen verstanden, die von Seiten des Unternehmens angeboten werden, um Mitarbeiter zu zielgerichtetem Verhalten zu motivieren. Ein **Anreizsystem** bildet die

Summe aller Anreize

Summe aller im Wirkungsverbund bewusst gestalteten und aufeinander abgestimmten Stimuli (Anreize), die bestimmte Verhaltensweisen auslösen oder verstärken sollen (vgl. *Berthel/Becker* 2013, S. 568–569). Anreizsysteme weisen verschiedene **Ziele** auf:

- Akquisition von Mitarbeitern
- Bindung der Mitarbeiter
- Erhöhung bzw. Erhalt der (Leistungs-)Motivation der Mitarbeiter

Eintrittsanreize

Eintrittsanreize sollen vor allem bei angespannter Situation in einzelnen Arbeitsmarktsegmenten die **Akquisition** qualifizierter Mitarbeiter erleichtern und diese zum Eintritt in das Unternehmen motivieren.

Bleibeanreize

Um die negativen Wirkungen der (ungewollten) Personalfluktuation zu vermeiden, verfolgen Bleibeanreize das Ziel der **Bindung** qualifizierter Mitarbeiter an das Unternehmen. Außerdem soll durch eine emotionale Bindung Absentismus verhindert werden. Da nicht davon ausgegangen werden kann, dass Mitarbeiter im Unternehmen grundsätzlich die vereinbarten Leistungen erbringen, muss **Motivation** dazu

Leistungsanreize

geschaffen werden. Leistungsanreize sanktionieren das Mitarbeiterverhalten positiv oder negativ und vermitteln dadurch, welches Verhalten bzw. welche Leistung im Unternehmen erwünscht ist.

Wie eine Reiseagentur ihre Beschäftigten belohnt

Der Südamerika-Spezialist Viventura bietet Reisen in acht südamerikanische Länder an und ist damit so erfolgreich, dass er im Jahr 2015 seine Buchungszahlen verdoppeln konnte. Um die Mitarbeiter zu belohnen, verlegt die Agentur ihr Büro im November für drei Wochen nach Südamerika: „Wir belohnen unsere Mitarbeiter nicht zum ersten Mal mit einer Reise, sondern immer einmal im Jahr, sofern wir in dem Geschäftsjahr unsere Unternehmensziele erreicht haben", sagt Agentur-Chefin Yngrid Arnold.

Dabei gehe die Reise immer in ein Land, in das alle Mitarbeiter gut reisen können. „Wir waren bereits in Costa Rica und auf Mallorca." Das genaue Ziel hänge aber vom zuvor erreichten Gewinn ab. Als es im vergangen Jahr nicht so gut lief, ging es eben „nur" nach Mallorca.

Für die Agentur Viventura ist die „Belohnungsreise" noch aus einem anderen Grund wichtig: Das Team ist international und arbeitet sowohl von Berlin wie auch von Südamerika aus. Yngrid Arnold: „Der Ausflug ist nicht nur zum Entspannen: Alle Mitarbeiter kommen zusammen, um effektiv die neuen Produkte und Projekte für das kommende Jahr zu entwickeln. Wir treffen auch viele wichtige strategische Entscheidungen, davon profitieren auch unsere Kunden", sagt Arnold.

Quelle: *Jakob* 2015

Damit die gewünschten Wirkungen eintreten, sind im Rahmen der Anreizgestaltung in Unternehmen zwei wesentliche Aspekte zu beachten. Zum einen soll durch die Anreizgewährung ein **Nutzen für das Individuum** entstehen; dieser hängt von der subjektiven Bewertung der Anreize ab. Zum anderen sind die **Kosten** zu berücksichtigen, die dem Unternehmen durch die Anreizgewährung entstehen. Sie werden sowohl durch die Anreize selbst als auch durch die mit der Anreizgestaltung verbundenen Transaktionskosten verursacht (vgl. *Eigler* 1996, S. 183–204).

wirtschaftliche Betrachtung

Anreize können auf verschiedene Weise differenziert werden: Steht die Anreizquelle im Vordergrund, erfolgt eine Unterscheidung in intrinsische und extrinsische Anreize. Während bei Ersteren die Arbeitstätigkeit selbst den Anreiz bietet, liegen extrinsische Anreize außerhalb der Tätigkeit. Daneben sind die Anreizempfänger ein Unterscheidungskriterium (Individual- und Gruppenanreize). Etabliert hat sich vor allem die Differenzierung in materielle und immaterielle Anreize. **Materielle Anreize** sind im Wesentlichen vergütungsbezogen und betreffen den Leistungslohn eines Mitarbeiters bzw. fakultative Entgeltbestandteile (z. B. Erfolgsbeteiligung, Vermögensbeteiligung; auch VI, 3). In dieser Gruppe ist auch die Karriereplanung der Mitarbeiter einzuordnen, da mit einem Aufstieg in aller Regel ein materieller Zugewinn verbunden ist. **Immaterielle Anreize** sollen nicht-materielle Motive aktivieren; Anreizwirkung kann von Arbeitsinhalten, Entscheidungspartizipation, Führungsverhalten der Vorgesetzten, Aus- und Weiterbildungsmöglichkeiten, der Unternehmenskultur oder vielfältigen Unterstützungsleistungen im Rahmen des Arbeits- und Privatlebens ausgehen. Als zentraler immaterieller Anreiz wird die Arbeitszeit näher betrachtet (vgl. VI, 4).

vergütungs-
bezogene Anreize

nicht-vergütungs-
bezogene Anreize

Wie Anreize die unternehmerische Leistung verbessern

Sie haben alles: Freies Essen, Sportmöglichkeiten, Massageräume, Frisöre, Waschräume und hauseigene Ärzte – Google Mitarbeiter in Mountain View, USA. Arbeitet man dort, wird man dazu aufgefordert sich 20 % seiner Arbeitszeit einem Projekt seiner Wahl zu widmen. Es ist daher keine Überraschung, dass Google auf der Liste der besten 100 Arbeitgeber den vierten Platz belegt.

Der erste Platz geht jedoch an SAS, das größte privat gehaltene Softwareunternehmen der Welt, welches seinen Mitarbeitern und deren Angehörigen einen hauseigenen medizinischen Dienst, eine qualitativ hochwertige Kinderbetreuung sowie ein Sommercamp, ein Fitnessstudio und eine Bibliothek offeriert.

Für die Unternehmen resultieren daraus ein Innovations- und Produktivitätsanstieg, eine geringe Fluktuations- und Krankheitsrate und eine hohe Arbeitszufriedenheit. Bedingt durch den „war for talents" ist auch die damit beeinflusste starke Arbeitgebermarke nicht zu unterschätzen. Man lockt solche Bewerber an, die durch mehr angetrieben und motiviert werden als nur das Gehalt. Bewerber sind heutzutage smarter, höher qualifiziert und anspruchsvoller, sie wollen immer die Wahl haben.

Quelle: *CNN* 2015

Damit Anreizsysteme die erwünschten Wirkungen entfalten, müssen sie drei grundsätzlichen Anforderungen genügen:

- Gerechtigkeit
- Gleichheit
- Transparenz

In erster Linie sollte Anreizgewährung **gerecht** erfolgen: Damit wird auf den Zusammenhang von Anforderungen, Leistung und Anreizgewährung abgestellt. Das ist von Bedeutung, da Arbeitnehmer die ihnen gewährten Anreize danach beurteilen, ob eine angemessene Relation zwischen dem Arbeitsinput (z. B. Qualifikation, Erfahrung, Anstrengung) und dem Ertrag besteht (vgl. *Adams* 1963). Kommt der Mitarbeiter zu der Einschätzung, ein ungerechtes Entgelt zu erhalten, können Demotivation und Leistungsreduktion oder sogar – wenn bessere Alternativen geboten sind – die Kündigung die Folge sein. Jedoch besteht kein objektiver Maßstab für Gerechtigkeit und Mitarbeiter sind in ihrem Gerechtigkeitsempfinden von subjektiven Kriterien geleitet. Vor diesem Hintergrund ist es nicht möglich, eine objektiv gerechte Bemessungsgrundlage der Anreizgewährung herzustellen.

angemessene Input-Output-Relation

Nach dem **Gleichheitsprinzip** sind für gleiche Anforderungen und/oder gleiche Leistungen Anreize auf gleichem Niveau zu gewähren. Daher müssen Anreize dem Vergleich mit Kollegen standhalten, um

gleiche Anreize bei gleichen Anforderungen bzw. Leistungen die erhoffte Motivationswirkung zu erzielen, wobei auch hier die individuell-subjektive Sicht im Vordergrund steht.

Die **Transparenz** hängt von der Durchschaubarkeit und Nachvollziehbarkeit der Gestaltung des Anreizsystems ab. Sie ist notwendig, damit die Anreize wahrgenommen werden und sich die erhofften verhaltenssteuernden Wirkungen bei den Mitarbeitern einstellen können. Auch der soziale Vergleich mit anderen Mitgliedern des Unternehmens oder der (Arbeits-)Gruppe, der motivierende Wirkung aufweisen kann, wird dadurch gefördert.

Durchschaubarkeit und Nachvollziehbarkeit des Anreizsystems

Bei der **Gestaltung eines Anreizsystems** ergeben sich einige grundlegende Probleme, die im Folgenden behandelt werden (vgl. *Laux/ Liermann* 2005, S. 505). Zunächst sind Anreize ihrer Art nach festzulegen. Damit die Anreizgewährung transparent und nachvollziehbar ist bzw. als gerecht empfunden wird, muss die Frage der Bemessungsgrundlage(n) geklärt werden. Außerdem sind Überlegungen dazu erforderlich, unter welchen Bedingungen Mitarbeitern Anreize (gegebenenfalls kombiniert) gewährt werden sollen. Damit wird die funktionale Beziehung zwischen Ausprägung der Bemessungsgrundlage und der Anreizgewährung angesprochen.

drei Grundprobleme

2 Arbeitsbewertung

Die Bemessungsgrundlage von Anreizen kann in der durch einen Mitarbeiter tatsächlich erbrachten Leistung liegen. Informatorische Grundlage der Anreizgewährung ist dann die Leistungsbeurteilung (vgl. IV). Zudem kann sie sich auch an den körperlichen und geistigen Anforderungen orientieren, die jede Tätigkeit an den arbeitenden Menschen stellt. Eine anforderungsgerechte Differenzierung der Anreizgestaltung geht deshalb von den zu erfüllenden Aufgaben aus.

Anforderungen der Stelle Durch die **Arbeitsbewertung** soll die Höhe der mit einer Stelle verbundenen Anforderungen bestimmt werden. Es geht dabei nicht um die Bewertung der individuellen Qualifikation oder Leistung, sondern ausschließlich um die Schwierigkeit der Arbeitsinhalte.

Ausgangspunkt der Arbeitsbewertung ist die Stellenbeschreibung, in der die Anforderungen zusammengestellt sind, die bewertet werden sollen, um eine anforderungsorientierte Wertigkeit von Stellen zu erhalten (vgl. *Scherm/Pietsch* 2007, S. 159). Diese Bewertung ist stellenbezogen, abstrahiert von dem jeweiligen Stelleninhaber und wird an der **Normalleistung** ausgerichtet. Darunter versteht man die Leistung, die von einem hinreichend geeigneten, entsprechend qualifizierten und eingeübten Arbeitnehmer ohne Gesundheitsschädigung auf Dauer erbracht werden kann, wenn die vorgesehenen Erholungszeiten eingehalten werden (vgl. *Bartölke et al.* 1981, S. 22). Da sich die Normalleistung nicht naturgesetzlich ableiten lässt, besteht für den Bewertenden bei ihrer Festlegung ein Auslegungsspielraum. Hier können Konflikte zwischen Unternehmen und Arbeitnehmervertretern auftreten. Während man auf Seiten des Unternehmens ein Interesse an einer möglichst hoch definierten Normalleistung hat, ist für die Arbeitnehmer ein niedrigerer Wert vorteilhaft.

Leistung, die von einem geeigneten, qualifizierten und eingeübten Arbeitnehmer erbracht werden kann.

Nach der Art der **qualitativen Anforderungsanalyse** unterscheidet man analytische von summarischen Verfahren der Arbeitsbewertung. Bei analytischer Arbeitsbewertung erfolgt eine explizite Beschreibung der Arbeitsplatzschwierigkeit durch einzelne Anforderungsmerkmale, die dann gewichtet und zu einem Arbeitswert aggregiert werden. Summarische Verfahren verzichten darauf und beurteilen die Schwierigkeit des Arbeitsplatzes pauschal. Im Rahmen der **Quantifizierung der Anforderungen** ist es möglich, Arbeitsplätze durch Reihung nach der Schwierigkeit der zu erfüllenden Aufgabe in eine Rangordnung zu bringen. Alternativ können die Arbeitsplätze nach ihren Aufgaben auf definierte Stufen einer Skala zugeordnet werden (Stufung) (vgl. Abb. VI.1; auch *Schlick/Bruder/Luczak* 2010). In der Praxis finden sich auch Kombinationen der unterschiedlichen Verfahren.

analytische Verfahren

summarische Verfahren

Methode der Quantifizierung \ Methode der qualitativen Analyse	analytisch	summarisch
Reihung	Rangreihenverfahren	Rangfolgeverfahren
Stufung	Stufenwertzahl-verfahren	Lohngruppen-verfahren

Abb. VI.1: Verfahren der Arbeitsbewertung

Das Ergebnis der Arbeitsbewertung ist der **Arbeitswert**. Um von einem Arbeitswert zu dem Entgelt zu gelangen, wird in der Regel ausgehend von dem niedrigsten Arbeitswert ein Minimallohn linear, progressiv oder degressiv gesteigert, so dass Stelleninhaber, die Arbeitsplätze mit höheren Arbeitswerten einnehmen, auch eine höhere Vergütung erhalten. Während bei einfach messbaren Tätigkeiten Abstufungen leicht gerechtfertigt werden können, fällt diese Festlegung bei komplexeren, schlecht messbaren Aufgaben schwerer und birgt Konfliktpotenzial (vgl. *Ridder* 2004, Sp. 201–204). *(Randnotiz: Zusammenhang zwischen Arbeitswert und Entgelt)*

Analytische Verfahren der Arbeitsbewertung verfolgen das Ziel einer gerechten und nachvollziehbaren Bewertung der Anforderungen. Daher differenzieren sie die Schwierigkeiten, die im Rahmen einer Tätigkeit auftreten, in verschiedene Anforderungsmerkmale. Man greift hierbei vorwiegend auf das **Genfer Schema** zurück, das 1950 von Arbeitsbewertungsexperten als Basis einer analytischen Arbeitsbewertung entwickelt wurde und eine Differenzierung in die vier Anforderungskategorien Können, Verantwortung, Belastung und Umgebungseinflüsse vornimmt (vgl. *Ridder* 2015, S. 240). Dabei wird Können in Kenntnisse und Geschicklichkeit sowie Belastung in geistige und muskelmäßige Belastung unterteilt. Das Genfer Schema ist bis heute Grundlage anderer, weiter differenzierter Anforderungskataloge (z. B. der REFA, www.refa.de). *(Randnotiz: Differenzierung der Schwierigkeiten einer Tätigkeit; vier Anforderungskategorien)*

Durch eine (mögliche) **Gewichtung der Merkmale** kann die Verstärkung oder Abschwächung einer Anforderungsart im Vergleich zu den anderen verdeutlicht werden (vgl. *Ridder* 2015, S. 242–243). In diesem Zusammenhang ist zu unterscheiden, ob Merkmalsausprägungen erhoben und anschließend mit Gewichten multipliziert werden (offene Gewichtung) oder ob die Punktzahl je Stufe bereits implizit die Gewichtung enthält (gebundene Gewichtung); die Ergebnisse sind grundsätzlich gleich, die erste Variante weist jedoch eine höhere Transparenz auf. Welche Form der Gewichtung ein Unternehmen wählt, kann im Tarifvertrag festgeschrieben oder abhängig von subjektiven Präferenzen der Verantwortlichen sein. Um die Akzeptanz zu erhöhen, ist es vorteilhaft, wenn Mitarbeiter – z. B. durch Befragungen – an dieser Festlegung partizipieren. Vielfach sind Verfahren der Arbeitsbewertung aber Gegenstand von Tarifverträgen, sodass bei der Ausgestaltung ohnehin keine großen Freiheitsgrade bestehen. *(Randnotiz: offene vs. gebundene Gewichtung)*

Dies hat in Deutschland dazu geführt, die Gewichtung der Merkmale einheitlich über verschiedene Berufe bzw. Arbeitsplätze vorzunehmen (z. B. im *ERA*-Tarifvertrag der Metall- und Elektroindustrie 2003). Dabei werden heute geistige Anforderungen oder Verantwortung zumeist höher gewichtet als körperliche Anforderungen, da das „den gesellschaftlich akzeptierten hierarchischen Abstand" widerspiegelt (*Ridder* 2015, S. 242–243). Für primär körperlich arbeitende Personen hat das die Folge, selbst bei hoher Merkmalsausprägung keinen hohen Arbeitswert erreichen zu können. Dass dies subjektiv als ungerecht empfunden werden kann, liegt auf der Hand.

Im Rahmen **analytischer Arbeitsbewertung** sind zwei wesentliche Formen zu unterscheiden (vgl. *Ridder* 2015, S. 240–242):

- Rangreihenverfahren

- Stufenwertzahlverfahren

Reihung anhand verschiedener Anforderungsmerkmale

Bei dem **Rangreihenverfahren** werden die zu bewertenden Arbeitsplätze anhand verschiedener Anforderungsmerkmale nach Maßgabe ihrer Schwierigkeit gereiht (vgl. Abb. VI.2). Es steht jeweils der Arbeitsplatz mit der höchsten Schwierigkeit auf dem obersten Rang. In der Regel werden den Stufen der Rangreihe Zahlenwerte zugewiesen, die dann je Reihe eine hierarchische Rangfolge abbilden (vgl. *Ridder* 2015, S. 240–241). Bei gebundener Gewichtung werden den Rangplätzen direkt Punktwerte zugeordnet, wobei die maximal erreichbare Punktzahl die Bedeutung des Merkmals widerspiegelt; auf diesem Weg kann also eine Gewichtung der einzelnen Merkmale erfolgen. Die Addition der Einzelwerte ergibt schließlich den Arbeitswert des jeweiligen Arbeitsplatzes. Das Rangreihenverfahren bietet erhebliche subjektive Bewertungsspielräume und der Aufwand nimmt mit steigender Zahl zu bewertender Arbeitsplätze zu. Schwierigkeiten treten

geistige Anforderungen	Verantwortung	körperliche Anforderung	Arbeitsbedingungen
Abteilungsleiter (100)	Abteilungsleiter (100)	…	…
…	…	…	Kraftfahrer (80)
…	Kraftfahrer (60)	Kraftfahrer (60)	…
Kraftfahrer (40)	…	Bote (40)	Bote (40)
Bote (20)	Bote (20)	Abteilungsleiter (20)	Abteilungsleiter (20)
Abteilungsleiter	100+100+20+20=240		
Kraftfahrer	40+60+60+80=240		

Abb. VI.2: Rangreihenverfahren

insbesondere bei schwer vergleichbaren Berufen oder auf mittleren Hierarchieebenen wegen Schwierigkeiten in der Differenzierung auf (vgl. *Ridder* 2015, S. 241).

Die Arbeitsbewertung nach dem **Stufenwertzahlverfahren** sieht für jedes Anforderungsmerkmal verschiedene Bewertungsstufen vor, die jeweils die unterschiedliche Beanspruchung ausdrücken. Möglich sind neben arithmetischen auch progressive Wertzahlfolgen, die eine steigende Belastung berücksichtigen. Bei gebundener Gewichtung führt die höhere Bedeutung des Merkmals zu höheren Punktzahlen je Stufe (vgl. Abb. VI.3), bei offener Gewichtung haben alle Merkmale die gleiche Punktspanne und die jeweiligen Punktzahlen werden mit dem Gewicht des Merkmals multipliziert. Jedoch sind verschiedene Anforderungsarten nicht objektiv messbar (z. B. Verantwortung). Außerdem hängt die Einstufung eines Anforderungsmerkmals von unterschiedlichen Variablen ab, beispielsweise ist in der Produktion die Belastung durch Lärm bestimmt von Intensität und Dauer des Lärms. Eindeutige, objektiv richtige oder intersubjektiv nachvollziehbare Einstufungen werden dadurch deutlich erschwert.

Bewertungsstufen je Anforderungsmerkmal

Gebundene Gewichtung		Arbeitsplatz			
		1	2	3	4
Anforderungsmerkmal	Skalierung	Ausprägung	Ausprägung	Ausprägung	Ausprägung
Fachkönnen	3/ 6/ 9/ 12/ 15	15	9	6	3
Körperliche Belastung	1/ 2/ 3/ 4/ 5	3	3	1	2
Geistige Beanspruchung	2/ 4/ 6/ 8/ 10	8	6	6	8
Umwelteinflüsse	1/ 2/ 3/ 4/ 5	1	4	2	3
Arbeitswert		27	22	15	16

Abb. VI.3: Stufenwertzahlverfahren mit gebundener Gewichtung

Einstufung in eine Entgeltgruppe

Herr Heinz ist bei der Industrie AG für die Entgelteinstufung von Stellen zuständig. Die Industrie AG nutzt hierzu den ERA-Tarifvertrag der Metall- und Elektroindustrie Baden-Württemberg. Die Einordnung erfolgt anhand konkreter Arbeitsanforderungen: Wissen und Können, Denken, Handlungs- und Entscheidungsspielraum, Kommunikation und Mitarbeiterführung. Heute muss die neu geschaffene Stelle einer Personalbetreuerin mittels analytischer Arbeitsbewertung in eine Entgeltgruppe eingeordnet werden. Da Herr Heinz kürzlich einen neuen Auszubildenden zugeteilt bekommen hat, geht er die Einordnung schrittweise mit ihm durch und legt gemäß des ERA-Tarifvertrags der IG Metall Baden-Württemberg folgende Bewertung fest:

Anforderungsart	Bewertung	Punkte
Wissen und Können		
Ausbildung	Personalkauffrau/-kaufmann	13
Erfahrung	2–3 Jahre Berufs-erfahrung im Personalbereich	5
Denken	Die Tätigkeit erfor-dert den Einsatz spe-zifischer Problem-lösungsmethoden.	8
Handlungsspielraum	Die Arbeitsdurch-führung erfolgt nach Anweisung mit Handlungsspielraum innerhalb der Arbeitsaufgabe.	7
Kommunikation	Unterschiedliche Interessenlagen sind zu integrieren	7
Mitarbeiterführung	(entfällt)	
Summe		**40**

Daraus ergibt sich anhand der folgenden ERA-Entgeltgruppen eine Einstufung in die Gruppe 11.

Gruppe	Gesamtpunktzahl
1	6
...	...
11	39–42
...	...
17	64–96

Quelle: eigene Darstellung in Anlehnung an *Landesakademie für Fortbildung und Personalentwicklung an Schulen in Baden-Württemberg* 2007

Auch im Rahmen der **summarischen Arbeitsbewertung** stehen zwei Verfahren zur Verfügung (vgl. *Ridder* 2015, S. 237–238):

- Rangfolgeverfahren
- Lohngruppenverfahren

Bei dem **Rangfolgeverfahren** wird gemäß der geschätzten Schwierigkeit eine Rangfolge aller im Unternehmen vorkommenden Arbeitsplätze gebildet. An erster Stelle steht die schwierigste, an letzter Stelle die einfachste Tätigkeit. Um zu der Rangfolge zu gelangen, werden alle Arbeitsplätze verglichen. Das Rangfolgeverfahren ist allerdings nur in Unternehmen mit relativ wenigen Arbeitsplätzen möglich, da mit steigender Arbeitsplatzzahl eine kaum noch handhabbare Vergleichsleistung erforderlich wird.

Rangfolge aller Arbeitsplätze

Das **Lohngruppenverfahren** als summarische Stufung verwendet festgelegte Lohngruppen, die den Schwierigkeitsgrad einzelner Tätigkeiten zum Ausdruck bringen sollen. Die Einordnung der Arbeitsplätze in die Lohngruppen wird häufig durch Richtbeispiele erleichtert. Die eigentliche Arbeitsbewertung ist hier einen Schritt vorgelagert und besteht in der Zuordnung von Tätigkeiten auf Lohngruppen (Katalogisierung); man spricht deshalb auch vom Katalogverfahren.

Einordnung der Arbeitsplätze in Lohngruppen

Die Verfahren der Arbeitsbewertung tragen dazu bei, den Zusammenhang zwischen Ausprägung der Bemessungsgrundlage und Anreizgewährung transparent zu machen. Aus der Komplexität der Verfahren und der Schwierigkeit eines Arbeitsplatzvergleichs über eine Vielzahl an Arbeitsplätzen hinweg resultieren aber Probleme. Bei summarischen Verfahren ist der Abstand zwischen den einzelnen Positionen genauso unklar wie die zugrunde liegenden Beurteilungskriterien. Subjektive Einflüsse im Rahmen der Bewertung können nicht ausgeschlossen werden. Darüber hinaus fallen sowohl bei der Anforderungsermittlung als auch bei der – insbesondere in dynamischen Umwelten erforderlichen – fortwährenden Kontrolle der festgelegten Arbeitsanforderungen erhebliche Transaktionskosten an, die die Wirtschaftlichkeit eines anforderungsbasierten Entlohnungssystems reduzieren können.

Probleme der Arbeitsbewertung

3 Vergütung

3.1 Begriffliche und theoretische Grundlagen

Vergütung umfasst die materiellen Gegenleistungen, die Mitarbeiter aufgrund ihrer Beschäftigung in einem Unternehmen erhalten. Sie stellt den zentralen materiellen Anreiz dar. Eng damit verbunden ist die Karriereplanung von Mitarbeitern, da Aufstieg in der Regel materiellen Zugewinn bedeutet. Die Entgeltgestaltung zählt zu den am stärksten institutionell geregelten Aufgabenfeldern des Personalmanagements. Neben gesetzlichen Grundlagen begrenzen Tarifverträge und Betriebsvereinbarungen die Freiheitsgrade im Rahmen der Vergütung.

zentraler materieller Anreiz

Die Frage, warum Unternehmen Mitarbeitern eine Vergütung zahlen, versuchen unterschiedliche **Lohntheorien** zu beantworten, die auch Hinweise für die Ermittlung der „optimalen" Lohn- bzw. Vergütungshöhe geben:

- Neoklassische Ansätze
- Marxistische Ansätze
- Effizienzlohntheorien

Neoklassische (volkswirtschaftliche) Ansätze sehen die Lohnhöhe von der Nachfrage nach Arbeitskräften beeinflusst. Die „Preisuntergrenze" für Arbeit wird durch das Existenzminimum der Arbeitnehmer gebildet.

Nachfrage nach Arbeitskräften beeinflusst Lohnhöhe.

Marxistische Ansätze gehen davon aus, dass jeder Mitarbeiter durch seine spezifische Tätigkeit bei der Erstellung eines Produktes dessen Mehrwert erhöht. Daraus leitet sich der Anspruch ab, gemäß diesem Mehrwert entlohnt zu werden, wobei – gerade bei komplexeren Leistungen – das Problem der Zurechnung auf einzelne Mitarbeiter gegeben ist (vgl. *Marx* 1956).

Entlohnung gemäß erzieltem Mehrwert

Personalökonomische Analysen greifen auf **Effizienzlohntheorien** zurück. Ein Zweig dieser Theorierichtung hat die Motivation der Mitarbeiter zum Gegenstand und erklärt diese primär durch ihre Angst vor der Bestrafung, d.h. vor der Entlassung aus dem Unternehmen, die bei Fehlverhalten der Arbeitnehmer (z.B. schlechte Leistungen, unerlaubte Nutzung von Unternehmensressourcen, lange Pausen) droht. Ein Effizienzlohn ergibt sich, wenn der monetäre Wert der möglichen Konsequenzen höher ist als der „Gewinn" aus dem Fehlverhalten. Ein anderer Forschungszweig erklärt, warum Unternehmen Mitarbeiter übertariflich entlohnen und grenzt sich damit von der

Motivation aus Angst vor Entlassung

Erklärung übertariflicher Entlohnung

Neoklassik ab (vgl. *Pull* 1996, S. 56–61): (1) Herrscht Arbeitslosigkeit, würde eine Anpassung des Entgelts auf markträumendes Niveau die Leistungsbereitschaft der Mitarbeiter und – als Konsequenz – die Produktivität des Unternehmens reduzieren („Shirking"). (2) Die Bindung der Mitarbeiter an das Unternehmen ist umso stärker, je größer der Abstand zu den Löhnen in anderen Unternehmen und je höher die Arbeitslosigkeit ist („Labour-turnover"). (3) Unternehmen sehen im Entgelt einen Qualitätsindikator. Ist ein Mitarbeiter bereit, sich zu einem vergleichsweise geringen Entgelt beschäftigen zu lassen, wird aus diesem Umstand auf geringere Fähigkeiten geschlossen. Damit verbunden ist die Gefahr einer Fehlauswahl („Adverse Selection").

In der Praxis bestehen hinsichtlich der Entgelthöhe **weitere Einflüsse** (Arbeitsmarktsituation, Branche, individuelle und kollektive Verhandlungsmacht), die in den Theorien nicht angesprochen werden, jedoch im Rahmen der Entgeltgestaltung zu berücksichtigen sind. Außerdem existiert ein Bezug zu den Anforderungen der Stelle und der Leistung des Mitarbeiters, der in den Theorien keine Bedeutung hat.

Einflüsse in der Praxis

3.2 Leistungslohn

Die Vergütung von Mitarbeitern setzt sich aus verschiedenen Bestandteilen zusammen. In der Regel macht der **Leistungslohn** den größten Teil aus. Dieser orientiert sich an den Anforderungen der Tätigkeit, der individuellen Leistung oder gegebenenfalls der persönlichen Qualifikation und lässt sich in verschiedene Grundformen differenzieren (vgl. z. B. *Drumm* 2008, S. 489–490):

- Akkordlohn
- Zeitlohn
- Prämienlohn
- Potenzial- oder Qualifikationslohn

Der **Akkordlohn** wird für eine Leistung bezahlt, die in Stück oder einer anderen Maßeinheit gemessen wird. Er basiert auf einem Grundlohn, der um den Akkordzuschlag ergänzt wird. Dadurch soll der höheren Belastung bei Akkordarbeit Rechnung getragen werden. Grundlohn und Akkordzuschlag ergeben den Akkordrichtsatz. Zu unterscheiden sind Geld- und Zeitakkord, die eine grundsätzlich gleiche Struktur aufweisen. Bei dem Geldakkord wird mit dem Mitarbeiter ein Geldbetrag je erbrachter Leistungseinheit (z. B. Stück) vereinbart, bei dem Zeitakkord besteht eine Vorgabezeit je Leistungseinheit und es wird ein Geldbetrag je Zeiteinheit festgelegt. Der Akkordlohn ist für Mitarbeiter vor allem attraktiv, wenn sie ihre Aufgabe gut beherrschen und im Arbeitsablauf keine Störungen auftreten, sodass sie die Vorgabezeit unterschreiten können (vgl. *Ridder* 2015, S. 247). Um Mitarbeiter nach Akkord bezahlen zu können, ist es erforderlich, dass

Geld- und Zeitakkord

einzelne Leistungseinheiten abgrenzbar sind, die Leistungsmenge ausschließlich vom Mitarbeiter beeinflusst wird und die Qualität der Leistung sichergestellt ist. Da diese Voraussetzungen heute immer seltener erfüllt sind, hat der Akkordlohn an Bedeutung verloren.

Zeit- und Geldakkord bei der Tele AG

Bei der Tele AG werden die Mitarbeiter in der Produktion nach Akkordlohn vergütet. Er richtet sich in der Telefonanlagenfertigung nach der abgelieferten Stückzahl der Telefonanlagen je Zeiteinheit (Geldakkord). Die Mitarbeiter der Breitbandmodemfertigung werden aufgrund mehrerer Fertigungsschritte nach einer festen Vorgabezeit je produziertem Modem (Zeitakkord) vergütet.

Insgesamt arbeiten alle Mitarbeiter jeweils 38 Stunden pro Woche zu einem Tariflohn von 15,00 €. Die Normalleistung der Mitarbeiter liegt bei drei Telefonanlagen pro Stunde bzw. drei Breitbandmodems pro Stunde. Der Akkordzuschlag wurde auf 20 % festgelegt. Es ergibt sich folgender Akkordrichtsatz:

Mindestlohn:	15,00 €/h
+ 20 % Akkordzuschlag	3,00 €
= Akkordrichtsatz	**18,00 €**

Der Wochenlohn eines Mitarbeiters in der Telefonanlagenfertigung errechnet sich bei einem Geldakkord wie folgt:

Stückakkordsatz = Akkordrichtsatz/Normalleistung je Stunde = 18/3 = 6,00 €

Wochenlohn (€) = Stückakkordzahl × Stückzahl pro Stunde × Wochenarbeitszeit

Es ergibt sich demnach folgender Wochenlohn:

Unter Normalleistung (2 Stk.):	456 €
Normalleistung (3 Stk.):	684 €
Über Normalleistung (5 Stk.):	1140 €

Unterhalb der Normalleistung wird jedoch der tariflich garantierte Mindestlohn von 570 € gezahlt.

Zur Feststellung des Wochenlohns der Mitarbeiter in der Breitbandmodemfertigung wird zunächst ein Zeitakkordsatz, der die Vorgabezeit je Produktionseinheit wiedergibt, und darauf aufbauend ein Minutenfaktor ermittelt:

Zeitakkordsatz = 60 Min./Normalleistung je Std. = 60/3 = 20 Min./Stück

Minutenfaktor = Akkordrichtsatz/60 Min. = 18/60 = 0,30 €

Der Wochenlohn ergibt sich dann wie folgt:

> Wochenlohn (€) = Stückzahl pro Std. × Arbeitszeit × Zeitakkordsatz × Minutenfaktor

Es ergibt sich demnach folgender Wochenlohn:

Unter Normalleistung (2 Stk.):	456 €
Normalleistung (3 Stk.):	684 €
Über Normalleistung (5 Stk.):	1140 €

Auch hier wird unterhalb der Normalleistung der tariflich garantierte Mindestlohn von 570 € gezahlt.

Der **Zeitlohn** wird als fester Lohn je Bezugsperiode (Stunde, Tag, Woche, Monat etc.) gezahlt, ohne dass ein direkter Zusammenhang mit der individuellen Arbeitsleistung besteht (vgl. *Ridder* 2015, S. 250–251). Vielmehr wird in der Bezugsperiode eine Leistung erwartet, die in etwa der Normalleistung entspricht. Da sich die Entgeltgewährung primär an der Arbeitszeit orientiert, findet die Qualität der Arbeitsergebnisse keine Berücksichtigung. Der Arbeitnehmer kann diese Situation zu opportunistischem Verhalten und Leistungszurückhaltung nutzen (vgl. *Alewell* 2001, S. 376–378). Eine motivierende Wirkung durch kurzfristige Berücksichtigung von Leistungssteigerungen in Form eines erhöhten Entgelts ist nicht möglich. Eine Differenzierung nach der erbrachten Leistung lässt sich nur durch eine Leistungsbeurteilung und damit verbundene variable Entgeltbestandteile erreichen.

Bezahlung für feste Bezugsperiode

Durch den **Prämienlohn** werden auf Grundlage des Leistungsverhaltens von Individuen oder Gruppen Einkommensvariationen erzeugt (vgl. *Berthel/Becker* 2013, S. 586–592; *Ridder* 2015, S. 248–250). Er besteht aus einem vereinbarten Grundlohn und einer Prämie für besondere qualitative oder quantitative Leistungen. Damit sollen die Mitarbeiter zu zusätzlichen Leistungen motiviert werden. Voraussetzung ist aber, dass sie hinreichende Freiheitsgrade haben, um die Leistung zu beeinflussen. Prämien können auf Grundlage der individuellen Leistung oder einer Gruppenleistung gewährt werden. Dabei sind verschiedene Varianten des Prämienlohns zu unterscheiden: (1) Mengenleistungsprämien bieten sich an, wenn Tätigkeiten aufgrund des geringen Anteils der beeinflussbaren Zeit nicht akkordfähig sind. (2) Qualitäts- oder Ersparnisprämien beziehen sich auf den Output oder Input einer Leistung. Während der Output z. B. an dem Erreichen bestimmter Qualitätsziele oder einer Senkung des Ausschusses gemessen wird, hängen Ersparnisprämien mit einer Senkung der Inputfaktoren zusammen. (3) Nutzungsprämien werden z. B. in Abhängigkeit von der Kapazitäts- oder Zeitnutzung gewährt.

Grundlohn + Leistungsprämie

alternative
Verläufe

Basis einer Prämienentlohnung ist die Normalleistung. Wird diese überschritten, erhält der Mitarbeiter eine Prämie. Der gewährte Prämienlohn kann einen linearen, progressiven, degressiven oder S-förmigen Verlauf annehmen (vgl. *Drumm* 2008, S. 499–501). Ausschlaggebend für die Gestaltung des Prämienverlaufs sollte der Einfluss des Mitarbeiters auf die Prämienbezugsgröße sein; bei hohem Einfluss bietet sich ein linearer oder sogar progressiver Verlauf an. Eine Motivationswirkung ist zu erwarten, da bei weiterer Leistungssteigerung höhere Prämien realisierbar sind (vgl. *Ridder* 2015, S. 247–249). Bei der Festlegung des Prämienverlaufs und der Prämienhöhe sollte aber Wirtschaftlichkeitsüberlegungen entsprochen werden, indem der Nutzen der Zusatzleistung für das Unternehmen mindestens dem geldwerten Nutzen der Prämie für den Mitarbeiter entspricht.

unternehmens-
spezifische oder
tätigkeitsbezogene
Qualifikations-
merkmale als Basis

Genau wie der Zeitlohn wird auch der **Potenziallohn** (Qualifikationslohn) als fester Lohn je Bezugsperiode gezahlt. Seine Höhe orientiert sich aber an unternehmensspezifischen oder tätigkeitsbezogenen Qualifikationsmerkmalen der Mitarbeiter. Ursachen dieser Entlohnungsgrundlage bestehen in vielfältigen und steigenden (Grenz-)Anforderungen an Mitarbeiter, die im Rahmen der Arbeitsbewertung schwer messbar sind. Zudem weisen Mitarbeiter häufig Mehrfachqualifikationen auf (z. B. Springer). Präzise Leistungs- oder Zeitvorgaben, die beispielsweise für den Akkordlohn erforderlich sind und die Grundlage einer fiktiven Normalleistung bei Entlohnung im Zeitlohn darstellen, sind in diesen Fällen nicht möglich. Vor diesem Hintergrund können aktuelle Anforderungen und die Eingruppierung in eine Lohngruppe auseinander fallen. Mit dem Potenziallohn sind verschiedene Probleme verbunden (vgl. *Drumm* 2008, S. 497–499): Zwar trägt er dazu bei, notwendigen Qualifikationserwerb für Mitarbeiter attraktiv zu machen; jedoch besteht auch ein Anreiz zu ungezieltem Qualifizierungsverhalten. Die erforderliche (eindeutige) Erfassung und Ordnung von Qualifikationsmerkmalen sowie ihre Zuordnung zu Entgeltgruppen sind nur schwer möglich. Lohnkosten für nicht genutzte Qualifikationsmerkmale müssen durch eine Abstimmung der Qualifikation und des Personaleinsatzes vermieden werden.

3.3 Soziallohn

unabhängig von
Stellenanforderun-
gen und Leistung

Als **Soziallohn** (bzw. Sozialleistungen) können alle Vergütungsbestandteile bezeichnet werden, die unabhängig von den Anforderungen einer Stelle oder einer Mitarbeiterleistung gezahlt werden und nicht der Beteiligung am Unternehmenserfolg dienen. Ihre einzige Grundlage ist die Mitgliedschaft des Mitarbeiters im Unternehmen (vgl. *Berthel/Becker* 2010, S. 563). Daher sind Soziallöhne Teil der Lohnkosten und grundsätzlich von den Sozialkosten zu trennen, die für kollektive soziale Leistungen wie beispielsweise die Bereitstellung

einer Kantine, eines Betriebskindergartens oder ärztlicher Versor-
gung entstehen. Unternehmen verfolgen durch die Gewährung eines
Soziallohns soziale, aber auch ökonomische **Ziele** (vgl. *Drumm* 2008,
S. 503–505):

soziale und ökono-
mische Ziele

- Es sollen **soziale Nachteile ausgeglichen** werden, die Mitarbeiter
  aufgrund des Arbeitsverhältnisses in Kauf nehmen müssen (z. B.
  durch Zuschüsse zum Kantinenessen, Fahrtgeld).

- Es soll ein **Beitrag zur Existenzsicherung** des Personals geleistet
  werden, wenn diese nicht allein durch den Leistungslohn gewährleistet ist. Soziallöhne werden dann in Form von Lohnfortzahlung
  bei Krankheit oder Urlaub sowie als Bestandteil der Altersversorgung (Altersrückstellungen) gewährt. Sie sind heute teilweise gesetzlich vorgeschrieben, aber auch Gegenstand von Tarifverträgen
  oder Betriebsvereinbarungen.

- Es sollen **soziale Lasten kompensiert** werden, die ein Arbeitnehmer
  im Sinne des Gemeinwohls und zum Fortbestand der Volkswirt-
  schaft übernimmt (z. B. Lohnzuschläge für Ehegatten oder Kinder,
  Kinderbetreuung).

- Es soll eine **allgemeine Verbesserung der Lebensbedingungen** durch
  die Unterstützung von Freizeit-, Sport- oder Kulturangeboten erreicht werden.

- Es soll die **Attraktivität des Unternehmens** für (potenzielle) Mitarbeiter erhöht werden, um die Akquisition und Bindung von Mitarbeitern zu erleichtern.

Soziallöhne existieren in unterschiedlichen Formen: Sie werden als
Geldlohn gewährt, dessen Höhe sich nach persönlichen sozialen Merkmalen wie Alter, Familienstand oder die Entfernung zur Arbeitsstätte
bemisst. Zum anderen können auch (gestaffelte) Sonderleistungen z. B.
bei Dienst- oder Unternehmensjubiläen erfolgen. Weitere Leistungen
des Unternehmens bestehen beispielsweise in Form von Sonderurlaub.
Hinzu kommen eine Reihe geldwerter Vorteile und Nutzungsmög-
lichkeiten, die allerdings nur dann als Soziallohn interpretiert werden
können, wenn sie nicht den Leistungslohn substituieren. Beispiele
sind Mitarbeiterrabatte, Dienstwagen, Versicherungsleistungen, Gesundheitsvorsorge oder Steuerberatung, wobei in der Praxis vor allem
die Altersversorgung eine wichtige Rolle spielt (vgl. VI, 3.4). Mitarbeiter müssen die geldwerten Vorteile dieser Leistungen versteuern.

unterschiedliche
Formen von
Soziallöhnen

Zusatzleistungen für die Mitarbeiter der Santander Consumer Bank
Als Mitarbeiter der Santander Consumer Bank genießen Sie attraktive Sonderkonditionen bei Ihren Bankgeschäften. Darüber
hinaus profitieren unsere Mitarbeiter von Zusatzleistungen wie
zum Beispiel Jobticket, Essensgeldzuschuss, vermögenswirksamen
Leistungen, Kindergartenzuschuss, einer Jahressonderzahlung und
diversen Vorsorgeleistungen.

Altersvorsorge: Die gesetzliche Altersabsicherung kann heutzutage nur noch eine Grundsicherung bieten, weswegen eine zusätzliche Vorsorge immer wichtiger wird. Daher bieten wir unseren Mitarbeitern eine Entgeltumwandlung (deferred compensation) an. So können sie einen Teil ihres Bruttogehalts für die betriebliche Altersvorsorge aufwenden und damit das steuer- und sozialversicherungspflichtige Einkommen mindern.

Kostenlose Unfallversicherung: Im Rahmen der sozialen Fürsorge und Verantwortung für die Mitarbeiter bietet Santander einen Unfallschutz rund um die Uhr und an sieben Tagen in der Woche. Damit wird die private Unfallversicherung durch diese besondere Sozialleistung des Arbeitgebers ergänzt.

Krankengeldzuschuss: Ein längerer Arbeitsausfall aufgrund einer Erkrankung bedeutet für viele Arbeitnehmer zusätzlich finanzielle Sorgen. Das möchten wir vermeiden und bieten unseren Mitarbeitern daher eine finanzielle Unterstützung.

Kindergartenzuschuss: Wir bieten als freiwillige Arbeitgeberleistung einen steuer- und sozialversicherungsfreien Kindergartenzuschuss in Höhe von bis zu € 50,- netto monatlich pro Kind.

Quelle: *Santander* 2015

3.4 Altersversorgung

Im Bereich der Altersversorgung zeichnen sich zukünftige Versorgungslücken im staatlichen Rentensystem deutlich ab, die die Notwendigkeit einer privaten Vorsorge mit sich bringen. Bieten Unternehmen eine Form der Altersversorgung bzw. eine Beteiligung an der privaten Vorsorge an, ist – insbesondere bei jüngeren Mitarbeitern – die Anreizwirkung nicht zu unterschätzen. Eine solche **betriebliche Altersversorgung** wird vielfach dem Soziallohn zugeordnet. Das greift aber bei einigen Formen zu kurz. Sie ergänzt in der Regel die gesetzliche Altersversorgung und wird auf freiwilliger Basis von den Unternehmen angeboten. Die rechtlichen Bestimmungen sind vor allem im Gesetz zur Verbesserung der betrieblichen Altersversorgung (BetrAVG) zu finden. Man unterscheidet verschiedene **Formen** betrieblicher Altersversorgung:

Ergänzung der gesetzlichen Altersversorgung

- direkte Pensionszusage
- Pensionszusage über eine Pensions- oder Unterstützungskasse
- Direktversicherung
- Höherversicherung in der gesetzlichen Rentenversicherung
- Pensionsfonds
- aufgeschobene Vergütung

Macht ein Unternehmen **direkte Pensionszusagen**, geht es selbst die Verpflichtung zur Zahlung einer individuellen Pension ab einem vereinbarten Zeitpunkt ein. Dazu müssen Pensionsrückstellungen gebildet werden, die man bilanztechnisch zum Fremdkapital des Unternehmens rechnet. Sind bestimmte Voraussetzungen wie Mindestzugehörigkeit zu dem Unternehmen und Mindestalter erfüllt, bleiben die Ansprüche der Mitarbeiter auch bestehen, wenn diese das Unternehmen verlassen. Daher ist das früher vorherrschende Ziel, Mitarbeiter durch die betriebliche Altersversorgung an das Unternehmen zu binden, heute weitgehend durch akquisitorische, soziale und motivationale Zielsetzungen verdrängt worden. Damit Arbeitnehmern die versprochenen Leistungen auch im Konkursfall nicht verloren gehen, müssen Unternehmen dem von Spitzenverbänden der deutschen Wirtschaft getragenen Pensions-Sicherungs-Verein beitreten, der die Leistungen garantiert.

Unternehmen selbst zur Pensionszahlung verpflichtet

Pensionszusagen können auch durch eine **Pensions- oder Unterstützungskasse** erfolgen, die rechtlich und strukturell aus dem Unternehmen ausgegliedert ist. Sie wird von Beiträgen der Unternehmen und zum Teil der Mitarbeiter gespeist.

Pensionskasse aus dem Unternehmen ausgegliedert

Verträge zur Altersversorgung können im Rahmen einer Einzel- oder Gruppenversicherung bei einer (privaten) Versicherungsgesellschaft in Form der **Direktversicherung** abgeschlossen werden. Auch hier ist eine Beteiligung der Arbeitnehmer am Versicherungsbeitrag möglich, die dann zu einer faktischen Reduzierung des Soziallohns führt.

Versicherung bei privater Gesellschaft

Im Rahmen einer **Höherversicherung** in der gesetzlichen Rentenversicherung entrichtet das Unternehmen auf freiwilliger Basis höhere Beiträge als gesetzlich vorgesehen. Den Versicherten verschafft es den Anspruch auf eine höhere Altersversorgung.

Zahlung höherer Beiträge als gesetzlich vorgesehen

Ursprünglich aus dem angloamerikanischen Raum stammende **Pensionsfonds** finden seit Jahren auch in Deutschland Verbreitung. Pensionsfonds sind rechtlich selbstständig, unterliegen jedoch der staatlichen Versicherungsaufsicht und räumen Arbeitnehmern einen Rechtsanspruch auf zukünftige Leistungen (z. B. Renten) ein (vgl. *Berthel/Becker* 2013, S. 599–600). Unternehmen als Versicherungsnehmer zahlen Beiträge in die Fonds, Arbeitnehmer als versicherte Personen erwerben dadurch den Anspruch auf Versorgungsleistungen. Da Pensionsfonds vom Unternehmen rechtlich getrennt sind, reduziert sich für Mitarbeiter das im Konkursfall bestehende Risiko; außerdem wird ein Arbeitsplatzwechsel erleichtert.

Unternehmen zahlt ein, Mitarbeiter erwirbt Anspruch auf Pension.

Ihre Rente vom Chef – die betriebliche Altersversorgung

Vereinbaren Sie mit Ihrem Arbeitgeber, dass ein Teil Ihres Gehalts für einen Pensionsfonds verwendet wird – so schaffen Sie sich eine attraktive, clevere Betriebsrente. Seit 2002 haben Sie einen gesetzlichen Anspruch auf Entgeltumwandlung, und viele Arbeitgeber beteiligen sich mit einem eigenen Anteil an der Betriebsrente ihrer Mitarbeiter. Ihre Beiträge zum Allianz Pensionsfonds sind bis zu 4 % der Beitragsbemessungsgrenze steuer- und sozialversicherungsfrei. Sie können in Absprache mit Ihrem Arbeitgeber zwischen zwei Anlagestrategien wählen. Ab Ihrem 62. Geburtstag erhalten Sie dann wahlweise eine lebenslange Zusatzrente, eine einmalige Kapitalzahlung oder eine Kombination aus beidem. Sie nutzen die Chancen des Kapitalmarkts mit der Möglichkeit einer überdurchschnittlichen Rendite. Gleichzeitig sind Ihre eingezahlten Beiträge zum Rentenbeginn garantiert. Der Pensionsfonds garantiert eine Mindestleistung in Höhe der eingezahlten Beiträge – Verluste sind zum Rentenbeginn ausgeschlossen.

Quelle: *Allianz* 2015b

Mittlerweile hat sich in Deutschland auch die ursprünglich aus den USA stammende sogenannte **aufgeschobene Vergütung** (deferred compensation) etabliert. Dabei werden Teile der Leistungs- und Soziallöhne sowie der Erfolgsbeteiligung nach Auszahlungszeitpunkten aufgespalten und in Arbeits- oder Ruhestandsperioden gewährt (vgl. *Jung* 2012, S. 902–903). Diese Vergütungsform folgt der Grundidee, dass die Aufspaltung der Einkommenssumme steuerliche Vorteile mit sich bringt, da eine separate Versteuerung des später ausgezahlten, kleineren Teils einem niedrigeren Einkommensteuersatz unterliegt (vgl. *Berthel/Becker* 2010, S. 568). Daher wird ein vorab festgelegter Teil der Vergütung vor der Versteuerung abgezogen und im Unternehmen angelegt, das dadurch Fremdkapital akkumuliert. Diese Vergütungsanteile werden dem Mitarbeiter nach Eintritt in den (Vor-) Ruhestand ausbezahlt. Alternativ kann der aufgeschobene Vergütungsanteil auch zur Finanzierung einer Familienphase genutzt werden, wenn zu diesem Zeitpunkt bereits genügend angespart ist. Die Attraktivität dieser Vergütungsform hängt von verschiedenen Prämissen ab: (1) Das aktuell verbleibende Einkommen muss so hoch sein, dass die Lebenshaltung nicht beschränkt ist. (2) Die Inflationsrate darf den Anlagezins nicht übersteigen. (3) Die individuelle Steuerbelastung darf in der Zukunft nicht höher sein als aktuell. (4) Für den Konkursfall muss ein Sicherungsfonds bestehen, der die Auszahlung garantiert. Die aufgeschobene Vergütung bietet die Möglichkeit der Individualisierung sowohl hinsichtlich Anteil als auch Auszahlungszeitpunkt. Auf Seiten des Unternehmens ergeben sich Vorteile, da andere Formen der Altersversorgung durch die aufgeschobene Vergütung kompensiert werden können und der Gesamtaufwand für das Unternehmen sinkt. Außerdem wächst mit zunehmender Nutzung das dem Unternehmen zur Verfügung stehende Fremdkapital.

zeitliche Aufspaltung des Lohns

3.5 Erfolgsbeteiligung

Im Rahmen einer **Erfolgsbeteiligung** werden Entgeltbestandteile auf Grundlage des Unternehmensergebnisses einer Rechnungsperiode gewährt. Dahinter steht der Grundgedanke, dass an der Leistungserstellung die Faktoren Kapital und Arbeit zusammenwirken, die beide am Unternehmenserfolg zu beteiligen sind. Die Erfolgsbeteiligung stellt eine Verwendung des Periodenerfolgs dar, bei der ein Teil des Erfolgs nicht an die Anteilseigner, sondern an das Personal ausgeschüttet wird.

Mitarbeiter partizipieren an Erfolgen einer Periode.

Mit diesem Vergütungsbestandteil sind verschiedene **Zielsetzungen** verbunden (vgl. *Berthel/Becker* 2013, S. 605):

- Sicherung des gewünschten Mitarbeiterverhaltens
- Motivation zu unternehmerischem Denken
- Verbesserung der Lebenssituation der Mitarbeiter
- Akquisition von Mitarbeitern

Insbesondere personalökonomische Überlegungen machen darauf aufmerksam, dass Handlungen und Entscheidungen des Personals nicht im Sinne des Unternehmens erfolgen müssen, wenn dem individuelle Zielsetzungen entgegenstehen. Der Notwendigkeit einer **Sicherung des gewünschten Mitarbeiterverhaltens** wird durch Entlohnungskomponenten entsprochen, die eine Steigerung des individuellen Nutzens (durch höheres Entgelt) in Verbindung mit dem Unternehmenserfolg ermöglichen. Da es insbesondere bei Führungskräften aufgrund der Komplexität der Aufgaben unmöglich ist, die Entlohnung an einem messbaren Teilergebnis auszurichten, wird mit der Erfolgsbeteiligung ein pauschaler Leistungsbezug durch eine Orientierung am Unternehmenserfolg hergestellt.

Motivationswirkung

Damit hängt die Überlegung zusammen, dass durch eine Erfolgsbeteiligung das **Interesse am Unternehmen und unternehmerischen Denken** geweckt wird. Dies soll dem Ziel des langfristigen Unternehmenserhalts dienen, wofür der Unternehmenserfolg die entscheidende Voraussetzung darstellt.

langfristiger Unternehmenserhalt

Soziale Ziele haben die **Verbesserung der Lebenssituation** der Mitarbeiter zum Gegenstand. Die Erfolgsbeteiligung des Personals resultiert in diesem Fall aus der Fürsorge des Unternehmers bzw. der Unternehmensleitung und weist dann eine deutliche Nähe zum Soziallohn auf.

Fürsorge des Unternehmens

Akquisitorische Ziele betonen die Anwerbung neuer und die Bindung vorhandener Mitarbeiter. Leistungsstarke Mitarbeiter fühlen sich umso eher angesprochen, je weniger gleichförmig die Erfolgsbeteiligung ausfällt und je höher der Anteil der Erfolgsbeteiligung an der Gesamtvergütung ist, da dann die Möglichkeit der Beeinflussung durch die individuelle Leistung gegeben ist. Damit erfolgt eine Selbstselektion der (potenziellen) Mitarbeiter (vgl. III, 1.2).

Eine Erfolgsbeteiligung kann nur dann gewährt werden, wenn verschiedene **Voraussetzungen** erfüllt sind. Zunächst muss ein Erfolg erzielt werden. Im umgekehrten (Verlust-)Fall ist eine Beteiligung der Mitarbeiter unüblich. Daneben muss bei Unternehmensleitung und Eigentümern die Bereitschaft bestehen, Teile des Erfolgs an das Personal auszuschütten. Das ist vor allem von der Größe des Unternehmens und der Höhe des Erfolgs abhängig. Wird die Erfolgsbeteiligung nur fallweise gewährt, erfordert das formal eine Erklärung der Unternehmensleitung. Stellt sie eine regelmäßige Einrichtung dar, ist sie Gegenstand des Arbeitsvertrags, einer Betriebsvereinbarung oder des Tarifvertrags.

[Randnotiz: Erfolg und Bereitschaft zur Ausschüttung]

Die **Gestaltung einer erfolgsabhängigen Vergütung** erfolgt in vier Schritten:

*   Bestimmung der Maßgröße für den Unternehmenserfolg
*   Bemessung des Erfolgsanteils des Personals
*   Verteilung auf einzelne Mitarbeiter
*   Verwendung des Erfolgsanteils

Zunächst ist eine geeignete **Maßgröße für den Unternehmenserfolg** zu bestimmen. In der Praxis sind Varianten entwickelt worden, die sich in drei Gruppen einteilen lassen: Ertragsbeteiligung, Gewinnbeteiligung und Leistungsbeteiligung. (1) Die Ertragsbeteiligung ist beeinflusst von bilanzpolitischen Entscheidungen (Bewertungswahlrechte) und Markt(preis)veränderungen; sie spiegelt deshalb nur sehr unvollkommen die Leistung bzw. den „Erfolg" wider. Grundsätzlich wäre hier auch möglich, dass eine Ausschüttung in Verlustjahren anfällt. (2) Gewinnbeteiligungen knüpfen am Handels- oder Steuerbilanzgewinn an, der ebenfalls von Ansatz- und Bewertungswahlrechten gekennzeichnet ist und in den außerordentliche Erträge und Aufwendungen eingehen. Sie haben sich in der Praxis durchgesetzt, da sie einfach konstruiert sind und nur dann ein Erfolgsanteil des Personals anfällt, wenn das Unternehmen „schwarze Zahlen" schreibt. (3) Leistungsbeteiligungen knüpfen an betriebliche Leistungen – Produktionssteigerung oder Faktorminderverbrauch – an und stellen im Grunde eine Form des Prämienlohns dar. Der Erfolgsanteil entsteht hier unabhängig von Markteinflüssen und muss auch in Verlustperioden bezahlt werden.

[Randnotiz: Ertragsbeteiligung]

[Randnotiz: Gewinnbeteiligung]

[Randnotiz: Leistungsbeteiligung]

In einem zweiten Schritt erfolgt die **Bemessung des Erfolgsanteils des Personals** (vgl. *Berthel/Becker* 2013, S. 610). Eine theoretische Begründung dieser Entscheidung fällt schwer. Wenn jedoch motivationale Effekte beabsichtigt sind, ist eine Akzeptanz der Entscheidung durch die Anteilseigner und das Personal wichtig. Zudem sollte die Bemessung des Erfolgsanteils als gerecht empfunden werden. Dass (mindestens) eine marktkonforme Verzinsung des Eigenkapitals der Anteilseigner zu gewährleisten ist, setzt Grenzen für den an das Personal auszuschüttenden Erfolgsanteil.

[Randnotiz: Akzeptanz durch die Mitarbeiter und Anteilseigner notwendig]

Daran schließt sich die Frage nach der **Verteilung auf einzelne Mitar-**
beiter an (vgl. *Berthel/Becker* 2013 S. 610–611). Hierbei kann verschie-
nen Grundsätzen gefolgt werden, die das verbreitete Gleichheitsprinzip, d. h. eine Verteilung nach Köpfen, substituieren oder ergänzen.
Denkbar ist einerseits eine an sozialen Kriterien (z. B. Dienstalter)
ausgerichtete Verteilung. Andererseits kann eine Kopplung mit dem
Leistungsprinzip (orientiert am Leistungslohn) erfolgen.

verschiedene Prinzipien

An die Verteilung knüpft die **Verwendung des Erfolgsanteils** an. Neben der Ausschüttung an die Mitarbeiter besteht die Möglichkeit
einer Vermögensbeteiligung (vgl. VI, 3.6). Der Erfolgsanteil fließt dem
Unternehmen dann als Eigenkapital oder Fremdkapital wieder zu
(Investivlohn).

Verwendung in Form der Vermö-gensbeteiligung

Eine spezifische Form erfolgsorientierter Vergütung sind – insbesondere für Führungskräfte relevante – eng mit dem Konzept des
Shareholder-Value zusammenhängende **Aktienoptionspläne** (Stock
options). Dahinter steht die Überlegung, dass es das vordringliche
Ziel der Führungskräfte sein sollte, den Marktwert der Aktien des
Unternehmens zu maximieren. Die Beteiligung am Aktienwert soll
die Handlungen auf dessen Maximierung ausrichten und opportunistisches Verhalten unterdrücken (vgl. *Oechsler/Paul* 2015, S. 413. In der
Praxis findet sich eine Vielzahl unterschiedlicher aktienkursbezoge-
ner Vergütungsformen. Grob lassen sich diese danach unterscheiden,
ob Mitarbeiter besonders günstige Aktien des eigenen Unternehmens
oder Aktienoptionen erhalten, die sie innerhalb eines vorab bestimmten Zeitraums gegen Aktien eintauschen können. Eine Vergütung
durch Aktien realisiert nicht nur eine Beteiligung am Erfolg des Unternehmens, sondern auch an Misserfolgen, die sich in sinkenden
Aktienkursen bemerkbar machen. Empirische Untersuchungen belegen, dass sich Führungskräfte – selbst wenn Aktienoptionen Teil ihrer
Vergütung sind – nicht vorrangig an den Shareholderinteressen orientieren. Vielmehr zeigen verschiedene Praxisfälle, dass diese durch
Aktienoptionen dazu motiviert werden, ihr Handeln am kurzfristigen Unternehmenserfolg auszurichten (vgl. *Drumm* 2008, S. 530–532).
Opportunistisches Verhalten der Aktienoptionsempfänger ist damit
nicht auszuschließen und steht der beabsichtigten Anreizwirkung
entgegen.

Beteiligung am Aktienwert

Das EVA-Vergütungssystem im Straumann-Konzern

Der EVA (Economic Value Added) wird bei Straumann im kurzfristigen variablen Vergütungsprogramm, das für sämtliche Mitarbeitende in der Schweiz Gültigkeit besitzt, angewendet. Das primäre
Ziel ist die Steigerung der vom Unternehmen generierten Wertschöpfung und der daraus entstehende Mehrwert für die Aktionäre. Für Mitarbeitende unterster Hierarchiestufen hat die kurzfristige variable Vergütung ein Gewicht von 10 % der Gesamtvergütung.

Unteres, mittleres und oberes Management haben abweichende Bestimmungen, gehen jedoch weit über die 10 %-Marke hinaus. Die Gewichtung ist neben dem EVA von weiteren persönlichen Zielen abhängig und weist eine Spanne von 70 % auf. Auf der Stufe des CEO macht der Anteil der kurzfristigen variablen Vergütung 80 % aus.

Quelle: *Mori* 2014, S. 41

Probleme erfolgs-abhängiger Ver-gütung

Variable erfolgsabhängige Vergütungsbestandteile sind nicht frei von Problemen. In erster Linie wird auf Schwierigkeiten aufmerksam gemacht, Leistung zu messen bzw. korrekt zu erheben. In diesem Zusammenhang ist auch die Gefahr zu berücksichtigen, dass Leistungserhebung manipuliert werden kann (vgl. *Berthel/Becker* 2013, S. 592–593). Die Wirkung individueller Erfolgsbeteiligung auf Teamarbeit kann negativ sein, wenn das Streben nach individueller Höchstleistung zu Lasten notwendiger Kooperation geht. Schließlich ist bekannt, dass das dominante Abstellen auf extrinsische Anreize wie z.B. Prämien intrinsische Motivation dauerhaft verdrängen kann; man spricht hier vom sog. „Crowding-Out-Effekt" (vgl. *Frey/Osterloh* 2002, S. 26–30).

3.6 Vermögensbeteiligung

Durch eine **Vermögensbeteiligung** (Kapitalbeteiligung) stellen Mitarbeiter ihrem Unternehmen Fremdkapital oder Eigenkapital zur Verfügung. Dies kann aus einer Erfolgsbeteiligung stammen (vgl. VI, 3.5). Darüber hinaus ist es möglich, dass die Vermögensbeteiligung (formal) als Soziallohn gewährt und in einen Kapitalanteil umgewandelt wird. Schließlich kann die Beteiligung aus Eigenmitteln der Mitarbeiter zustande kommen.

sozialpolitische und ökonomische Ziele

Die **Ziele** der Kapitalbeteiligung sind sozialpolitischer Art, wenn private Vermögensbildung und breite Vermögensstreuung herbeigeführt werden sollen. Überwiegend werden damit aber ökonomische Ziele verfolgt, wonach die Kapitalausstattung des Unternehmens verbessert, Mitarbeiter für das Unternehmen akquiriert und an das Unternehmen gebunden sowie zu unternehmerischem Handeln angeregt werden sollen.

Interesse und Min-destzugehörigkeit

Voraussetzungen einer Vermögensbeteiligung sind zunächst in der Bereitschaft der Unternehmensleitung und der Anteilseigner zu sehen, Mitarbeiter auf diese Weise am Unternehmen partizipieren zu lassen. Weiterhin müssen die Mitarbeiter Interesse daran haben. In der Regel ist auch eine Mindestzugehörigkeit zum Unternehmen (meist ein Jahr) vorausgesetzt. Unternehmen bestimmen häufig Sperrfristen für die Veräußerung der Beteiligung, um Spekulation vorzubeugen (vgl. *Drumm* 2008, S. 533–534).

Die **Fremdkapitalbeteiligung** erfolgt vor allem in Form von Mitarbeiterdarlehen oder Mitarbeiterschuldverschreibungen, bei denen der Mitarbeiter für das zur Verfügung gestellte Kapital einen festen Zinssatz erhält. Einen ökonomischen Vorteil hat er nur, wenn der Zinssatz über dem Marktzins liegt, dieser Vorteil muss dann aber versteuert werden. Mitsprachemöglichkeiten für den Mitarbeiter bestehen nicht. Das Unternehmen erhöht dadurch zwar seine Liquidität, jedoch nimmt auch der Verschuldungsgrad zu. Eine **Eigenkapitalbeteiligung** tritt am häufigsten in Form von Belegschaftsaktien oder einer stillen Beteiligung auf (vgl. *Drumm* 2008, S. 537–541). Im Rahmen der stillen Beteiligung ergeben sich keine Mitsprachemöglichkeiten (stille Eigentümer). Die Beteiligung durch Belegschaftsaktien ist auf Aktiengesellschaften beschränkt. Sie werden in der Regel (weit) unter dem Börsenkurs, aber gekoppelt mit einer Bindungsfrist (z. B. drei Jahre) ausgegeben. Die Mitarbeiter erlangen dadurch alle Eigentumsrechte und sind an Ertrag und Vermögenswachstum des Unternehmens beteiligt; das Risiko ist auf die Einlage begrenzt. Welche Form im Einzelfall gewählt wird, hängt von Rechtsform, Haftungsaspekten, steuerlichen Überlegungen und nicht zuletzt von der Ertrags- und Finanzlage des Unternehmens ab.

Mitarbeiterdarlehen

Belegschaftsaktien oder stille Beteiligung

Mitarbeiteraktienprogramm bei Siemens

Mitarbeiteraktienprogramme sind heutzutage aus der modernen Arbeitswelt kaum noch wegzudenken. Dies gilt auch bei der Siemens AG, die seit 2009 weltweit Aktienprogramme für nahezu alle Beschäftigten anbietet. Das Unternehmen verfolgt damit die Vision einer ausgeprägten Eigentümerkultur, bei der sich jede Mitarbeiterin und jeder Mitarbeiter persönlich für den Erfolg des Unternehmens verantwortlich sieht. Langfristig soll die Eigentümerkultur zu verantwortungsbewusstem und weitsichtigem Handeln motivieren.

Im Rahmen des globalen Aktienprogramms Share-Matching-Plan (SMP) können Senior Manager einen Teil ihres Bonus in Siemens-Aktien investieren und erhalten nach einer festgelegten Haltefrist eine zusätzliche Matching-Aktie für drei gehaltene Aktien. Auch Beschäftigte unterhalb des Senior Managements haben die Möglichkeit, Aktienbeteiligungen zu erwerben: Sie können einen Betrag festlegen, der über einen Zeitraum von einem Jahr monatlich von ihrem Gehalt einbehalten und in Siemens-Aktien investiert wird. Nach der einjährigen Investmentphase werden die Siemens-Aktien in den SMP überführt und die Haltefrist beginnt. Am Ende der Frist erhalten die Beschäftigten ebenfalls Matching-Aktien im Verhältnis drei zu eins.

Quelle: *Mannert et al.* 2015

Trotz positiver Erfahrungen der Unternehmenspraxis mit den Beteiligungsmodellen bestehen einige grundsätzliche **Probleme** (vgl. *Drumm* 2008, S. 534–535). Die Mitarbeiter müssen über entsprechende Mittel verfügen, wenn sie dem Unternehmen Eigen- oder Fremdkapital zur Verfügung stellen wollen. Daneben ist die Fungibilität, d. h. die Veräußerungsfähigkeit, der Anteile vor allem bei einem Austritt des Mitarbeiters aus dem Unternehmen bedeutsam und durch Sperrfristen vielfach erschwert, wodurch die Attraktivität der Vermögensbeteiligung für Mitarbeiter abnehmen kann. In Abhängigkeit von der Rechtsform nimmt dieses Problem unterschiedliche Ausmaße an. Während die Veräußerung von Aktien relativ leicht möglich ist, fällt dies bei Beteiligungen in anderen Rechtsformen (GmbH, Personengesellschaft) weitaus schwerer. Schließlich können sich für das Personal aus der Vermögensbeteiligung Mitbestimmungsansprüche ergeben. Bündeln die Mitarbeiter ihre Interessen und verfügen damit über größere Anteile, stellen diese eine Möglichkeit dar, eigene Forderungen außerhalb der vorgesehenen Wege der Mitbestimmung durchzusetzen. Das kann dann auftreten, wenn aus der Perspektive der Anteilseigner und der Mitarbeiter unterschiedliche Zielsetzungen verfolgt werden müss(t)en.

Marginalien:
Mittel verfügbar

Fungibilität

mögliche Mitbestimmungsansprüche

4 Arbeitszeit

Die Bedeutung der Gestaltung bzw. Flexibilisierung der Arbeitszeit hat mit neuen Management- und Organisationskonzepten, mit der Ausweitung von Teilzeitarbeit sowie mit atypischen und vor allem geringfügigen Beschäftigungsverhältnissen in den letzten Jahren zugenommen. Im Rahmen der **Arbeitszeitgestaltung** erfolgt eine Aufteilung von Freizeit und Arbeitszeit, wobei sowohl den Anforderungen des Unternehmens als auch den Bedürfnissen der Mitarbeiter Rechnung getragen werden muss. Letzteres ist wichtig, wenn eine Anreizwirkung erzielt werden soll. In diesem Zusammenhang wird seit einigen Jahren die Vereinbarkeit von Berufs- und Privatleben unter dem Stichwort Work-Life-Balance diskutiert (vgl. I, 3; auch *Sayah/Süß* 2012). Zentrale Restriktionen der Arbeitszeitgestaltung bilden rechtliche Regelungen (vor allem das Arbeitszeitgesetz), die neben allgemeingültigen Bestimmungen auch besondere Arbeitszeitregelungen z. B. für Jugendliche, Schwangere oder Behinderte beinhalten. Branchen- oder unternehmensspezifische Regelungen, z. B. zur durchschnittlichen Wochenarbeitszeit und zu Überstunden, können auf dieser Grundlage entwickelt werden und Eingang in Tarifverträge oder Betriebsvereinbarungen finden. Außerdem existiert hinsichtlich Beginn und Ende der täglichen Arbeitszeit, Pausen, Verteilung der Arbeitszeit und vorübergehenden Verkürzungen bzw. Verlängerungen der Regelarbeitszeit ein Mitbestimmungsrecht des Betriebsrats (vgl. VIII, 4).

Aufteilung von Freizeit und Arbeitszeit

Restriktionen durch rechtliche Regelungen

Es sind grundsätzlich zwei **Dimensionen der Arbeitszeitgestaltung** zu berücksichtigen: Die Dauer bzw. Länge der Arbeitszeit wird als chronometrische Dimension bezeichnet, während ihre Lage bzw. Struktur die chronologische Dimension darstellt (vgl. *Berthel/Becker* 2010, S. 520; *Scholz* 2014b, S. 219–221). Gestaltungsmöglichkeiten ergeben sich im Rahmen der Periodenarbeitszeit bei Beginn und Ende der täglichen Arbeitszeit sowie regenerativen Phasen (Pausen), aber auch unter längerfristigen Gesichtspunkten im Rahmen der Wochen-, Monats-, Jahres- oder Lebensarbeitszeit. Die **Gestaltung der Periodenarbeitszeit** beinhaltet zwei grundlegende Festlegungen:

chronometrische und chronologische Dimension

- Voll- oder Teilzeitarbeit
- Ein- oder Mehrschichtarbeit

Von **Vollzeitarbeit** spricht man, wenn die betrieblich oder tarifvertraglich bestimmte Soll-Arbeitszeit in vollem Umfang abgeleistet wird. Bei **Teilzeitarbeit** wird – bei geringerer Vergütung – weniger als die Soll-Arbeitszeit erbracht. Die Verkürzung der Periodenarbeitszeit kann täglich, wöchentlich, monatlich oder jährlich erfolgen. Grundsätzliche Voraussetzung der Einführung von Teilzeitarbeit sind teilbare Stel-

vollumfängliche Soll-Arbeitszeit

Verkürzung der Periodenarbeitszeit

lenaufgaben. Mit zunehmender Komplexität und Spezialisierung der Stellen sinkt die Möglichkeit der Teilzeitarbeit. Gleiches gilt, wenn die Aufgabenerfüllung an starre Termine gebunden ist, die einer Teilzeitarbeit widersprechen. Außerdem müssen die Mitarbeiter mit einer anteiligen Entgeltreduzierung einverstanden sein. Für Mitarbeiter kann Teilzeitarbeit den Vorteil einer höheren Flexibilität und der Vereinbarkeit mit anderen, außerhalb der Arbeit liegenden Aufgaben (z. B. Kindererziehung) bieten. Auf Unternehmensseite muss der steigende Koordinationsaufwand berücksichtigt werden, den die mit den Teilzeitregelungen tendenziell steigende Mitarbeiterzahl verursacht. Gleichwohl bietet sie auch aus Unternehmenssicht die Möglichkeit der Flexibilisierung. Eine Sonderform der Teilzeitarbeit stellt das Job Sharing dar, bei dem sich zwei Mitarbeiter eine Stelle und somit auch die Stellenaufgaben teilen; damit ist in der Regel eine gegenseitige Vertretungsverpflichtung verbunden.

Einschichtarbeit erfolgt innerhalb der täglichen Soll-Arbeitszeit. **Mehrschichtarbeit** sieht zwei oder mehr Schichten am Tag vor, die nacheinander liegen und dafür sorgen, dass die Betriebszeit über die tägliche Arbeitszeit hinaus ausgedehnt werden kann (vgl. *Berthel/Becker 2010*, S. 523). Mehrschichtarbeit wird eingesetzt, wenn technisch bedingte Kapazitätsengpässe bestehen, Produktionsanlagen ausgelastet werden müssen oder Bereitschaftspflichten gegeben sind. Bei der Aufstellung eines Schichtplans müssen daher die unternehmensspezifischen Besonderheiten Berücksichtigung finden. Auf Seiten des Mitarbeiters kann die Mehrschichtarbeit zu außergewöhnlichen Belastungen führen, die aus der Arbeit zu ungewohnten oder wechselnden Zeiten resultieren. Vielfach wird dem durch Entgeltzulagen entsprochen.

Mehrschichtarbeit folgt unternehmensspezifischen Anforderungen.

Schichtmodelle im Klinikum Delmenhorst

In einem Krankenhaus muss die Arbeitszeit der Mitarbeiter rund um die Uhr organisiert werden, um eine optimale Patientenversorgung zu gewährleisten. Aus diesem Grund werden dort vorrangig Schichtsysteme eingesetzt.

Im Klinikum Delmenhorst arbeiten insgesamt 718 Beschäftigte, wovon 81 % weiblich sind und ca. 400 Beschäftigte im Schichtdienst arbeiten. Die Teilzeitquote beträgt insgesamt 43 % und wird fast ausschließlich von Frauen in Anspruch genommen.

In der Regel werden die Arbeitszeiten für Vollzeitbeschäftigte in einem klassischen Dreischichtbetrieb mit Früh-, Spät- und Nachtschicht organisiert, wobei die typische Frühschicht im Pflegebereich um 5:48 Uhr beginnt und um 14:00 Uhr endet (Spätdienst: 12:30 – 20:42 Uhr, Nachtdienst: 20:15 – 6:15 Uhr). Überschneidungen der Schichten dienen der Dienstübergabe. In der Nacht wird mit ausgedünnten Schichten gearbeitet, so dass ca. drei Nachtschichten pro Monat anfallen. Meist wird fünf Tage in Früh- und fünf Tage in Spätschicht gearbeitet.

Teilzeitbeschäftigte machen in der Regel volle Schichten und reduzieren ihre Arbeitszeiten durch mehr Freischichten.

Daneben gibt es eine Reihe von individuellen Variationsmöglichkeiten. In einer Abteilung wurde ein Zwischendienst entwickelt, der erst um 7 Uhr morgens beginnt und von dem gerade Menschen mit Familienaufgaben profitieren, da die Unterbringung der Kinder im Kindergarten ab 7 Uhr wesentlich einfacher gelingt. Zudem kann der Mitteldienst verkürzt oder dessen Ende variabel gestaltet werden.

Quelle: *DGB Bundesvorstand* 2011, S. 56–58

In der Literatur finden sich verschiedene Gründe für eine **Arbeitszeitflexibilisierung**, d. h. die Abkehr von starren chronologischen und chronometrischen Arbeitszeitregelungen (vgl. z. B. *Wotschack* 2012, S. 26; *Rump/Eilers* 2013, S. 144):

- Durch die Flexibilisierung erhöht sich die Kapazitätsausnutzung und es besteht damit eine verbesserte Möglichkeit der Anpassung an Nachfrageschwankungen.

  bessere Kapazitätsausnutzung

- Die Flexibilisierung, insbesondere hinsichtlich der chronometrischen Dimension, kann den Personalabbau bei Restrukturierungen, Fusionen und Übernahmen reduzieren.

  Reduzierung von Personalabbau

- Für die Flexibilisierung der Arbeitszeit sprechen soziale und arbeitsphysiologische Gründe; es wird individuellen Lebensumständen Rechnung getragen und eine bessere Vereinbarkeit von Familie, Freizeit und Beruf ermöglicht (Work-Life-Balance; vgl. I, 3).

  soziale und arbeitsphysiologische Gründe

- Nicht zuletzt stellt die Individualisierung der Arbeitszeit einen Anreiz dar, der positiv auf die individuelle Motivation und Leistung sowie letztlich auf die Produktivität des Unternehmens wirken soll.

  Individualisierung

- Unternehmen können sich durch die Anpassung der betrieblichen Arbeitszeitgestaltung an die im Verlauf des Lebens wechselnden individuellen zeitlichen Bedürfnisse als attraktiver Arbeitgeber positionieren (vgl. *Altmann/Süß* 2015a).

  Steigerung der Arbeitgeberattraktivität

Sowohl in der Unternehmenspraxis als auch in der Literatur ist die Zahl der Flexibilisierungsformen nahezu unbegrenzt (vgl. z. B. *Berthel/Becker* 2010, S. 520–533). Sie umfasst neben der zeitlichen zunehmend auch eine örtliche Flexibilität. Danach ermöglichen es Unternehmen ihren Mitarbeitern zunehmend auch von zu Hause (Home Office) oder unterwegs zu arbeiten. Technische Lösungen machen dies heute möglich.

Betriebsvereinbarung zum „Vertrauensarbeitsort"

Der sogenannte Vertrauensarbeitsort wird bei Microsoft Deutschland definiert als „der Ort, wo der Mitarbeiter sich gerade befindet und mit der vorhandenen Technologie arbeiten kann". Microsoft ist in Deutschland zu 80 % eine Vertriebsgesellschaft. Das heißt, die Mitarbeiter arbeiten häufig bei den Kunden und den Partnerunternehmen vor Ort, von zuhause oder auf der Zugfahrt. Der Vertrauensarbeitsort wird also bereits viele Jahre inoffiziell gelebt. Der Betriebsrat und die Personalabteilung haben infolgedessen beschlossen, diese Regelung zum flexiblen Arbeiten auch in Form einer Betriebsvereinbarung zu Papier zu bringen. In der Betriebsvereinbarung sind auch Regelungen für Trainings- und Coaching-Sessions verankert. Und sie enthält die Regel, dass Feedback-Gespräche mit der Führungskraft persönlich erfolgen sollen. Microsoft ist der Überzeugung, dass sich die besondere Unternehmens- und Führungskultur nur durch regelmäßige persönliche Kontakte aufrechterhalten lässt. Persönliche Treffen sind wichtig, aber auch der informelle Austausch in der Kaffeeküche.

Quelle: *Frank* 2014, S. 9

Arbeitszeitflexibilisierung kann durch eine Variation der Dauer und der Lage der Arbeitszeit erfolgen; beide lassen sich miteinander kombinieren. Im Rahmen der chronologischen Flexibilisierung kann unterschieden werden, ob die Maßnahmen kurzfristig oder langfristig angelegt sind.

Bandbreiten-modelle Für die **kurzfristige Flexibilisierung** der Arbeitszeit sind Bandbreitenmodelle geeignet, bei denen eine vier- bis sechs-Tage-Woche bei entsprechender Variation der Tagesarbeitszeit gewählt wird. Eine weitere *gleitende Arbeitszeit* Form stellt die gleitende Arbeitszeit dar, die inzwischen in die meisten Arbeitsbereiche Eingang gefunden hat und als das Standardmodell der begrenzten Flexibilisierung von Arbeitszeitverhältnissen gilt. Gleitende Tagesarbeitszeit besteht aus einer Rahmenzeit, innerhalb derer zwei Gleitzeitphasen und eine Kernzeitphase liegen. Arbeitsbeginn und Arbeitsende sind innerhalb der Gleitzeiten individuell festlegbar; die Abstimmung in Arbeitsgruppen wird dabei vorausgesetzt. Eine Flexibilisierung der Wochenarbeitszeit kann durch Wochengleitzeitmodelle mit Kern- und Gleitzeittagen erfolgen. Außerdem sind auch Variationen der Soll-Arbeitszeit bzw. der Arbeitstage pro Woche möglich. Eine vollkommen variable Arbeitszeit mit Verzicht auf jegliche Rahmen- und Kernzeit hat sich aufgrund der großen Koordinationserfordernisse bislang nicht durchgesetzt.

Im Rahmen der **langfristigen Flexibilisierung** der Arbeitszeit haben in der Vergangenheit Arbeitszeitkonten Verbreitung erlangt (vgl. *Scholz* 2014b, S. 221–222). Darunter werden Systeme zur Erfassung der individuell geleisteten Arbeitszeit verstanden, die eine Verrechnung von Überstunden und Kurzarbeit vornehmen. Durch Langzeitkonten (z. B. *Langzeitkonten*

Jahresarbeitszeitvereinbarungen) soll ein Ausgleich der beispielsweise in Folge von Konjunkturschwankungen auftretenden Über- oder Unterauslastungen erreicht werden. Daneben sind auf diesem Wege auch jahreszeitlich bedingte Schwankungen der Kapazitätsauslastung zu kompensieren. In der Regel ist der Ausgleich der Konten innerhalb eines definierten Zeitraums unter Berücksichtigung der Anforderungen im Unternehmen vorgesehen. Handelt es sich um Lebensarbeitszeitkonten, wird älteren Arbeitnehmern durch Zeitguthaben die Möglichkeit eines gleitenden Übergangs in den Ruhestand gegeben, womit gegebenenfalls der gleitende Einstieg eines jungen Mitarbeiters gekoppelt sein kann. Um den Einkommensverlust in Grenzen zu halten, besteht in der Regel die Möglichkeit, im Laufe der Jahre ein Zeitguthaben anzusparen. Dies gilt in analoger Form für berufliche Auszeiten wie Sabbaticals, d. h. mehrmonatige Arbeitsunterbrechungen für Weiterbildungsmaßnahmen oder Langzeiturlaube (vgl. *Altmann/Süß* 2015b). Es sind aber in jedem Fall Regelungen zu treffen, unter anderem Vorkehrungen für den Insolvenzfall, damit den Arbeitnehmern die Guthaben nicht verloren gehen, und für die Übertragbarkeit bei einem Wechsel des Unternehmens.

Lebensarbeitszeitkonten

Arbeit und Leben in Einklang bringen

Die Techniker Krankenkasse ist nicht nur eine der leistungsstärksten Krankenkassen Deutschlands, sondern zählt auch zu den besten Arbeitgebern des Landes. Das Wohl der Beschäftigten liegt der TK am Herzen.

Aus diesem Grund vertraut die TK auf flexible Arbeitszeitmodelle, die die Interessen aller Beteiligten unter einen Hut bringen: Kunden mit dem Anspruch, auch am Wochenende mit der TK zu kommunizieren, und Mitarbeiter, die gerne am Wochenende oder nachts arbeiten, weil der Partner sich dann um die Kinder kümmern kann. Und manche Arbeitszeitmodelle – etwa eine flexibel absenkbare Arbeitszeit – machen es möglich, dass Kinder zu keinem Zeitpunkt mehr auf elterliche Betreuung verzichten müssen.

Auch wenn man das Gefühl hat einfach mal raus zu müssen, unterstützt die TK ihre Mitarbeiter. Ein Jahr aussteigen – normalerweise muss man damit bis zum Rentenalter warten. Doch das Lebensarbeitszeitkonto machte den Ausstieg möglich. Ein problemloser und flexibler Wiedereinstieg in den Job nach einer längeren Auszeit wird gewährleistet.

Quelle: *Techniker Krankenkasse* 2015

Die **Flexibilisierung der Lebensarbeitszeit** ist vor allem mit der schrittweisen Erhöhung des Renteneintrittsalters in die Diskussion gekommen. Dabei sind grundsätzlich eine chronometrische und eine chronologische Flexibilisierung der Lebensarbeitszeit möglich. Lebensarbeitszeitmodelle basieren auf der Idee, ein sogenanntes Le-

Lebensarbeitszeitmodelle

bensarbeitszeitkonto zu führen, auf dem Arbeitnehmer Arbeitszeit ansparen können. Aus individueller Perspektive wird das wesentliche Motiv dafür in einer Freistellung bereits vor dem offiziellen Eintritt in den Ruhestand gesehen.

Wie bei Airbus aus Zeit Geld gemacht wird

Das Angebot der sogenannten Zeitwertkonten trägt bei Airbus den etwas ungelenken Namen Siduflex – Sicherheit durch Flexibilität. Rund ein Drittel der 20.000 deutschen Airbus-Angestellten führen mittlerweile ein Siduflex-Konto, jeden Monat kommen über 100 weitere hinzu. Insgesamt zahlen Airbus-Mitarbeiter jährlich rund zwölf Millionen Euro auf ihre Konten ein.

Mit der Einführung von Zeitwertkonten für die Mitarbeiter gilt Airbus als ein Vorreiter in Deutschland. Im vergangenen Jahr hatten erst drei Prozent der Unternehmen in Deutschland Lebensarbeitszeitkonten für ihre Mitarbeiter eingerichtet. Mitarbeiter können dadurch über viele Jahre hinweg ein Guthaben ansparen, das sie später für Sabbatjahre oder einen vorgezogenen Ruhestand verwenden.

Davon profitierten beide Seiten. Das Unternehmen kann besser als zuvor auf Beschäftigungsschwankungen reagieren und die Mitarbeiter können bei entsprechender Einzahlung ihren Ruhestand um einige Jahre vorziehen.

Quelle: *Hus* 2005

---

zwei Gestaltungs-
optionen

Ein früherer oder ein gleitender Übergang in den Ruhestand wird durch **Altersteilzeit** beabsichtigt. Im Altersteilzeitgesetz (AltTZG) von 2004 ist geregelt, dass die Altersteilzeit für Mitarbeiter ab dem 55. Lebensjahr nur noch bis Ende 2009 von der Sozialversicherung gefördert wurde. Die politische Zielsetzung besteht dabei darin Anreize zu schaffen, die frei werdenden Arbeitsplätze durch Arbeitslose oder Auszubildende neu zu besetzen. Mittlerweile finden sich einige Branchen, in denen Altersteilzeit unabhängig vom Gesetz in Tarifverträgen geregelt ist und nach wie vor angetreten werden darf (z. B. Metall- und Elektroindustrie).

Die Regelungen zur Altersteilzeit wurden in der Praxis gut angenommen. Allerdings nutzen Unternehmen die Altersteilzeit teilweise zum Stellenabbau, wodurch der gewollte Effekt, die Arbeitslosigkeit zu senken, gering ist. Unternehmen kritisieren zudem den hohen Aufwand, der mit der Beantragung und Durchführung der Altersteilzeit verbunden ist. Aus individueller Perspektive ermöglichen die Regelungen einen früheren oder gleitenden Eintritt in den Ruhestand, der insbesondere zu begrüßen ist, falls die Leistungsfähigkeit und die Motivation eines älteren Arbeitnehmers nachlassen.

In der Unternehmenspraxis überwiegen bislang positive Erfahrungen mit betrieblicher Arbeitszeitflexibilisierung (vgl. z. B. *Bornewasser/ Zülch* 2013). Empirische Untersuchungen belegen mehrere positive Auswirkungen, die aus der Einführung flexibler Arbeitszeitmodelle resultieren. So konnte gezeigt werden, dass flexible Arbeitszeitmodelle zu einer Steigerung der Work-Life-Balance (vgl. *Hill et al.* 2001), der Arbeitszufriedenheit (vgl. *Hanglberger* 2011), des Commitment (vgl. *Houston/Waumsley* 2003) sowie zu einer Reduktion der Stressbelastung führen können (vgl. *Halpern* 2005). Auf der Seite der Unternehmen bewirkt die Einführung flexibler Arbeitszeitmodelle eine höhere Unternehmens- und Arbeitgeberattraktivität (vgl. *Carless/Wintle* 2007; *Altmann/Süß* 2015a), eine leichtere Rekrutierung von Personal (vgl. *Evans* 2001) und eine höhere Mitarbeiterproduktivität (vgl. *Chow/Chew* 2006) sowie eine Reduzierung von Fehlzeiten (vgl. *Giardini/Kabst* 2008) und Fluktuation (vgl. *Evans* 2001). Demgegenüber stehen allerdings auch negative Auswirkungen wie insbesondere die mit der Einführung flexibler Arbeitszeitmodelle verbundenen Kosten und ein erhöhter Überwachungs- und Verwaltungsaufwand für Unternehmen (vgl. *Chung/Kerkhofs/Ester* 2007).

Bewertung der Arbeitszeitflexibilisierung

5 Individualisierung der Anreizgestaltung

Anreize können nur dann ihre optimale Wirkung entfalten, wenn sie auf die jeweilige Motivstruktur des Mitarbeiters abgestimmt sind. Es gibt deshalb Konzepte, die dem Mitarbeiter eine – begrenzte – Wahlmöglichkeit zwischen verschiedenen Anreizen eröffnen und unter der Bezeichnung **Cafeteria-System** bekannt sind. Dabei wird dem Mitarbeiter die Wahl zwischen verschiedenen Entgeltbestandteilen und anderen (geldwerten) Leistungen überlassen. Auch ein Tausch zwischen Geld und Arbeitszeit ist innerhalb eines bestimmten Budgets entsprechend der individuellen Bedürfnisse möglich. Dem Mitarbeiter bietet dies – ökonomisch betrachtet – die Möglichkeit, seinen eigenen Nutzen zu steigern, da er Anreize nach individuellen Präferenzen wählen kann.

Wahlmöglichkeit zwischen Entgelt-bestandteilen und geldwerten Leistungen

---

Das Cafeteria-System bei der Wiesbadener Volksbank eG

Bei der Wiesbadener Volksbank eG wurde Anfang 2002 ein Cafeteria-System eingeführt. Neben einem Kernblock nicht wählbarer Leistungen haben die Mitarbeiter seither die Möglichkeit, aus einem Wahlblock bestimmte Leistungen individuell auszuwählen. Zu den Kernleistungen zählen bei der Wiesbadener Volksbank die grundsätzlich nicht frei wählbaren Tarifleistungen, Jubiläumszuwendungen (sofern diese den Mitarbeitern bereits zugesichert wurden) sowie eine Basisversorgung der betrieblichen Altersversorgung. Bei den frei wählbaren Leistungen können sich die Mitarbeiter zwischen einer Aufbaustufe der betrieblichen Altersversorgung, einem Kindergartenzuschuss, Freizeitleistungen bis zu drei Tagen pro Jahr, einem Fahrtkostenzuschuss, Heirats- und Geburtsbeihilfen sowie der Möglichkeit einer Barauszahlung entscheiden. Die Leistungen aus dem Cafeteria-System können von den Mitarbeitern einmal jährlich frei gewählt werden.

Quelle: *Bühner* (2005), S. 179–180

Notwendige **Voraussetzung** dafür ist ein Angebot alternativer Anreize. Außerdem müssen aufgrund veränderlicher Bedürfnisse und Lebensumstände Revisionsmöglichkeiten gegeben sein (vgl. *Berthel/ Becker* 2013, S. 616–618). Vor der Einführung eines Cafeteria-Systems ist zu klären, welche Mittel für ein Cafeteria-Budget zur Verfügung gestellt werden. Grundsätzlich kann sich das Budget auf die jährlichen Entgeltsteigerungen beschränken oder durch eine Neustrukturierung des gesamten Systems der Entgelte und Zusatzleistungen gewonnen werden. Im Tarifbereich lässt sich nur in Abstimmung mit

Cafeteria-Budget begrenzt

den Gewerkschaften und dem Betriebsrat ein nennenswertes Budget schaffen. Das fällt umso leichter, je deutlicher gemacht werden kann, dass sich dahinter keine materiellen Verschlechterungen verbergen, sondern individuelle Nutzensteigerungen zu erzielen sind.

Daneben ist die Entscheidung zu treffen, welche **Cafeteria-Optionen** angeboten werden. Die Möglichkeiten reichen von Barzahlungen über Altersversorgung, Versicherungsleistungen, Erfolgsbeteiligungen und Sachleistungen (Dienstwagen, Job-Ticket, Parkplatz, Wohnung) bis hin zur Gewährung von Freizeit (kürzere Wochen- oder Jahresarbeitszeit, Verkürzung der Lebensarbeitszeit, längerer Urlaub). Bei der Auswahl kann einerseits völlige Wahlfreiheit zwischen den verschiedenen Einzelalternativen bestehen, wodurch aber hohe (Transaktions-)Kosten der Vergabe entstehen. Alternativ können verschiedene Anreize zu Paketen gebündelt werden. Das Wahlverhalten des Einzelnen wird von unterschiedlichen Faktoren wie z. B. Lebensalter, Familienstand, Familieneinkommen oder Risikoneigung beeinflusst.

völlige Wahlfreiheit vs. Anreizpakete

Schwierigkeiten liegen vor allem darin, Austauschrelationen zwischen den Anreizen zu finden, die den Präferenzordnungen der Mitarbeiter weitgehend entsprechen, gleichzeitig aber die Wirtschaftlichkeit des Anreizsystems nicht gefährden. Für einheitliche Relationen sprechen die Transparenz und die einfachere Handhabung. Individuelle Relationen würden den Nutzen, aber auch die Kosten erhöhen und aufgrund des sozialen Vergleichs zwischen den Mitarbeitern Probleme bergen. Die Verbreitung der Cafeteria-Systeme erfährt bisher noch weitreichende Einschränkungen, da die skizzierten Cafeteria-Optionen zumeist aus dem Bereich der freiwilligen Sozialleistungen kommen. Außerdem sorgt die in Deutschland weitgehende institutionelle Regelung der Vergütung dafür, dass nur ein Bruchteil kurzfristig disponibel und individualisierbar ist. Daher richtet sich gegenwärtig eine Vergütung nach dem Cafeteria-System in erster Linie an Führungskräfte. Mit einer umfassenderen Einführung wäre eine steigende Zahl möglicher Anreizpakete verbunden, sodass der aus motivationstheoretischer Sicht durchaus wünschenswerten Individualisierung der Anreizgestaltung Grenzen gesetzt sind.

Bestimmung der Austauschrelationen

geringe Individualisierbarkeit der Vergütung

Kontrollfragen zu Teil VI

1. Was versteht man unter Anreizen und welche Formen können unterschieden werden?
2. Auf welchen Informationsgrundlagen basiert die Anreizgestaltung?
3. Wie lassen sich die verschiedenen Verfahren der Arbeitsbewertung differenzieren?
4. Was versteht man unter Entgelt? Welche theoretischen Erklärungen für seine Existenz und Höhe gibt es?

5. Welche Formen des Leistungslohns gibt es?
6. Welche Ziele verfolgen Unternehmen mit Soziallohn?
7. Welche Formen der Altersversorgung können unterschieden werden?
8. Wodurch unterscheiden sich Erfolgs- und Vermögensbeteiligung? Welche Ziele werden damit verfolgt?
9. Inwiefern stellt die Flexibilisierung der Arbeitszeit einen immateriellen Anreiz dar? Welche Flexibilisierungsformen gibt es?
10. Welche Gründe sprechen für eine Individualisierung der Anreizgestaltung? Welche Probleme sind damit verbunden?

Fallstudie: Vorteil variable Vergütung

Im Jahr 2008 sah sich die BHS Tabletop AG mit einem Problem konfrontiert: Es wurde deutlich, dass das eingesetzte Vergütungssystem das von Konjunkturzyklen geprägte und zunehmend internationaler werdende Geschäftsmodell des Unternehmens nicht mehr angemessen widerspiegelte. Darüber hinaus setzte es nicht die richtigen Anreize: Es motivierte die Mitarbeiter nicht ausreichend, weil Leistungen nicht angemessen honoriert wurden, worunter auch die Arbeitgeberattraktivität des Unternehmens litt.

Das damalige Vergütungssystem sah einen hohen Anteil fixer Vergütung vor, die nur durch eine marktunüblich geringe, wenig anreizwirksame variable Vergütung von durchschnittlich 4,5 % ergänzt wurde. Die Höhe der variablen Vergütung wurde maßgeblich durch den Unternehmenserfolg bestimmt, individuelle Leistungsbeiträge wurden nur eingeschränkt honoriert.

Gesucht wurde deshalb ein motivierendes Vergütungssystem, das die individuelle Leistung der Mitarbeiter, insbesondere der Top-Leister, in höherem Maße honoriert, aber auch den konjunkturellen Schwankungen standhält, also ein leistungsgerechtes Vergütungssystem. Für eine leistungsorientiertere Gestaltung der Vergütung war es nötig, die bisher weitgehend egalitär behandelte Gruppe der außertariflich beschäftigten Mitarbeiter (AT) entsprechend der variierenden Wertbeiträge der einzelnen Funktionen auszudifferenzieren.

Auf der Grundlage einer analytischen Arbeitsbewertung entschied sich BHS für eine Vergütungsstruktur mit vier typischen AT-Wertigkeitsstufen. Unterstützt durch Marktdaten wurde eine marktübliche Grundvergütung mit einer variablen Vergütung in Höhe von 5 % für die AT-Einstiegsstufe und bis zu 20 % der Gesamtvergütung für die Gruppe der Bereichsleiter verbunden. Der mit der Hierarchie ansteigende Wert- bzw. Verantwortungsbeitrag und -hebel der oberen Führungskräfte wurde damit in der Vergütungsstruktur sichtbar verankert.

Das Zielgehalt setzt sich aus einem fixen Teil (Grundgehalt) und einem variablen Zielbonus (variabler Vergütungsanteil) zusammen und beschreibt das Gehalt, das ein Mitarbeiter bei voller Erreichung der eigenen Ziele und der Unternehmensziele erhält. Für jede einzelne Funktion, in der AT beschäftigt waren, wurde ein attraktiver Zielbonus als Anteil am Zielgehalt definiert. Seine Höhe richtet sich nach der Funktion, der der Mitarbeiter angehört, sowie der Verantwortung, die auf seiner Stelle zu übernehmen ist. Der Zielbonus variiert zwischen 5 % und 20 %. Gute individuelle Leistungen werden so in besonderem Maße honoriert. Der Bonus kann bei ausbleibendem individuellem Erfolg jedoch im Einzelfall auch entfallen. Bleibt das Unternehmensergebnis hinter den Erwartungen zurück, werden gute Leistungen weiterhin, aber abgeschwächt honoriert. Eine definierte Untergrenze („Floor") verhindert eine zu starke Abschwächung des Gehalts von Top-Leistern, eine Obergrenze („Cap") unangemessen hohe Boni.

Das Zielvereinbarungssystem hat durch das skizzierte System eine nachhaltige Aufwertung als zentrales Führungs- und Vergütungsinstrument erfahren. Es ermöglicht, die Mitarbeiter stärker als zuvor ziel-, leistungs- und ergebnisorientiert zu führen und dient als wirksamer Hebel zur Umsetzung der Unternehmensziele der BHS Tabletop AG. Vergütungssystem und BHS-Geschäftsmodell greifen im Zielvereinbarungsprozess und der Bonusausschüttung ineinander und verstärken sich gegenseitig. Die Zielsetzung, dass sich Leistung sowohl für das Unternehmen als auch den Mitarbeiter lohnt, hat sich durch die monetäre Aufwertung des Systems erfüllt. Auf neu eintretende leistungsbereite Fach- und Führungskräfte wirkt das System sehr motivierend, da neben dem Unternehmenserfolg die persönliche Leistung honoriert wird.

Das neue System hat so dazu beigetragen, dass die BHS in einem schwierigen Arbeitsmarktumfeld attraktiver für leistungs- und erfolgsorientierte Mitarbeiter wurde. Es leistet damit einen wichtigen Beitrag zum weiteren Ausbau der Marktführerschaft des Unternehmens.

Quelle: *Hummer/von Hülsen* 2015

Fragen zum Fallbeispiel

1. Wie beurteilen Sie das neue Vergütungssystem der BHS Tabletop AG?
2. Was macht das neue Vergütungssystem so attraktiv für Mitarbeiter? Sind Mitarbeiter(-gruppen) denkbar, für die das neue System eher unattraktiv ist?
3. Welche Nachteile könnte das neue Vergütungssystem aus Ihrer Sicht mitbringen?

Teil VII:
Personalführung

Überblick

Personalführung soll die Koordination arbeitsteiligen Handelns sowie die Motivation und Kontrolle der Mitarbeiter sicherstellen. Sie vollzieht sich zum einen in der Interaktion zwischen dem Führer (Vorgesetzten) und dem Geführten, zum anderen durch strukturelle Bedingungen. Eine Vielzahl an Theorien setzt sich mit Führung und Motivation auseinander. Sowohl Inhalts- und Prozesstheorien der Motivation als auch Führungstheorien, die auf die Personen Führer und Geführter sowie auf deren Interaktion und den situativen Kontext fokussieren, werden in diesem Teil vorgestellt. Im Rahmen der Gestaltung der Führung wird ebenso auf Führungsgrundsätze, Führung durch Zielvereinbarungen, Führungsstil und Führungsverhalten eingegangen wie auf Diversity-Management als ein Konzept zum Umgang mit personeller Vielfalt.

Lehr-/Lernziele

Nachdem Sie diesen Teil gelesen haben, sollten Sie

- wissen, was unter Führung verstanden wird und welche Aufgaben mit Führung verbunden sind,
- die Grundstruktur und Dimensionen der Führung kennen,
- beschreiben können, wie Motivation zu Stande kommt,
- die Grundgedanken der Inhalts- und Prozesstheorien der Motivation erläutern können,
- die zentralen Aussagen verschiedener Führungstheorien kennen,
- wissen, wie Führung gestaltet werden kann,
- die Grenzen der verschiedenen Gestaltungsoptionen verstanden haben und
- in der Lage sein zu erklären, inwiefern personelle Vielfalt einen Gestaltungsaspekt der Führung darstellt.

1 Begriff und Aufgaben

Der Begriff **Führung** wird in der Literatur in unterschiedlichen Zusammenhängen verwendet: Zum einen erfolgt der Bezug auf die Führung bzw. das Management eines Unternehmens, zum anderen auf die Führung der Mitarbeiter eines Unternehmens. Erstere umfasst die Wahrnehmung sämtlicher Managementfunktionen und damit auch die Personalführung als eine dieser Funktionen. Analog der Unternehmensführung findet man auch hinsichtlich der Personalführung eine Vielzahl unterschiedlicher Führungsbegriffe (vgl. *Neuberger* 2002, S. 2–15; *Weibler* 2012, S. 14–20). Eine Ursache besteht darin, dass Personalführung ein interdisziplinäres Phänomen darstellt, mit dem sich neben der Betriebswirtschaftslehre beispielsweise auch die Soziologie, die Politologie, die Psychologie und die Theologie auseinandersetzen (vgl. *Hentze et al.* 2005, S. 1). Außerdem entstammen die Führungsbegriffe verschiedenen Theorieansätzen mit unterschiedlichen Schwerpunktsetzungen.

Unternehmensführung vs. Personalführung

Im Folgenden wird **Personalführung** verstanden als eine zielorientierte, wechselseitige Verhaltensbeeinflussung von Mitarbeitern, die dazu bewegt werden sollen, Ziele des Unternehmens zu verfolgen. Darin kommt zum Ausdruck, dass mit dem Führen das Geführtwerden verbunden ist und der Geführte einen nicht unerheblichen Einfluss auf den Führer ausübt (vgl. *Weibler* 2012, S. 19; 24–28). Mitarbeiter lassen sich nicht ausschließlich von Unternehmenszielen leiten, sondern verfolgen auch eigene Ziele (vgl. auch VI, 1). Daher muss durch Führung die Verfolgung der Unternehmensziele sichergestellt werden, auch wenn diese den individuellen Zielen widersprechen. Um eine hinreichende Motivation der Mitarbeiter zu schaffen, ist aber – soweit möglich – die Berücksichtigung individueller Ziele anzustreben.

zielorientierte, wechselseitige Verhaltensbeeinflussung

Vor diesem Hintergrund lassen sich die folgenden grundlegenden **Aufgaben der Führung** unterscheiden:

- Motivation der Mitarbeiter durch die Gewährung von Anreizen und die Ermöglichung der Bedürfnisbefriedigung
- Koordination des arbeitsteiligen Handelns und seine Kontrolle

Die Arbeitsleistung von Mitarbeitern ergibt sich aus dem Zusammenwirken ihrer Qualifikation und der **Motivation**, diese im Sinne der Unternehmensziele einzusetzen. Um die Leistung zu steigern, ist es daher notwendig, die Qualifikation z. B. durch Personalentwicklung zu verbessern und/oder die Motivation im Rahmen der Führung zu erhöhen. Durch eine zielbezogene Einwirkung auf das Verhalten der Mitarbeiter sollen deren Aktivitäten auf die Erfüllung der übergeord-

drei Führungsaufgaben

neten Ziele und Aufgaben ausgerichtet werden (**Koordination**). Dazu ist die Integration des Individuums in das Unternehmen, die jeweilige Abteilung und die soziale Gruppe eine wichtige Voraussetzung. Im Rahmen der **Kontrolle** ist zu prüfen, ob bzw. in welchem Umfang die Ziele erreicht werden, um im Falle von Abweichungen nach der Ursachenanalyse Anpassungsmaßnahmen ergreifen zu können.

Führung wird vielfach als eine direkte, **interaktive Einflussbeziehung** zwischen Führer und Geführtem verstanden. Sie muss jedoch nicht über Personen erfolgen, vielmehr würde dies die Überlastung der Führungskräfte zur Folge haben. Es gibt zudem die strukturelle Dimension der Führung, die in generalisierten Regelungen zum Ausdruck kommt. Zentrale Ansatzpunkte sind in der Unternehmens- bzw. Führungskultur und in der Gestaltung der Aufbau- und Ablauforganisation eines Unternehmens zu sehen. **Strukturelle Führung** reduziert den Bedarf an interaktiver Führung, weshalb sie auch als Substitut der (direkten, interaktiven) Führung bezeichnet wird (vgl. *Wunderer* 2011, S. 314–316). Sie stellt den Handlungsrahmen dar, innerhalb dessen Vorgesetzte (interaktiv) führen. Da Handlungen von Menschen jedoch nicht vollkommen planbar sind, ergeben sich immer wieder Situationen, in denen generelle, personenunabhängige Regelungen zu kurz greifen und eine situative, individualisierte Führung zur Feinsteuerung unverzichtbar ist (vgl. auch VII, 3.4).

In der Führungspraxis stellt sich nicht die Frage nach struktureller oder interaktiver Führung; vielmehr hängen diese beiden Dimensionen der Führung voneinander ab und haben in konkreten Führungssituationen unterschiedliche Bedeutung. Damit relativieren sich die mit ihnen in Verbindung gebrachten Probleme: Während die strukturelle Führung die Gefahr der Bürokratisierung und Generalisierung birgt, stößt interaktive Führung auf Grenzen hinsichtlich der Fähigkeit und Motivation vieler Vorgesetzter zu einer situativ und individuell angepassten Führung.

Wird Führung als wechselseitige Verhaltensbeeinflussung verstanden, ist es notwendig, die Person des Führers und des Geführten betreffende Einflussfaktoren zu betrachten; von Bedeutung sind vor allem individuelle Ziele, Eigenschaften und Verhaltensweisen der Beteiligten. Sie prägen die Interaktion zwischen Führer und Geführtem und bestimmen maßgeblich die **Führungssituation**. Es ist auch davon auszugehen, dass der Führungs(miss)erfolg nicht ohne Auswirkungen auf die Beteiligten bleibt: Auf Seiten des Geführten kann Führung Akzeptanz oder Ablehnung finden, wodurch unterschiedliche Konsequenzen für Motivation und Leistung entstehen. Der Führer hingegen wird durch den Erfolg oder Misserfolg seiner Führung in den zukünftigen Führungshandlungen beeinflusst. Abbildung VII.1 spiegelt diese Zusammenhänge wider.

Marginalien:

Generalisierte Regeln mindern Interaktionsbedarf.

interaktive und strukturelle Führung

personelle und situative Einflussfaktoren

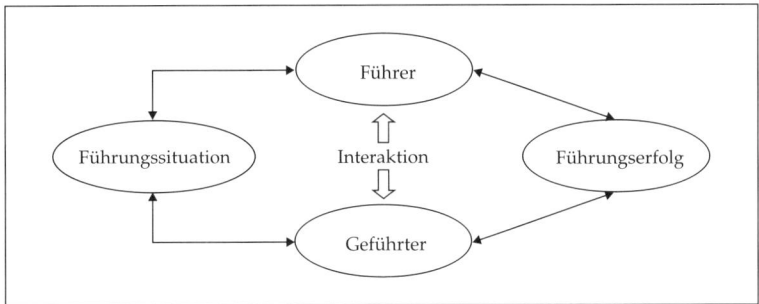

Abb. VII.1: Grundstruktur der Führung

Führungstheorien haben vor diesem Hintergrund die Aufgabe, „Bedingungen, Strukturen, Prozesse, Ursachen und Konsequenzen von Führung" zu beschreiben und zu erklären (*Wunderer* 2011, S. 271). Jedoch existiert nicht die Theorie der Führung, stattdessen gibt es eine Reihe von Ansätzen, die ähnlich heterogen sind wie der Führungsbegriff. Das breite Theoriespektrum wird hier durch Konzentration auf die zentralen Elemente der aufgezeigten Grundstruktur der Führung eingeschränkt. Daher finden neben führerzentrierten und geführtenorientierten Theorien die Interaktions- und Situationstheorien der Führung Berücksichtigung (vgl. VII, 3). Zunächst wird aber auf die Motivation eingegangen, die eine zentrale Aufgabe der Führung darstellt.

Theorievielfalt

2 Motivationstheorien

2.1 Motiv, Motivation, Motivationstheorie

zeitlich konstante, spezifische psychische Disposition

Das aus der Psychologie stammende Konstrukt **Motiv** bezeichnet eine „zeitlich relativ überdauernde, inhaltlich spezifische psychische Disposition" (*Rosenstiel/Nerdinger* 2011, S. 238), die Ausdruck eines zielgerichteten Mangelempfindens ist und damit einen Beweggrund für das Verhalten von Menschen darstellt. Den Motiven vorgelagert sind **Bedürfnisse**, die ein generelles Mangelempfinden kennzeichnen. Motive bzw. Bedürfnisse sind – anders als Triebe oder Instinkte – nicht angeboren, sondern entwickeln sich im Laufe der Sozialisation. Unter gegebenen situativen Umständen wird ein Motiv aktiviert und bis zur Erreichung eines Ziels bzw. zur Befriedigung eines Bedürfnisses beibehalten. Es dient dann als Antrieb für eine bestimmte Handlung. Die Aktivierung der Motive kann entweder aus der Person selbst herrühren, z. B. wenn diese körperliche oder geistige Bedürfnisse aufweist, oder von außen ausgelöst werden. Resultiert die **Motivation** aus der Tätigkeit selbst, spricht man von intrinsischer Motivation, kommt sie durch Anreize zustande, die außerhalb der Tätigkeit liegen und im Umfeld (z. B. Kollegen, Vorgesetzte) oder an den Folgen der Tätigkeit (z. B. Entgelt) ansetzen, wird dies als extrinsische Motivation bezeichnet (vgl. Abb. VII.2). Durch Anreize kann versucht werden, die Motivation zu steigern (vgl. VI, 1). Dies dient, insbesondere in Unternehmen, der Steigerung der Zufriedenheit und Leistung der Mitarbeiter (vgl. *Nerdinger* 2014b, S. 728–729). Neuere Forschung zeigt, dass je nach Aufgabe und Situation sowohl intrinsische Motivation als auch von außen gesetzte Anreize die Leistung steigern können (vgl. *Cerasoli/Nicklin/Ford* 2014).

generelles Mangelempfinden

intrinsische und extrinsische Motivation

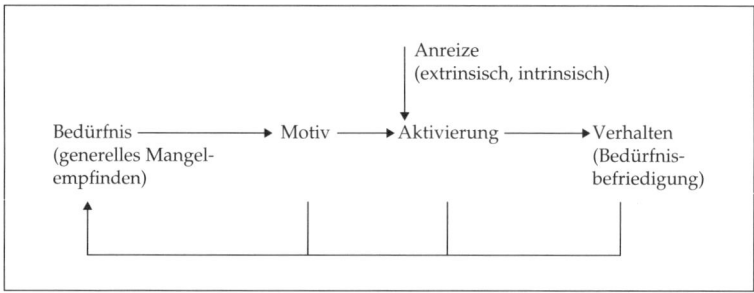

Abb. VII.2: Einfaches Motivationsmodell (in Anlehnung an Staehle 1999, S. 167)

Es lassen sich **zwei Arten von Theorien** unterscheiden, die das Zustandekommen der Motivation und ihren Einfluss auf menschliches Verhalten zu erklären versuchen. Haben sie den Inhalt und die Wirkung individueller Bedürfnisse zum Gegenstand, spricht man von Inhaltstheorien der Motivation. Da beobachtbares Verhalten hier im Zuge einer Kausalerklärung auf bestimmte Bedürfnisse zurückgeführt wird, liefern diese Theorien eine Zusammenstellung von Bedürfnissen oder Bedürfnisgruppen, die Menschen je nach Situation motivieren (sollen). Dagegen versuchen Prozesstheorien der Motivation zu erklären, wie Motivation formal und weitgehend losgelöst von konkreten Bedürfnissen entsteht und das Verhalten beeinflusst. Sie konzentrieren sich auf Motivationsprozesse und verstehen den Menschen als ein rationales Wesen, dessen Leistungsbereitschaft nicht nur von einzelnen Motiven oder Motivgruppen abhängt, sondern durch komplexere Zusammenhänge gelenkt ist.

Inhaltstheorien

Prozesstheorien

2.2 Inhaltstheorien

Die vermutlich bekannteste Inhaltstheorie wurde von *Maslow* formuliert (vgl. 1970). Er ordnet fünf Bedürfniskategorien (physiologische Bedürfnisse, Sicherheitsbedürfnisse, soziale Bedürfnisse, Ich-Bedürfnisse, Bedürfnisse nach Selbstverwirklichung) hierarchisch zu einer **Bedürfnispyramide**. Erst wenn ein niederwertige(re)s (z.B. physiologisches) Bedürfnis befriedigt ist, wird das nächsthöhere (z.B. Sicherheitsbedürfnis) aktiviert. Die Bedürfnishierarchie *Maslows* wurde später von *Alderfer* (vgl. 1972) auf drei Bedürfniskategorien verkürzt (physiologische und materielle Bedürfnisse, Bedürfnisse nach Kontakt und Anschluss, Bedürfnis nach geistig-seelischem Wachstum). An dieser Form der Motivationstheorie ist deutliche Kritik geübt worden. Sie bezieht sich zum einen auf die Kategorisierung der Bedürfnisse, da die Gruppen weder überschneidungsfrei noch zwingend sind, zum anderen erweist sich die Annahme der stufenweisen Motivationswirkung als problematisch, da menschliches Handeln auch gleichzeitig durch mehrere Bedürfnisse motiviert sein kann. Empirisch wurde die Bedürfnispyramide nie bestätigt (vgl. *Ridder* 2015, S. 66–67).

fünf hierarchische Bedürfnis-kategorien

deutliche Kritik

Herzberg entwirft im Rahmen seiner Untersuchung über das Zustandekommen von Arbeitszufriedenheit ein zweidimensionales Konzept, die **Zweifaktoren-Theorie** (vgl. 1970). Danach sind für Arbeitsunzufriedenheit (bzw. für deren Abwesenheit) die sogenannten Hygienefaktoren oder Frustratoren (z.B. Unternehmenspolitik, Kollegen, Vorgesetzte, Gehalt) verantwortlich, während Arbeitszufriedenheit (bzw. deren Abwesenheit) durch Motivatoren (z.B. Leistungserfolg, Anerkennung, Arbeitsinhalte, Aufstiegsmöglichkeiten) hervorgerufen wird. An dieser Theorie wird neben der Forschungsmethodik die generalisierende Zuordnung von Motivatoren und Frustratoren kritisiert, da diese

Hygienefaktoren und Motivatoren

situationsspezifisch und individuell variieren kann. Darüber hinaus ist die motivierende Wirkung einiger Frustratoren ebenso wenig auszuschließen wie die demotivierende Wirkung der Motivatoren.

(Un-)Zufriedenheit bei Deloitte

Deloitte investiert nicht nur in sein Image als guter Arbeitergeber, das Unternehmen zählt mit einem Umsatz von etwa 35 Milliarden US-Dollar im Jahr 2013/14 auch zu den vier bedeutendsten Wirtschaftsprüfungsgesellschaften der Welt. Rund um den Globus sind etwa 200.000 Menschen für Deloitte tätig. Petra ist eine von ihnen und geht jeden Tag gerne zur Arbeit. Sie genießt das natürliche Licht in ihrem Büro, die moderne Ausstattung in Kombination mit eleganter Architektur, alle Abteilungen wirken offen und heißen jede und jeden willkommen. Bei Deloitte ist man um flexible Arbeitsarrangements bemüht, Mitarbeiterinnen und Mitarbeiter sind mit technischen High-End-Geräten ausgestattet, die Kaffeeküche bietet köstlichen Espresso.

Allerdings ist es um die fachliche Unterstützung nicht zum Besten bestellt. Petra ist als Einsteigerin quasi auf sich allein gestellt, der Kontakt zu den Vorgesetzten ist schwierig, das Arbeitspensum kaum zu bewältigen. Die Chancen auf Aufstieg nach Beendigung des Traineeship sind aufgrund des rigorosen „Up or Out"-Prinzips schlecht. Wird Petra nach ihrer Arbeitszufriedenheit gefragt, lautet eine typische Antwort: „Na ja, einerseits kann ich nicht klagen, denn das Rundherum ist wirklich gut und angenehm. Aber ich bin nicht zufrieden mit meiner beruflichen Situation selbst, weil ich eigentlich nicht sehr viel an Perspektive und Unterstützung bekomme." Die beiden Dimensionen der Arbeitszufriedenheit in der Zweifaktoren-Theorie erlauben so differenziertere Aussagen über die verschiedenen Aspekte der Arbeitszufriedenheit und Motivation.

Quelle: *Mayrhofer/Pernkopf* 2015, S. 82–83

Leistungsmotiv, Machtmotiv, soziale Motive

McClelland identifiziert drei Bedürfnisse zur Erklärung menschlicher Motivation (vgl. 1987). Aufbauend auf dem bereits von *Atkinson* nachgewiesenen Motiv des Leistungsstrebens (vgl. 1964, S. 248–256), führt er zusätzlich ein Machtmotiv und soziale Motive (z. B. nach Bindung und Gruppenzugehörigkeit) an. Da die meisten dieser Bedürfnisse durch die Sozialisation, die kulturelle Umwelt und das private und berufliche Umfeld beeinflusst sind, werden die Überlegungen als **Theorie der gelernten Bedürfnisse** bezeichnet. Das Arbeitsverhalten eines Mitarbeiters ergibt sich als das Produkt aus seiner Motivation, der Wertigkeit des Anreizes und der Erwartung hinsichtlich der Erfolgswahrscheinlichkeit einer Handlung. Da Erwartungen über die Folgen der Anstrengungen sowie Gewichtungen der Ziele berücksichtigt werden, schlägt die Theorie *McClellands* eine Brücke zu den Prozesstheorien der Motivation.

Die Inhaltstheorien geben Denkanstöße, welche Bedürfnisse motivieren und welche Anreize möglich sind (vgl. *Nerdinger* 2014b, S. 730–731). Jedoch werden Bedürfnisse und Motive in einer generellen Form identifiziert, die der in der Realität anzutreffenden Vielfalt nicht entspricht. Dies begrenzt die Aussagekraft der Inhaltstheorien. Außerdem erklären sie nicht, wie ein bestimmtes Verhalten zustande kommt. Dies ist Gegenstand der in der Regel deutlich komplexeren Prozesstheorien der Motivation.

begrenzte
Aussagekraft

2.3 Prozesstheorien

Das Grundmodell moderner Prozesstheorien der Motivation bildet die **Valenz-Instrumentalitäts-Erwartungs(VIE)-Theorie** *Vrooms* (vgl. 1964). Sie stellt eine psychologisch fundierte, ökonomische Entscheidungstheorie dar, die annimmt, dass Menschen nutzenmaximierende Handlungsalternativen wählen. Ob ein Mensch Leistungsmotivation zeigt, ist nicht nur eine Frage angeborener oder erlernter Motive, sondern auch durch die relative Bedeutung der Motive für die individuelle Zielerreichung bestimmt. Danach hängt die Bereitschaft einer Person, sich anzustrengen, von der Wertigkeit (Valenz) eines Endziels ab, in der die aktuelle Gewichtung bestimmter Motive zum Ausdruck kommt. Sie variiert individuell in Abhängigkeit von den Lebens- und Arbeitsbedingungen einer Person. Zudem ist die Anstrengungsbereitschaft beeinflusst durch die geschätzte Realisierbarkeit des Endziels. Es wird geprüft, inwieweit das Endziel durch die zur Verfügung stehenden Mittel (Ergebnis der ersten Ebene) erreicht werden kann. Diesen Zusammenhang bezeichnet man als Instrumentalität. Um abschätzen zu können, ob durch eine Handlung das Endziel zu realisieren ist, muss schließlich die Wahrscheinlichkeit dafür ermittelt werden, dass die Handlung zum Ergebnis erster Ebene führt. Dieser Zusammenhang wird als Erwartung definiert und ist neben der Persönlichkeit des Einzelnen (Einstellung) vor allem durch seine bisherigen Erfahrungen geprägt. Die Leistungsmotivation bzw. Anstrengungsbereitschaft ergibt sich als Produkt aus Valenz, Instrumentalität und Erwartung (vgl. Abb. VII.3).

Valenz

Instrumentalität

Erwartung

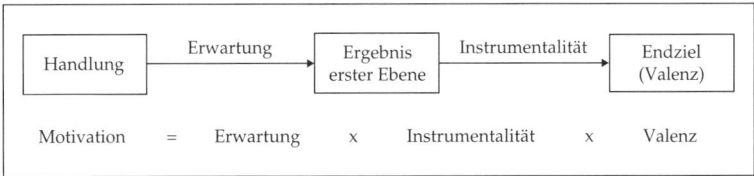

Abb. VII.3: Prozesstheorie der Motivation nach Vroom

> **Die mögliche Beförderung**
>
> Der Büroangestellte Schmidt steht vor der Entscheidung, sich für eine Beförderung zu bewerben und wägt Vor- und Nachteile seiner Handlungsalternativen ab. Was ist für ihn von Bedeutung (Valenz): Höherer Status oder persönliche Entfaltung in der Freizeit und Zeit für seine Familie? Seinen Status könnte er durch die Beförderung verbessern, seine Freizeit hingegen würde eingeschränkt (Instrumentalität). Dann ist die Frage, ob er die Beförderung überhaupt bekommt und welche Folgen diese hätte: Würde sie überhaupt dazu führen, dass er de facto einen höheren Status oder weniger Freizeit hätte (Erwartung)?
>
> Quelle: *Bornemann* 2014

Eine Person, die verschiedene Handlungsmöglichkeiten mit jeweils ungewissem Ausgang und unterschiedlichen Konsequenzen hat, wählt diejenige Alternative, bei der das Produkt am höchsten ist. Ein außerordentlich attraktives Resultat, das aber nur mit sehr geringer Wahrscheinlichkeit eintritt, wird deshalb zu Gunsten eines weniger vorteilhaften Ergebnisses aufgegeben, das mit höherer Sicherheit zu

Motivation als Ergebnis komplexer kognitiver Vorgänge

realisieren ist. Dieser Ansatz erkennt die mitunter komplexen (kognitiven und psychologischen) Vorgänge, die für menschliche Motivation verantwortlich sind, und kann daher besser als die Inhaltstheorien das Zustandekommen der Motivation erklären. Der Ansatz hat Weiterentwicklungen und Konkretisierungen erfahren (vgl. *Rosenstiel/ Nerdinger* 2011, S. 400–403). Kritik bezieht sich jedoch nach wie vor auf die Variablen, die inhaltlich nicht erklärt werden und deren jeweilige Ausprägung auf subjektiven Schätzungen beruht, so dass eine Nachvollziehbarkeit oder Beeinflussbarkeit durch Führungskräfte nicht gewährleistet ist.

Das **Motivationsmodell von *Porter/Lawler*** (vgl. 1968) ähnelt der VIE-Theorie und stellt eine ihrer Weiterentwicklungen dar; jedoch wird durch die Einbeziehung weiterer Variablen eine größere Realitätsnähe erreicht. Im Mittelpunkt stehen die Beziehung von Anstrengung, Leistung und Zufriedenheit sowie die Einflussfaktoren darauf (vgl. Abb. VII.4).

(Einflussfaktoren auf) Anstrengung, Leistung und Zufriedenheit

Unter Anstrengung (3) wird in diesem Modell die Energie verstanden, die ein Individuum aufzuwenden bereit ist, um ein bestimmtes Ziel zu erreichen. Diese ist abhängig von dem Wert, den das Individuum einer Belohnung (1) zuweist, und der Wahrscheinlichkeit (2), mit der die Anstrengung die erhoffte Belohnung nach sich zieht. Die Leistung (6) kennzeichnet das Ergebnis der Anstrengung; sie wird neben der Höhe der Anstrengung von den Fähigkeiten (z. B. fachlicher, methodischer und sozialer Art) und Persönlichkeitsmerkmalen beeinflusst (4). Daneben hat das Rollenverständnis (5), d. h. die wahrgenommenen Erwartungen der Umwelt an das Individuum, Einfluss auf die Leistung. Dieser folgt in der Regel eine Belohnung, wobei extrinsische (7a) und intrinsische (7b) Belohnung unterschieden werden. Während die extrinsische Belohnung durch Dritte erfolgt, ist bei intrinsischer Belohnung die Tätigkeit selbst und das damit verbundene Erfolgserlebnis die Quelle der Zufriedenheit. Die Zufriedenheit wird außerdem durch die wahrgenommene Gerechtigkeit der Belohnung (8) beeinflusst, die aus dem Vergleich mit der Leistung und Belohnung anderer Individuen herrührt. Die daraus resultierende Befriedigung (9), d. h. das Ausmaß der Realisierung der erwarteten und als gerecht empfundenen Belohnung, wirkt erfahrungsbildend und bestimmt damit die für zukünftige Handlungen unternommenen Anstrengungen. Das Modell berücksichtigt zwar eine Vielzahl von Einflüssen auf die Leistungsmotivation von Individuen, jedoch ist seine empirische Überprüfung und praktische Handhabbarkeit gerade dadurch eingeschränkt. Auch die Frage, inwieweit ein Vorgesetzter die Bedürfnisstruktur seiner Mitarbeiter kennen kann, um durch angemessene extrinsische Belohnungen eine Motivationswirkung zu erzielen, bleibt offen.

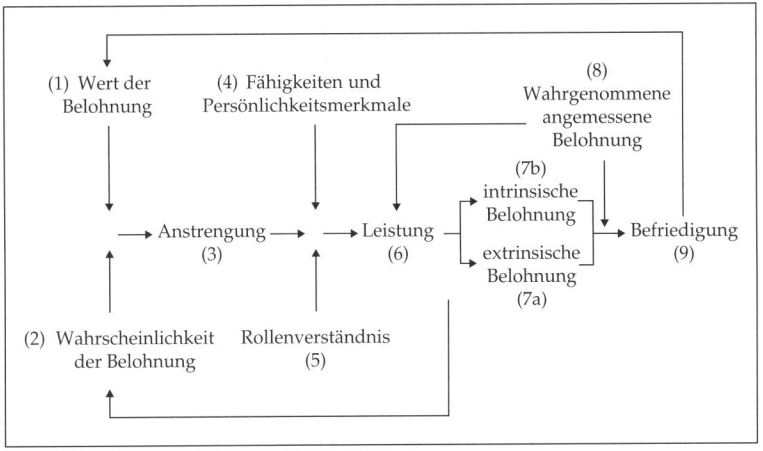

Abb. VII.4: Porter/Lawler-Modell der Motivation
(in Anlehnung an Porter/Lawler 1968)

Die **Equity-Theorie** (auch Gleichheits- bzw. Gerechtigkeitstheorie) erklärt ebenfalls die Entstehung von Motivation. Maßgeblich dafür ist der (intersubjektive) Vergleich von Leistungen und Gegenleistungen (vgl. *Adams* 1963). Hierzu wird zum einen der eigene Arbeitseinsatz (Input, z. B. Engagement, Qualifikation, Erfahrung) mit den erhaltenen Belohnungen (Output, z. B. Gehalt, Karriereoptionen, Feedback) verglichen. Zum anderen ist sowohl input- als auch outputbezogen ein Vergleich mit anderen Personen, z. B. Kollegen, möglich. Eine Person fühlt sich gerecht behandelt, wenn die Belohnungen den Beiträgen entsprechen und dieses Verhältnis auch im intersubjektiven Vergleich als fair empfunden wird. Ein subjektiv empfundenes Ungleichgewicht führt demgegenüber zu der Motivation, dieses durch unterschied-

*subjektives (Un-)
Gerechtigkeits-
empfinden als
Handlungsantrieb*

liche Handlungen auszugleichen (vgl. ausführlicher *Nerdinger* 2011, S. 405–407).

Was passierte mit Lenas Motivation?

Lena Peters erlangte letztes Jahr ihren Abschluss in Betriebswirtschaftslehre. Nach zahlreichen Vorstellungsgesprächen in verschiedenen Unternehmen nahm sie eine Stelle in einer großen Wirtschaftsprüfungsgesellschaft an. Sie war sehr zufrieden mit dem Angebot, das man ihr offerierte: Anspruchsvolle Arbeit in einer angesehenen Firma, exzellente Möglichkeiten wertvolle Erfahrungen zu sammeln und ein hohes Gehalt, wie es kein anderer Absolvent ihrer Universität bekam. Aber schließlich empfand sich Lena als Leistungsträgerin in ihrem Universitätsjahrgang. Sie war wortgewandt, abgeklärt und hatte mit einer solchen Entlohnung gerechnet.

Zwölf Monate später hatte sich die Arbeit wie erhofft als anspruchsvoll und zufriedenstellend erwiesen. Ihr Arbeitgeber ist sehr zufrieden mit Lenas Leistungen, sodass ihr Gehalt in diesem Monat um 200 Euro erhöht wurde. Allerdings hat sich ihre Motivation dramatisch verringert. Ihr Arbeitgeber hat gerade einen neuen Absolventen der gleichen Universität eingestellt, der ohne jegliche Arbeitserfahrung 250 Euro mehr als Lena heute verdient! Lena ist sehr verärgert und frustriert und spricht sogar davon, sich nach einer neuen Beschäftigung umzuschauen.

Quelle: *Robbins/Judge* 2010, S. 155

Ansatzpunkte
für Entstehen der
Motivation

Da die Prozesstheorien wesentlich mehr Einflüsse auf die individuelle Motivation berücksichtigen, zeigen sie wichtige Ansatzpunkte für die Schaffung von Motivation auf. Sie gehen damit über die bloße Zusammenstellung von Motiven und Bedürfnissen hinaus. Kritik ist jedoch am (ökonomischen) Menschenbild anzubringen, das den Theorien zugrunde liegt und ein individuell nutzenmaximierendes Verhalten sowie ein rationales Zweck-Mittel-Denken der Menschen unterstellt (vgl. auch I, 4).

3 Führungstheorien

3.1 Führerzentrierte Ansätze

Führerzentrierte Ansätze betrachten die Person des Führenden als wesentliche Variable zur Erklärung einer Führungsbeziehung. Die **Eigenschaftstheorie** ist der älteste Ansatz dieser Gruppe. Nach ihr bilden Eigenschaften des Führers, d.h. relativ breite und zeitlich stabile Dispositionen zu bestimmten Verhaltensweisen, die konsistent in verschiedenen Situationen auftreten, die entscheidenden Einflussfaktoren des (Miss-)Erfolgs der Führung (vgl. *Weibler* 2012, S. 106–118). Führende sind darauf angewiesen, dass die Geführten ihre Eigenschaften wahrnehmen und die Situation diese Eigenschaften erfordert. Beispiele für Führereigenschaften werden häufig auf empirischem Wege gewonnen und sind vor allem in Problemlösungsfähigkeit, Wortgewandtheit, Ausdauer, Kompetenz, Selbstvertrauen oder Durchsetzungsfähigkeit zu sehen. Aufgrund der methodischen Problematik der zugrunde liegenden Untersuchungen können diese jedoch keinen Anspruch auf Allgemeingültigkeit erheben. Vielmehr macht insbesondere die verhaltenswissenschaftlich ausgerichtete Forschung auf die Unterschiedlichkeit der Menschen aufmerksam. Da heterogene Persönlichkeiten auch eine situationsadäquate Führung erfordern, kann man Führungseigenschaften nicht verallgemeinern. Obwohl eigenschaftstheoretische Ansätze somit stark relativiert werden (müssen), hat die Beschreibung von Führungsverhalten über Eigenschaften bis heute in der Praxis einen hohen Stellenwert; *Weibler* spricht sogar davon, dass sie aktuell eine „Renaissance" erlebt (vgl. 2012, S. 115).

besondere Führereigenschaften

Eine besondere Form der Eigenschaftstheorie ist die auf *Weber* zurückgehende **charismatische Führung**. Charisma wird definiert als eine „außeralltäglich (…) geltende Qualität einer Persönlichkeit" (*Weber* 1976, S. 140). Grundlage einer charismatischen Führungsbeziehung bildet die Zuschreibung des Charismas durch die Geführten. Charisma versetzt den Vorgesetzten in die Lage, durch die Kommunikation seiner Werte und Ziele für Selbstvertrauen und Leistungsmotivation der Mitarbeiter zu sorgen, indem er Motive der Geführten weckt und ihr Selbstvertrauen erhöht. Ansatzpunkte dazu sind die Vermittlung einer Vision und die Beeinflussung von Werten und Verhalten in grundsätzlicher Weise. Dabei wirkt charismatische Führung auf direktem Wege (face to face), indirekt in kollektiven Prozessen und durch symbolische Verhaltensweisen. Mitarbeiter akzeptieren die Handlung des Führers wegen des Glaubens an seine Fähigkeiten. Empirisch konnten positive Zusammenhänge zwischen charismati-

Charisma als außeralltägliche Qualität einer Persönlichkeit

scher Führung und individueller Leistung sowie zwischen Charisma und der Bewertung des Führers gezeigt werden (vgl. *Balkundi/Kilduff/ Harrison* 2011; *Jacquart/Antonakis* 2015)

überhöhte Bedeutung des Führers

Insgesamt schreiben die Eigenschaftstheorien dem Führer eine überhöhte Bedeutung für den Führungserfolg zu, andere Einflussfaktoren werden vernachlässigt (vgl. *Hentze et al.* 2005, S. 179–181). Probleme bestehen hinsichtlich der Verfügbarkeit charismatischer Führer, da diese besondere Eigenschaft nur wenigen Personen zugeschrieben wird und nicht erlernbar ist, sowie des Risikos der einseitigen Ausrichtung eines Unternehmens auf den als charismatisch empfundenen Führer (vgl. *Wunderer* 2011, S. 25–26).

3.2 Geführtenorientierte Ansätze

Geführtenorientierte Ansätze sehen in der Person des Geführten den wesentlichen Einflussfaktor auf den Führungserfolg. Zentraler Ansatzpunkt der zu dieser Gruppe gehörenden **Weg-Ziel-Theorie** ist die Annahme, dass ein effektives und effizientes Führungsverhalten von der Fähigkeit des Führers abhängt, seine Mitarbeiter zu motivieren. Als entscheidend dafür erweist sich die Akzeptanz des Führungsverhaltens auf Seiten der Mitarbeiter (vgl. *Hentze et al.* 2005, S. 315). Dem Führer kommt daher vor allem die Rolle des Motivators zu, der den Mitarbeitern Mittel und Wege aufzeigt, die zur Zielerreichung und – in Abhängigkeit davon – zu Belohnungen führen. Dabei wird auf die VIE-Theorie zurückgegriffen, wonach Mitarbeiter Ziele verfolgen, die unterschiedliche Valenzen aufweisen; zur Zielerreichung sind Anstrengungen erforderlich, die mit einer bestimmten Wahrscheinlichkeit zu einem Ergebnis führen.

Führer als Motivator

Die Beladung von Lastwagen

Die Lastwagenfahrer eines Holzunternehmens sollten dazu gebracht werden, ihre LKW möglichst mit dem zulässigen Höchstgewicht zu beladen. Bislang hatten die Fahrer die Kapazität lediglich zu rund 60 % ausgelastet. Als Ziel für die Beladung wurde durchschnittlich 94 % des zulässigen Ladegewichts festgelegt und jedem Mitarbeiter das entsprechende Ziel vorgegeben. Innerhalb von drei Monaten erreichten die Fahrer eine durchschnittliche Auslastung ihrer LKW von ca. 90 % und hielten dieses Leistungsniveau langfristig bei. Auf Nachfrage zeigte sich, dass die Zielvorgabe den Mitarbeitern zum ersten Mal verdeutlicht hat, was die Vorgesetzten von ihnen erwarten. Als Folge richteten sie ihre Aufmerksamkeit auf die optimale Beladung der LKW und bemühten sich, das Ziel zu erreichen. Im Laufe der Zeit lernten sie, ihren LKW optimal zu beladen, und konnten dadurch die Zielvorgaben relativ leicht, d.h. ohne zusätzlichen Arbeitsaufwand, realisieren.

Quelle: *Latham/Baldes* 1975

Eine Führungskraft verfügt zur Beeinflussung dieses Prozesses über verschiedene Ansatzpunkte: Die subjektive Einschätzung von Instrumentalität und Erwartung kann durch die Transparenz und Systematik des Zusammenhangs zwischen Verhalten bzw. Leistung des Mitarbeiters und den gewährten Anreizen beeinflusst werden. Beispielsweise kann die Erwartung, dass Leistung ein positives Leistungsbeurteilungsergebnis nach sich zieht, durch die Nachvollziehbarkeit und Systematik der Beurteilung beeinflusst werden. Um die (erwarteten) Belohnungen bedürfnisadäquat zu gewähren, müssen die unterschiedlichen Erwartungen und Valenzen bekannt sein, die Mitarbeiter verschiedenen Anreizen beimessen. In jüngeren Modifikationen des Weg-Ziel-Ansatzes werden zusätzlich situative Faktoren wie Komplexität und Struktur der Arbeitsaufgabe, Organisationsstruktur und Belohnungssystem sowie individuelle Charaktereigenschaften und Motive der Geführten einbezogen (vgl. *Evans* 1995, Sp. 1082–1085). Die Weg-Ziel-Theorie weist – wie die ihr zugrunde liegende Erwartungs-Valenz-Theorie der Motivation – eine Reihe von Defiziten auf, die in erster Linie aus dem unterstellten rationalen Verhalten von Führer und Geführtem resultieren (vgl. *Neuberger* 2002, S. 537–545). In diesem Zusammenhang ist die Annahme, der Führer sei in der Lage ein auf jeden Mitarbeiter individuell abgestimmtes Führungsverhalten zu zeigen, Angriffspunkt der Kritik. Auch die Beschränkung auf ausschließlich motivationale Aspekte erweist sich als problematisch, da Motivation nur eine Aufgabe der Führung darstellt. Gleichwohl liefert die Theorie praktische Ansatzpunkte zur Beeinflussung der Motivation und – mittelbar – der Leistung (vgl. *Nerdinger* 2011, S. 405).

Ansatzpunkte zur Beeinflussung der Motivation

Defizite der Theorie

Die aus der Psychologie stammende **Attributionstheorie** der Führung erklärt, wie Personen Urteile über Ursachen ihres Verhaltens bzw. des Verhaltens anderer bilden (vgl. *Hentze et al.* 2005, S. 200–202). Attribution beschreibt den Prozess, in dem Ereignissen und Handlungen Gründe zugeschrieben werden. Eine Theorierichtung konzentriert sich auf die Attributionen der Geführten im Hinblick auf das Führerverhalten. Danach kommt Führung nur zustande, wenn der Untergebene dem Führer bestimmte, auf der Basis von Stereotypen gewonnene, mit Führung in Verbindung gebrachte Eigenschaften zuschreibt, die auf einer rein subjektiven Einschätzung beruhen und Grundlage seiner Akzeptanz sind. Eine andere Forschungsrichtung zielt auf die Attributionen von Vorgesetzten gegenüber Mitarbeitern ab. In erster Linie geht es hierbei um den Umgang mit schlechten Leistungen. Vorgesetzte neigen häufig dazu, die Ursache hierfür dem Mitarbeiter zuzuschreiben, wobei aber eine Korrelation mit der Qualität der Beziehung zwischen Vorgesetztem und Mitarbeiter zu verzeichnen ist: Bei einer guten Beziehung werden zufriedenstellende Arbeitsergebnisse eher dem Mitarbeiter zugerechnet als externen Faktoren (vgl. auch *Weibler* 2012, S. 120). Treten Abweichungen vom erwarteten Verhalten auf, sammeln Führungskräfte Informationen

Zuschreibungen der Geführten

Zuschreibungen der Führer

über Situation und Personen und attribuieren Gründe für die Fehlleistung. Dieser Prozess ist jedoch zahlreichen informationalen und persönlichen Einflüssen unterworfen und damit auch vor Irrtümern und Vorurteilen nicht sicher. Die Attributionstheorie macht deutlich, dass (Führungs-)Beziehungen nicht grundsätzlich gegeben sind, sondern auf Basis der Einschätzungen der beteiligten Personen entstehen. Damit kann sie zwar wichtige Verhaltensweisen (Beurteilungs- und Anerkennungsverhalten, Erfolgs- und Misserfolgserwartungen bzw. -zuschreibungen) von Führern und Geführten begründen; eine ausschließlich auf Attribution gerichtete Erklärung von Führungsbeziehungen greift aber zu kurz und lässt wichtige personale, soziale und organisationale Faktoren außer Acht.

Selbstlern- und Selbststeuerungsprozesse

Die soziale **Lerntheorie** geht davon aus, dass individuelles Verhalten von Erfahrungen geprägt und von Vorbildern erlernt ist (vgl. *Bandura* 1976). Für die Führung erhält diese Theorie ihre Bedeutung durch die Erklärung von Selbstlern- und Selbststeuerungsprozessen, die auf Seiten der Geführten aufgrund der Komplexität und Dynamik der Unternehmensumwelt nötig werden. Dazu ist erforderlich, dass der Einzelne selbst eine situationsadäquate Veränderung herbeiführen will; es muss bekannt sein, wie angestrebte Ziele erreicht werden sollen und welche möglichen Folgen diese haben. Der Führer soll dabei – wenn nötig – soziale und fachliche Unterstützung geben und Werte, Ziele und Verhaltensweisen vorleben. Er wird zum Vorbild, von dem der Geführte lernen kann. Erfolgreiche Führungskräfte investieren daher – wie empirische Studien ergeben – relativ viel Zeit in den Aufbau sozialer Kontakte zu den Geführten (vgl. *Luthans/Rosenkrantz* 1995, Sp. 1013). Dem Vorgesetzten wird damit eine vergleichsweise passive Rolle zu Teil und der Erfolg der Führung bzw. des sozialen Lernens kann nur teilweise beeinflusst werden.

Reifegrad des Mitarbeiters

Im Rahmen der **Reifegradtheorie** der Führung wird der Führungserfolg durch den aufgabenbezogenen und sozialen Reifegrad des Mitarbeiters bestimmt (vgl. *Hersey/Blanchard* 1988). Maßgeblich dafür sind seine Fähigkeiten und Motivation, wofür Ausbildung, Erfahrung, Leistungswille und -fähigkeit sowie die psychologische Reife (Selbstvertrauen, Verantwortungsbereitschaft) wichtige Indikatoren darstellen. Der Führungsstil des Vorgesetzten variiert zwischen klaren Anweisungen bei fachlich und psychologisch unreifen Mitarbeitern und gelegentlichen unterstützenden Eingriffen und Kontrollen bei reifen Mitarbeitern. Dabei sollen Vorgesetzte durch adäquates Führungsverhalten versuchen, Geführte zu reifen Mitarbeitern zu entwickeln. Allerdings erscheint es problematisch, die erforderliche Führungsstilflexibilität zu gewährleisten und verschiedene, zum Teil deutlich unterschiedliche Führungsstile parallel zu praktizieren (vgl. VII, 4). Außerdem ist der Reifegrad der Mitarbeiter nicht objektiv feststellbar, sondern resultiert aus der Zuschreibung durch den Führenden. Insofern kann das Konstrukt „Reifegrad" beispielsweise auch dazu

Führungskräfte sollen Geführte zu reifen Mitarbeitern entwickeln.

benutzt werden, einen autoritären Führungsstil mit der vermeintlichen Unreife der Mitarbeiter zu rechtfertigen. Zudem übersieht die Theorie, dass die Vorgesetzten ebenfalls eine unterschiedliche Reife aufweisen und von den Geführten beeinflusst werden.

3.3 Interaktionstheorien

Interaktionsorientierte Führungstheorien konzentrieren sich auf den Austausch zwischen Führer und Mitarbeitern. Dabei beschreibt die **dyadische Führungstheorie** die Zweierbeziehung zwischen Führer und einem Geführten (Dyade) als einen wechselseitigen Verhandlungsprozess (vgl. *Graen* 1976). Sie wurde unter der Bezeichnung „**Leader-Member Exchange Theory**" weiterentwickelt (vgl. *Graen/Uhl-Bien* 1995) und rückt die Beziehungsqualität in den Vordergrund, die ein Vorgesetzter mit den einzelnen Mitgliedern seiner Arbeitsgruppe hat. Ist diese Beziehung durch eine geringe persönliche Bindung gekennzeichnet, sind die Austauschbeziehungen eher ökonomischer Natur und damit auf direkte, konkret messbare Ressourcen und Ergebnisse ausgerichtet. Andere Dyaden, in denen eine hochqualitative LMX-Beziehung besteht, kennzeichnet dagegen eher ein sozialer Austausch auf Basis von Vertrauen, Loyalität und als fair empfundener Interaktion (vgl. *Weibler* 2012, S. 165). Herrscht eine gute Beziehungsqualität, erhöht dies die Einbindung des Mitarbeiters in das Unternehmen sowie seine Motivation und Einsatzbereitschaft. In diesem Fall führt der Vorgesetzte unterstützend und überträgt dem Mitarbeiter Verantwortung.

Zweierbeziehung zwischen Führer und Geführtem

In den letzten Jahren wurden mögliche Effekte der Qualität der Führungsbeziehung auf die Mitarbeitergesundheit untersucht. *Epitropaki* und *Martin* (vgl. 2005) konnten sowohl einen positiven Zusammenhang zwischen hochqualitativen Führungsbeziehungen und Arbeitszufriedenheit als auch zwischen hochqualitativen Führungsbeziehungen und dem subjektiv empfundenen Wohlbefinden der Mitarbeiter nachweisen, während *Hooper* und *Martin* (vgl. 2008) zeigen, dass die gefundenen Effekte mit der Einschätzung der Führungsbeziehung innerhalb eines Teams zusammenhängen. Die Leader-Member Exchange Theory betont damit die Bedeutung der (sozialen) Führer-Geführten-Beziehung, sie lässt jedoch wichtige situative Variablen außer Acht und schränkt damit die Betrachtung der Führungsbeziehung ein.

Sein Team bekommt die besten Aufträge

Carly Peters ist Leiterin des Creative Departments der Werbeagentur Mills, Smith & Peters, einer der besten Werbe- und PR-Agenturen des Landes. Die Agentur beschäftigt insgesamt ca. 100 Mitarbeiter, von denen 20 für Carly im Creative Department arbeiten. Das Department besteht aus vier Teams, die jeweils durch einen stellvertretenden Creative Direktor geleitet werden, der direkt an Carly berichtet.

Jack – einer der stellvertretenden Creative Direktoren – und sein Team verstehen sich sehr gut mit Carly und sie haben bereits exzellente Arbeit für die Kunden der Werbeagentur geleistet. Von allen Teams ist Jacks Team am kreativsten, talentiertesten und am entschlossensten, für Carly zusätzlichen Einsatz zu zeigen. Infolgedessen bezieht sich Carly oft auf die Arbeit von Jacks Team, wenn sie dem höheren Management Bericht erstatten muss. Jack und sein Team fühlen sich wohl dabei, Carly zu vertrauen und sie vertraut ihnen. Carly hat keine Bedenken, Jack und seinem Team zusätzliche Ressourcen zuzuteilen oder ihnen freie Hand bei den Kunden zu lassen, weil sie sich immer für sie einsetzen.

Terris Team leistet ebenfalls gute Arbeit für die Agentur, jedoch empfindet Terry – auch stellvertretende Creative Direktorin – es als unfair, wie Carly ihr Team behandelt. So wurde Terris Team zum Beispiel davon abgeraten, eine Werbekampagne weiter zu verfolgen, weil sie zu riskant sei, während Jacks Team für die Entwicklung einer sehr provokativen Kampagne gelobt wurde. Terry hat das Gefühl, dass Jacks Team Carlys Liebling ist: Sie bekommen die besten Aufträge, Kunden und Budgets. Terry fällt es schwer, die Feindseligkeit, die sie gegenüber Carly empfindet, zurückzuhalten.

Quelle: *Northouse* 2010, S. 159–160

Die **Idiosynkrasie-Kredit-Theorie** erweitert die Führer-Geführten-Perspektive. Da sie den Einfluss wechselseitiger Prozesse in sozialen Gruppen erkennt, wird mit den starren Rollen gebrochen, die Führer und Geführte in anderen Ansätzen einnehmen (vgl. *Hentze et al.* 2005, S. 335–336; *Wunderer* 2011, S. 307). Die zentrale Aussage besteht darin, dass die Führungskraft im Laufe der Zeit durch eigene gute Leistungen und eine hohe Loyalität gegenüber den Gruppennormen einen Kredit bei den Geführten erwerben kann. Dieser Idiosynkrasie-Kredit bezeichnet einen Vertrauensvorschuss der Geführten und versetzt den Führer in die Lage, punktuell von den Normen abzuweichen, beispielsweise wenn es um die Durchsetzung von Neuerungen geht. Erweisen sich die Neuerungen als positiv für die Unternehmensmitglieder, bleibt der Kredit bestehen bzw. vergrößert sich; sind mit der Veränderung hingegen negative Konsequenzen verbunden, nimmt er ab. Die Idiosynkrasie-Kredit-Theorie eignet sich zur Erklärung von Verhalten und Status des Führers in Gruppen. Während etablierte Gruppenmitglieder aufgrund ihres Kredits von Normen abweichen können, müssen neue diesen Kredit erst aufbauen. Damit besteht eine Erklärung für die Entstehung informeller Führerschaft in Gruppen, die auf einem Idiosynkrasie-Kredit beruhen kann. Während die Theorie in den 1960er Jahren zunächst Bestätigung fand, hat ihr Einfluss seitdem abgenommen. Neuere Studien greifen die Aussagen der Theorie jedoch wieder auf und zeigen ihre Relevanz (vgl. *Stone/Cooper* 2009; *Shapiro et al.* 2011). Jedoch werden situative Faktoren ausgeblendet, die

Prozesse in sozialen Gruppen

neben der sozialen Beziehung zwischen Führer und Geführtem den Führungserfolg maßgeblich beeinflussen können.

3.4 Situationstheorien

Die bisher dargestellten Ansätze vernachlässigen den Einfluss situativer Rahmenbedingungen auf die Führung. Dieses Defizit wird von den Situationstheorien behoben; sie betrachten den Führungserfolg als eine von einer Vielzahl unternehmens- und umweltbezogener Einflussfaktoren abhängige Variable. In diesem Zusammenhang ist das **Kontingenzmodell** *Fiedlers* bekannt geworden, das Aussagen zur Effektivität des Führungsverhaltens in verschiedenen Situationen macht (vgl. 1967; auch *Wunderer* 2011, S. 311–312). Danach hängt der Führungserfolg wesentlich von dem Führungsstil ab, der durch den LPC-Wert (Least-Preferred-Coworker-Score) operationalisiert wird. Darin kommt zum Ausdruck, wie der Vorgesetzte den Mitarbeiter beurteilt, mit dem er am schlechtesten zusammenarbeiten kann. Ergibt sich bei dieser mehrdimensionalen Beurteilung ein niedriger Wert, wird das als Aufgabenorientierung des Führers angesehen; ein hoher Wert kennzeichnet dagegen seine Mitarbeiterorientierung.

situationsabhängige Effektivität des Führungsverhaltens

LPC-Wert

Welche Führungskraft passt am besten?

Universal Drugs ist ein familiengeführtes Pharma-Unternehmen, das Generika herstellt. Die Firmeneigentümer haben ein starkes Interesse daran bekundet, das Management des Unternehmens, das traditionell sehr autoritär gewesen ist, team-orientierter aufzustellen.

Zur Gestaltung und Implementierung der neuen Managementstruktur haben die Eigentümer entschieden, eine neue Position zu schaffen. Die Person in dieser Position würde den Eigentümern direkt Bericht erstatten und könnte Leistungsbeurteilungen aller Manager, die an dem neuen System beteiligt sind, durchführen. Zwei Mitarbeiter aus der Firma haben sich für die neue Position beworben.

Martha Lee ist seit 15 Jahren bei Universal und wurde von Kollegen zu drei verschiedenen Anlässen zum „most outstanding manager" gewählt. Sie ist freundlich, ehrlich und extrem zielstrebig beim Erreichen kurzfristiger und langfristiger Ziele. Als die Personalabteilung mittels der LPC-Skala ihren Führungsstil misst, erhielt sie einen Wert von 52.

Bill Washington kam vor fünf Jahren mit einem Abschluss in Organisationsentwicklung zu Universal. Er ist Ausbildungsleiter und alle seine Mitarbeiter sagen, dass er der sich am stärksten um sie kümmernde Manager ist, den sie je hatten. Während seiner Zeit bei Universal hat sich Bill den Ruf aufgebaut, eine wahrhaft gesellige Person zu sein. Seinen Ruf spiegelt sein Wert auf der LPC-Skala wider – eine 89.

Quelle: *Northouse* 2010, S. 120

Weitere Einflussfaktoren des Führungserfolgs bilden die Situationsvariablen Aufgabe, Positionsmacht des Führers und Führer-Geführten-Beziehung. Da der individuelle Führungsstil als nahezu unveränderbar angesehen wird, muss bei fehlender Übereinstimmung von Situation und Stil entweder versucht werden, die Situation zu verändern oder einen zu der jeweiligen Situation passenden Führer zu finden. Das Kontingenzmodell *Fiedlers* stellt eine operationalisierbare, systematische Führungstheorie dar, die über bis dahin vorherrschende personale bzw. interaktionsorientierte Theorien hinausgeht. Empirisch hat sich der Ansatz bisher aber nicht bestätigt. Zudem sind vor allem die Ermittlung und Erklärung des LPC-Wertes als Indikator für den Führungsstil und die starke Vereinfachung der Situation Gegenstand konzeptioneller Kritik (vgl. *Weibler* 2012, S. 367–370).

In der **Substitutionstheorie** der Führung wird die These vertreten, dass unter bestimmten Bedingungen ein unmittelbarer Einfluss des Führers kontraproduktiv und ineffizient ist. Aufbauend auf der Annahme, dass eine Führungssituation durch die Dimensionen Geführter, Aufgabe und Organisation gekennzeichnet ist, verdeutlichen *Kerr/Mathews* zwei Möglichkeiten, um die Mitarbeiterleistung zu beeinflussen (vgl. 1995, Sp. 1032–1033): Zum einen kann dies über die Bereitstellung von Informationen zur Aufgabenerkennung, -bewältigung und -bewertung erfolgen, zum anderen können motivierende Anreize gesetzt werden. Die Aufgabe des Führers besteht darin, durch adäquates Verhalten den Mitarbeitern zur Realisierung organisationaler Ziele zu verhelfen. Neben interaktiver Führung sind dazu auch Führungssubstitute (z. B. Aufgabenstruktur, (Arbeits-)Organisation, institutionalisierte Leistungsbeurteilung, Organisations- bzw. Personalentwicklung) geeignet (vgl. *Kerr/Mathews* 1995, Sp. 1027–1031).

Substitution interaktiver durch strukturelle Führung

Empfehlungen der Theorie kommen dem Wunsch von Unternehmen entgegen, den Unsicherheiten und Ungerechtigkeiten interaktiver Führung entgegenzutreten, die aus schwankenden Führungsleistungen resultieren. Da Interaktion notwendig ist, um generelle Regelungen im Unternehmen zu kommunizieren und fallweise zu modifizieren, wirkt strukturelle Führung aber lediglich ergänzend. Vor diesem Hintergrund formuliert *Wunderer* Überlegungen zur Substitution struktureller durch interaktive Führung (vgl. 2011, S. 315–317). Gründe dafür bestehen in den Unwägbarkeiten des betrieblichen Alltags, denen allein durch strukturelle Führung nicht zu begegnen ist. Außerdem wird auf die Besonderheiten des Produktionsfaktors Mensch verwiesen, der sich durch eigene Ziele, Bedürfnisse und Qualifikationsmerkmale auszeichnet. Der direkten Interaktion kommt die Aufgabe zu, diese Persönlichkeitsmerkmale zu berücksichtigen und möglichst weitgehend in das Unternehmen zu integrieren. Insofern stellen interaktive und strukturelle Führung zwei Seiten einer Medaille dar, die sich gegenseitig nur begrenzt substituieren können.

Substitution struktureller durch interaktive Führung

4 Gestaltung der Personalführung

Im Rahmen der Gestaltung der Führung stehen verschiedene Variablen zur Verfügung, zu denen die Personalbeurteilung, Personalentwicklung und Anreizgestaltung gerechnet werden. Diese werden hier jedoch an anderen Stellen ausführlich behandelt (vgl. IV, V, VI). Im Folgenden stehen drei führungsspezifische Gestaltungsvariablen im Vordergrund:

- Führungsgrundsätze
- Führung durch Zielvereinbarungen
- Führungsstil und Führungsverhalten

Führungsgrundsätze sind allgemeine Verhaltensempfehlungen für die Zusammenarbeit von Unternehmensmitgliedern (Führer und Geführte). Sie stellen Normen und Regeln dar, die im Rahmen der interaktiven Führung in Form von ungeschriebenen, nicht formalisierten und daher häufig auch individualisierten Erwartungen bestehen können. Hauptsächlich existieren sie aber als generalisierte, formal festgeschriebene und unternehmensweit gültige Verhaltensrichtlinien (vgl. *Wunderer* 2011, S. 385–386). Führungsgrundsätze sollen einen Rahmen abstecken, innerhalb dessen Führung zu erfolgen hat (vgl. *Hentze et al.* 2005, S. 459). Sie begrenzen den individuellen Handlungsspielraum des Vorgesetzten. Sein Führungsverhalten soll durch die Transparenz der Grundsätze für alle Unternehmensmitglieder nachvollziehbarer und akzeptabler werden. Da Führungsgrundsätze situationsunabhängig Gültigkeit haben müssen, stellen sie lediglich abstrakte, generelle Richtlinien dar, die situationsbezogen der Operationalisierung bedürfen. Wichtig ist, dass sie verständlich und prägnant formuliert werden (vgl. *Weibler* 2012, S. 444).

allgemeine Verhaltensempfehlungen

Begrenzung des Handlungsspielraums des Vorgesetzten

Schwerpunkte von Führungsgrundsätzen bestehen hinsichtlich der Entscheidungsbeteiligung (Partizipation), der Auswahl und Gestaltung von Führungsinstrumenten und der Grundwerte der Führung. Teilweise beinhalten sie auch das gewünschte Verhalten gegenüber Kunden, Lieferanten oder Kapitalgebern. Führungsgrundsätze stehen dadurch in einem interdependenten Verhältnis zum Unternehmensleitbild bzw. zur Unternehmenskultur, die einerseits ihre Formulierung prägen können. Andererseits sind Unternehmenskultur und Unternehmensleitbild von den in den Führungsgrundsätzen ausgedrückten Werten und Verhaltensweisen beeinflusst.

fließender Übergang zur Unternehmenskultur

Führungsgrundsätze bei Villeroy & Boch

Auf Grundlage der Unternehmensleitlinien der Villeroy & Boch AG haben wir die Grundsätze der Zusammenarbeit und Führung formuliert. Diese Grundsätze beschreiben ein Ideal, an dem sich jeder orientieren, aber auch gemessen werden kann. Nach ihrem Anspruch wollen wir verbindlich handeln. Das vertrauensvolle Miteinander im Konzern ist – zusammen mit dem Willen zur Erzielung von Spitzenleistung – wesentlich zur Erreichung des gemeinsamen Ziels: Wirtschaftlicher Erfolg. Jeder im Hause Villeroy & Boch trägt zu diesem Erfolg bei.

1. Wir haben den Willen zur Leistung.
   Die Verwirklichung unserer Ziele erfordert fundiertes Fachwissen, hohe Leistungsbereitschaft sowie Einsatz und Initiative jedes Einzelnen.

2. Wir handeln lösungsorientiert.
   Wir konzentrieren uns auf das Ziel, nicht auf die Hindernisse und stellen die Aufgabe und nicht uns selbst in den Vordergrund.

3. Wir kommunizieren direkt und offen.
   Eine offene Kommunikation schafft Vertrauen. Wir setzen auf den ständigen, konstruktiven Dialog, der wichtiger Wegbereiter unseres Erfolges ist.

4. Wir pflegen das Mitarbeitergespräch.
   Durch einen vertrauensvollen Gedankenaustausch wird die Basis für eine konstruktive Zusammenarbeit geschaffen. Aus den Gesprächsergebnissen werden gemeinsam konkrete Ziele festgelegt.

5. Wir führen durch Zielvereinbarungen.
   Gemeinsame Zielvereinbarungen bewirken eine hohe Identifikation mit der Aufgabe und sichern den Erfolg. Die Führungskraft gibt den Rahmen zur Zielerreichung vor. Der Mitarbeiter ist für den Weg verantwortlich.

6. Wir handeln als Vorbild.
   Führungskräfte sind Vorbild und erarbeiten sich Anerkennung durch ihre Integrität und Glaubwürdigkeit. Sie setzen hohe Standards und lassen sich selbst daran messen. Führungskräfte schaffen – bei aller Kosten- und Ergebnisorientierung – ein Klima, das den Mitarbeitern Spaß an der Arbeit vermittelt.

7. Wir sehen Personalentwicklung als entscheidende Aufgabe.
   Die zielorientierte Entwicklung und Förderung von Mitarbeitern ist Aufgabe und Verpflichtung zugleich. Hierbei betrachten wir auch Jobrotation als Förderung.

8. Wir sind bereit uns zu ändern.
   Wir reagieren auf neue Herausforderungen eigenständig, flexibel und mit dem Willen, uns nicht von unseren Zielen abbringen zu lassen. Wir besitzen die Kraft, gesicherte Wege zu verlassen und wenn nötig, auch gegen den Strom zu schwimmen.

Quelle: *Villeroy & Boch* 2016

Von den Konzeptionen, die **Führung durch Zielvereinbarungen** vertreten, hat das Management by Objectives (MbO) die stärkste Verbreitung gefunden. Es wurde mit zunehmendem Reifegrad und steigender Qualifikation der Mitarbeiter in den 1950er und 1960er Jahren populär. Im Gegensatz zu der Zielvorgabe ist mit Zielvereinbarungen die Erweiterung der Partizipationsmöglichkeiten im Unternehmen verbunden (vgl. *Weibler* 2012, S. 432–433).

Management by Objectives

Im Rahmen der Zielformulierung werden bestimmte Anforderungen an die Ziele gestellt, die Voraussetzung einer erfolgreichen Führung durch Zielvereinbarungen sind. Zum einen müssen die Ziele realistische Herausforderungen enthalten und eindeutige Vorgaben machen. Hier ist eine Ausrichtung an den Fähigkeiten des Stelleninhabers erforderlich. Einerseits sollen Entwicklungsmöglichkeiten bestehen, um Motivationsdefizite durch Unterforderung zu vermeiden, andererseits ist schädlicher Leistungsdruck durch überfordernde Ziele zu vermeiden (vgl. *Nerdinger* 2014b, S. 747). Zum anderen müssen eindeutige Angaben über den Zeitpunkt der Zielerreichung gemacht werden, nur dadurch ist eine Kontrolle des Zielerreichungsgrads möglich. Der Zielvereinbarungsprozess wiederholt sich auf jeder Managementebene und in festgelegten Zeitabständen. Resultat ist eine Zielhierarchie, die für alle Unternehmensmitglieder handlungsleitenden Charakter hat (vgl. *Northouse* 2013, S. 145–147). Damit das der Fall ist, müssen sich die individuellen Zielvereinbarungen aus den Unternehmenszielen ableiten, um Zielkonflikte zwischen über- und untergeordneten Zielsetzungen zu vermeiden und eine eindeutige Handlungsorientierung zu geben.

Notwendigkeit realistischer, eindeutiger Ziele

Eindeutige, prüfbare, erreichbare Inhalte der Zielvereinbarung

Zielvereinbarungen sind keine Zielvorgaben. Zielvereinbarungen sind kooperative Aushandlungsprozesse im Rahmen der arbeitsvertraglichen und tarifvertraglichen Pflichten und erfolgen im Konsens.

Anforderungen an Ziele einer Zielvereinbarung:

- eindeutig
- messbar
- realistisch erreichbar mit zumutbarem Arbeitseinsatz
- weitgehend widerspruchsfrei
- positiv formuliert

Sie können sich neben fachlichen Inhalten auch auf Kooperation oder Qualifizierung beziehen. Maximal sollten fünf Ziele vereinbart werden und Korrekturen während der definierten Laufzeit zugelassen sein.

Quelle: *ergo-online* 2016

Probleme

Führung durch Zielvereinbarungen betont die strukturelle Führungsdimension und substituiert dadurch interaktive Aspekte der Führung weitgehend. Probleme sind in dem erheblichen Zeitaufwand zu sehen, der für die Erstellung eines umfassenden, konsistenten Zielsystems erforderlich ist. Zudem ergeben sich – je nach Aufgabe oder Hierarchieebene im Unternehmen – Probleme bei der Operationalisierung der Ziele und ihrer Abstimmung über verschiedene Stellen. Schließlich sollten Führungskräfte darauf bedacht sein, durch die Vorgabe langfristiger und eindeutiger Ziele den Handlungsspielraum der Mitarbeiter nicht einzuengen, um die Flexibilität des Unternehmens nicht zu gefährden. Vielmehr muss ein kontinuierlicher Prozess der Zielanpassung initiiert werden.

situativ modifizierbare Verhaltensweisen

Führungsgrundsätze und Zielvereinbarungen schaffen einen Rahmen, der der interaktiven Ausgestaltung durch die einzelne Führungskraft bedarf. Zum Tragen kommt dabei der individuelle **Führungsstil**. Dieses langfristig relativ stabile, nur in einer schmalen Bandbreite variable Verhaltensmuster eines Vorgesetzten ist durch seine persönliche Grundeinstellung (Philosophie, Ideologie, Menschenbild) geprägt. Der Führungsstil markiert Grenzen, innerhalb derer das individuelle **Führungsverhalten** stattfindet. Es bezeichnet modifizierbare Verhaltensweisen, die auf eine zielorientierte Einflussnahme in bestimmten Arbeitssituationen ausgerichtet sind (vgl. *Wunderer* 2011, S. 204). In der Praxis wird von einem häufig zu beobachtenden Verhalten einer Führungskraft auf deren Führungsstil geschlossen. Der dabei identifizierbare Führungsstil stellt ein vereinfachtes Modell dar, mit dessen Hilfe die Realität beschreibbar und konkretes Verhalten gestaltbar gemacht werden.

Differenzierung anhand des Partizipationsgrads

In der Literatur findet sich eine Vielzahl an Führungsstilen. Besondere Bekanntheit und Verbreitung hat das **Führungsstilkontinuum** von *Tannenbaum/Schmidt* erlangt (vgl. 1958). Es differenziert Führungsstile nach dem vom Vorgesetzten gewährten Grad an Partizipation, d.h. der Teilhabe an Entscheidungen: Während bei einem autoritären Führungsstil die Entscheidungsmacht allein bei dem Vorgesetzten liegt, fungiert er im Rahmen der demokratischen Führung als Koordinator einer Gruppenentscheidung. Zwischen diesen gegensätzlichen Ausprägungen bestehen weitere fünf alternative Führungsstile mit graduellen Unterschieden in der Entscheidungsbeteiligung. So kann der Vorgesetzte auf Grundlage eigener Informationen oder durch Einbezug der Mitarbeiter Entscheidungen treffen, aber auch die Entscheidungsvorbereitung und zum Teil sogar die Entscheidungsfindung durch die Mitarbeiter erfolgen lassen.

Wie würden Sie Ihren Trainer-Stil beschreiben?

„Ich pflege den situativen Führungsstil. Ich gebe mich so, wie ich bin. Ich möchte nicht den harten Hund markieren, und ich muss auch nicht den Kumpeltyp geben. Das wäre mir zu einfach. In einer großen Gruppe muss man jeden so behandeln, dass er seine beste

Leistung bringen kann. Wenn die Mannschaft Vertrauen braucht, bekommt sie das von mir. Wenn sie einen auf den Deckel braucht, bekommt sie auch das von mir. Wenn einer den Teamgeist stört – Tschüss! Und wenn einer einen Tag vor dem Spiel noch weggeht, dann ist das nicht zu entschuldigen. So etwas können wir nicht gebrauchen, dafür geht es um zu viel. Wie immer Sie das nennen mögen – genau das ist meine Art. Damit kann ich mich identifizieren."

Thorsten Fink, ehemaliger Trainer des Fußballbundesligisten Hamburger SV

Quelle: *FAZ* 2011

Darüber hinaus sind Konzepte populär geworden, die Führungsstile durch Ausprägungen in zwei Dimensionen charakterisieren. Diese werden in der Regel mit „**Aufgabenorientierung**" und „**Mitarbeiterorientierung**" umschrieben. Ein mitarbeiterorientierter Führer achtet auf das Wohlergehen seiner Mitarbeiter, ist um ein gutes Verhältnis zu ihnen bemüht, unterstützt sie und setzt sich für sie ein. Demgegenüber legt ein aufgabenorientierter Vorgesetzter Wert auf die Arbeitsmenge, übt Druck auf seine Mitarbeiter aus und tadelt schlechte Leistungen. Aufbauend auf diesen Überlegungen haben *Blake/Mouton* das populäre Konzept des Verhaltensgitters entworfen, in dem die Aufgabenorientierung und die Mitarbeiterorientierung mit jeweils neun verschieden starken Ausprägungen dargestellt werden (vgl. 1968). Während die jeweils geringste Ausprägung zu einer minimalen Einwirkung auf Arbeitsleistung und Mitarbeiter führt, wird durch die maximale Ausprägung beider Dimensionen eine hohe Arbeitsleistung von engagierten Mitarbeitern erbracht, die gemeinsam mit dem Vorgesetzten ein Ziel verfolgen. Ein solcher Führungsstil stellt ein anzustrebendes Ideal dar, das sich in der Praxis aber nur schwer realisieren lässt. Vielmehr ist weitgehend unumstritten, dass es den in jeder Situation optimalen Führungsstil nicht geben kann. Jedoch zeigt empirische Forschung, dass Mitarbeiterorientierung den Führungserfolg deutlich stärker beeinflusst als Aufgabenorientierung (vgl. *Judge/Piccolo/Ilies* 2004).

zweidimensionale Differenzierung im Verhaltensgitter

Vor diesem Hintergrund ist das **Entscheidungsmodell** von *Vroom/Yetton* zu sehen (vgl. 1973). Die Autoren nehmen eine Klassifikation von Führungsstilen vor, die sich primär im Partizipationsgrad unterscheiden. Welche Handlungsmöglichkeiten ein Vorgesetzter wählt, hängt von der konkreten Situation ab. Diese wird bestimmt durch (1) die gewünschte Qualität der Entscheidung, (2) die Verfügbarkeit notwendiger Informationen, (3) den Strukturierungsgrad des Entscheidungsproblems, (4) die Bedeutung der Akzeptanz der Entscheidung durch die Mitarbeiter, (5) deren individuelle Zielsetzungen und (6) die Konfliktträchtigkeit der Entscheidung. Durch Anwendung verschiedener Entscheidungsregeln wird je nach Situation ein Führungsstil ausgewählt. Die Möglichkeiten reichen von einer autoritären

Klassifikation anhand des Partizipationsgrads

Tausch von Anreizen gegen Leistung

Führungskraft geht
auf Mitarbeiter ein.

Entscheidung bis hin zu einer Gruppenentscheidung. Das Modell ist sehr mechanistisch, es macht Führungshandlungen daher vorhersehbar und Führungskräfte austauschbar. Hinzu kommt, dass es sich lediglich auf das Fällen von Entscheidungen bezieht und andere Führungssituationen bzw. -aufgaben ignoriert.

Mitunter-
nehmertum

In den vergangenen Jahren ist im Rahmen der Personalführung verstärkt das Mitunternehmertum ins Gespräch gebracht worden. Darunter wird eine aktive und effiziente Unterstützung der Unternehmensstrategie durch problemlösendes, sozialkompetentes und umsetzendes Denken und Handeln der Mitarbeiter verstanden (vgl. *Wunderer* 2011, S. 51). **Unternehmerische Mitarbeiterführung** zielt in erster Linie auf eine indirekte Beeinflussung; Mitarbeiter sollen animiert und unterstützt werden unternehmerisch zu denken und zu handeln. Voraussetzungen dafür sind vor allem eine entsprechende Unternehmenskultur sowie die Gewährung von Freiheitsgraden. Daneben ergänzt die interaktive Führung – etwa im Mitarbeitergespräch – dieses Ziel. Unternehmerische Mitarbeiterführung hat mit der Diskussion um Mitunternehmer, Empowerment sowie Intra- und Entrepreneurship an Bedeutung gewonnen und stellt neue Anforderungen an Führer und Geführte.

Wie würden Sie handeln, wenn ich nicht da wäre?

Das Handelsunternehmen Alnatura, das mit 2.300 Mitarbeitern in 90 eigenen Märkten sowie über Handelspartner Bio-Lebensmittel in Deutschland und der Schweiz vertreibt, praktiziert seit 30 Jahren Führung zur Selbstführung. Personalleiter Joachim Schledt erläutert das Prinzip und dessen Umsetzung im Arbeitsalltag.

„Je mehr der Mitarbeiter in eine Selbstführung kommt, desto mehr verschwinden auch hierarchische Strukturen in der Zusammenarbeit. Führung wird zum Dialog auf Augenhöhe. Selbstverantwortlich agierende Mitarbeiter brauchen offensichtlich eine andere Führung. Der Mitarbeiter wird zum Kunden der Führung, die ihm durch seine Führungskraft zu Gute kommt. Gewollte Selbstverantwortung stellt allerdings auch die Mitarbeiter vor große Herausforderungen.

Wir suchen Führungskräfte, die in Krisenzeiten nicht korrigierend eingreifen, sondern beratend zur Seite stehen, und die diese Rolle auch aushalten. Um Selbstverantwortung zu ermöglichen, haben wir bei Al-natura sogenannte Lehrlingsfilialen eingeführt. Eine Gruppe von Lehrlingen trägt zwei Wochen lang volle Verantwortung für eine komplette Alnatura-Filiale. Diese Verantwortung erstreckt sich auf die Warenbestellung, -verräumung und -präsentation, Mitarbeitereinsatzplanung, Preisgestaltung im Obst- und Gemüsesortiment. Lediglich ein Kollege aus dem sonstigen Filialteam ist im Hintergrund ansprechbar, um in kritischen Situationen zu beraten. Wir haben bei Alnatura vor einigen Jahren unsere

Prämienregelung abgeschafft und zahlen seitdem nur noch ein Fixeinkommen. Wenn wir davon ausgehen, dass unsere Mitarbeiter entwicklungswillig sind und selbstverantwortlich handeln können und wollen, wird eine Prämie kontraproduktiv. Innere Motivation stellt sich von alleine ein, wenn Menschen das tun, was sie am besten können und womit sie selbstverantwortlich ihre Zeit verbringen können."

Quelle: *Schledt* 2015

Große Aufmerksamkeit hat in den letzten Jahren die **transformationale Führung** erlangt, die einen besonderen Fokus auf die an der Führungsbeziehung beteiligten Individuen richtet (vgl. *Bass* 1985). Sie kann als eine Weiterentwicklung der transaktionalen Führung verstanden werden, die den Tauschgedanken (Leistung gegen Belohnung) betont. Leitgedanke der transformationalen Führung ist hingegen, dass eine Führungskraft, die visionär, inspirierend, kreativ, moralisch und aufmerksam führt, in der Lage ist, ihre Mitarbeiter so zu motivieren und zu stimulieren. Dadurch sollen diese das Wohl der Gruppe ihrem eigenen voranstellen und mehr leisten, als sie selbst für möglich gehalten hätten.

Fokus auf Individuen

Bass (1985) hat **vier Dimensionen** transformationaler Führung identifiziert (die sog. vier I's), die in drei Faktoren subsumiert werden: „Einfluss durch Vorbildlichkeit", „inspirierende Motivation", „geistige Anregung" und „individualisierte Unterstützung" (vgl. *Northouse* 2013, S. 189–191). Einige Forscher bezeichnen den Faktor, der sich aus „Einfluss durch Vorbildlichkeit" und „inspirierende Motivation" zusammensetzt, als (1) Kern-Transformational, da er die Essenz eines transformationalen Führungsstils widerspiegelt. Ein transformationaler Führer führt mittels einer attraktiven und motivierenden Vision für die Zukunft und mittels der Formulierung herausfordernder Ziele, die die Mitarbeiter anregen und es ihnen ermöglichen, sich mit der Führungskraft zu identifizieren. Dazu muss sich der Vorgesetzte im Einklang mit den von ihm formulierten Werten und Prinzipien verhalten. (2) Geistige Anregung beschreibt ein Führungsverhalten, das die Mitarbeiter ermutigt, eigene Entscheidungen zu treffen, neue Wege zu gehen und eingefahrene Problemlösungsprozesse zu überdenken. (3) Individualisierte Unterstützung bezieht sich auf die Wahrnehmung der Mitarbeiter als Individuen statt nur als Mitarbeiter. Eine individualisiert unterstützende Führungskraft tritt ihren Mitarbeitern gegenüber als Coach und Mentor auf, delegiert Aufgaben und gibt jedem Mitarbeiter die Chance zu lernen. Individualisiert unterstützende Führungskräfte ermöglichen es ihren Mitarbeitern, nach und nach höhere Leistungen zu erbringen und berücksichtigen dabei die individuellen Bedürfnisse (wie z. B. Ermutigung, Strukturierung oder Autonomie) und Möglichkeiten des Einzelnen. Des Weiteren umfasst individualisierte Unterstützung Aufmerksamkeit gegenüber den Sor-

Vier I's

gen der Mitarbeiter und Wertschätzung der erreichten Leistungen und Erfolge (vgl. *Bass* 1985; *Avolio et al.* 2004)

Effekte und Grenzen

Empirische Analysen zeigen, dass transformationale Führung den bei der Arbeit empfundenen Stress (vgl. *Rowold/Schlotz* 2009; *Weiß/Süß* 2016) sowie den empfundenen Work-Life Conflict (vgl. *Süß/Weiß* 2014) reduziert. Sie wirkt positiv auf das Wohlbefinden und die physische Gesundheit der Mitarbeiter (vgl. *Zwingmann et al.* 2014). Allerdings ist fraglich, ob tatsächlich jede Führungskraft in der Lage ist, transformational zu führen. Vielmehr zeigt sich, dass dies durch bestimmte Persönlichkeitsmerkmale (z. B. Extraversion) begünstigt sein könnte (vgl. *Bono/Judge* 2004).

5 Diversity-Management

Die Berücksichtigung personeller Vielfalt befindet sich seit Jahrzehnten im Blickfeld der Personalführungslehre und der Unternehmenspraxis. Dabei stand lange Zeit die Diskussion über die Gleichberechtigung von Frau und Mann im Berufsleben im Vordergrund; sie hatte zur Folge, dass sich **Gleichstellungsarbeit** in Unternehmen und Verwaltungen etabliert hat und bis heute an vielen Stellen (z.B. im öffentlichen Dienst) betrieben wird. Ihr Ziel besteht darin, Benachteiligungen abzubauen, die sich für Frauen im Berufsleben ergeben (können). Jedoch erkennt man zunehmend, dass das Konzept der Gleichstellung nicht weit genug greift, da es ausschließlich auf geschlechtsspezifische Unterschiede fokussiert (vgl. *Krell* 2004), Personalstrukturen von Unternehmen jedoch durch eine erhebliche Vielfalt gekennzeichnet sind. Berufsbezogene Unterschiede sind in Ausbildungshintergrund, Funktion, Hierarchieebene und Beschäftigungsstatus einer Person gegeben, persönliche Unterschiede lassen sich unter anderem an Geschlecht, Alter, kulturellem Hintergrund sowie Werten und Einstellungen festmachen (vgl. *Süß* 2009, S. 165–169). Diese Unterschiede verursachen in Unternehmen eine erhebliche personelle Heterogenität, die modern unter dem Begriff „**Diversity**" zusammengefasst wird. Unternehmen stehen vor der Herausforderung, mit personeller Vielfalt so umzugehen, dass idealerweise ihre Potenziale genutzt und ihre Risiken vermieden werden.

Vielfalt von Personalstrukturen als Ausgangspunkt

zunehmende Verbreitung auch in Deutschland

Dies ist Gegenstand des Diversity-Managements, das ursprünglich aus den USA stammt und seit den 1990er Jahren in Europa Verbreitung findet. In Deutschland steigt die Zahl der Publikationen zum Diversity-Management und die Zahl der Unternehmen, die das Konzept implementiert haben, seit Ende der 1990er Jahre kontinuierlich an (vgl. *Süß/Kleiner* 2006, S. 524–526). Gründe dafür liegen (1) in der zunehmenden Globalisierung, die eine stärkere Interkulturalität von Bevölkerungs- und Personalstrukturen sowie eine interkulturelle Zusammenarbeit mit sich bringt, (2) in dem durch den Wertewandel bedingten Wunsch, Berufs- und Privatleben (besser) zu verbinden, (3) in dem demographischen Wandel, der dazu führt, dass immer mehr ältere immer weniger jüngeren Menschen gegenüberstehen (vgl. I, 3) und durch die Verlängerung der Lebensarbeitszeiten die Integration älterer Arbeitnehmer erfordert sowie (4) in der Etablierung des Allgemeinen Gleichbehandlungsgesetzes (AGG) (vgl. III, 1.1), das einen Auslöser dafür bietet, sich mit Diversity-Management zu beschäftigen, auch wenn die Ziele des AGG und des Diversity-Managements keinesfalls deckungsgleich sind (vgl. *Süß* 2007, S. 173).

Gründe für dauerhafte Etablierung des Diversity-Managements

interne und
externe Ziele

Diversity-Management folgt dem Grundgedanken, dass Mitarbeiter ungleich sind und damit eine Ungleichbehandlung insbesondere im Rahmen ihrer Führung notwendig ist. Im Detail existieren verschiedene Zielsetzungen (vgl. *Macharzina/Wolf* 2015, S. 806–809). (1) Unternehmensintern verspricht man sich von heterogenen Arbeitsgruppen Perspektivenvielfalt und eine Zunahme der Flexibilität, Kreativität und Innovativität im Unternehmen. Im Rahmen der Personalführung müssen situativ die Voraussetzungen dafür geschaffen werden, dass heterogene Teams effektiv zusammenarbeiten (vgl. *Ladwig* 2009, S. 394–395). Durch die Berücksichtigung der Unterschiede zwischen Mitarbeitern und das Verhindern einer Diskriminierung sollen die Zufriedenheit und Motivation der Mitarbeiter gesteigert werden, damit diese eine bessere Leistung erbringen und sich ihre Fluktuationsneigung verringert. Zudem wird durch Diversity-Management eine Reduzierung der Kosten angestrebt, die aus unmittelbarer Diskriminierung, mangelnder Integration, Konflikten und unzureichender Nutzung der Potenziale verschiedener Mitarbeiter(-gruppen) resultieren. (2) Unternehmensextern zielt Diversity-Management auf Imagevorteile. Das Unternehmen soll als Arbeitgeber attraktiv gemacht und die Personalbeschaffung erleichtert werden.

Diversity & Inclusion bei Henkel

Für Henkel sind Diversity & Inclusion die Verbindung zwischen unseren globalen Märkten und unseren strategischen Prioritäten und entscheidende Erfolgsfaktoren, um unser Potenzial erfolgreich auszuschöpfen. Als globales Unternehmen beschäftigt Henkel Mitarbeiter aus über 120 Nationen in mehr als 75 Ländern. Über 80 Prozent unserer Mitarbeiter arbeiten außerhalb Deutschlands, mehr als die Hälfte sind in Wachstumsregionen tätig. Unsere Vision ist es, global führend mit Marken und Technologien zu sein. Für uns basiert der Erfolg dabei auf einem starken globalen Team und einer vielfältigen Belegschaft, die uns nach vorne bringt. Wir glauben, dass Vielfalt und eine wertschätzende Unternehmenskultur zentrale Treiber sind für Kreativität, Innovationen und Erfindungen. Unsere Fähigkeit, exzellente Ergebnisse zu liefern, ist abhängig von und wird angetrieben durch die Verankerung von Diversity & Inclusion in unserer Unternehmenskultur sowie der Art und Weise, wie wir Geschäfte führen.

Quelle: *Henkel* 2016

Maßnahmen

In Literatur und Praxis besteht keine Einigkeit darüber, welche Maßnahmen Diversity-Management beinhaltet. Vielmehr gibt es bislang wenig konzeptionelle Vorgaben und kaum Best-Practice-Beispiele für seine Gestaltung. Empirische Studien zeigen, dass Diversity-Management in der Unternehmenspraxis unter anderem Maßnahmen wie Trainings sowie Mentoring- und Coaching-Programme für

Angehörige von Minderheiten beinhaltet (vgl. *Süß/Kleiner* 2007; *Süß* 2008); Überschneidungen zu den Aufgaben der Personalführung sind unverkennbar.

Das Konzept des Diversity-Managements ist in der Literatur nicht ohne **Kritik** geblieben (vgl. z. B. *Vedder* 2003, S. 22–24). Sie bezieht sich nicht zuletzt auf die rudimentären Gestaltungshinweise. Außerdem werden dem öffentlichkeitswirksamen Konzept oft Maßnahmen zugeordnet, die nicht originär mit Diversity-Management zu tun haben bzw. aus betrieblichen Gründen im Unternehmen etabliert sind (z. B. gemischte Teams, flexible Arbeitszeiten). Enge Grenzen bestehen, wenn grundlegende organisationale Werte und Normen der Veränderung bedürfen. Außerdem sind die unterstellten ökonomischen Vorteile nur schwer messbar und der tatsächliche Nutzen des Diversity-Managements ist somit nicht ohne weiteres zu bestimmen (vgl. *Süß* 2007, S. 171–172). Stellenweise werden sogar dysfunktionale Effekte, wie z. B. Kommunikations- und Kooperationsbarrieren, mit personeller Diversität in Verbindung gebracht (vgl. *Gebert* 2004, S. 415–418).

rudimentäre Gestaltungshinweise

Nutzen fraglich

dysfunktionale Effekte

Kontrollfragen zu Teil VII

1. Welche Aufgaben der Führung werden unterschieden?
2. Worin besteht der Unterschied zwischen interaktiver und struktureller Führung?
3. Wie lassen sich die Begriffe Bedürfnis, Motiv und Motivation abgrenzen?
4. Worin sehen Sie zentrale Unterschiede zwischen Inhalts- und Prozesstheorien der Motivation?
5. Welche Gruppen von Führungstheorien können differenziert werden? Welche wesentlichen Aussagen kennzeichnen sie?
6. Was soll durch Führungsgrundsätze erreicht werden und wie beurteilen Sie dieses Führungsinstrument?
7. Welche Vor- und Nachteile bringt die Führung durch Zielvereinbarungen mit sich?
8. Was versteht man unter einem Führungsstil? Welche Möglichkeiten zur Abgrenzung verschiedener Führungsstile kennen Sie?
9. Inwiefern ist personelle Vielfalt ein Gestaltungsaspekt der Personalführung?

Fallstudie: Erfolgsgeschichte in zehn Jahren – Excellent Leadership Award

Die Graubündner Kantonalbank (GKB) wurde 1870 gegründet und verfügt über eine lange Tradition als Universalbank in der Schweiz. Heute arbeiten bei der GKB rund 1.000 Mitarbeiter an 60 Standorten. 2003 überzeugte der frisch gewählte CEO die Entscheidungs-träger, die Bank konsequent auf die Kundenbedürfnisse auszu-richten. Die Kunden der GKB sollten kompetenter beraten werden und ein höheres Service-Level erfahren als bei der Konkurrenz. Diese Neupositionierung erforderte eine Reorganisation von einer traditionellen, etwas schwerfälligen Universalbank hin zu einer modernen, schlanken Vertriebsbank, deren Kernkompetenz in der Beratung und Betreuung zu finden ist.

Den Verantwortlichen des Reorganisationsprogramms wurde bewusst, dass dieser Wandel eine Veränderung des Führungs-verhaltens erforderte. Denn Kundenbegeisterung lösen nur Mit-arbeitende aus, die auf ihren Arbeitgeber stolz sind, inspirierend geführt werden sowie ihren eigenen Beitrag zur Wertschöpfung des Unternehmens kennen. Gefordert war eine Abkehr vom sach-lich-rationalen, direktiven und transaktionalen Führungsstil hin zum inspirierenden transformationalen Führungsstil. Die GKB will Kunden über hohe Kompetenz, persönliche Beratung und eine Best-Service-Kultur gewinnen. Eigenverantwortung, intrinsische Motivation und Engagement sind folglich zentrale Faktoren, um Kundenbegeisterung zu entfachen.

In Zusammenarbeit mit verschiedenen Professoren haben die Pro-grammverantwortlichen der GKB in der Folge ein Management-Development-Konzept entwickelt, dessen Ziel es war, die neue Führungsphilosophie im Verhalten der Vorgesetzten zu verankern. Das Programmteam entwickelte für die knapp 200 Mitarbeiter zwei inhaltlich unterschiedliche Seminarreihen. Das Entwicklungskon-zept sieht vor, dass sich 15 bis 20 Führungskräfte aktuellen Mar-keting- und Führungsthemen widmen; die personelle Konstella-tion, in der das erfolgt, ändern sich regelmäßig. So kann – parallel zum erforderlichen Wissenstransfer – die kollektive Intelligenz der Führungsebene für die Gestaltung der Unternehmensentwicklung genutzt werden. Zudem entsteht eine enge Vernetzung aller Füh-rungskräfte mit dem Vorteil, dass diese gegenseitiges Verständnis aufbauen. Wie sich später herausstellte, war Letzteres im Hinblick auf die gemeinsame Ausrichtung der operativen Einheiten auf die Kundenbedürfnisse von zentraler Bedeutung.

Von 2004 bis 2006 besuchten sämtliche Führungskräfte jährlich ein zweitägiges Marketing-Seminar. Sie hatten zum einen das Ziel, im gesamten Unternehmen ein einheitliches Verständnis von Kunden-orientierung zu erarbeiten. Zum anderen konnte den Führungskräf-ten der Bank in der Neuausrichtung ihrer Teams mehr Sicherheit und Substanz vermittelt werden. Von 2008 bis 2010 folgte in den Se-minaren eine vertiefte Reflexion des eigenen Führungsverhaltens. Hier wurde das Ziel verfolgt, den erforderlichen Übergang zu einem neuen Führungsstil in der Bank zu bewältigen. Anhand der soge-nannten Fokusthemen erhielten die Vorgesetzten konkrete Anwen-dungsmöglichkeiten, ihr Führungsverhalten weiterzuentwickeln.

Mittlerweile hat das Management-Development-Programm der Bank – mit dem Doppelfokus „Kundenorientierung und transformationales Leadership" – bereits eine Laufzeit von über zehn Jahren. Heute werden bei der GKB auch die Ausbildungsverantwortlichen, die für Betreuung der Lernenden und Praktikanten zuständig sind, sowie sämtliche neu eintretende Mitarbeitende in moderner Führung geschult.

Bei der GKB ist man der Überzeugung, dass begeisterte Mitarbeiter, die auf ihren Arbeitgeber und seine Produkte stolz sind, eine grundsätzliche Voraussetzung für begeisterte Kunden sind. Deutlich wird, dass sich der Umgang der Vorgesetzten mit den Mitarbeitenden unmittelbar auf deren Beziehung zu den Kunden auswirkt. Denn wenn eine Führungskraft die geforderten Werte vorlebt, wirkt sie glaubhaft und kann die Mitarbeitenden zur Nachahmung motivieren. Der Wertschöpfungsmotor für Dienstleistungsunternehmen aus wertorientierter Führung, Mitarbeiter-Commitment, Kundenbegeisterung und Geschäftserfolg konnte bei der GKB durch die Analyse verschiedener Kennzahlen in Controlling- und Marktforschungsreports begründet werden. Außerdem zeigt sich, dass eine ausgeprägte transformationale Führung auf die produktive Energie der Mitarbeitenden wirkt.

Quelle: *Villiger 2015*

Fragen zum Fallbeispiel

1. Wie unterscheidet sich in der GKB der transaktionale vom transformationalen Führungsstil?

2. Erläutern Sie den bei der GKB angenommenen Zusammenhang zwischen Kunden- und Mitarbeiterzufriedenheit. Stimmen Sie der Annahme zu?

3. Wie wird die gewünschte Änderung im Führungsverhalten in den Köpfen der Führungskräfte verankert?

4. Mit Hilfe welcher Führungstheorien kann man das Konzept der GKB begründen? Wie?

Teil VIII:
Mitbestimmung

Überblick

In Deutschland lassen sich vier Ebenen der Beteiligung von Arbeitnehmern an Entscheidungsprozessen in Unternehmen unterscheiden, von denen die betriebliche Ebene die größte Bedeutung hat. Der Betriebsrat steht hier im Vordergrund; er hat sowohl Mitwirkungs- als auch Mitbestimmungsrechte in sozialen, personellen und wirtschaftlichen Angelegenheiten. Dem Sprecherausschuss als Vertretungsorgan der leitenden Angestellten werden lediglich Mitwirkungsrechte eingeräumt. Da die gesetzlichen Regelungen nur den Rahmen der Arbeitsbeziehungen bilden, ist es notwendig, sich im Sinne eines Mitbestimmungsmanagements ihrer Gestaltung zu stellen. Dabei können unter Berücksichtigung typischer Handlungsmuster der Betriebsräte und der Mitbestimmungsorientierung der Arbeitgeberseite fünf idealtypische Mitbestimmungsstrategien unterschieden werden.

Lehr-/Lernziele

Nachdem Sie diesen Teil gelesen haben, sollten Sie

- die verschiedenen Ebenen der Mitbestimmung in Deutschland kennen,
- die Beteiligungsrechte der zentralen Organe auf betrieblicher Ebene unterscheiden können,
- eine Vorstellung von den Mitbestimmungswirkungen in den verschiedenen personalwirtschaftlichen Aufgabenfeldern haben,
- typische Handlungsmuster der Betriebsräte differenzieren können,
- den Zusammenhang zwischen der Mitbestimmungsorientierung auf Arbeitgeberseite und den Handlungsmustern der Betriebsräte erkannt haben sowie
- die Eignung verschiedener Mitbestimmungsstrategien für bestimmte betriebliche Kontexte beurteilen können.

1 Begriff und Ebenen der Mitbestimmung

Mitbestimmung bezeichnet die Beteiligung der Arbeitnehmer oder ihrer Vertreter an Entscheidungsprozessen in Unternehmen (vgl. z. B. *Niedenhoff/Olbrisch/Pilot* 2015, S. 15). Sie ist in Deutschland weitgehender als in anderen Ländern gesetzlich geregelt. Man kann dabei im Wesentlichen vier **Ebenen der Mitbestimmung** unterscheiden:

- Mitbestimmung auf internationaler Ebene
- Mitbestimmung auf der Ebene des gesamten Unternehmens
- Mitbestimmung auf der Ebene des einzelnen Betriebs
- Mitbestimmung am Arbeitsplatz (Individualebene)

Im Zuge der Internationalisierung der Unternehmen gewinnt die **Mitbestimmung auf internationaler Ebene** zwar an Bedeutung, jedoch hat das bislang lediglich in der Europäischen Union zu gesetzlichen Regelungen geführt (vgl. *Altmeyer* 2014). Die im September 1994 vom Ministerrat der Europäischen Union verabschiedete Richtlinie wurde im Oktober 1996 in Deutschland mit dem Gesetz über Europäische Betriebsräte (EBRG) umgesetzt. Die Novellierung der Richtlinie im Mai 2009 führte zu einer Neufassung des EBRG im Juni 2011. Dieses präzisiert und ergänzt überwiegend die Vorschriften des bisherigen EBRG; dazu gehören präzisierte bzw. verbesserte Unterrichtungs- und Anhörungsrechte bzw. -prozesse (vgl. § 1 IV und V EBRG) und ein Schulungsanspruch der Betriebsräte (§ 38 EBRG).

Ein Europäischer Betriebsrat (EBR) ist auf Antrag von mindestens 100 Arbeitnehmern aus mindestens zwei Unternehmen und Mitgliedsstaaten oder auf Initiative der zentralen Leitung zu bilden, wenn mindestens 1.000 Arbeitnehmer in den Mitgliedsstaaten und davon jeweils mindestens 150 Arbeitnehmer in mindestens zwei Mitgliedsstaaten beschäftigt sind. Die zentrale Leitung hat den Europäischen Betriebsrat einmal jährlich über die Entwicklung der Geschäftslage und die Perspektiven des Unternehmens zu unterrichten und ihn anzuhören (§ 29 EBRG). Über außergewöhnliche Umstände oder Entscheidungen, die erhebliche Auswirkungen auf die Interessen der Arbeitnehmer haben, d. h. Verlegungen bzw. Stilllegungen von Unternehmen, Betrieben oder wesentlichen Betriebsteilen und Massenentlassungen, ist der EBR rechtzeitig zu unterrichten und auf Verlangen anzuhören (§ 30 I EBRG); Mitbestimmungsrechte im engeren Sinne wie der deutsche Betriebsrat (vgl. VIII, 3.2) hat dieses Organ aber nicht.

Im Januar 2014 existierten 1.051 EBR in 974 Unternehmen, davon 184 deutsche Unternehmen; an zweiter und dritter Stelle folgen Großbritannien und Frankreich. In verschiedenen Mischkonzernen gibt

---

Marginalien:

Entscheidungsbeteiligung der Arbeitnehmer

neue EBR-Richtlinie

Europäischer Betriebsrat

Unterrichtungs- und Anhörungsrechte

Deutschland vor Großbritannien und Frankreich

Für die SE gilt EBR-Richtlinie nicht.

es nicht einen einzigen, sondern mehrere Spartenbetriebsräte (z. B. Airbus Group, Voestalpine). Für die Europäische Aktiengesellschaft (SE) gilt die EBR-Richtlinie nicht, sie hat einen europaweiten SE-Betriebsrat; im Januar 2014 gab es 103 davon. Die Mitbestimmungspraxis zeigt jedoch ein erhebliches Spektrum unterschiedlicher Typen von Europäischen Betriebsräten (vgl. *Hauser-Ditz et al.* 2010; *Klemm/Kraetsch/Weyand* 2011, S. 75–87; *Stöger* 2011, S. 43–156; *Kotthoff/Whittall* 2014, S. 205–231).

Mitbestimmung auf Unternehmensebene stellt auf das Unternehmen als „rechtlich-finanzwirtschaftliche Einheit" ab (*Wächter* 1983, S. 55). Auf dieser Ebene werden Entscheidungen über Unternehmensziele und das unternehmenspolitische Instrumentarium getroffen. Das **Aufsichtsrat** wichtigste Mitbestimmungsorgan ist hier der Aufsichtsrat, in den Arbeitnehmer und Kapitalgeber Vertreter entsenden. Die Unternehmensmitbestimmung beschränkt sich im Wesentlichen auf Kapitalgesellschaften. Rechtlich verankert ist sie in dem Drittelbeteiligungsgesetz von 2004 (DrittelbG), dem Mitbestimmungsgesetz von 1976 (MitbestG) und dem Montan-Mitbestimmungsgesetz von 1951 (Montan-MitbestG).

Mitbestimmung auf betrieblicher Ebene bezieht sich auf die „materiell-produktionstechnische Seite" des Unternehmens (*Wächter* 1983, S. 55). Sie setzt an den Betrieben als organisatorisch und räumlich abgegrenzten Produktionsstätten an, ist rechtsformunabhängig und nicht an ein bestimmtes Sachziel gebunden. Diese Form der Mitbestimmung **Betriebsverfassungsgesetz** wird im Betriebsverfassungsgesetz von 1972 (BetrVG) geregelt. Unter Betriebsverfassung ist die arbeitsrechtliche Grundordnung für die Beziehungen zwischen Arbeitgeber und Arbeitnehmer im Betrieb zu verstehen. Von der betrieblichen Mitbestimmung ausgeschlossen sind Betriebe mit weniger als fünf ständig wahlberechtigten Arbeitnehmern, sogenannte Tendenzbetriebe und Religionsgemeinschaften, leitende Angestellte sowie der Öffentliche Dienst (§§ 1, 5 und 118 **Sprecherausschussgesetz** BetrVG). Während bei leitenden Angestellten das Sprecherausschussgesetz von 1988 (SprAuG) Anwendung findet, regeln das Bundespersonalvertretungsgesetz von 1974 (BPersVG) und die entsprechenden Gesetze der Länder die Mitbestimmung der Arbeitnehmer im Öffentlichen Dienst.

Mitbestimmung am Arbeitsplatz umfasst die gesetzlich verankerten **Rechte des einzelnen Arbeitnehmers** Rechte des einzelnen Arbeitnehmers, die er dem Weisungsrecht des Arbeitgebers entgegensetzen kann; im Betriebsverfassungsgesetz finden sich diese in den §§ 81 bis 86a. Daneben bilden Gesetze wie z. B. das Kündigungsschutzgesetz (KSchG) und das Mutterschutzgesetz (MuSchG) eine Grundlage für die individuelle Mitbestimmung.

Die überbetriebliche Regulierungsebene steht in engem Zusammenhang mit den gesamtwirtschaftlichen Entscheidungen zur Beschäftigungs-, Einkommens-, Struktur- und Geldpolitik. Formal sind Arbeitnehmer wie alle Bürger an politischen Entscheidungsprozessen als Wähler beteiligt. Darüber hinaus versuchen Gewerkschaften, als Lobbyisten den Arbeitnehmerinteressen innerhalb der politischen Willensbildung ein zusätzliches Gewicht zu verschaffen (vgl. *Schroeder* 2014). In analoger Weise nehmen die Arbeitgeberverbände Einfluss auf die Wirtschaftspolitik. Teilweise werden auch Gremien gebildet, um Gewerkschaften und Arbeitgeberverbände an gesamtwirtschaftlichen Entscheidungsprozessen zu beteiligen. Hauptaufgabe der Gewerkschaften ist jedoch das Aushandeln von Tarifverträgen mit Unternehmen oder Arbeitgeberverbänden im Auftrag der Arbeitnehmer. Tarifverhandlungen stellen keine Mitbestimmung dar, da das Recht zum Aushandeln von Arbeitsverträgen, das dabei kollektiv von den Gewerkschaften wahrgenommen wird, zu den originären Arbeitnehmerrechten gehört. Unabhängig von dem Geltungsbereich der Tarifverträge findet seit den 1980er Jahren die Verlagerung von Regelungskompetenzen von der tariflichen auf die betriebliche Ebene, d. h. eine differenzierte Umsetzung tariflicher Rahmenbedingungen auf Betriebsebene (Verbetrieblichung), statt.

Gewerkschaften

Arbeitgeberverbände

Tarifverträge

2 Mitbestimmung auf Unternehmensebene

wesentliche Unterschiede in den Gesetzen

Durch die Mitbestimmung auf Unternehmensebene werden die Arbeitnehmer größerer Kapitalgesellschaften an den grundlegenden Entscheidungsprozessen ihres Arbeitgebers beteiligt. Dabei handelt es sich um die indirekte Beteiligung über Arbeitnehmervertreter im Aufsichtsrat, die je nach Branche, Rechtsform und Mitarbeiterzahl des Unternehmens auf verschiedenen Gesetzen basiert. Die wesentlichen Unterschiede zwischen den im Drittelbeteiligungs-, Mitbestimmungs- und Montan-Mitbestimmungsgesetz geregelten Mitbestimmungsformen beziehen sich auf die Zusammensetzung des Aufsichtsrats und die Wahl der Arbeitnehmervertreter, die Beschlussfassung im Aufsichtsrat und die Einrichtung bzw. Bestellung eines Arbeitsdirektors im Vorstand (vgl. *Niedenhoff/Olbrisch/Pilot* 2015, S. 19–27; auch Abb. VIII.1).

	DrittelbG (2004)	MitbestG (1976)	Montan-MitbestG (1951)
Geltungsbereich			
• Branche	alle	alle	Bergbau, Eisen, Stahl
• Rechtsform	AG, KGaA, VVaG, GmbH, Genossenschaften	AG, KGaA, GmbH, Genossenschaften	AG, GmbH, bergrechtliche Gewerkschaft
• Anzahl der Arbeitnehmer	500 bis 2.000	ab 2.001	ab 1.001
Aufsichtsrat			
• Mitgliederzahl	3 bis 21, nach Stamm- bzw. Grundkapital	12, 16 oder 20, nach Beschäftigtenzahl	11, 15 oder 21, nach Stamm- bzw. Grundkapital
• Verhältnis Arbeitnehmer zu Arbeitgebervertretern	1:2	1:1	1:1 + Neutraler
• Beschlussfassung bei Sachentscheidungen	einfache Mehrheit	einfache Mehrheit, Vorsitzender im 2. Wahlgang mit Zweitstimme	einfache Mehrheit
Arbeitsdirektor	nicht vorgeschrieben	vorgeschrieben, außer bei KGaA	vorgeschrieben, nicht gegen Mehrheit der Arbeitnehmer im Aufsichtsrat

Abb. VIII.1: Mitbestimmung auf Unternehmensebene

beratendes und kontrollierendes Organ

Der **Aufsichtsrat** ist ursprünglich ein beratendes und kontrollierendes Organ einer Aktiengesellschaft, das die Interessen nicht an der Geschäftsführung beteiligter Aktionäre zu wahren versucht. Er überwacht die Geschäftsführung und bestellt die Vorstandsmitglieder. Den von der Hauptversammlung gewählten Aktionärsvertretern im

Aufsichtsrat werden im Rahmen der unternehmerischen Mitbestimmung von den Arbeitnehmern gewählte Vertreter zur Seite gestellt. Deren Zahl hängt von der Größe des Unternehmens und dem gültigen Mitbestimmungsgesetz ab.

In Unternehmen, die der Mitbestimmung nach dem Drittelbeteiligungsgesetz unterliegen, nehmen die Arbeitnehmervertreter ein Drittel der Aufsichtsratssitze ein. Demgegenüber sehen die anderen Mitbestimmungsgesetze eine paritätische Aufteilung zwischen Kapitalgeber- und Arbeitnehmerseite vor. Dennoch reduziert sich der faktische Einfluss der Arbeitnehmervertreter nach dem Mitbestimmungsgesetz von 1976 auf eine „Quasi-Parität". Der Aufsichtsratsvorsitzende, der notfalls auch ohne Zustimmung der Arbeitnehmerseite gewählt werden kann (vgl. §27 II MitbestG), hat die Möglichkeit, im Konfliktfall durch sein doppeltes Stimmrecht (vgl. §29 II MitbestG) eine Entscheidung herbeizuführen. Echte Parität besteht nur nach dem Montan-Mitbestimmungsgesetz durch die zusätzliche Stimme des neutralen Aufsichtsratsmitglieds (vgl. §4 I c Montan-MitbestG).

eingeschränkter Einfluss

Die Geschäftsführung des Unternehmens ist Aufgabe des **Vorstands** bzw. der Geschäftsleitung. Die unternehmerische Mitbestimmung sieht keine Arbeitnehmervertreter im Vorstand vor. Lediglich Unternehmen mit über 2.000 Mitarbeitern müssen ein Vorstandsmitglied als Arbeitsdirektor mit der Leitung des Personalressorts betrauen. In Montanunternehmen besitzt die Arbeitnehmerseite im Aufsichtsrat ein Vetorecht bei der Wahl des Arbeitsdirektors. Unabhängig davon hat der Vorstand dem Aufsichtsrat gegenüber eine Mitteilungspflicht über die wesentlichen geschäftlichen Angelegenheiten und Fragen.

Arbeitsdirektor

Thomas Schlenz, seit 2012 Vorstand für Personal und Soziales sowie Arbeitsdirektor der ThyssenKrupp Steel Europe AG, Duisburg, vorher Betriebsrat, Betriebsratsvorsitzender und Mitglied des EBR sowie ab 2001 Vorsitzender des Konzernbetriebsrats: „ThyssenKrupp Steel Europe ist ein montanmitbestimmtes Unternehmen. Das heißt, der Arbeitsdirektor kann nur mit der Mehrheit der Stimmen der Arbeitnehmer im Aufsichtsrat bestimmt werden. Daher verständigen sich traditionell die Kapital- und Arbeitnehmerseite im Vorfeld. In der Regel sind das Gewerkschafter oder Betriebsräte; mein Vorvorgänger kam aus der IG Metall, mein Vorgänger war Betriebsrat und ich komme ebenfalls aus der Betriebsratsschiene."
Quelle: *Stehr* 2014, S.62

3 Mitbestimmung auf betrieblicher Ebene

3.1 Beteiligungsrechte und wichtige Mitbestimmungsorgane

Die Mitbestimmungsrechte, die auch als **Beteiligungsrechte** bezeichnet werden, lassen sich nach dem Grad des Einflusses auf die betrieblichen Entscheidungen in Mitwirkung einerseits und Mitbestimmung im engeren Sinn andererseits unterscheiden (vgl. *Niedenhoff/Olbrisch/Pilot* 2015, S. 17, 54–55). Mitwirkung besteht für die Arbeitnehmer(-vertreter) darin, dass sie vor Durchführung bestimmter Maßnahmen zu informieren oder anzuhören sind. Es kann auch eine (gemeinsame) Beratung stattfinden. Die Arbeitnehmer werden dadurch zwar an der Entscheidungsvorbereitung, nicht jedoch an der Entscheidung beteiligt. Mitbestimmung im engeren Sinn stellt dagegen einen Einbezug in den Entscheidungsakt dar; man spricht daher auch von „echter Mitbestimmung". Dazu gehören Zustimmungs- bzw. Vetorechte, Mitentscheidungs- und echte Initiativrechte.

Mitwirkung

Mitbestimmung

Der **Betriebsrat** stellt das zentrale Organ der Mitbestimmung auf betrieblicher Ebene dar, die im Betriebsverfassungsgesetz geregelt ist. Er wird in Betrieben mit mindestens fünf ständig wahlberechtigten Arbeitnehmern gebildet und alle vier Jahre gewählt (§§ 1 und 13 I BetrVG). Wahlberechtigt sind Arbeitnehmer, die das 18. Lebensjahr vollendet haben, wählbar dagegen diejenigen, die darüber hinaus seit mindestens sechs Monaten dem Betrieb angehören (§§ 7 und 8 BetrVG). Die Größe des Betriebsrats ist abhängig von der Anzahl der wahlberechtigten Personen im Betrieb (§ 9 BetrVG). Bei mehr als 200 Beschäftigten ist ein Betriebsratsmitglied von seinen Arbeitsaufgaben freizustellen, bei größeren Unternehmen sind es mehrere (§ 38 BetrVG). Daneben ist ein Gesamtbetriebsrat zu errichten, wenn zu einem Unternehmen mehrere Betriebe gehören. Auf Beschluss der Gesamtbetriebsräte kann in einem Konzern ein Konzernbetriebsrat gebildet werden (§§ 47 und 54 BetrVG).

in Betrieben mit mindestens fünf Arbeitnehmern

Die **Beteiligungsrechte** des Betriebsrats erstrecken sich auf soziale Angelegenheiten (z. B. Arbeitszeiten, Arbeitsentgelte, Urlaub), personelle Angelegenheiten (z. B. Personalplanung, Einstellung, Umgruppierung, Kündigung) und wirtschaftliche Angelegenheiten (z. B. Betriebsänderung, Investitionen). Bei Ersteren sind die Beteiligungsrechte des Betriebsrats am stärksten, bei Letzteren dagegen am geringsten ausgeprägt.

soziale, personelle und wirtschaftliche Angelegenheiten

Der Betriebsrat hat die Aufgabe, die Interessen der Arbeitnehmer zu vertreten und darüber zu wachen, dass die zugunsten der Arbeitnehmer geltenden Gesetze, Verordnungen, Unfallverhütungsvorschriften, Tarifverträge und Betriebsvereinbarungen berücksichtigt werden (§ 80 BetrVG). Dabei sollen Betriebsrat und Arbeitgeber unter Beachtung der geltenden Tarifverträge vertrauensvoll zum Wohl der Arbeitnehmer zusammenarbeiten (§ 2 I BetrVG). In welcher Form die Einigung zwischen beiden Seiten vollzogen wird, ist im Betriebsverfassungsgesetz nicht abschließend geregelt. Am eindeutigsten ist die Betriebsvereinbarung, die mit dem Arbeitgeber geschlossen und schriftlich niedergelegt wird (§ 77 BetrVG; vgl. *Niedenhoff/Olbrisch/Pilot 2015*, S. 168–170). In der Regel kann der Betriebsrat nicht über Inhalte verhandeln, die im Tarifvertrag geregelt sind (§ 77 III BetrVG); eine Ausnahme besteht nur, wenn die Tarifparteien eine Öffnungsklausel formuliert haben.

vertrauensvolle Zusammenarbeit

In Unternehmen mit in der Regel mehr als 100 ständig beschäftigten Arbeitnehmern muss ein **Wirtschaftsausschuss** gebildet werden (§ 106 BetrVG). Er besteht aus mindestens drei und höchstens sieben Mitgliedern aus dem Unternehmen, von denen mindestens eines aus dem Betriebsrat kommt (§ 107 I BetrVG). Der Wirtschaftsausschuss berät mit dem Arbeitgeber wirtschaftliche Angelegenheiten, zu denen unter anderem die wirtschaftliche und finanzielle Lage des Unternehmens, das Produktions- und Investitionsprogramm, Rationalisierungsvorhaben sowie die Änderung der Betriebsorganisation oder des Betriebszwecks gehören (§ 106 III BetrVG). Anschließend unterrichtet er den Betriebsrat.

Beratung wirtschaftlicher Angelegenheiten

In Betrieben mit mindestens fünf Arbeitnehmern, die unter 18 Jahren oder in der Berufsausbildung und unter 25 Jahren sind, hat der Betriebsrat die Wahl einer **Jugend- und Auszubildendenvertretung** vorzubereiten und durchzuführen sowie mit dieser eng zusammenzuarbeiten (§§ 60 I und 80 I Nr. 5 BetrVG). Diese hat Antrags-, Überwachungs- und Anregungsrechte und ist zur Durchführung ihrer Aufgaben vom Betriebsrat rechtzeitig und umfassend zu unterrichten (§ 70 BetrVG).

verschiedene Rechte zugunsten Jugendlicher und Auszubildender

Kommt in mitbestimmungspflichtigen Angelegenheiten keine Einigung zwischen Arbeitgeber und Betriebsrat zustande, entscheidet die **Einigungsstelle** (§ 76 BetrVG). Sie kann auch bei Meinungsverschiedenheiten zwischen diesen beiden gebildet werden (§ 109 BetrVG) und setzt sich aus einer gleichen Anzahl von Beisitzern der Arbeitgeber- und der Arbeitnehmerseite sowie einem neutralen Vorsitzenden zusammen. Der Spruch der Einigungsstelle ersetzt die Einigung zwischen Arbeitgeber und Betriebsrat. Die Kosten des Verfahrens trägt der Arbeitgeber. Empirische Befunde zeigen, dass Einigungsstellenverfahren nicht nur Zeit erfordern und kostspielig sind, sondern auch Auseinandersetzungen vor dem Arbeitsgericht nach sich ziehen können (vgl. *Oechsler* 2011, S. 70). Selbst von Alibiverfahren zur Verla-

Ihr Spruch ersetzt die Einigung zwischen Arbeitgeber und Betriebsrat.

gerung unangenehmer Entscheidungen dorthin wird berichtet (vgl. *Niedenhoff* 2005, S. 290).

Das Betriebsverfassungsgesetz findet, sofern nicht explizit darauf hingewiesen wird, keine Anwendung auf leitende Angestellte (§ 5 III BetrVG). Als leitender Angestellter gilt, wer zur selbstständigen Einstellung und Entlassung von im Betrieb beschäftigten Arbeitnehmern berechtigt ist, Generalvollmacht oder Prokura besitzt und darüber hinaus Aufgaben wahrnimmt, die für den Bestand und die Entwicklung des Unternehmens von Bedeutung sind (§ 5 III und IV BetrVG; vgl. auch *Niedenhoff/Olbrisch/Pilot* 2015, S. 30–33). Für leitende Angestellte gilt das Sprecherausschussgesetz, das den Grundsätzen des Betriebsverfassungsgesetzes weitgehend nachgebildet ist. Danach soll in Betrieben mit in der Regel mindestens zehn leitenden Angestellten ein **Sprecherausschuss** gebildet werden (§ 1 I SprAuG); Gesamt- und Konzernsprecherausschuss können hinzukommen. Anstelle einzelner Sprecherausschüsse ist es auch möglich, einen Unternehmenssprecherausschuss zu wählen (§ 20 SprAuG; vgl. *Goldschmidt* 2007, S. 24–26). Die Größe des Sprecherausschusses richtet sich dabei nach der Anzahl der leitenden Angestellten (§ 4 SprAuG).

leitende Angestellte

3.2 Rechte des Betriebsrats

Die im Betriebsverfassungsgesetz geregelte Beteiligung des Betriebsrats sieht sowohl Mitwirkungsrechte als auch Mitbestimmungsrechte im engeren Sinne vor. Im Rahmen der **Mitwirkung** lassen sich folgende Rechte unterscheiden (vgl. *Niedenhoff* 2005, S. 79–80; auch Abb. VIII.2):

* Unterrichtung

* Anhörung

* Beratung

Bei der **Unterrichtung** hat der Betriebsrat lediglich das Recht, von dem Arbeitgeber über dessen Pläne und Absichten informiert zu werden (Informationsrecht). Nach § 80 II BetrVG ist der Betriebsrat zur Durchführung seiner Aufgaben rechtzeitig und umfassend vom Arbeitgeber zu unterrichten. Die dafür notwendigen Unterlagen sind ihm zur Verfügung zu stellen.

rechtzeitig und umfassend

Zu einer **Anhörung** gehört im Gegensatz zu dem einseitigen Informationsfluss bei der Unterrichtung eine Antwort des Betriebsrats. Der Arbeitgeber teilt dem Betriebsrat seine Pläne mit und fordert diesen unter Fristsetzung auf, Stellung zu nehmen. Das einzige Anhörungsrecht besteht gemäß § 102 BetrVG vor jeder Einzelkündigung (vgl. auch II, 3.3). Eine Kündigung, die ohne Anhörung des Betriebsrats ausgesprochen wird, ist unwirksam.

Stellungnahme des Betriebsrats

Die **Beratung** stellt einen Austausch von Argumenten zwischen Arbeitgeber und Betriebsrat dar. In einem oder mehreren Gesprächen erörtern und beraten die beiden Parteien eine Angelegenheit. Unter dieses Beteiligungsrecht lässt sich auch das Vorschlagsrecht subsumieren; danach kann der Betriebsrat dem Arbeitgeber Vorschläge für die Einführung und Durchführung einer Personalplanung und Maßnahmen zur Gleichstellung (§ 92 II und III BetrVG) sowie zur Förderung der Berufsbildung (§ 96 BetrVG) machen. Der Arbeitgeber ist dann verpflichtet, mit dem Betriebsrat zu beraten, nicht aber die Vorschläge umzusetzen.

gemeinsame Erörterung

Unterrichtung
• Einsicht in Lohn- und Gehaltslisten (§ 80 II BetrVG)
• Auflagen über Arbeitsschutz, Unfallverhütung und betrieblichen Umweltschutz (§ 89 II BetrVG) sowie Unfallanzeigen (§ 89 V BetrVG)
• Planung der (Um)Gestaltung von Arbeitsplatz, -ablauf und -umgebung (§ 90 I BetrVG)
• Personalplanung, insbesondere Personalbedarf, Personalmaßnahmen und Personalentwicklung (§ 92 I BetrVG)
• vorläufige personelle Maßnahmen (§ 100 II BetrVG)
• beabsichtigte Einstellung oder personelle Veränderung eines leitenden Angestellten (§ 105 BetrVG)
• Jahresabschluss (§ 108 V BetrVG)
In Einzelfällen und auf Wunsch des Arbeitnehmers:
• Zusammensetzung des Arbeitsentgelts, Leistungsbeurteilungen und berufliche Entwicklung des einzelnen Arbeitnehmers (§ 82 II BetrVG)
• Einsicht in die Personalakten (§ 83 BetrVG)
• Beschwerden im Einzelfall (§ 84 I BetrVG, § 85 BetrVG)
Anhörung
• vor jeder Einzelkündigung (§ 102 BetrVG)
Beratung
• vorgesehene Maßnahmen der (Um-)Gestaltung von Arbeitsplatz, -ablauf und -umgebung und ihre Auswirkungen auf die Arbeitnehmer (§ 90 II BetrVG)
• Vorschläge zur Sicherung und Förderung der Beschäftigung (§ 92a II BetrVG)
• Förderung der Berufsbildung (§ 96 II BetrVG)
• Einrichtungen und Maßnahmen der Berufsbildung (§ 97 I BetrVG)
• wirtschaftliche Angelegenheiten / Wirtschaftsausschuss (§ 106 BetrVG)
• Betriebsänderungen (§ 111 BetrVG)

Abb. VIII.2: Mitwirkungsrechte des Betriebsrats

Die **Mitbestimmung im engeren Sinne** lässt sich ebenfalls in drei verschiedene Beteiligungsrechte differenzieren:

- Zustimmungs- bzw. Vetorecht
- Mitentscheidungsrecht
- (echtes) Initiativrecht

Das **Zustimmungs- bzw. Vetorecht** ermöglicht es dem Betriebsrat, direkten Einfluss auf den Entscheidungsakt auszuüben. Der Arbeitgeber darf eine Maßnahme nur dann durchführen, wenn der Betriebsrat zugestimmt hat. Legt dieser ein sogenanntes Veto ein, wird damit die Zustimmung verweigert. Ein Recht zur Durchsetzung alternativer Vorschläge besteht jedoch nicht. **Mitentscheidungsrechte** erfordern die gemeinsame Entscheidung von Betriebsrat und Arbeitgeber. Das **echte Initiativrecht** erlaubt es dem Betriebsrat, vom Arbeitgeber bestimmte Maßnahmen zu verlangen. Kommt eine Einigung zwischen Arbeitgeber und Betriebsrat nicht zustande, entscheidet die Einigungsstelle. Abbildung VIII.3 gibt einen Überblick über die Sachverhalte, zu denen Mitbestimmungsrechte des Betriebsrats bestehen (vgl. auch *Niedenhoff* 2005, S. 80–84).

im Konfliktfall Einigungsstelle

Zustimmung bzw. Veto
• Einstellung, Ein-, Umgruppierung und Versetzung (§ 99 I bzw. § 99 II BetrVG)
• Außerordentliche Kündigung von Mitgliedern der Betriebsverfassungsorgane (§ 103 BetrVG)
• Bestellung und Abberufung von Ausbildungspersonal (§ 98 II BetrVG)
• Vorläufige personelle Einzelmaßnahmen (§ 100 II BetrVG)
• Ordentliche Einzelkündigung (§ 102 III BetrVG)
Mitentscheidung
• soziale Angelegenheiten (§ 87 BetrVG)
• Gestaltung von Personalfragebögen (§ 94 I BetrVG)
• Aufstellung allgemeiner Beurteilungsgrundsätze (§ 94 II BetrVG)
• Richtlinien über die personelle Auswahl bei Einstellungen, Versetzungen, Umgruppierungen und Kündigungen (§ 95 I BetrVG)
• Einführung von Maßnahmen der betrieblichen Berufsbildung (§ 97 II BetrVG)
• Durchführung von Maßnahmen der betrieblichen Berufsbildung (§ 98 I BetrVG)
(echtes) Initiativrecht
• Belastung durch Umgestaltung des Arbeitsbereiches (§ 91 BetrVG)
• innerbetriebliche Stellenausschreibung (§ 93 BetrVG)
• Auswahlrichtlinien in Betrieben mit mehr als 500 Arbeitnehmern (§ 95 II BetrVG)
• Auswahl der Teilnehmer an Bildungsmaßnahmen (§ 98 III BetrVG)
• Entfernung betriebsstörender Arbeitnehmer (§ 104 BetrVG)
• Sozialplan (§ 112 BetrVG)

Abb. VIII.3: Mitbestimmungsrechte des Betriebsrats

3.3 Rechte des Sprecherausschusses

Obwohl das Sprecherausschussgesetz dem Betriebsverfassungsgesetz in weiten Teilen nachgebildet ist, enthält es keine Mitbestimmungsrechte, sondern nur Mitwirkungsrechte. Die **Mitwirkung des Sprecherausschusses** (§§ 30, 31 und 32 SprAuG) erfolgt analog der Mitwirkung des Betriebsrats. Zu der Unterrichtung, Anhörung und Beratung kommen noch die sogenannten Vereinbarungen hinzu (vgl. Abb. VIII.4); letztere ähneln den Vereinbarungen mit dem Betriebsrat gemäß § 77 BetrVG. Arbeitgeber und Sprecherausschuss können Vereinbarungen schließen zu Richtlinien über Inhalt, Abschluss und Beendigung von Beschäftigungsverhältnissen (§ 28 I SprAuG) sowie über die Größe des Gesamt- und Konzernsprecherausschusses. Diese Befugnis stellt das zentrale Instrument der Mitbestimmung des Sprecherausschusses dar. Die Rechtswirkung der Vereinbarungen ist Arbeitgeber und Sprecherausschuss freigestellt; sie können nur eine unverbindliche Handlungsmaxime darstellen, aber auch unmittelbare und zwingende Rechtswirkung haben (vgl. *Hromadka/Sieg* 2014, S. 362–365). Verbindliche Vereinbarungen müssen vom Arbeitgeber in den Einzelverträgen umgesetzt werden; abweichende Regelungen sind nur zu Gunsten der leitenden Angestellten zulässig.

„Befugnis zur einverständlichen Regelung"

Unterrichtung
• (allgemein) zur Durchführung seiner Aufgaben (§ 25 SprAuG)
• Änderung der Gehaltsgestaltung und sonstiger allgemeiner Arbeitsbedingungen (§ 30 SprAuG)
• Einführung oder Änderung allgemeiner Beurteilungsgrundsätze (§ 30 SprAuG)
• beabsichtigte Einstellungen oder personelle Veränderungen eines leitenden Angestellten (§ 31 I SprAuG)
• wirtschaftliche Angelegenheiten (§ 32 I SprAuG)
• geplante Betriebsänderungen (§ 32 II SprAuG)
Anhörung
• vor Abschluss einer Betriebsvereinbarung oder sonstigen Vereinbarung mit dem Betriebsrat, die rechtliche Interessen der leitenden Angestellten berührt (§ 2 I SprAuG)
• vor jeder Kündigung eines leitenden Angestellten (§ 31 II SprAuG)
Beratung
• Änderung der Gehaltsgestaltung sowie sonstiger allgemeiner Arbeitsbedingungen (§ 30 SprAuG)
• Einführung oder Änderung allgemeiner Beurteilungsgrundsätze (§ 30 SprAuG)
• Maßnahmen zum Ausgleich oder zu Milderung von Nachteilen für leitende Angestellte bei geplanten Betriebsänderungen (§ 32 II SprAuG)
Vereinbarungen
• schriftliche Vereinbarung von Richtlinien über Inhalt, Abschluss oder Beendigung von Arbeitsverhältnissen der leitenden Angestellten zwischen Sprecherausschuss und Arbeitgeber (§ 28 I SprAuG)
• Größe des Gesamtsprecherausschusses (§ 16 II SprAuG)
• Größe des Konzernsprecherausschusses (§ 21 II SprAuG)

Abb. VIII.4: Mitwirkungsrechte des Sprecherausschusses

4 Mitbestimmung in den Aufgabenfeldern des Personalmanagements

Bei der **Personalplanung** besitzt der Betriebsrat Unterrichtungs- und Beratungsrechte gemäß § 92 I BetrVG. Er ist über den gegenwärtigen und zukünftigen Personalbedarf sowie über die sich daraus ergebenden personellen und berufsbildenden Maßnahmen anhand von Unterlagen – sofern solche vorliegen – rechtzeitig und umfassend zu unterrichten. Der Arbeitgeber hat mit dem Betriebsrat über Art und Umfang der erforderlichen Maßnahmen und über die Vermeidung von Härten zu beraten. Der Betriebsrat kann dem Arbeitgeber außerdem Vorschläge für die Einführung und Durchführung einer Personalplanung machen (§ 92 II BetrVG). Da das Informationsrecht des Wirtschaftsausschusses bei der Festlegung der grundsätzlichen Unternehmensziele ansetzt, d. h. bevor in den Betrieben daraus abgeleitet Personalplanung erfolgt, ist dieser bereits vor dem Betriebsrat zu unterrichten (vgl. § 106 BetrVG).

Unterrichtungs- und Beratungsrechte

Im Rahmen der **Personalbeschaffung** besitzt der Betriebsrat begrenzte Beteiligungsrechte. Nach § 99 I BetrVG hat der Arbeitgeber in Betrieben mit in der Regel mehr als 20 wahlberechtigten Arbeitnehmern den Betriebsrat vor jeder geplanten Einstellung zu unterrichten, ihm die erforderlichen Bewerbungsunterlagen vorzulegen und Auskunft über die Bewerber zu geben. Dabei bedarf die Einstellung der Zustimmung des Betriebsrats, die jedoch verweigert werden kann (vgl. § 99 II BetrVG). Daneben gewährt das Betriebsverfassungsgesetz dem Betriebsrat ein echtes Initiativrecht. So kann er laut § 93 BetrVG eine interne Stellenausschreibung verlangen und dadurch die interne Personalbeschaffung fördern. Unterbleibt diese, besteht das Recht der Zustimmungsverweigerung (§ 99 II Ziff. 5). Für den Sprecherausschuss sind bei der Personalbeschaffung ebenso wie bei der Personalplanung keine Mitwirkungsrechte vorgesehen.

begrenzte Beteiligungsrechte

interne Stellenausschreibung

Bei der **Personalfreisetzung** stehen dem Betriebsrat stärkere Beteiligungsrechte zur Verfügung. Allgemein unterscheidet man zwischen ordentlicher und außerordentlicher Kündigung sowie zwischen einzelfall- und gruppenbezogenen Kündigungen (vgl. II, 3.3). Die Wirksamkeit einer ordentlichen Kündigung ist an die Beachtung der Kündigungsfrist und die soziale Rechtfertigung gebunden. Eine außerordentliche Kündigung ist fristlos unter Angabe eines außerordentlichen Grundes möglich. Die Auswahlrichtlinien bei Kündigungen bedürfen ebenso wie bei Versetzungen und Umgruppierungen der Zustimmung (vgl. § 95 I BetrVG). In Betrieben mit mehr als 500

ordentliche und außerordentliche Kündigung

Arbeitnehmern kann die Aufstellung solcher Richtlinien verlangt werden (§ 95 II BetrVG).

Vor jeder Kündigung einzelner Mitarbeiter ist der Betriebsrat anzuhören (vgl. § 102 I BetrVG). Er kann bei einer ordentlichen Kündigung binnen einer Woche bzw. bei einer außerordentlichen Kündigung binnen drei Tagen schriftlich Widerspruch einlegen; nach dieser Frist gilt die Zustimmung als erteilt. Für die Rechtsgültigkeit der Kündigung ist die Zustimmung jedoch nicht Voraussetzung. Sofern der Arbeitgeber dem Widerspruch des Betriebsrats nicht stattgibt, kann der Arbeitnehmer beim Arbeitsgericht eine Kündigungsschutzklage einreichen. Er bleibt dann bis zum Abschluss des Rechtsstreits weiterbeschäftigt. Im Falle eines leitenden Angestellten hat der Arbeitgeber dem Sprecherausschuss die Kündigung mitzuteilen und ihn anzuhören (vgl. § 31 II SprAuG).

Weitergehende Beteiligungsrechte hat der Betriebsrat bei einem Personalabbau, wenn eine Betriebsänderung im Sinne des § 111 BetrVG vorliegt. Es muss dann über einen Interessenausgleich und einen Sozialplan verhandelt werden (vgl. § 112 BetrVG). Der Interessenausgleich legt die Einzelheiten bezüglich Form und Durchführung der Betriebsänderung fest, d. h. wann und in welcher Form die vorgesehenen Maßnahmen des Personalabbaus durchgeführt werden; der Betriebsrat hat hier nur ein Beratungsrecht. Ein echtes Mitbestimmungsrecht besteht dagegen bei dem Sozialplan. Dieser regelt den Ausgleich oder die Milderung der wirtschaftlichen Nachteile, die den Arbeitnehmern infolge der Betriebsänderung entstehen. Inhalte eines Sozialplans können z. B. Abfindungszahlungen für den Verlust des Arbeitsplatzes, Sicherung bzw. Ausgleich anderer betrieblicher Sozialleistungen, Übernahme der Kosten einer notwendigen Umschulung oder Fortbildung sowie bezahlte Freistellungen zur Bewerbung sein. Er ist schriftlich zu fixieren und besitzt die Wirkung einer Betriebsvereinbarung; kommt keine Einigung zustande, entscheidet die Einigungsstelle über die Aufstellung eines Sozialplans (§ 112 IV BetrVG). Ausnahmen gibt es z. B. in den ersten vier Jahren nach der Unternehmensgründung (§ 112a II BetrVG).

Die Auswahlrichtlinien bei der **Personalauswahl** und der **Personalzuweisung** (z. B. Versetzungen) sowie Personalfragebogen und persönliche Angaben in schriftlichen Arbeitsverträgen, die allgemein für den Betrieb verwendet werden sollen, bedürfen der Zustimmung des Betriebsrats (§§ 95 und 94 BetrVG). Daneben kann gemäß § 95 II BetrVG in Betrieben mit mehr als 500 Arbeitnehmern die Aufstellung von Richtlinien über die zu beachtenden fachlichen und persönlichen Voraussetzungen und sozialen Gesichtspunkte verlangt werden (echtes Initiativrecht). Kommt eine Einigung nicht zustande, entscheidet die Einigungsstelle. Vor jeder Einstellung und Versetzung ist der Betriebsrat vom Arbeitgeber zu unterrichten. Er muss zustimmen, wenn es um personelle Einzelmaßnahmen geht (vgl. § 99 I BetrVG). Dem

Anhörungsrecht

Betriebsänderung

Interessenausgleich

Sozialplan

Richtlinien

Sprecherausschuss wird hier Unterrichtungsrecht eingeräumt; die beabsichtigte Einstellung oder personelle Veränderung eines leitenden Angestellten ist rechtzeitig mitzuteilen (§ 31 I SprAuG).

Beurteilungs-grundsätze

Die Rechte des Betriebsrats bei der **Beurteilung** sind in § 94 II BetrVG verankert. Er hat bei der Aufstellung allgemeiner Beurteilungsgrund-sätze ein Zustimmungsrecht; kommt dabei keine Einigung zustan-de, entscheidet die Einigungsstelle. Der Sprecherausschuss ist vom Arbeitgeber zu unterrichten, wenn im Rahmen der Beurteilung allge-meine Beurteilungsgrundsätze eingeführt oder geändert werden sol-len; vorgesehene Maßnahmen sind zu beraten (vgl. § 30 SprAuG). Ge-mäß § 87 I, Nr. 6 BetrVG entscheidet der Betriebsrat bei der Einführung

Überwachungs-einrichtungen

und Anwendung von technischen Einrichtungen mit, die geeignet sind, das Verhalten oder die Leistung der Arbeitnehmer zu überwa-chen. Dabei reicht es aus, dass diese Systeme Kontrollen ermöglichen. Viele Jahre standen dabei vor allem Personalinformationssysteme, neue EDV-Anlagen sowie neuere Formen der Nutzung von Infor-mations- und Kommunikationstechnologien im Vordergrund. Bei der Datenerhebung im Einzelfall besteht kein Mitbestimmungsrecht des Betriebsrats, lediglich der einzelne Mitarbeiter hat ein Recht auf Erläuterung der Beurteilungsergebnisse und – damit eng verbunden

Personalakte

– auf Einsicht in seine Personalakte, der er Erläuterungen hinzufügen darf (§§ 82 und 83 BetrVG); Letzteres gilt auch für leitende Angestellte (§ 26 II SprAuG).

Berufsbildung

Die **Ausbildung** und **Entwicklung** von Mitarbeitern sind als Berufs-bildung im Sinne des § 1 I BBiG zu verstehen und unterliegen daher der Mitbestimmung des Betriebsrats nach den §§ 96 bis 98 BetrVG. Arbeitgeber und Betriebsrat haben zusammen mit den „zuständigen Stellen", d. h. den Kammern und der Arbeitsverwaltung, die Berufsbil-dung zu fördern. Dem Betriebsrat wird außerdem ein Beratungs- und Vorschlagsrecht zur Berufsbildung eingeräumt (§ 96 I BetrVG). Den Arbeitnehmern ist die Teilnahme an Berufsbildungsmaßnahmen zu ermöglichen, wobei in diesem Zusammenhang kein Rechtsanspruch auf Freistellung besteht (§ 96 II BetrVG). Darüber hinaus haben Arbeit-geber und Betriebsrat über die Errichtung und Ausstattung betriebli-cher Einrichtungen zur Berufsbildung, die Einführung betrieblicher Berufsbildungsmaßnahmen und die Teilnahme an außerbetrieblichen Berufsbildungsmaßnahmen zu beraten (§ 97 I BetrVG). Ein echtes Mitentscheidungsrecht besteht nur dann, wenn der Arbeitgeber Maß-nahmen geplant oder durchgeführt hat, die zur Folge haben, dass sich die Tätigkeit der betroffenen Arbeitnehmer ändert und ihre berufli-chen Kenntnisse und Fähigkeiten für die Erfüllung ihrer Aufgaben nicht mehr ausreichen; dazu kann auch die Einigungsstelle angerufen werden (§ 97 II BetrVG). Die Durchführung von Bildungsmaßnahmen unterliegt der Mitbestimmung im engeren Sinne (§ 98 BetrVG): Der Betriebsrat kann – im Rahmen der Ausbildung – sein Veto gegen den Ausbilder einlegen, wenn dieser nicht den Anforderungen des Berufsbildungsgesetzes entspricht. Außerdem besteht ein Mitentscheidungsrecht bei der Wahl der Entwicklungskandidaten, wenn es sich um eine interne Maßnahme handelt oder über Freistellung bzw. Kostenübernahme bei externen Maßnahmen; gegebenenfalls entscheidet die Einigungsstelle. In den übrigen Fällen hat der Betriebsrat nur ein Vorschlagsrecht. Eine Beteiligung des Sprecherausschusses ist bei der Personalentwicklung nicht vorgesehen.

Wahl der Entwicklungskandidaten

Die Gestaltung der **Entlohnung** und der **Arbeitszeit** kann nur unter Beachtung der weitreichenden Mitentscheidungsrechte des Betriebsrats im Rahmen der sozialen Angelegenheiten erfolgen, wobei die gesetzlichen und tarifvertraglichen Regelungen den Rahmen vorgeben, dieser aber durch Öffnungsklauseln in den Tarifverträgen recht weit gesteckt sein kann. So unterliegen praktisch alle Arbeitzeitregelungen der Mitbestimmung nach §87 I, Nr. 2 BetrVG. Im Rahmen der Entlohnung hat er Zeit, Ort und Art der Auszahlung mitzubestimmen (§87 I, Nr. 4 BetrVG); gleiches gilt sowohl für die Aufstellung von Entlohnungsgrundsätzen sowie die Änderung bzw. Einführung und Anwendung von Entlohnungsmethoden als auch die Festsetzung von Akkord- und Prämiensätzen bzw. vergleichbaren leistungsbezogenen Entgelten (§87 I, Nr. 10 und 11 BetrVG). Hinzu kommt, dass jede Ein- und Umgruppierung sowie die Auswahlrichtlinien in diesem Zusammenhang der Zustimmung des Betriebsrats bedürfen (§§99 I und 95 BetrVG). Der Sprecherausschuss ist zu unterrichten, wenn Änderungen an der Gehaltsgestaltung vorgenommen werden sollen. Dazu gehören sowohl das System, das der Festlegung der Gehälter der leitenden Angestellten in dem betreffenden Betrieb zugrunde gelegt wird, als auch die Durchführung von Gehaltserhöhungen bzw. -kürzungen (vgl. *Hromadka/Sieg* 2014, S. 391); Maßnahmen dazu müssen beraten werden (§30 SprAuG).

weitreichende Mitentscheidungsrechte

In den personalwirtschaftlichen Aufgabenfeldern **Führung**, **Controlling** und **Organisation** bestehen keine spezifischen Beteiligungsrechte des Betriebsrats oder des Sprecherausschusses.

5 Gestaltung der betrieblichen Mitbestimmung

5.1 Mitbestimmung als Gestaltungsobjekt

Betriebsverfassungsgesetz als Rahmen

Die gesetzlichen Regelungen zur Mitbestimmung – auf betrieblicher Ebene vor allem das Betriebsverfassungsgesetz – geben für die Interaktion zwischen der Arbeitgeber- und Arbeitnehmerseite nur den Rahmen vor, der ganz unterschiedlich ausgestaltet werden kann. Wer daher Mitbestimmung als exogene, nicht beeinflussbare Variable ansieht, verkennt den Gestaltungsspielraum und nimmt auch für das Unternehmen ungünstige Bedingungen als gegeben hin. Es ist daher unumgänglich, sich dieser **Gestaltungsaufgabe** zu stellen und die damit verbundenen Chancen wahrzunehmen.

Zur Mitbestimmung gibt es eine Vielzahl von Untersuchungen und gerade in den letzten Jahren hat das Interesse an der betrieblichen Ebene zugenommen (vgl. *Greifenstein/Kißler* 2010; *Kotthoff* 2013). Aus der hier eingenommenen Gestaltungsperspektive sind vor allem Studien interessant, die Handlungsmuster von Betriebsräten und Managern analysieren oder Interaktionsmuster zwischen den beiden betrachten, auch wenn die dabei gebildeten Typologien deutliche Unterschiede aufweisen und die jeweilige Verteilung auf einzelne Typen sehr stark branchen- bzw. untersuchungsabhängig ist (vgl. *Braun* 2002). Hinsichtlich der (ökonomischen) Wirkungen bzw. der Effizienz der (betrieblichen) Mitbestimmung liefern die vor allem in jüngerer Zeit durchgeführten Untersuchungen keine eindeutigen Ergebnisse (vgl. *Greifenstein/Kißler* 2010, S. 99–100). Die Gründe dafür sind zahlreich: Zum einen bestehen beträchtliche Unterschiede zwischen den real existierenden Betriebsräten, die in sich recht heterogen und auch konfliktträchtig sind (vgl. *Hocke* 2012), zum anderen ist der geeignete Erfolgsmaßstab noch nicht gefunden. Hinzu kommt, dass die Rückführung des Erfolgs auf den Faktor Mitbestimmung angesichts einer Vielfalt von Einflussfaktoren erhebliche Schwierigkeiten bereitet. Vor diesem Hintergrund können die weiteren Gestaltungsüberlegungen nur grundsätzlicher Natur sein und auf plausiblen Überlegungen basieren.

keine eindeutigen Ergebnisse zu Mitbestimmungswirkungen

5.2 Handlungsmuster auf Betriebsratsseite

Die Untersuchungen der letzten Jahrzehnte machen deutlich, dass keineswegs von der Existenz eines Betriebsrats auf eine bestimmte

Art der Mitbestimmung geschlossen werden kann. Sowohl die Typologien von Betriebsräten (vgl. z. B. *Kern/Schumann* 1990; *Osterloh* 1993, S. 183–235; *Eckardstein et al.* 1998) als auch die Typologien zu den Interaktionsmustern (zwischen Management und Betriebsrat), die aber primär auf den Betriebsrat bezogen sind (vgl. *Kotthoff* 1981; 1994; *Haipeter* 2010), decken ein erhebliches Spektrum der Vertretung von Arbeitnehmerinteressen in den Betrieben auf. Betriebsräte können einerseits in unterschiedlicher Form die Arbeitnehmerinteressen vertreten, andererseits auf unterschiedliche Art und Weise Unternehmensinteressen übernehmen (vgl. auch *Braun* 2002, S. 22–61; *Greifenstein/Kißler* 2010, S. 102–105). Im Folgenden sollen daher vier typische **Handlungsmuster** gebildet werden, die sich hinsichtlich der Standfestigkeit bei der Durchsetzung von Arbeitnehmerinteressen bzw. der Akzeptanz der Unternehmensinteressen unterscheiden (vgl. Abb. VIII.5):

erhebliches Spektrum der Interessenvertretung

- Konfrontation
- Kooperation
- Kollaboration
- Resignation

Durchsetzung von Arbeitnehmer-interessen		Akzeptanz von Unternehmensinteressen
Konfrontation	Kooperation	Kollaboration Resignation

Abb. VIII.5: Typische Handlungsmuster des Betriebsrats

Konfrontation kennzeichnet einen Betriebsrat, der von gegensätzlichen Unternehmens- und Arbeitnehmerinteressen ausgeht und grundsätzlich versucht, unter Ausschöpfung der rechtlichen Möglichkeiten die Arbeitnehmerinteressen im Betrieb durchzusetzen (vgl. *Osterloh* 1993, S. 183–208; *Kotthoff* 1994, S. 275–288; *Haipeter* 2010, S. 146–163). Bei Auseinandersetzungen fehlt es an Kompromissbereitschaft und es wird nicht erwogen, der Unternehmensseite entgegenzukommen, selbst wenn sich der Konflikt dadurch verschärft. Die Einschaltung der Einigungsstelle oder des Arbeitsgerichts gehört bei Auseinandersetzungen zum Standardrepertoire und die Kommunikation zwischen beiden Seiten erfolgt stark formalisiert und verfahrensbezogen. Der Betriebsrat hat dabei den Anspruch, an personellen und wirtschaftlichen Entscheidungen beteiligt zu sein, und versucht, die Grenzen der gesetzlichen Mitbestimmungsregelungen auszuweiten. Nicht selten besteht eine große Nähe zur Gewerkschaft.

Kompromissbereitschaft fehlt

Das Handlungsmuster **Kooperation** findet sich bei einem Betriebsrat dann, wenn er grundsätzlich die Bereitschaft aufweist, mit der Unternehmensseite zusammenzuarbeiten (vgl. *Kern/Schumann* 1990, S. 117–136; *Osterloh* 1993, S. 208–219; *Haipeter* 2010, S. 146–163). Es werden nachhaltig Arbeitnehmerinteressen vertreten, jedoch ist der Betriebsrat zu Kompromissen – im Sinne des § 2 I BetrVG – bereit, wenn es der Sache dient. Gegebene Einflussverhältnisse und Regeln der Auseinandersetzung werden akzeptiert. Obwohl informiert und kompetent spielt er seine Machtposition nicht unmittelbar aus, sondern versucht, Konflikte **konstruktive Konfliktlösung** konstruktiv und intern zu lösen, ohne jedoch auf die externe Auseinandersetzung als ultima ratio zu verzichten, falls eine interne Lösung nicht möglich ist. Die Beteiligung an wirtschaftlichen Entscheidungen wird nicht beansprucht; grundsätzlich besteht aber die Bereitschaft, dabei ebenso wie bei personellen Angelegenheiten Verantwortung zu übernehmen. Politische Perspektiven oder gewerkschaftliche Bindung spielen für diesen Betriebsratstyp keine besondere Rolle.

Zu Beginn dieses Absatzes steht am linken Rand: „konstruktive Konfliktlösung".

> Olaf Sauer, Betriebsratsvorsitzender der ASB Autohaus Berlin GmbH: „Wir haben schlimme Zeiten hinter uns. Von 600 Beschäftigten runter auf 200. Das ist für den Betriebsrat der Horror. Man kann einfach nichts machen, wenn Geschäftsteile komplett dichtgemacht werden."
>
> Sein Verhältnis zum Geschäftsführer des Autohauses beschreibt er als sachlich und konstruktiv. Alle zwei Wochen gibt es eine sogenannte Regelkommunikation. Sauer hat dann eine To-do-Liste dabei, die er vorher mit seinem Stellvertreter abstimmt. Die Regelkommunikation kann schon mal drei Stunden dauern, aber der Aufwand lohnt sich: „Was wir da verabreden, das setzen wir auch um. Das funktioniert dann auch." Sauer macht klar, warum die Zusammenarbeit funktioniert: „Belegschaft und Betriebsrat scheuen notfalls auch den Konflikt mit dem Chef nicht."
>
> Quelle: *Heimann* 2014, S. 68–69

Wird durch andauernde Kompromissbereitschaft zu Lasten der Arbeitnehmerinteressen die Vertretungsaufgabe aus den Augen verloren, kennzeichnet **Kollaboration** die Betriebsratsarbeit (vgl. *Kotthoff* 1981, S. 137–176 und 1994, S. 288–296; *Osterloh* 1993, S. 219–229). Der Betriebsrat **Kompensations-geschäfte** ist bereit, im Rahmen von Kompensationsgeschäften auch elementare Mitarbeiterinteressen preiszugeben, und wird so quasi zum Organ der Unternehmensleitung. Durch dieses harmonische Verhältnis besteht zwar eine enge Einbindung des Betriebsrats in den betrieblichen Entscheidungsprozess, für Interessengegensätze und die Austragung von Konflikten bleibt jedoch kein Platz. Diese werden bereinigt, bevor sie an die Oberfläche kommen, und Einigungsstellen- oder gar Arbeitsgerichtsverfahren nicht in Betracht gezogen, da sie als Zeichen des Scheiterns der guten Zusammenarbeit gelten. Die Einbindung in personelle und wirtschaftliche Entscheidungen wird akzeptiert und nicht selten muss der Betriebsrat(-svorsitzende) Entscheidungen der Unternehmensleitung gegenüber den Mitarbeitern rechtfertigen.

Von **Resignation** kann gesprochen werden, wenn der Betriebsrat auf die Artikulation von Arbeitnehmerinteressen verzichtet, sich weitgehend der Unternehmensleitung unterordnet und die diktierten Regeln der Zusammenarbeit klaglos akzeptiert. Dem Betriebsrat fehlen die notwendige Kompetenz zur Interessenvertretung und die Bindung an die Gewerkschaft, wodurch sich dieses Defizit verringern ließe. Konflikten wird aus dem Wege gegangen, Bereitschaft zur aktiven Übernahme von Verantwortung besteht nicht. Die Passivität führt dazu, dass selbst grundlegende Mitbestimmungsrechte nicht wahrgenommen werden. *Osterloh* spricht in diesem Zusammenhang von dem sich unterordnenden Betriebsrat (vgl. 1993, S. 229–235), außerdem besteht Ähnlichkeit mit dem Typ des passiven Betriebsrats von *Brötz et al.* (vgl. 1983, S. 275–276).

Passivität

Betriebsräte mit klassenkämpferischen, sozialistischen Orientierungen, wie sie in verschiedenen älteren Typologien vorkommen (vgl. z. B. *Kotthoff* 1981; *Bamberg et al.* 1984; *Kern/Schumann* 1990), haben in der Unternehmenspraxis an Bedeutung verloren.

5.3 Mitbestimmungsorientierung auf Unternehmensseite

Wie die Betriebsratsseite weist die Unternehmensseite in den Arbeitsbeziehungen keine Homogenität auf. Verschiedene Untersuchungen des Managerverhaltens machen deutlich, dass die Bandbreite von der offensiven Zurückdrängung bis hin zur Nutzung der Interessenvertretung reicht (vgl. z. B. *Böhle* 1986, S. 33–38; *Kern/Schumann* 1990; auch *Osterloh* 1993, S. 235–270). Die beobachteten Managertypen kommen nicht unabhängig von dem jeweils vorhandenen Betriebsrat zustande, sondern es besteht eine Wechselbeziehung zwischen beiden Seiten, der in den Untersuchungen Rechnung getragen wird, die die Interaktion zwischen beiden betrachten (vgl. *Osterloh* 1993; auch *Kotthoff* 1981 und 1994). Es ist jedoch auch davon auszugehen, dass die Mitbestimmungsorientierung der Entscheidungsträger auf Unternehmensseite eine zentrale Bedeutung für das jeweilige Verhalten hat. Dabei kann nicht generell eine negative Orientierung unterstellt werden, vielmehr ist von erheblichen Unterschieden in der Einstellung zur (Betriebsrats-)Mitbestimmung auszugehen (vgl. *Kotthoff* 1997, S. 111–150; *Kotthoff/Wagner* 2008, S. 233–237). Diese lassen sich grob in zwei gegensätzlichen **Mitbestimmungsorientierungen** ausdrücken:

Managertypen

- Beteiligung des Betriebsrats (positive Mitbestimmungsorientierung)
- Nichtbeteiligung des Betriebsrats (negative Mitbestimmungsorientierung)

Die positive Einstellung zu einer **Beteiligung des Betriebsrats** lässt sich auf verschiedene Gründe zurückführen: Erstens kann sie Ausdruck einer sozialen bzw. patriarchalischen Einstellung der Unternehmens-

verschiedene Gründe

leitung sein, soziale Interessen der Mitarbeiter zu berücksichtigen, da kein grundsätzlicher Gegensatz zwischen den Interessen des Unternehmens und der Arbeitnehmer besteht. Zweitens kann es an der Überzeugung liegen, dass die Zusammenarbeit mit dem Betriebsrat trotz der gegensätzlichen Interessen ein erhebliches Potenzial für bessere Lösungen birgt, da die Arbeitnehmersicht in betriebsspezifische Regelungen einfließen kann und die Implementation dieser erleichtert wird. Darüber hinaus bestehen positive Effekte auf das Betriebsklima und das gegenseitige Vertrauen, wodurch letztlich gegenseitige Lerneffekte auftreten und das organisatorische Lernen gefördert wird. In Abhängigkeit von den jeweiligen Gründen für eine positive Mitbestimmungsorientierung bestehen erhebliche Unterschiede darin, bei welchen Entscheidungen eine Beteiligung angestrebt wird und wie diese konkret aussehen soll.

Prof. Dr. Gunther Olesch, Geschäftsführer für Personal, Informatik und Recht, Phoenix Contact GmbH & Co. KG:

„Ich bin Vorsitzender des Arbeitgeberverbandes Lippe. Wir haben vor kurzem ein neues Haus eingeweiht. Und zur Eröffnung habe ich den IG-Metall-Vorsitzenden eingeladen. Andere in diesem Amt hätten das nicht gemacht. Sie haben eher auf Polarisierung gesetzt. Ich halte das für falsch. Wir sind Partner, keine Gegner." (…) „Ich verstehe mich mit unserem Betriebsrat sehr gut. Zugegeben, das war nicht immer so. Für mich sind sie Player im Team. (…) Ihre Empfehlungen sind von hoher Qualität. Ich schätze das sehr, ich pflege mit ihnen Sozialpartnerschaft."

Quelle: *Heimann* 2015, S. 38

---

mehrere Ursachen Für die **Nichtbeteiligung des Betriebsrats** können ebenfalls mehrere Ursachen gegeben sein. Erstens kann ein Interessengegensatz zwischen beiden Seiten ausgeblendet und daher die Artikulation von Arbeitnehmerinteressen als überflüssig oder schädlich angesehen werden. Zweitens wird in der Beteiligung des Betriebsrats eine Beschneidung der unternehmerischen Entscheidungsautonomie gesehen, die Berücksichtigung von Arbeitnehmerinteressen erfolgt deshalb nur unter Druck. Drittens verursacht ein Betriebsrat sowohl unmittelbar durch die Freistellung von Mitgliedern als auch mittelbar durch seine Mitentscheidung und die Verzögerung der Entscheidungsprozesse aufgrund der notwendigen formalisierten Einbeziehung Kosten (vgl. *Greifenstein/Kißler* 2010, S. 110–111).

Vor dem Hintergrund dieser grundsätzlichen Mitbestimmungsorientierungen, stellt sich für die Unternehmensseite die Frage nach dem angemessenen Handlungsmuster bzw. der geeigneten Mitbestimmungsstrategie in einem Betrieb. Dabei schränkt die Einstellung zur Mitbestimmung zwar die wählbaren Handlungsalternativen ein, jedoch sind innerhalb einer Orientierung in Abhängigkeit von dem jeweiligen Betriebsrat verschiedene Mitbestimmungsstrategien bzw. unterschiedliche Ausgestaltungen einer Strategie möglich.

5.4 Mitbestimmungsstrategien

Kombiniert man die vier typischen Handlungsmuster eines Betriebsrats mit den zwei Mitbestimmungsorientierungen eines Unternehmens, resultieren daraus zunächst acht Entscheidungssituationen (vgl. Abb. VIII.6). Da jedoch die Orientierung auf Unternehmensseite und das Handlungsmuster auf Betriebsratsseite nicht unabhängig voneinander entstehen, sondern sich im Zeitablauf gegenseitig prägen, haben verschiedene, grundsätzlich mögliche Kombinationen lediglich vorübergehend Bestand. Das gilt vor allem dann, wenn ein aktiver Betriebsrat gegeben ist, der in unterschiedlicher Form die Interessen der Arbeitnehmer vertritt. So wird zum einen die positive **eingeschränktes** Mitbestimmungsorientierung erodieren, wenn der Betriebsrat dauer **Interaktions-** haft Konfrontationskurs hält, zum anderen wird die Beteiligung des **spektrum** Betriebsrats dann zunehmend in Betracht gezogen werden (müssen), wenn dieser – in unterschiedlichem Umfang (Kooperation oder Kollaboration) – zur Akzeptanz von Unternehmensinteressen neigt.

> Das Verhältnis zur Unternehmensführung, zum HR-Bereich, ist für Erich Klemm, Betriebsratsvorsitzender im Mercedes-Benz-Werk in Sindelfingen, Gesamtbetriebsratsvorsitzender der Daimler AG, Vorsitzender des Konzernbetriebsrats, des Europäischen Betriebsrats und des Weltbetriebsrats (World Employee Committee), geklärt: „Der Betriebsrat geht mit den HR-Verantwortlichen so um wie sie mit uns. Das kann dann auch schon mal unangenehm sein. Das Personalwesen weiß aber sehr genau, dass sie uns brauchen, wenn sie ihre Arbeit gut und erfolgreich machen wollen." Diese Charakterisierung bezieht auch das Verhältnis zu Daimler-Personalvorstand und Arbeitsdirektor Wilfried Porth mit ein: „Wir kommen miteinander gut klar. Wir haben eine angemessene Arbeitsbeziehung."
> Quelle: *Heimann* 2014, S. 70–71

Handlungsmuster des Betriebsrats	Mitbestimmungsorientierung des Unternehmens	
	positiv	negativ
Konfrontation	-	Konfrontieren
Kooperation	Kooperieren	-
Kollaboration	Korrumpieren	-
Resignation	Informieren	Ignorieren

Abb. VIII.6: Fünf Mitbestimmungsstrategien

Damit verbleiben fünf Kombinationen, die jeweils eine Mitbestimmungsstrategie erfordern. **Ziel** ist dabei, die Arbeitsbeziehungen so zu gestalten, dass die Erreichung der unternehmerischen und personalwirtschaftlichen Ziele gefördert oder möglichst wenig beeinträchtigt wird. Da Ziel- und Interessenkonflikte Kosten verursachen, Entscheidungen verzögern und die Zielerreichung gefährden, gilt es, die Konfliktwahrscheinlichkeit zu reduzieren, Konfliktlösungsmechanismen zu entwickeln und vor allem eine Eskalation der Konflikte zu verhindern. Bei der Ableitung der Strategien muss man sich vor allem auf plausible Überlegungen bezüglich Stimmigkeit und Wirkungen stützen, für konkrete Effizienzaussagen fehlen geeignete Untersuchungen.

Da auf Dauer die **Ablehnung der Betriebsratsbeteiligung** nur zu einer konfrontativen oder resignierten Haltung des Betriebsrats führen kann bzw. sie umgekehrt nur bei einer solchen vorstellbar ist, bieten sich dem Unternehmen **zwei Mitbestimmungsstrategien**:

- Konfrontieren
- Ignorieren

Mit der Strategie des **Konfrontierens** wird das Ziel verfolgt, die Unternehmensinteressen auch gegen die Interessen des Betriebsrats durchzusetzen und diesen offensiv zurückzudrängen. Gesetzliche und tarifvertragliche Rechte der Arbeitnehmer werden allenfalls formal und in einem so geringen Umfang wie möglich berücksichtigt, um die Entstehung von Konflikten zu vermeiden. Dazu gehört auch, Informationen bewusst zurückzuhalten, um die Arbeit des Betriebsrats zu behindern. Im Konfliktfall gilt es, alle rechtlichen Möglichkeiten auszuschöpfen und keine Scheu vor der Einschaltung von Einigungsstelle oder Arbeitsgericht zu haben, wenn diese Aussicht auf Erfolg birgt, d. h. Unternehmensziele damit besser erreicht werden.

Da ein passiver Betriebsrat der Verfolgung von Unternehmensinteressen keinen Widerstand entgegensetzt, liegt die Strategie des **Ignorierens** nahe. Der Betriebsrat ist dann von den betrieblichen Entscheidungsprozessen weitgehend ausgeschlossen. Im Rahmen echter Mitbestimmungsrechte werden Arbeitnehmerinteressen berücksichtigt, soweit sie der Zielerreichung nicht entgegenstehen. Andernfalls gilt es, nur scheinbar darauf einzugehen und die Unternehmensinteressen durchzusetzen. Die Information des Betriebsrats erfolgt sehr restriktiv, Kommunikation findet kaum statt. Für selten entstehende Konflikte bilden Einigungsstellen- oder Arbeitsgerichtsverfahren keine effizienten Lösungen. Vielmehr wird versucht, Ansprüche des Betriebsrats abzuwiegeln und so zu einer internen Lösung im Sinne des Unternehmens zu kommen.

Steht man in einem Unternehmen der **Berücksichtigung von Arbeitnehmerinteressen** positiv gegenüber, bieten sich – abhängig von der Art der Interessenvertretung durch den Betriebsrat – **drei Mitbestimmungsstrategien** an, zwischen denen ein fließender Übergang besteht:

- Kooperieren

- Korrumpieren

- Informieren

Bei der Strategie des **Kooperierens** ist man auf Unternehmensseite bereit, Kompromisse in der Zielverfolgung einzugehen, da die Berechtigung der (teilweise divergierenden) Arbeitnehmerinteressen anerkannt wird. Im Vordergrund stehen einvernehmliche, abgewogene Lösungen bei allen die Arbeitnehmerinteressen berührenden Entscheidungen, weil man nicht zuletzt das Potenzial der Zusammenarbeit hoch einschätzt. Für die erforderlichen Abstimmungsprozesse werden umfassend und frühzeitig Informationen bereitgestellt, es besteht eine intensive Kommunikationsbeziehung. Konflikte akzeptiert man und löst sie gemeinsam, da so nicht nur den Interessen des Unternehmens, sondern auch der Arbeitnehmer am ehesten Rechnung zu tragen ist.

einvernehmliche, abgewogene Lösungen

Vorwerk: Ideenreiche Belegschaft

Im Jahre 2010 hatte der Vorstand beschlossen, die Servicecenter für die Staubsauger bundesweit zu schließen und die Mitarbeiter zu entlassen. Der Betriebsrat weigerte sich, den üblichen Weg zu gehen: Proteste, Verhandlungen, Sozialplan, dann Schließung. Stattdessen startete er eine Gegenoffensive, mobilisierte die Belegschaft, fragte nach alternativen Ideen und lud zu Treffen ein. Zwei zentrale Mängel wurden schnell deutlich: Randlage und unansehnlicher Zustand der Center. Daraufhin konfrontierte man den Vorstand mit den Befunden auf einer Betriebsversammlung. Bei den Sozialplanverhandlungen im Zuge der Schließung der alten Servicecenter wurde durchgesetzt, neue Shops in besseren Lagen zu eröffnen. Ein Personalwechsel an der Unternehmensspitze beförderte diesen Kurswechsel.

Zwei Jahre später prüfte der Vorstand die Auslagerung der Läden in eine Retail-Gesellschaft und die Verlagerung des Reparaturservice ins Ausland. Mithilfe eines Online-Chatrooms mobilisierte der Betriebsrat die Belegschaft und schuf damit wiederum ein Forum für die Mitarbeiter, ging aber bewusst nicht den Schritt in die Öffentlichkeit.

Heidrun Schenk, Betriebsratsvorsitzende: „Der Vorstand hätte es ungern gesehen, wenn wir an die Öffentlichkeit gegangen wären." Die Betriebsratskultur sei auf interne Konfliktlösung ausgerichtet.

Jörg Körfer, Vorstand: „Ich schätze sehr, dass der Betriebsrat nicht wirklich an die Öffentlichkeit ging." Für die Aktionen des Betriebsrats hat er Verständnis: „Er zeigte uns die Zähne dort, wo er sie zeigen musste. Am Ende war er konstruktiv am Weiterkommen des Unternehmens interessiert."

Quelle: *Hinck* 2015

Mit abnehmendem Durchsetzungswillen des Betriebsrats erwächst auf Unternehmensseite die Möglichkeit des **Korrumpierens**. Sie bietet sich vor allem an, wenn die Erfüllung der Arbeitnehmerinteressen nicht gleichberechtigt, sondern als Nebenbedingung bei der Verfolgung der Unternehmensziele angesehen und der Betriebsratsbeteiligung kein besonderes Potenzial für die Problemlösung zugesprochen wird. Diese Strategie zielt darauf, den Betriebsrat durch Beteiligung oder Zugeständnisse in weniger kritischen Fragen, d.h. Kompensationsgeschäfte, zu einer Haltung „zu verpflichten", die sich an den Unternehmensinteressen orientiert. Dieses Entgegenkommen soll ihn dann in wichtigen Entscheidungen zu Zugeständnissen und – zumindest teilweise – zum Verzicht auf die Durchsetzung von Arbeitnehmerinteressen vor allem bei wirtschaftlichen Entscheidungen bewegen; die Konflikthäufigkeit geht deshalb deutlich zurück. Es ist dabei auch möglich, den Betriebsrat(-svorsitzenden) zur Vermittlung und Durchsetzung autonom getroffener Entscheidungen zu benutzen. Die Einbeziehung des Betriebsrats, sein Informationsbedarf und die Kommunikation mit ihm sind bei dieser Strategie geringer als bei einem Kooperieren.

Fehlen Aktivitäten des Betriebsrats zur Vertretung der Arbeitnehmerinteressen, werden diese aber als berechtigt angesehen, soweit ihnen aufgrund gesetzlicher oder tarifvertraglicher Regelungen unbedingt Rechnung getragen werden muss, kann sich die Unternehmensseite die Berücksichtigung dieser zu Eigen machen und sich auf das **Informieren** des Betriebsrats beschränken. Es wird dabei nur das notwendige Minimum an Information zur Verfügung gestellt und die Einbeziehung in Entscheidungen erfolgt nur in dem formal vorgeschriebenen Rahmen. Da der Betriebsrat seine eigentliche Funktion nicht wahrnimmt, sind auch dann keine Konflikte zu erwarten, wenn den gesetzlichen Regelungen nicht (ausreichend) entsprochen wird. Eine Zusammenarbeit kommt selbst bei der Umsetzung von Entscheidungen nicht in Frage, da dem Betriebsrat neben dem Engagement häufig auch die notwendige Kompetenz fehlt.

Diese idealtypischen Mitbestimmungsstrategien bilden im konkreten Einzelfall eine grobe Leitlinie für die Gestaltung der Arbeitsbeziehungen. Es sind jedoch nicht nur vielfältige Varianten möglich, sondern unter Berücksichtigung der jeweiligen Rahmenbedingungen der Entscheidung und des Verhaltens des Betriebsrats auch notwendig.

Marginalien:

Arbeitnehmerinteressen als Nebenbedingung

Minimum an Information

vielfältige Varianten der Ausgestaltung

6 Mitbestimmung im Wandel

Der Anteil der **Betriebe mit Betriebsräten** ist in den letzten Jahren leicht gesunken und lag 2014 in Ost- und Westdeutschland bei 9 %; dies liegt vor allem an der hohen Zahl der betriebsratslosen Kleinbetriebe, während der Betriebsrat in Großbetrieben (> 500 Beschäftigte) nahezu die Regel ist. Der Anteil der Beschäftigten in Betrieben mit Betriebsrat erreicht 41 %, wobei ein Gefälle zwischen den westlichen und den östlichen Bundesländern festzustellen ist (vgl. *Ellguth/Kohaut* 2015, S. 294–295).

Betriebsräte vor allem in Groß-betrieben

> **Verunsicherung und Tränen in Douglas-Belegschaft**
>
> Es sind mehr als 400 Mitarbeiter betroffen. Sie müssen nach Düsseldorf pendeln, wenn die Zentrale ihren neuen Sitz in Düsseldorf bezieht, oder verlieren ihren Job. Als die Finanzinvestoren gekommen sind, hat es die 180-Grad-Wende gegeben. Und die Mitarbeiter sind in einer schwachen Position. Es gibt keinen Betriebsrat und damit keinen Sozialplan – nun, so ein Insider, muss jeder für sich kämpfen.
>
> Die Gewerkschaften hatten so gut wie keinen Einfluss, eine gewählte Arbeitnehmervertretung gibt es nicht. „Wir waren lange Zeit stolz darauf, keinen Betriebsrat zu brauchen", sagt der Douglas-Mann. „Wir wussten alle: Ein Wort war ein Wort, darauf konnte man sich verlassen." Er räumt ein: „Ich bin generell kein Freund von Betriebsräten. Aber jetzt merkt man: Es gibt keinen, der die Sache in die Hand nehmen kann, der die Initiative ergreift."
>
> Quelle: *Koch* 2016

Daneben kann es andere Formen der betrieblichen Mitarbeitervertretung geben (z. B. Runde Tische, Belegschaftssprecher). Jedoch spielen diese in den Kleinbetrieben auch keine nennenswerte Rolle und zeigen nicht annähernd die Stabilität eines Betriebsrats, wie deutliche Schwankungen bei den regelmäßigen Erhebungen zum IAB-Betriebspanel zeigen (vgl. *Ellguth/Kohaut* 2015, S. 296). Ihre Verbreitung schwankt zwischen 3 bzw. 7 % und 7 bzw. 15 % der Betriebe in Ost- bzw. Westdeutschland, wobei im Westen 2014 mit den 15 % der höchste Wert seit Beginn der Erhebung erreicht wurde. Darüber hinaus zeigt sich eine beträchtliche Fluktuation, da zwar jährlich viele neue Mitarbeitervertretungen gegründet werden, ein Großteil dieser aber nur relativ kurze Zeit besteht. Über einen Zeitraum von vier Jahren (2009 bis 2013) verfügt lediglich 1 % der Betriebe mit 3 % der Beschäftigten dauerhaft über eine solche Einrichtung. Betrachtet man die betriebli-

Alternativen Vertretungsformen fehlt es an Stabilität.

weiße Flecken der Tarif- und Mitbe-stimmungsland-schaft

che zusammen mit der überbetrieblichen Interessenvertretung, dann haben nur noch 24 % bzw. 34 % der Betriebe (Ost bzw. West) eine Tarifbindung und einen Betriebsrat, während 34 % in West- und 49 % in Ostdeutschland weder Tarifbindung noch Betriebsrat aufweisen (vgl. *Ellguth/Kohaut* 2015, S. 296).

Daneben unterliegen die **Rahmenbedingungen der Mitbestimmung** in den Unternehmen mit einem Betriebsrat einem erheblichen Wandel, so dass die in das Betriebsverfassungsgesetz eingeflossenen impliziten Annahmen vielfach nicht mehr gültig sind. Das gilt sowohl für den Begriff des Betriebs in entgrenzten, netzwerkartigen Strukturen als

heterogene
Interessen auf
Arbeitnehmerseite

auch für das sogenannte Normalarbeitsverhältnis. Die Interessen der Belegschaft sind nicht mehr homogen, sondern vielfältig und bergen (erhebliches) Konfliktpotenzial. Außerdem führen Veränderungen der Unternehmensstrukturen dazu, dass (strategische) Entscheidungen vielfach nicht mehr in den Betrieben, sondern auf anderen Ebenen (auch im Ausland) getroffen werden und statt einer starken zentralen Personalabteilung beispielsweise ein interner Dienstleister (z. B. Shared Service Center) zusammen mit den in Personalaufgaben erstarkten Führungskräften die Personalarbeit leistet.

Angestellte! Da passiert was!

Neben den Industriegewerkschaften haben Betriebsräte neue Interessenvertretungspraktiken entwickelt. Sie haben erkannt, dass Angestellte für sie eine wichtige Ressource sind. Diese gelten als schwierige Klientel. Sie haben eine hohe berufsfachliche Motivation und sind karriereorientiert. Sie verfolgen ihre Interessen eher individuell und sprechen lieber mit ihren Führungskräften als mit der Interessenvertretung. Daran haben auch die einheitlichen Entgelttarife in der Metallindustrie und chemischen Industrie kaum etwas geändert. Da der Anteil der Angestellten in der Industrie so groß ist wie der der (Fach-)Arbeiter, wurden angestelltenorientierte Initiativen gestartet. Die Auslöser waren unterschiedlich und reichen von Eigentümerwechsel über Kostendruck bis hin zu Impulsen aus der Gewerkschaft oder die Häufung von Burn-out-Fällen.

Worum ging es bei den Initiativen? In 17 Fällen wurden vier Muster identifiziert:

- Mobilisierung der Beschäftigten bei Konflikten um Betriebsratsgründungen und Tarifbindung
- Erarbeitung von Gegenkonzepten zu Aus-/Verlagerungen oder Personalabbau
- Angestelltenthemen wie Stress, Gesundheit, mobiles Arbeiten
- alte Themen (z. B. Arbeitszeit, Entgelt) unter neuen Aspekten (z. B. überlange Arbeitszeiten der AT-Mitarbeiter, Entgeltsystem des AT-Bereichs)

Quelle: *Haipeter* 2015

Der Rückgang der Mitgliederzahlen bei Gewerkschaften und Arbeitgeberverbänden führt zu einer sinkenden Tarifbindung von Betrieben und Beschäftigten. Hinzu kommen Öffnungs- und Härtefallklauseln in den Tarifverträgen, um den betrieblichen Bedingungen besser Rechnung tragen zu können. Damit steigt die Bedeutung des Managements und – soweit vorhanden – des Betriebsrats, da Regelungen gefunden werden müssen, die bisher auf der Tarifebene vereinbart wurden (vgl. *Dombois/Holtrup* 2015, S. 196). Man spricht von der Verbetrieblichung der Arbeitsbeziehungen und einer Verbetriebswirtschaftlichung der betrieblichen Mitbestimmung (vgl. *Haipeter* 2010). Betriebsräte werden insbesondere in großen Unternehmen stärker an Entscheidungen, vor allem solche mit Beschäftigungswirkungen, beteiligt und sind damit betriebswirtschaftlichen Zwängen bei ihrer Interessenvertretung ausgesetzt. Teilweise dringt der Betriebsrat damit in Entscheidungen bzw. Regelungsbereiche vor, die das Betriebsverfassungsgesetz nicht vorsieht. Die Entwicklung wird seit längerem unter dem Stichwort **Co-Management** diskutiert (vgl. *Minssen/Riese* 2007, S. 129–139; *Dombois/Holtrup* 2015). Häufig geht jedoch die Sicherung der Beschäftigung mit einem (teilweisen) Abbau der Belegschaft einher, wodurch die Glaubwürdigkeit des Betriebsrats auf Arbeitnehmerseite und damit die konstruktive Zusammenarbeit immer wieder gefährdet werden (vgl. auch *Tietel* 2008).

Verbetrieb-(swirtschaft)-lichung

Zentrale Voraussetzungen für den Erfolg eines solchen Handelns sind ausreichende Kompetenz und Informationen auf Seiten des Betriebsrats, um an diesen Entscheidungen adäquat mitwirken zu können. Außerdem darf nicht übersehen werden, dass ein Betriebsrat die Balance zwischen der Mitwirkung an unternehmerischen Aufgaben im Rahmen des Co-Managements und der Interessenvertretung einer emanzipierten Belegschaft halten muss, wenn er seiner Aufgabe gerecht werden will. Dabei kann (und muss) ihn die Unternehmensseite im eigenen Interesse unterstützen, denn vertrauensvolle Zusammenarbeit resultiert nicht zuletzt aus einem informellen Gefüge des Gebens und Nehmens – das aber nicht so weit gehen darf, wie es die VW-Affäre 2005 ans Licht gebracht hat und in deren Folge mehrere Personen, darunter der Personalvorstand Hartz und der Gesamtbetriebsvorsitzende Volkert, verurteilt wurden (vgl. *Dombois* 2009).

Co-Management vs. Interessenvertretung

Kontrollfragen zu Teil VIII

1. Welche Ebenen der Mitbestimmung gibt es?
2. Welche Beteiligungsrechte lassen sich unterscheiden?
3. Wie lässt sich die Mitbestimmung der leitenden Angestellten charakterisieren?
4. In welchen personalwirtschaftlichen Aufgabenfeldern bestehen wesentliche Mitbestimmungsrechte?

5. Warum muss Mitbestimmung im Unternehmen gestaltet werden?
6. Welche Handlungsmuster treten bei Betriebsräten auf?
7. Welche Mitbestimmungsstrategien stehen zur Verfügung? Wovon hängen deren Auswahl und Ausgestaltung ab?
8. Welche Vor- und Nachteile birgt das Co-Management für beide Seiten?

Fallstudien: Mitbestimmung

Die folgenden Fallstudien sind kurze Auszüge aus Betriebsrats-reportagen[1]. Sie können keinen systematischen Überblick über das gesamte Spektrum der in den Unternehmen auftretenden Betriebsratstypen geben, sondern sollen das unterschiedliche Rollenverständnis der Betriebsräte bzw. ihrer Vorsitzenden – und daraus resultierende Konflikte – exemplarisch aufzeigen.

„Wer sich nicht bewegt, den bewegen wir"

„1992 haben wir Zähne gezeigt, da musste die Geschäftsleitung auf sachlicher Ebene mit uns einige Kämpfe durchziehen. Dabei hat sie die Erfahrung gemacht, dass sie uns nicht einfach etwas überstülpen kann", erzählt *Harald Schock*[2]. Der Anlass war: McKinsey ante portas – und rechnete mal schnell vor, dass eigentlich 40 Prozent der Arbeitsplätze eingespart werden können. Gleichzeitig fuhr die Unternehmensleitung voll auf die japanische Welle ab. *Schock*: „Wir haben die IG Chemie eingeschaltet, haben Büchereien gestürmt, uns einen Berater geholt und Workshops veranstaltet. Ziel war, mit eigenen Konzepten den puren Schlankheitsprogrammen gegenzusteuern. Dabei wurden die Mitarbeiter als Experten in eigener Sache ganz obenan gestellt, als wesentliches Moment der Kulturveränderung hin zu verantwortlicher, integrierter und kreativer Arbeit."

McKinsey sollte verschwinden. Weil das nicht durchsetzbar war, setzte der Betriebsrat alles daran, auf die Gestaltungsbedingungen Einfluss zu nehmen. In einer Vereinbarung wurde festgeschrieben, dass in den von McKinsey analysierten Betriebseinheiten die Entscheidungen „einvernehmlich" getroffen werden. Damit wurde die Modernisierung an ein Einvernehmen mit dem Betriebsrat geknüpft. Nicht nur die Abteilungsleiter, auch die Beschäftigten sollten Ideen zusammentragen, wie man effizienter werden kann. Doch mitten in die „friedliche Arbeit" platzte die Nachricht – 139 Mitarbeitern soll gekündigt werden.

---

[1] *Girndt, Cornelia:* Anwälte, Problemlöser, Modernisierer, Gütersloh 1997
[2] *Harald Schock,* Betriebsratsvorsitzender des Fotopapierherstellers Schoeller

In wochenlanger Kleinarbeit gelang es dem Schoeller-Betriebsrat jedoch nachzuweisen, dass diese Verschlankung die Arbeitsabläufe beeinträchtigen würde. Es waren die Beschäftigten, die beiden Seiten dokumentierten, dass diese und jene Arbeiten nicht wegfallen dürfen, ohne die Funktionsfähigkeit des Betriebes zu gefährden. Mit einer druckvollen Betriebsversammlung, vor allem aber im Aufwind einer günstigen Absatzlage, gelang es, die Kündigungen abzuwenden.

Der große Konflikt löste eine Wende aus. In der Folge haben Betriebsrat und Geschäftsführer mit einem „Vertrag des Vertrauens" den Rahmen für eine „einvernehmliche" Modernisierungsstrategie definiert. *Harald Schock* hält es für unbedingt ratsam, jeden Veränderungsschritt mit einer Betriebsvereinbarung abzusichern und somit für die Kollegen und Kolleginnen nachvollziehbar zu machen. Der Vertrag enthält eine Absage an schlichte Schlankmacherei, indem Lean-Management an die Idee des lernenden Unternehmens gebunden wird. Flache Hierarchien, Teamsysteme und das Expertenwissen der Beschäftigten werden als Mittel definiert, um das Ziel „Sicherung der Konkurrenzfähigkeit" zu erreichen. Im Vertrag des Vertrauens schreibt man darüber hinaus Personalentwicklung groß. Schutz, bei Rationalisierung nicht durch den Rost zu fallen, gibt eine Personalbörse.

„Für mich ist das Einvernehmensprinzip der entscheidende Passus", bekräftigt *Harald Schock*. Im Gegenzug verschließt der gewählte Belegschaftsvertreter vor Marktrealitäten die Augen nicht; Kündigungsschutz gilt nicht bei einem Wegbrechen von Märkten und Preisen. Inmitten der Lean- und Beteiligungswelle war *Harald Schock* klar geworden, „dass wir auch unsere Betriebsratsarbeit umstellen müssen". Mehr mit Betriebsvereinbarungen arbeiten, mehr Projektarbeit, heißt die Devise für das junge Betriebsrats-Gremium, das im Durchschnitt 35 Jahre zählt. 1993 hatte der Betriebsrat vorzeitig auch verjüngende Wahlen anberaumt. Begründung: Den partnerschaftlich auszuhandelnden Weg des Modernisierungsprozesses sollte eine Betriebsratsmannschaft konsequent gehen, sonst hätte es eventuell nach einem Jahr geheißen: Das war's.

Ein zäher Kämpfer – vor und hinter den Kulissen

1988, bei seinem Amtsantritt, hatte *Manfred Horn*[3] der Geschäftsführung klar gemacht: „Ihr habt die Wahl: Wir können einen Weg miteinander gehen, aber dann bin ich vorne mit dabei. Oder der Betriebsrat kommt erst an zweiter, dritter Stelle, und dann fechten wir das im Betrieb oder vor dem Arbeitsgericht aus."

1991 ist mit über 500 Millionen Mark Umsatz das beste Jahr in der Unternehmensgeschichte. Ein Jahr später der Absturz: keine

---

[3] *Manfred Horn*, Gesamtbetriebsratsvorsitzender des Maschinenbauers Müller-Weingarten

Aufträge mehr. „Es war wie abgeschnitten", erzählt *Horn*. Die Preise fallen um 30 Prozent. Mitten in der tiefsten Krise treibt der Vorstandsvorsitzende die Internationalisierung und die innere Reorganisation voran; 110 Millionen Mark Modernisierungsinvestitionen fließen in den Standort Deutschland. „Bei diesen Millionen-Investitionen war ich vielleicht auch maßgeblich beteiligt", sagt der Betriebsratsvorsitzende einen für ihn typischen, weil von Understatement gefärbten Satz. Doch sein Credo im Aufsichtsrat: Bevor wir ins Ausland gehen, muss die eigene Produktion stimmen. Den Investitionen im Werkzeugbau hat er nur unter der Bedingung zugestimmt, dass auch im Maschinenbau, „dem Träger des Ganzen", investiert wird.

500 Menschen sollen den heutzutage schwerlich ersetzbaren Arbeitsplatz verlassen, wie kriegt man das menschlich geregelt? Nichts lässt *Manfred Horn* davon raus, wie heftig es hinter verschlossenen Türen zwischen ihm und der Personalleitung zur Sache gegangen ist. Das trägt er nicht mal in die Betriebsversammlung. Sein Stil ist es nicht, sich populistisch irgendwelche Errungenschaften an die Brust zu heften und zu diesem Zweck seine Verhandlungspartner vorzuführen. Ihn interessieren die Ergebnisse.

Das Team hat nicht nur alle bekannten Mittel wie Vorruhestand ausgeschöpft, sondern sich auch neue einfallen lassen: Sie vermittelten Mitarbeiter an befreundete Firmen. Jüngeren wurde auf Kosten des Unternehmens eine Qualifizierungsschleife mit einer Wiedereinstellungsoption angeboten. Daneben gab man hochqualifizierte Mitarbeiter an Leiharbeitsfirmen mit der Zusage, die Firmen vorrangig zu berücksichtigen, wenn das Geschäft wieder läuft.

Als diese Tortur einer Massenentlastung gerade abgeschlossen war, stand schon die nächste an: 400 Männer und Frauen sollten ihre Existenz verlieren. Nun aber wäre eine Rumpffabrik übrig geblieben, ganz zu schweigen vom Aderlass an gewachsener Qualifikation. *Manfred Horn* machte einen kühnen Vorstoß: Die Mannschaft solle auf 28,8 Stunden heruntergehen und dafür 20 Prozent weniger an Geld verkraften – bei gesicherter Beschäftigung. Personalchef und Aufsichtsrat waren einverstanden, auch die Belegschaft sagte Ja zum kleineren Übel. Daneben gelang es *Manfred Horn*, „meiner Organisation", der IG Metall, diesen Einschnitt an Lohn und Zeit in Form eines Zusatztarifvertrages abzutrotzen.

Doch die Wirklichkeit erwies sich als komplizierter. Als ein Teil der Esslinger Belegschaft im Frühjahr '94 kürzer arbeiten und auch beim Geld kürzer treten musste, gab's heftige Proteste, zumal die Mitarbeiter ihren und andere Unternehmensbereiche schon wieder im Aufwind sahen. Letztlich war der Betriebsratsvorsitzende Horn heilfroh, dass mit der steigenden Auftragslage die vereinbarte Kurzarbeit erstmal vom Tisch war, „denn wir hätten bei der Umsetzung mehr Probleme gehabt, als wir anfangs gedacht haben. Und so haben wir" erzählt *Horn*, „den einzig richtigen Zug gemacht. Wir haben ein Minuskonto eröffnet und das später abarbeiten lassen. So ist das flexible Arbeitszeitkonto entstanden".

„Herr *Horn*, Sie können ihre Arbeit nicht verkaufen", hat sein Pendant auf der anderen Seite – Personalchef *Gerd Rothenbacher* – ihm einmal ins Gesicht gesagt. „Herr *Rothenbacher*, I brauch die net verkaufen, weil die sieht man doch", habe er geantwortet. Seit der verfehlten Wiederwahl zum Betriebsratsvorsitzenden 1994 weiß es *Manfred Horn* besser. Diese Niederlage hat dem Mann mit den ausdrucksvollen Gesten hart zugesetzt. Nach so viel Einsatz! *Manfred Horn*, der nun Gesamtbetriebsrats-Vorsitzender für Weingarten und Esslingen ist, schließt einen Moment die Augen und denkt konzentriert nach, ehe er einräumt: Das ganze Umgestalten hat ihn sicher nicht nur populär gemacht.

Fragen zum Fallbeispiel

1. Wie lassen sich die beiden Betriebsräte charakterisieren? Welches typische Handlungsmuster kommt ihnen am nächsten?

2. Welche Mitbestimmungsorientierung verfolgen beide Unternehmen? Beschreiben Sie die jeweilige Mitbestimmungsstrategie.

3. Warum verlaufen die Grenzen zwischen den Mitbestimmungsstrategien fließend? Wie kann den daraus resultierenden Schwierigkeiten auf beiden Seiten begegnet werden?

Teil IX:
Controlling

Überblick

Entscheidungen über den Einsatz von Personal und im Rahmen der Personalarbeit bergen erhebliche Unsicherheit und müssen deshalb systematisch hinterfragt werden. Das ist Aufgabe des Personalcontrollings, das über die reine Kontrolle hinausgehen und auch die jeweilige Entscheidungsperspektive reflektieren soll. Da sich der Unternehmenserfolg bzw. die Erreichung der Unternehmensziele nicht einzelnen (personalbezogenen) Entscheidungen bzw. Maßnahmen zurechnen lassen, stehen zum einen die Kosten des Personals und der Personalarbeit, zum anderen Ergebnisse des Personaleinsatzes und der Personalarbeit im Vordergrund. Daneben wird auf die Bewertung des Humankapitals und des Personal- bzw. Humankapitalmanagements eingegangen. Diese werden als neue Wege der Reflexion personalbezogener Entscheidungen angesehen, aber häufig nicht in Verbindung mit dem Personalcontrolling gebracht. Sie sind jedoch hinsichtlich ihrer Ziele und Probleme damit eng verwandt.

Lehr-/Lernziele

Nachdem Sie diesen Teil gelesen haben, sollten Sie

- die Aufgaben des Personalcontrollings und Typen personalbezogener Entscheidungen kennen,
- wissen, warum der Beitrag personalbezogener Entscheidungen zu Unternehmenszielen nicht ermittelt werden kann,
- eine Vorstellung von den Möglichkeiten des Personalcontrollings auf der Ebene der Kosten und der personalwirtschaftlichen Ziele haben,
- verschiedene Verfahren der Humankapitalbewertung und deren Aussagefähigkeit kennen sowie
- begründen können, warum weder Verfahren der Bewertung des Personalmanagements noch Personal-Awards zu der Erfüllung von Personalcontrollingaufgaben nennenswert beitragen.

1 Entwicklung und Grundprobleme

Mit den Veröffentlichungen von *Potthoff/Trescher* (1986) und *Wunderer/Sailer* (1987a und 1987b) nahm die **Entwicklung** des Personalcontrollings im deutschsprachigen Bereich in den 1980er Jahren ihren Anfang. Trotz intensiver Auseinandersetzung konnte keine Einigung über Begriff und Inhalt des Personalcontrollings erzielt werden. Es gibt eine Vielzahl von Definitionen, denen es nicht gelingt, das Personalcontrolling von der Personalplanung, der Personalinformation bzw. -berichterstattung oder dem Personalmanagement hinreichend abzugrenzen (vgl. *Scherm* 1992, S. 310–311; *Scherm/Pietsch* 2005, S. 45–46). Darüber hinaus bleibt das Verhältnis von Controlling und Kontrolle ebenso ungeklärt wie die Frage, ob es sich um eine Funktion, eine Institution, eine Denkhaltung oder ein Instrument handelt.

Begriff und Inhalt bisher unklar

Das Personalcontrolling weist zwei **Grundprobleme** auf, die bei seiner Ausgestaltung erhebliche Schwierigkeiten bereiten. Zum einen hat die Ressource Personal nur begrenzt Objektcharakter; es handelt sich dabei um Subjekte (Personen), deren Eigensinn bei dem Versuch, sie zu Objekten (Personal) zu machen, zu berücksichtigen ist (vgl. *Wimmer/Neuberger* 1998, S. 513). Deshalb müssen individuelle Ziele, Bedürfnisse und Erwartungen Beachtung finden, auch wenn es im Rahmen der Leistungserstellung weniger um den Einsatz von Personen als den Einsatz von Personal geht. Zum anderen muss das Potenzial der Mitarbeiter in Arbeitsleistung transformiert werden, um einen Beitrag zum Unternehmenserfolg zu erbringen. Diese Transformation ist in hohem Maße dadurch beeinflusst, dass es sich einerseits um Individuen mit unterschiedlicher Motivation und Qualifikation handelt, andererseits die Situation und die Interaktionsbeziehungen eine wichtige Rolle spielen, wobei die Einflussfaktoren der Transformation weder alle bekannt noch (hinreichend) quantifizierbar sind. Hinzu kommt, dass der Erfolgsbeitrag nur aus dem Zusammenwirken der Arbeitsleistung mit weiteren Faktoren wie Strategie, Organisation, Technologie und anderen Ressourcen entsteht und sich deren Anteile am Unternehmenserfolg ebenfalls nicht (hinreichend) quantifizieren lassen. Auf die daraus resultierenden Schwierigkeiten bei der Datenerhebung und Messung bzw. Zurechnung wird im Weiteren noch näher eingegangen.

begrenzter Objektcharakter

Transformation von Potenzial in Leistung erforderlich

Zurechnungsproblem

2 Personalcontrolling als Reflexion personalbezogener Entscheidungen

Personalbezogene Entscheidungen erfordern **Selektion**, d.h., sie machen es notwendig, eine Auswahl aus möglichen Zielen, Handlungsalternativen und Umweltzuständen zu treffen. Die Komplexität einer Entscheidungssituation in Verbindung mit der begrenzten Informationsverarbeitungskapazität des Entscheiders führt aber dazu, dass sich eine Selektion als falsch erweisen und zu einer Fehlsteuerung des Unternehmens führen kann. Durch **Reflexion**, d.h. das Hinterfragen der Entscheidungen, wird diese Gefahr gemildert und gleichzeitig eine zentrale Voraussetzung für das notwendige Lernen der Entscheidungsträger geschaffen. Die Aufgabe des Personalcontrollings besteht in der Reflexion der personalbezogenen Entscheidungen. Es geht über die auf Abweichungen fokussierende Kontrolle hinaus und umfasst auch die Reflexion von Entscheidungsperspektiven (vgl. *Pietsch/ Scherm* 2004, S. 537–539).

unsichere Entscheidungen

Reduktion der Fehlsteuerungsgefahr

Die **abweichungsorientierte Reflexion** von Entscheidungen ist auf die Durchführung von Soll-Ist-Vergleichen ausgerichtet; es sollen Abweichungen und deren Ursachen identifiziert werden. Die Entscheidungen werden hinsichtlich der Effektivität, d.h. ihrer Zielwirkung(en), und der Effizienz, d.h. der Wirtschaftlichkeit ihrer Umsetzung, kritisch hinterfragt. Das kann nach Abschluss der Umsetzungshandlungen im Sinne einer Feedback-Kontrolle, aber auch bereits nach einzelnen Umsetzungsschritten im Sinne einer Feedforward-Kontrolle erfolgen. Letztere liefert Informationen über den Fortschritt der Umsetzung und soll Schlüsse auf die Zielerreichung bzw. Zielabweichung ermöglichen, um frühzeitig durch Korrekturen der Maßnahmen gegensteuern oder eine Anpassung der Ziele vornehmen zu können.

Soll-Ist-Vergleich

Feeback-Kontrolle Feedforward-Kontrolle

Die Reflexion von Entscheidungen erfordert darüber hinaus ein kritisches Hinterfragen der zugrunde liegenden Entscheidungsperspektive. Das hat gerade bei personalbezogenen Entscheidungen hohe Bedeutung, da diese vielfach nicht ausschließlich nach rationalen Kriterien getroffen werden (können), sondern werthaltige Festlegungen bedingen. Beispielsweise sind Annahmen über den Menschen, seine Ziele, Motive, Erwartungen und Verhaltensweisen erforderlich (Menschenbild), um Entscheidungen über seinen Einsatz bzw. die Beeinflussung seines Verhaltens treffen zu können. Bei der **perspektivenorientierten Reflexion** werden Entscheidungen bewusst aus alternativen Perspektiven, d.h. mit anderen Selektionsmustern, betrachtet.

Entscheidungsperspektive = Wahrnehmungs-, Interpretationsund Handlungsmuster

Vor diesem Hintergrund stellt sich Personalcontrolling weder als ein Instrument des Personalmanagements noch als eine Denkhaltung dar. Vielmehr handelt es sich um die Reflexion von zwei grundsätzlichen **Typen personalbezogener Entscheidungen**:

- Entscheidungen, die den Einsatz der Ressource Personal zum Gegenstand haben; dabei stehen die Kontrolle und Steuerung der Personalkosten und der Personalstruktur in quantitativer und qualitativer Hinsicht im Vordergrund.

  Personaleinsatz

- Entscheidungen, die sich auf die Personalarbeit im Unternehmen beziehen und nur in einem mittelbaren Zusammenhang mit dem Personaleinsatz stehen; hier fokussiert man auf den Input und Output der Personalarbeit.

  Personalarbeit

Da die Personalarbeit in der Regel Einfluss auf die Ressource Personal nimmt, gibt es zwischen den beiden Entscheidungstypen einen fließenden Übergang. Zur groben Unterscheidung können Erstere dem Aufgabenbereich der Führungskräfte in der Linie, Letztere vor allem dem Personalbereich, gegebenenfalls in Zusammenarbeit mit der Linie, zugeordnet werden. Die Reflexion der beiden Entscheidungstypen weist lediglich im Detail Unterschiede auf.

Überschneidungen zwischen den Entscheidungstypen

Für das kritische Hinterfragen der personalbezogenen Entscheidungen werden Informationen benötigt, die im Rahmen des Personalcontrollings zu beschaffen, aufzubereiten und bereitzustellen sind. Dabei geht es um Informationen, die zum einen aus der Analyse konkreter Abweichungen stammen, zum anderen potenzielle Einflussfaktoren und alternative Annahmen sowie individuelle Beschränkungen der Entscheidungsträger aufzeigen. Durch Letzteres soll die Reflexion der Entscheidungsperspektive induziert werden.

Informationsversorgung

Diese funktionale Sicht, bei der die (Management-)Funktion des Controllings (personalbezogener Entscheidungen) betrachtet wird, fokussiert allein die Aufgaben, die mit Personalcontrolling verbunden sind. Die Organisation des Personalcontrollings, wird dabei (zunächst) ausgeblendet wie bei den anderen personalwirtschaftlichen Aufgaben. Es darf jedoch keinesfalls (implizit) davon ausgegangen werden, dass Personalcontrolling ist, was Personalcontroller tun, oder ein Personalcontrolling bereits erfolgt, wenn es Personalcontroller gibt (vgl. dazu *Pietsch/Scherm* 2004, S. 541–547). Dass mit Personalcontrolling und insbesondere der Schaffung von Personalcontrollern Legitimitäts-, Professionalisierungs- und Machtaspekte verbunden sind, überrascht nicht (vgl. *Amalou-Döpke/Süß* 2014). Sicherlich spielt diese angesichts der geringen Wertschätzung des Personalmanagements mit eine Rolle, wenn in Unternehmen das Personalcontrolling zukünftig ausgebaut werden soll (vgl. *Wickel-Kirsch* 2012, S. 17; *Kienbaum Management Consultants* 2014, S. 9)

3 Ebenen des Personalcontrollings

3.1 Effektivitäts-, Effizienz- und Kostencontrolling

Personal verursacht im Unternehmen nicht nur erhebliche Kosten, sondern hat aufgrund seines Leistungspotenzials auch als (strategische) Ressource zentrale Bedeutung. Der Einsatz der Ressource Personal erfolgt dabei ebenso wie die Personalarbeit letztlich mit dem Ziel, einen Beitrag zur Erreichung der Unternehmensziele zu leisten. Deshalb spricht man seit *Wunderer/Sailer* in diesem Zusammenhang häufig von einem **Erfolgs- bzw. Effektivitätscontrolling** (vgl. 1987b, S. 291). Die Grundidee eines solchen Controllings stellt sich

Beitrag zum Erfolg des Unternehmens — recht einfach dar. Es ist der Beitrag zum Erfolg des Unternehmens zu ermitteln und den Sollvorgaben gegenüberzustellen. Ergeben sich Soll-Ist-Abweichungen, sind die Ursachen dafür zu suchen. Es besteht jedoch kein deterministischer, sondern lediglich ein stochastischer Zusammenhang zwischen Unternehmenserfolg und personalbezogenen Entscheidungen. Die Zurechnung eines bestimmten Unternehmenszielbeitrags auf einzelne Entscheidungen ist daher in begründeter Form nicht möglich (vgl. Abb. IX.1).

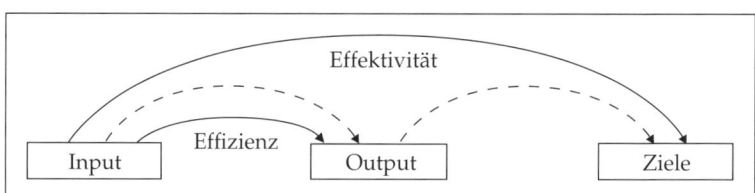

Abb. IX.1: Effektivität und Effizienz
(in Anlehnung an Wimmer/Neuberger 1998, S. 539)

Deshalb erweist sich ein sogenanntes Effektivitätscontrolling, bei dem der Unternehmenszielbeitrag einzelner personalbezogener Entscheidungen ermittelt wird, als nicht praktikabel, auch wenn von verschiedenen Seiten der Nachweis des finanziellen Erfolgs personalwirtschaftlicher Maßnahmen in den Vordergrund gerückt wird

Beispiele im Bereich der ... — (vgl. *Pietsch* 2008, S. 178; auch IX, 4). Einzelne Beispiele gibt es schon

... Personalauswahl und — seit längerer Zeit vor allem im Bereich der Personalauswahl. Auswahlverfahren sollen hierbei nicht nur anhand der Validität, sondern darüber hinaus an ihren monetären Erfolgswirkungen beurteilt werden (vgl. *Gerpott* 1989; auch *Plate* 2007, S. 69–98). Dazu muss neben

den relevanten Kosten der monetäre Wert der Mitarbeiterleistung ermittelt werden, der sich aus der multiplikativen Verknüpfung von vier Komponenten ergibt. Das sind (1) die Zahl der auszuwählenden Mitarbeiter, (2) die Differenz der Vorhersagevaliditäten der alternativen Auswahlverfahren, (3) ein Punktwert, der den durchschnittlichen Leistungsunterschied der mit verschiedenen Verfahren ausgewählten Mitarbeiter auf der Zielposition ausdrückt, und (4) das Ausmaß individueller Leistungsunterschiede, das in der Standardabweichung der Jahresgehälter zum Ausdruck kommt. Der Zusammenhang dieser Komponenten ist weder theoretisch vollständig begründbar, noch sind sie ohne weiteres zu schätzen. Hinzu kommt die mathematisch bedenkliche Aggregation nicht ausschließlich kardinal skalierter Größen, die zu einer Scheingenauigkeit führt. Die Ergebnisse sind daher nicht aussagefähig. Trotzdem findet sich der Einsatz solcher Verfahren nicht nur bei der Auswahl, sondern auch bei der Entwicklung von Personal (vgl *Süßmair/Rowold* 2007). Ähnliche Probleme weist die Humankapitalbewertung auf, die breit diskutiert wird und sich in einzelnen Unternehmen findet; auf sie wird noch näher eingegangen (vgl. dazu IX, 4).

... Personalentwicklung

Angesichts dieser Schwierigkeiten kann das Personalcontrolling nicht auf die Unternehmenszielbeiträge abstellen, die sich erst als Folge der Umsetzung personalwirtschaftlicher Entscheidungen zusammen mit verschiedenen anderen, nicht hinreichend erfassbaren Einflussfaktoren ergeben. Geeigneter erscheint es, sich auf die (zurechenbaren) Wirkungen bzw. Ergebnisse einer Maßnahme oder Entscheidung, d.h. deren Output, zu beschränken, wobei ein begründbarer finaler Zusammenhang mit den Unternehmenszielen bestehen muss. Dem Output lässt sich der dafür notwendige Input, d.h. Kosten des Personals bzw. der Personalarbeit, gegenüberstellen, um so die **Effizienz** zu bestimmen (vgl. Abb. IX.1). Bereitet die Wirkungsmessung auch auf dieser Ebene Schwierigkeiten und können die Ergebnisse einer Entscheidung nicht (hinreichend) erfasst und zugerechnet werden, müssen im Rahmen des Personalcontrollings zumindest die **Kosten**, d.h. der Input, überwacht werden.

Kosten und Ergebnisse einer Maßnahme bzw. Entscheidung

3.2 Controlling der Kosten

Der Einsatz von **Personal verursacht Kosten**, die in den Unternehmen einen großen Anteil an den Gesamtkosten haben. Deshalb und aufgrund der Schwierigkeiten, die Outputseite verlässlich zu erfassen, hat das kostenfokussierte Personalcontrolling in der Unternehmenspraxis eine große Bedeutung. Im Rahmen des Ressourceneinsatzes spielen in erster Linie die direkten Personalkosten eine Rolle; Schlüsselparameter sind einerseits die Zahl und die Qualifikation der Mitarbeiter (Mengenkomponente) sowie andererseits die Entgelte für tatsächlich

Mengenkomponente

Preiskomponente geleistete Arbeit und die Personalnebenkosten (Preiskomponente). Zu Letzteren rechnet man Entgelt für arbeitsfreie Tage (z. B. Feiertage, Urlaub, Krankheit), Sonderzahlungen (z. B. 13. Monatsgehalt, Urlaubsgeld), Aufwendungen für Vorsorgeeinrichtungen (z. B. Arbeitgeberbeiträge zur Sozialversicherung, betriebliche Altersversorgung) und sonstige Personalzusatzkosten (z. B. Familien-, Fahrtkostenbeihilfen).

Während sich die Qualifikation und Quantität aus der Planung des Personalbedarfs und -bestands ergeben (vgl. II, 1), bestimmen gesetzliche und tarifvertragliche Regelungen sowie betriebliche Vereinbarungen die Preiskomponente (vgl. I, 3 und VIII, 3). Da der rechtliche Rahmen einen Personalabbau nicht ungehindert zulässt und Ent-

kurzfristige Reduktion begrenzt
geltänderungen über die freiwillig gewährten Bestandteile hinaus Verhandlungen mit den Vertragspartnern erfordern, ist die kurzfristige Reduktion der direkten Personalkosten nur begrenzt möglich (vgl. II, 3).

Weiterhin werden **Kosten durch die Personalarbeit** verursacht, die zu einem großen Teil Gemeinkosten darstellen und deshalb nur über Verteilungsschlüssel auf einzelne Maßnahmen zu verrechnen sind. Anstelle der herkömmlichen Kostenrechnung eignet sich dafür eher eine Prozesskostenrechnung (vgl. *Wunderer/Jaritz* 2007, S. 319–333). Bei der Betrachtung einzelner Maßnahmen in den personalwirtschaftlichen Aufgabenfeldern ist es nicht erforderlich, diese möglichst tief zu glie-

relevante Prozesse
dern, d. h. einen Hauptprozess in sehr viele Teilprozesse aufzuteilen. Dadurch würde nur Pseudogenauigkeit erzielt. Bei konzeptionellen

Konzeptentwicklung
Entwicklungen (z. B. Anreiz-, Arbeitszeit- oder Beurteilungssysteme) darf nicht übersehen werden, dass sie neben den einmaligen Entwicklungskosten laufende „Betriebskosten" verursachen, die berücksichtigt werden müssen. In der Folge personalbezogener Entscheidungen entstehen auch außerhalb des Personalbereichs Kosten, die in die Reflexion dieser Entscheidungen einzubeziehen sind. Ein Beispiel dafür bilden unproduktive Zeiten der Mitarbeiter bei der Teilnahme an Entwicklungsmaßnahmen.

Heidelberger Druckmaschinen: Kostenrechnung vollständig und zutreffend

Personalcontrolling hat z. B. bei der Berufsausbildung die Frage zu beantworten, was eine Investition in zukünftige mögliche Mitarbeiter kostet. Ausbildungsverträge mit dem einjährigen Vorlauf und der Ausbildungsdauer haben erhebliche Bindungswirkung für die Zukunft.

Zu den Prozesskosten gehören daher:

- direkte Kosten der Ausbildungsvergütung und Sozialleistungen
- Kosten der Ausbilder, Gebäude, Infrastruktur
- Indirekte Kosten wie Betreuung und Verwaltung
- Ausbildungsspezifische Marketing- und Beschaffungskosten

> Eine Kostenbetrachtung ist aber umfassender anzustellen: Auszu-
> bildende leisten einen monetär zu bewertenden Beitrag, der mit
> den Ausbildungsjahren steigt. Ebenso werden Kosten vermieden,
> da die Übernahme nach der Ausbildung Kosten der Suche von
> Facharbeitern spart.
>
> Quelle: *Felder* 2014

Die Kosten können mit denen vergangener Perioden (Zeitvergleich)
oder anderer Unternehmensbereiche (interner Vergleich), aber auch
mit denen anderer Unternehmen der gleichen oder einer anderen
Branche verglichen werden. Die Unternehmenspraxis spricht in diesem Zusammenhang häufig von Benchmarking, auch wenn es sich
nur um einen einfachen Kennzahlenvergleich handelt. Die Aussagefä- **Kennzahlen-**
higkeit steht und fällt jedoch mit der Vergleichbarkeit der Kennzahlen. **vergleich**
Diese setzt nicht nur die gleiche Definition und Ermittlung der jeweiligen Kennzahl voraus, sondern auch vergleichbare Bedingungen des
Zustandekommens, z. B. hinsichtlich Alters- und Qualifikationsstruk-
tur, Prozessen oder Technologie. Sind diese Voraussetzungen nicht
erfüllt, bieten solche Vergleichszahlen keine Orientierung.

Mögliche Kennzahlen reichen von Absolutzahlen (z. B. Personal(neben) **Absolut- und**
kosten), die nur die Struktur der Personalkosten zum Ausdruck brin- **Verhältniszahlen**
gen, hin zu Verhältniszahlen, die (Teile der) Personalkosten in Beziehung zu (Teilen der) Gesamtkosten, zu den Mitarbeitern oder Ar-
beitsstunden bzw. zur Wertschöpfung in Relation setzen. In analoger
Form gibt es Kennzahlen, die die Personalstruktur kennzeichnen,
indem neben der Gesamtzahl der Mitarbeiter auch Personalkategorien
nach Qualifikation, Hierarchiestufe, Alter, Geschlecht und Ähnlichem
gebildet werden. Außerdem spielen hier Absenzen (z. B. in Folge von
Krankheit, Unfall), Fluktuation oder Überstunden eine wichtige Rolle.
Im Rahmen der Personalarbeit stehen die Kosten einzelner Aktivitäten
im Vordergrund, wobei neben Absolutzahlen (z. B. Weiterbildungskos-
ten) auch Verhältniszahlen zum Einsatz kommen, die Kosten z. B. zu
Mitarbeitern oder Maßnahmen in Beziehung setzen (vgl. Abb. IX.2).

Ressourceneinsatz	**Personalarbeit**
• Personalkosten (in Prozent der Wertschöpfung) • Personalzusatzkosten(-quote) • Personalkosten je Mitarbeiter oder Stunde • Durchschnittliche Kosten je Überstunde • Personalbedarf (je Personalkategorie) • Frauenanteil • Kranken-, Fluktuations-, Überstunden-quote • …	• Weiterbildungskosten (je Mitarbeiter) • Abfindungsaufwand/Sozialplankosten (pro Mitarbeiter) • Anteil der Personalentwicklungskosten an den Gesamtpersonalkosten • Kosten pro Stellenbesetzung • Kosten einer Beschaffungs-, Freiset-zungs- oder Entwicklungsmaßnahme • Kosten der Bewerberauswahl • …

Abb. IX.2: Inputorientierte Kennzahlen (Beispiele)

Abweichungen, die sich im Zuge des Soll-Ist-Vergleichs ergeben, können dabei ihre Ursache(n) in der Preis- und/oder Mengenkomponente haben, d.h., die Kosten des Personals bzw. der Personalarbeit oder die Zahl und Qualifikation der Mitarbeiter bzw. der Umfang personalwirtschaftlicher Leistungen weichen von der Planung ab. Das aufzudecken ist Gegenstand der Abweichungsanalyse. Erst dann sind gegebenenfalls Gegensteuerungsmaßnahmen bzw. Zieländerungen zu veranlassen.

Abweichungs-analyse

3.3 Controlling des Personaleinsatzes

Der Unternehmenserfolg lässt sich in der Regel nicht einzelnen Ursachen zurechnen und der Beitrag personalbezogener Entscheidungen zu den Unternehmenszielen kann somit nicht direkt gemessen werden. Deshalb müssen aus den Unternehmenszielen (Personal-) Ziele abgeleitet werden, die in einem finalen Zusammenhang, d.h. in einer Mittel-Zweck-Beziehung, stehen und für die Zielbeiträge direkt oder indirekt über Indikatoren ermittelt werden können. Indikatoren stellen Ersatzgrößen dar, die eine starke Korrelation mit der nicht messbaren Größe aufweisen, so dass von ihrer Veränderung auf die Veränderung der eigentlichen Zielgröße geschlossen werden kann.

Mittel-Zweck-Zusammenhang

Bei dem Controlling des Einsatzes der Ressource Personal liegt es nahe, auf die **Arbeitsleistung der Mitarbeiter** abzustellen und sie mit den Sollvorgaben zu vergleichen. Dazu muss vielfach ersatzweise auf deren Determinanten, d.h. Qualifikation und Motivation der Mitarbeiter, abgestellt werden. Aus dem Zusammenwirken von Qualifikation und Motivation resultiert unter dem Einfluss der Arbeitssituation die jeweilige individuelle Arbeitsleistung.

Determinanten der Arbeitsleistung

Die **Qualifikation** kann in drei Komponenten aufgeteilt werden. Das ist zum einen die aktuell geforderte Qualifikation, der entsprechende Anforderungsmerkmale einer Stelle gegenüberstehen und die im Zuge der Leistungsbeurteilung erfasst wird (vgl. IV, 2.1.4). Zum anderen gibt es Qualifikationsmerkmale, die eine Stelle aktuell nicht fordert, die aber vorhanden sind. Diese lassen sich anhand von Personalakten, Mitarbeitergesprächen und (Fähigkeits-)Tests erheben. Darüber hinaus weisen Mitarbeiter ein mehr oder weniger großes latentes Qualifikationspotenzial auf, das zwar aktuell nicht verfügbar ist, aber durch Selbst- und/oder Personalentwicklung verfügbar gemacht werden kann. Dieses lässt sich nur im Rahmen einer Potenzialbeurteilung ermitteln (vgl. IV, 3). Die gegenwärtige (und zukünftige) Qualifikation kann zum Gegenstand eines Soll-Ist-Vergleichs gemacht werden, wobei die Sollvorgaben für einzelne Mitarbeiter oder ganze Personalkategorien aus der Planung des qualitativen Personalbedarfs kommen (vgl. II, 1.2). Für Einsatzentscheidungen bilden die Anforderungsprofile der Stellen die Sollgröße, der die Qualifikationsprofile der Mitarbeiter gegenüberzustellen sind.

aktuell vorhandene Qualifikation

latentes Qualifikationspotenzial

Die **Motivation** wird von den Zielen, Motiven und Erwartungen der Mitarbeiter bestimmt. Sie unterliegt nicht nur situationsbedingt Schwankungen, sondern weist auch erhebliche individuelle Unterschiede auf und lässt sich nicht direkt messen. Man kann deshalb nur an den Bestimmungsfaktoren ansetzen und diese im Rahmen des Mitarbeitergesprächs erheben, um zu überprüfen, inwieweit den Zielen, Motiven und Erwartungen im Einzelfall entsprochen wird. In der Unternehmenspraxis wird statt der individuellen Erhebung auf (schriftliche) Mitarbeiterbefragungen und verschiedene Kennzahlen zurückgegriffen, denen jedoch gravierende Mängel anhaften. Befragungen liefern von methodischen Problemen abgesehen nur Durchschnittswerte, die für den einzelnen Mitarbeiter nicht aussagekräftig sind. Sie spiegeln außerdem eine zeitpunktbezogene Betrachtung wider, von der nicht ohne weiteres auf andere Zeitpunkte geschlossen werden kann. Auf der Grundlage solcher Befragungen bildet man durch Aggregation verschiedener (Einfluss-)Faktoren komplexe Kennzahlen, beispielsweise für das Commitment (Employee Commitment Index (ECI) – vgl. z. B. den Nachhaltigkeitsbericht der Daimler AG) oder das Engagement (z. B. der seit 2001 jährlich erhobene Gallup Engagement Index – vgl. dazu kritisch *Enderle/Jessl* 2008; *Jäger* 2011). Aufgrund des fehlenden theoretisch begründeten Zusammenhangs und der auf ordinalem Skalenniveau mathematisch bedenklichen Aggregation haben solche Kennzahlen keine nennenswerte Aussagekraft. Demgegenüber bereitet die Ermittlung und Bildung von einfachen Kennzahlen, wie z. B. der Fluktuations-, Krankheits- oder Fehlerquote, zwar keine Schwierigkeiten, jedoch sind für deren Entstehen vielfältige Ursachen denkbar, so dass eine eindeutige Schlussfolgerung hinsichtlich der Motivation nicht möglich ist. Trotzdem müssen ihre Veränderung im Zeitablauf oder Unterschiede im Vergleich mit anderen Unternehmen bzw. Unternehmensbereichen zum Anlass genommen werden, Ursachenforschung zu betreiben.

Mitarbeiterbefragungen und Indizes ungeeignet

Da die **Arbeitssituation** der Mitarbeiter sich nicht nur objektiv unterscheidet, sondern auch unterschiedlich wahrgenommen wird, sind die Beobachtung der jeweiligen Situation und das Gespräch mit dem einzelnen Mitarbeiter erforderlich. Anonyme Mitarbeiterbefragungen können lediglich erste Anhaltspunkte für eine spezifische Analyse geben, da Erkenntnisse über Klima und Kultur im Unternehmen oder die durchschnittliche Arbeitszufriedenheit keine konkreten Probleme im Einzelfall erkennen lassen.

individuelle Sicht ausschlaggebend

Die **perspektivenorientierte Reflexion** kann nur durch den einzelnen Entscheidungsträger erfolgen und bezieht sich in erster Linie auf die Zuweisung der Mitarbeiter auf Stellen, ihre Beurteilung, die Aus- und Weiterbildung on the job und die Führung. Sie kann durch Soll-Ist-Abweichungen der Arbeitsleistung bzw. deren Determinanten ausgelöst werden, ist jedoch auch unabhängig davon zu initiieren. Dazu eignen sich z. B. Ergebnisse aus der Beurteilung des Vorgesetz-

(angestoßene) Selbstreflexion

ten durch Gleichgestellte oder Mitarbeiter sowie Ergebnisse früherer Beurteilungen einzelner Mitarbeiter, die der Wahrnehmung bzw. den Annahmen des Entscheidungsträgers widersprechen. Daneben ist es möglich, diese Reflexion durch gezielte Sensibilisierung z. B. über verbreitete, nur schwer zu vermeidende Wahrnehmungsverzerrungen und Beurteilungsfehler anzustoßen.

3.4 Controlling der Personalarbeit

3.4.1 Typen personalwirtschaftlicher Maßnahmen

Neben dem Einsatz der Ressource Personal stellen die Entscheidungen bzw. Maßnahmen in den verschiedenen personalwirtschaftlichen Aufgabenfeldern Controllingobjekte dar. Die Ermittlung von Soll-Ist-Abweichungen erfordert Ziele (Sollvorgaben); diese leiten sich aus den Unternehmenszielen ab und bringen die Anforderungen bzw. Erwartungen der Unternehmensleitung, Führungskräfte und Mitarbeiter, aber auch der Arbeitnehmervertretung zum Ausdruck.

Output personalwirtschaftlicher Maßnahmen

Die Sollvorgaben müssen sich nicht nur auf Outputgrößen beziehen, sondern können auch als Output-Input-Relationen, d. h. Effizienzgrößen, formuliert sein. Sie lassen sich vor allem bei quantifizierbaren Zielen durch den Vergleich mit anderen Unternehmensbereichen oder Unternehmen gewinnen. Ein prozessorientiertes Benchmarking mit dem Ziel, sich an der „best practice" zu orientieren, setzt aber eine aufwändige Prozessanalyse und eine erhebliche Abstraktion von den jeweiligen unternehmensspezifischen Besonderheiten voraus.

Im Rahmen der Personalarbeit lassen sich drei **Typen von Maßnahmen** bilden, die grundsätzliche Unterschiede aufweisen:

- Maßnahmen der Bereitstellung von Personal (vor allem Beschaffung, Entwicklung, Freisetzung)
- konzeptionelle Entwicklungen in den verschiedenen Aufgabenfeldern (z. B. Arbeitszeit-, Anreiz-, Beurteilungssystem)
- Gestaltung der Arbeitsbeziehungen als interne Rahmenbedingung

---

HR-Strategieprozess der Techniker Krankenkasse

In Phase 1 erfolgt die Entwicklung bzw. jährliche Überprüfung der HR-Strategie: Im ersten Schritt werden maximal fünf klar beschriebene strategische Ziele der HR-Arbeit festgelegt, die im Folgejahr hinsichtlich der Realisierung zu überprüfen und gegebenenfalls durch neue zu ersetzen sind. Diese müssen in hohem Maß zur Erreichung der strategischen Unternehmensziele beitragen. Im zweiten Schritt werden maximal zehn Maßnahmen je HR-Fachabteilung für die Zielerreichung erarbeitet, die im dritten Schritt im Rahmen eines Workshops priorisiert werden. Im vierten Schritt fällt die

Entscheidung, welche maximal zehn Maßnahmen verfolgt werden. Im fünften Schritt gilt es, Verantwortlichkeiten, Aufgaben, Meilensteine und Budgets bzw. Ressourcen festzulegen. Dabei erkennbare Ressourcenengpässe können im sechsten Schritt zur Modifizierung oder Streichung einzelner Maßnahmen führen.

In Phase 2 erfolgt das Umsetzungscontrolling; durch komprimierte Berichtszyklen im Zweimonatsrhythmus entsteht Verbindlichkeit bis zum Projektende. Mögliche Veränderungen bei den Zielen und Zeitplänen erfolgen nur mit Freigabe der oberen HR-Führungskräfte.

Quelle: *Dorn/Seitz/Weber* 2014

3.4.2 Reflexion der Personalbereitstellung

Die **Personalbeschaffung** zielt darauf ab, den in quantitativer und qualitativer Hinsicht vorgegebenen Personalbedarf termingerecht und wirtschaftlich zu decken. Während die Bedarfsdeckung ex post direkt gemessen werden kann, erfordern die Fortschrittskontrolle und die Prüfung der Effizienz einzelner Maßnahmen weitere Beurteilungskriterien. Wichtig ist hier z. B. der Erfolg einer Beschaffungsmaßnahme. Dieser muss differenziert gesehen werden, da es nicht darum geht, möglichst viele Bewerbungen zu erzielen, sondern geeignete Kandidaten anzusprechen, die Vertragsangebote annehmen. Ebenso ist von Bedeutung, dass sich bei den Bewerbern realistische Erwartungen bilden können und in den ersten Monaten keine erhöhte Fluktuation als Folge unerfüllter Erwartungen auftritt. Der Erfolg des Personalmarketings zeigt sich in dem Arbeitgeberimage oder der Arbeitgebermarke, wobei die Ermittlung dieses Konstrukts erhebliche Schwierigkeiten bereitet (vgl. II, 2.4); interessant wären in diesem Zusammenhang zwar die Wirkungen einzelner image- oder markenbildender Maßnahmen, jedoch können Änderungen weder ohne weiteres gemessen noch auf einzelne Maßnahmen zurückgeführt werden. Der Beschaffungsprozess lässt sich zum einen an der Reaktionszeit auf eingegangene Bewerbungen oder der Gesamtdauer vom Bewerbungseingang bis zur Entscheidung, zum anderen durch Befragung vor allem der Führungskräfte beurteilen. Für die Bestimmung der Effizienz müssen den Ergebnissen der einzelnen Beschaffungs- oder Marketingmaßnahmen die jeweiligen (Prozess-)Kosten gegenübergestellt werden (vgl. IX, 3.2). Außerdem muss die Situation im jeweiligen Arbeitsmarktsegment berücksichtigt werden.

termingerechte, wirtschaftliche Bedarfsdeckung

Arbeitgeberimage/-marke

Die **Personalentwicklung** zielt auf den Abbau von Qualifikationsdefiziten. Von zentraler Bedeutung sind hier der Lernerfolg und der erfolgreiche Transfer des Gelernten in die Arbeitssituation, aber auch die Zufriedenheit des Mitarbeiters mit der Maßnahme. Anders als bei der Personalbeschaffung lässt sich eine direkte Messung des

Lernerfolg und Transfererfolg

(Entwicklungs-)Erfolgs kaum durchführen. Neben Tests zur Kontrolle des Lernerfolgs kommen vor allem Befragungen der Teilnehmer, Vorgesetzten und Kollegen zum Einsatz, um Qualifikations- bzw. Leistungsverbesserungen oder Verhaltensänderungen zu ermitteln (vgl. V, 2.5). Für den Effizienzvergleich alternativer Maßnahmen müssen dem jeweiligen Output die relevanten Kosten gegenübergestellt werden. Kennzahlen, wie z.B. Weiterbildungszeit bzw. -kosten pro Mitarbeiter oder Anteil der Entwicklungskosten an den gesamten Personalkosten, haben allenfalls Dokumentationscharakter. Versuche, die Steigerung des Unternehmenserfolgs auf Personalentwicklung zurückzuführen, sind von vornherein zum Scheitern verurteilt; dazu vorgeschlagene Kennzahlen, wie z.B. die Bildungsrendite (Deckungsbeiträge aufgrund Personalentwicklung in Relation zu Personalentwicklungskosten – vgl. *Schulte* 2011, S. 229), lassen sich aufgrund der Zurechnungsprobleme auch näherungsweise kaum ermitteln und sind deshalb verzichtbar.

(Randspalte: ungeeignete Kennzahlen)

Bei der **Personalfreisetzung** geht es darum, einen Personalüberhang abzubauen und dabei den Zielen des Unternehmens und soweit möglich der betroffenen Mitarbeiter Rechnung zu tragen. Da Freisetzungsmaßnahmen sowohl für das Unternehmen als auch die Mitarbeiter weitreichende Konsequenzen haben können, erfordern sie eine systematische Kontrolle. Die längere Umsetzungsdauer vor allem bei antizipativen Maßnahmen macht über die reine Ergebniskontrolle hinaus eine Fortschrittskontrolle notwendig. Sollvorgaben z.B. hinsichtlich Zeit und Kosten, deren Einhaltung direkt gemessen werden kann, kommen aus der Planung der Freisetzung. Inwieweit eine Freisetzung die Ziele der Mitarbeiter berücksichtigt, lässt sich nur in Einzelgesprächen prüfen. Austrittsinterviews stellen in diesem Zusammenhang eine wichtige Informationsquelle dar. Außerdem ist es bei Freisetzungen, die zum Personalabbau führen, von großer Bedeutung, dass die „richtigen" Mitarbeiter das Unternehmen verlassen und nicht wichtige Leistungsträger aufgrund der Sozialauswahl gekündigt werden müssen oder eine unerwünschte Fluktuation bei diesen eintritt (vgl. auch II, 3.3). Zur Beurteilung der Umsetzung einzelner Freisetzungsmaßnahmen können Kennzahlen, wie z.B. Annahmequote von Aufhebungsverträgen, Dauer der Arbeitslosigkeit bis zu einer neuen Beschäftigung, Anzahl der Gerichtsverfahren, Höhe der Abfindungen bzw. des Sozialplans, herangezogen werden. Die Kontrolle des Freisetzungsprozesses verläuft analog der des Beschaffungs- oder Entwicklungsprozesses; Sollvorgaben lassen sich auch hier aus internen Vergleichen oder einem Benchmarking mit externen Partnern gewinnen.

(Randspalte: differenzierte Erfolgsmessung)

Es wird deutlich, dass dem Einsatz von **Kennzahlen** im Personalcontrolling Grenzen gesteckt sind, auch wenn die Literatur verschiedene Kennzahlenkataloge kennt und diese in der Praxis Anwendung finden (vgl. z.B. *Wunderer/Jaritz* 2007, S. 108–118; auch *DGFP* 2011; 2013).

(Randspalte: Probleme des Kennzahleneinsatzes)

Kennzahlen sind eine wichtige Informationsgrundlage, man muss sich aber der damit verbundenen Restriktionen bewusst sein. Zum einen findet eine Fokussierung auf quantifizierbare Sachverhalte statt, zum anderen besteht die Gefahr der Bildung irreführender Kennzahlen. Letzteres ist insbesondere dann gegeben, wenn den Beziehungskennzahlen der kausale Zusammenhang zwischen Zähler und Nenner fehlt, wie das bei der sogenannten Bildungsrendite der Fall ist.

Kennzahlensysteme lassen sich in zwei grundsätzlich verschiedene Formen unterscheiden: Rechensysteme und Ordnungssysteme. Von einem Rechensystem spricht man, wenn die Wirkungen der betrachteten Größen quantifizierbar und die Zusammenhänge zwischen ihnen in mathematischen Funktionen auszudrücken sind. Dann ist es möglich, sie zu einer Spitzenkennzahl zu aggregieren und das Augenmerk nur noch auf diese zu richten. Die Voraussetzungen dafür sind im Personalbereich jedoch nicht erfüllt. In Ordnungssystemen sind die Kennzahlen sachlogisch miteinander verknüpft. Sie bilden keine mathematischen Beziehungen ab und sind nicht unbedingt hierarchisch aufgebaut; d. h., wenn eine Spitzenkennzahl gegeben ist, entsteht dies nicht durch stufenweise Verdichtung. Ein Beispiel für ein Ordnungssystem stellt die Balanced Scorecard dar. Neben Scorecards für das gesamte Unternehmen, in denen die Mitarbeiter oder das Personalmanagement eine Perspektive bilden, finden sich auch eigenständige Balanced Scorecards für das Personalmanagement (Personal-BSC oder HR-BSC) (vgl. *Grötzinger/Uepping* 2001; auch *Armutat* 2012). Die grundsätzlichen Operationalisierungs- und Quantifizierungsprobleme sowie die Probleme der Zurechnung von Zielbeiträgen auf einzelne Entscheidungen sind auch hierbei nicht gelöst bzw. lösbar, auch wenn das bei dem Einsatz in den Unternehmen vielfach ignoriert wird; anscheinend überwiegt in der Unternehmenspraxis nicht selten der Wunsch, eine HR-BSC zu haben, gegenüber ihrer Aussagefähigkeit (vgl. z. B. *Kast* 2007).

Rechensysteme

Ordnungssysteme

Basler Versicherungen

Der HR-Bereich der Basler Versicherungen hat eine eigene Marke für HR geschaffen. Zum Abschluss wurde eine „HR Balanced Scorecard" entwickelt, denn auch neue kreative Formate müssen in messbare Ergebnisse überführt werden. Auf diese Weise wird der Wertbeitrag der HR-Marke transparent und die Kommunikation gegenüber den Stakeholdern möglich. Halbjährlich werden die HR-Marke und ihr Beitrag zum Unternehmensergebnis nun anhand der Kundenwahrnehmung und der Zufriedenheit der HR-Mitarbeiter gleichermaßen gemessen.

Quelle: *Uhlig/Toll/Meenzen* 2014, S. 52–53

3.4.3 Reflexion der Entwicklung personal-wirtschaftlicher Konzepte

Anreiz-, Arbeitszeit- und Beurteilungssysteme

Anders als die Bereitstellung von Personal im Unternehmen hat die **Entwicklung personalwirtschaftlicher Konzepte**, wie z. B. Anreiz-, Arbeitszeit- und Beurteilungssysteme, eher Einzelfall- bzw. Projektcharakter. Sie werden für einen längerfristigen Einsatz entwickelt und haben häufig Gültigkeit für das gesamte Unternehmen. Die Projekte verursachen nicht selten erhebliche Kosten und ihr Ergebnis lässt sich nicht ohne weiteres revidieren, da sie in der Regel mit dem Betriebsrat ausgehandelt werden. Aus diesen Gründen stellen sie ein wichtiges Objekt des Personalcontrollings dar. Es ist nicht nur der Entwicklungsprozess, sondern auch die Erreichung der verfolgten Flexibilitäts-, Kosten-, Bindungs- und Motivationsziele zu kontrollieren. Die Fortschrittskontrolle der Konzeptentwicklung erfordert operationale Zwischenziele, unter denen Zeit und Kosten eine wichtige Rolle spielen. Inwieweit die verfolgten Ziele letztlich erreicht werden, lässt sich nur mittels Indikatoren und Befragung der Betroffenen (vor allem Mitarbeiter und Vorgesetzte) bestimmen. Die Probleme, die komplexe, aggregierte Kennzahlen einerseits und anonyme, schriftliche Mitarbeiterbefragungen dabei bergen, wurden bereits angesprochen, so dass aufwändige Mitarbeitergespräche nicht völlig zu umgehen sind.

3.4.4 Reflexion der Arbeitsbeziehungen

Da viele personalwirtschaftliche Entscheidungen in den Geltungsbereich des Betriebsverfassungsgesetzes fallen und der Betriebsrat in unterschiedlicher Form daran zu beteiligen ist, stellt die Gestaltung der **Beziehungen zur Arbeitnehmervertretung** eine wichtige Voraussetzung für den Erfolg des Personalmanagements dar (vgl. VIII, 5). Der Umgang mit dem Betriebsrat kann in unterschiedlicher Form erfolgen, so dass eine Entscheidung für eine bestimmte Mitbestimmungsstrategie fallen muss. Aufgrund der zentralen Bedeutung dieser Entscheidung und der Tatsache, dass sich im Zeitablauf Veränderungen in den Rahmenbedingungen und bei den Akteuren auf Betriebsrats-

Erfolg einer Mitbestimmungsstrategie

und Unternehmensseite ergeben (können), ist ein Controlling unumgänglich. Die Sollvorgaben für den Soll-Ist-Vergleich leiten sich aus der verfolgten Mitbestimmungsstrategie bzw. den übergeordneten personalpolitischen Zielen ab und können sehr unterschiedlich sein. Unabhängig von der jeweiligen Strategie sind Kriterien wie z. B. Dauer der Entscheidungsfindung bei Mitentscheidungsrechten, Kosten von Kompromissentscheidungen, Anzahl blockierter Maßnahmen oder Anzahl der Einigungsstellenverfahren. Sie geben Anhaltspunkte für die Beurteilung der Eignung einer Mitbestimmungsstrategie und deren Umsetzung. Für eine feedforward-orientierte Kontrolle sind jedoch auch hier Gespräche mit den Betroffenen unumgänglich.

Die Entscheidungen in den verschiedenen Aufgabenfeldern sind ebenso wie die Konzeptentwicklung und vor allem das Mitbestimmungsmanagement von expliziten und impliziten Annahmen der jeweiligen Entscheider geprägt. Darin kommen individuelle Werthaltungen, Menschenbilder und Wahrnehmungsverzerrungen sowie (unternehmensweite) personalpolitische Festlegungen zum Ausdruck. Die daraus resultierende Entscheidungsperspektive bestimmt personalwirtschaftliche Entscheidungen ganz wesentlich mit. Das Spektrum solcher Annahmen über die Erwartungen der Bewerber, die Lernbereitschaft, das Lernverhalten und Potenzial der Entwicklungsadressaten bis hin zu den Werten und Motiven der Mitarbeiter oder der Arbeitnehmervertretung ist weit gespannt. Da sie nicht nur unvermeidlich, sondern auch notwendig für die Entscheidungen sind, muss man sich dieser Annahmen bewusst sein und sie kritisch hinterfragen. Diese **perspektivenorientierte Reflexion** kann durch besonders häufige oder große Soll-Ist-Abweichungen angestoßen werden, die Antizipation von Problemen wird aber gerade dadurch gefördert, dass man sich ihr auch ohne konkreten Anlass stellt.

Entscheidungen erfordern Annahmen

4 Neue Wege im Personalcontrolling?

4.1 Humankapitalbewertung

zunehmende Popularität

Besondere Aufmerksamkeit erfährt schon seit Jahren die Bewertung des Humankapitals. Dazu haben wesentlich die Erfassung und Bewertung immaterieller Werte in der Rechnungslegung und den Rankings nach Basel II sowie Due-Diligence-Prüfungen im Rahmen von Mergers and Acquisitions beigetragen. Die Humankapitalbewertung wird neben diesen Zwecken auch für die interne Steuerung der Humanressourcen gefordert. Es soll Transparenz hinsichtlich der ökonomischen Bedeutung des Faktors Personal geschaffen werden und man will die Beiträge zum Unternehmenserfolg aufzeigen (vgl. *Pietsch* 2008, S. 178).

Humankapital

Humankapital kann aus betriebswirtschaftlicher Sicht als akkumuliertes Leistungspotenzial charakterisiert werden; es umfasst das Wissen und die Fähigkeiten der Mitarbeiter sowie ihre Motivation, diese zur Verfolgung der Unternehmensziele einzusetzen (vgl. auch V, 2.6). Hinsichtlich der monetären **Humankapitalbewertung** lassen sich drei Basiskonzepte unterscheiden (vgl. *Pietsch* 2008, S. 179–180; auch *Scholz/ Stein* 2006):

- Kostenorientierte Methoden
- Wertorientierte Methoden
- Erfolgspotenzialorientierte Methoden

Kostenverrechnungsparadigma

Kostenorientierte Methoden nehmen eine inputorientierte Bewertung des Humankapitals vor, indem sie (unterschiedliche) Kosten auf den Personaleinsatz verrechnen (Kostenverrechnungsparadigma). So können z. B. statt den – gegebenenfalls nach Hierarchiestufen differenzierten und gewichteten – aktuellen Personalkosten auch Wiederbeschaffungskosten, die im Falle einer Neubesetzung von Stellen entstehen würden, herangezogen werden. Dabei steht die in kaufmännischer Sicht vorsichtige und objektivierte Bewertung im Vordergrund. Die hohe Reliabilität der Bewertungsergebnisse wiegt deren Problematik nicht auf. Das Personal wird in erster Linie als Kostenfaktor betrachtet und der Blick zu stark auf die Reduktion der Personalkosten gelenkt, der Beitrag zum Unternehmensergebnis wird dagegen vernachlässigt (vgl. *Scherm/Fleischmann* 2006, S. 201).

Erfolgsverteilungsparadigma

Wertorientierte Methoden folgen dem Erfolgsverteilungsparadigma; sie verteilen den erzielten Erfolg (z. B. Entwicklung des Unternehmenswerts) neben anderen Faktoren auch auf den Faktor Personal. Dazu muss der Beitrag des Personals zum Unternehmenserfolg identifiziert werden (vgl. auch IX, 3.1). Die wertorientierte strategische Steuerung zielt auf die Steigerung des Werts des Humankapitals und damit des Eigentümerwerts (shareholder value). Die Kostensicht tritt in den Hintergrund, der Fokus liegt auf den strategischen Investitionen in das Humankapital.

Der Markt-/Börsenwert als Bezugsgröße ist stark durch Schwankungen der Aktienkurse beeinflusst, die nur im Ausnahmefall mit dem Humankapitalwert in Verbindung stehen. Der davon in Abzug zu bringende Buchwert birgt kaum weniger Probleme, so dass für das sogenannte Differenzverfahren allenfalls der geringe Aufwand spricht (vgl. *Scherm/Fleischmann* 2006, S. 200). Zu den komplexeren wertorientierten Methoden zählen z. B. die kennzahlenorientierte Mitarbeiterführung *Bühners* (vgl. 1997), das Workonomics™-Konzept der Boston Consulting Group (vgl. *Strack/Baier/Dyrchs* 2009, S. 182–187) und der wertorientierte Ansatz der *DGFP* zur Evaluation spezialisierter Personalbereiche (vgl. 2004; 2007; *Armutat* 2012). Sie orientieren sich alle an dem Oberziel der Eigentümerwertsteigerung, legen dazu aber unterschiedliche Wertmaßstäbe zugrunde oder beziehen sich lediglich in recht vager Form verbal auf das Oberziel. Über Ursache-Wirkungs-Beziehungen wird versucht, die Wertentwicklung auf personalspezifische Werttreiber zurückzuführen; diese gelten als Indikatoren für Wertschaffung bzw. Wertvernichtung durch den Personaleinsatz bzw. die Personalarbeit. Dabei kommen neben finanziellen Größen (z. B. Cash Flow, Wertschöpfung oder Kosten je Mitarbeiter) nichtfinanzielle Indikatoren (z. B. Überstunden, Feedback-Gespräche je Mitarbeiter, Anteil interner Stellenbesetzungen, Anteil der Mitarbeiter mit variabler Vergütung, Krankenstand) zum Einsatz. Die Messung personalwirtschaftlicher Wertbeiträge erfolgt im Rahmen einer kennzahlenbasierten Steuerung des Gesamtunternehmens, d. h. aller Teilbereiche.

Die Vielfalt der Methoden führt zu erheblich divergierenden Ergebnissen und es fehlen Kriteren für die Beurteilung der Qualität bzw. die Auswahl einer Methode. Darüber hinaus bestehen methodische Beschränkungen aufgrund von Mess- und Prognoseproblemen (vgl. *Pietsch* 2008, S. 180–181): Messprobleme resultieren aus den – kontrovers diskutierten – Basiskennzahlen der Erfassung der Eigentümerwertentwicklung sowie dem nicht hinreichend durchdringbaren Netz der Ursache-Wirkungs-Beziehungen; so werden in den verschiedenen Ansätzen bestenfalls partiell Hierarchien verschiedener Wertreiber expliziert, während die Zeitverzögerung bei den (Ziel-)Wirkungen unberücksichtigt bleibt. Die Verwendung von bis zu über 1.000 personalwirtschaftlichen Kennzahlen verstärkt diese Problematik noch (vgl. *Wucknitz* 2009; auch *DGFP* 2004). Zu den bekannten Problemen der Prognose zukünftiger Cash-Flows kommt hier noch die Entwicklung personalwirtschaftlicher Leistungsindikatoren hinzu. Wertbeiträge des Personals bzw. der Personalarbeit lassen sich daher nicht eindeu-

Randnotizen:
komplexere Methoden

Oberziel Eigentümerwertsteigerung

Messprobleme

Prognoseprobleme

mehrdeutige, interpretationsoffene Humankapitalwerte

tig bestimmen. Die gewonnenen Humankapitalwerte sind mehrdeutig, bieten beträchtlichen Interpretationsspielraum und lassen keine eindeutigen Schlussfolgerungen zu. Es ist daher unumgänglich, mit dem Einsatz solcher Methoden auch Regeln für die Interpretation der Ergebnisse zu etablieren (vgl. *Pietsch* 2008, S. 186–187).

Erfolgspotenzialparadigma

Saarbrücker Formel

Erfolgspotenzialorientierte Methoden nehmen nicht den Unternehmenserfolg als Ausgangspunkt für die Humankapitalbewertung. Sie orientieren sich an dem Erfolgspotenzial des Personals und bestimmen dieses unabhängig von der Erfolgssituation des Unternehmens. Dem Erfolgspotenzialparadigma folgt die Saarbrücker Formel (vgl. *Scholz/Stein/Bechtel* 2011, S. 201–208, 213–237; auch *Scholz* 2014a, S. 381–388). Die Formel zur Ermittlung des Human Capital (HC) basiert – differenziert nach Mitarbeitergruppen – auf vier Komponenten: Die HC-Wertbasis (branchenübliche Durchschnittsvergütung) wird multipliziert mit dem eingetretenen HC-Wertverlust (Dauer der Relevanz von Wissen in Relation zur Betriebszugehörigkeitsdauer). Da der Verlust durch Ausgaben für Personalentwicklung kompensiert werden kann, werden diese als HC-Wertkompensation addiert. Die Summe wird multipliziert mit einem Motivationsindex (HC-Wertveränderung), da angenommen wird, dass nur motivierte Mitarbeiter Leistung erbringen.

zahlreiche Probleme und kontroverse Diskussion

Die Saarbrücker Formel weist zahlreiche Probleme auf und wird kontrovers diskutiert (vgl. z. B. *Becker/Labucay/Rieger* 2007; *Kossbiel* 2007; *Scholz* 2007). Weder die in Durchschnittskosten einer Mitarbeitergruppe ausgedrückte Wertbasis, deren Entwertung (Wertverlust) mit der Betriebszugehörigkeit zunimmt, noch die Wertkompensation, die durch die Personalentwicklungskosten in entsprechender Höhe erfolgt, können überzeugen. Außerdem sind im Hinblick darauf, was als Humankapital ermittelt wird, verschiedene – nicht ohne weiteres plausible – Interpretationen möglich. Der verwendete Motivationsindex ist theoretisch nicht erklärt, hinsichtlich seiner Normierung auf das Intervall [0,2] willkürlich und lässt sich aufgrund seiner Ordinalskalierung nur schwer multiplikativ verknüpfen. Hinzu kommt die Gruppenbildung, die unternehmensspezifischen Personalkategorien nur ausnahmsweise Rechnung tragen kann. Nicht zuletzt erweist sich die Formel als sehr sensitiv gegenüber Veränderungen zentraler Annahmen hinsichtlich der verschiedenen Komponenten. Der damit zum Ausdruck gebrachte Humankapitalwert hat somit nicht nur eine sehr eingeschränkte Aussagefähigkeit, er ergibt sich auch unabhängig von der jeweiligen Verwendung der Mitarbeiter. Deutliche Anknüpfungspunkte für das „Human Capital Management" lassen sich nicht erkennen. Die Kritik macht deutlich, wie schwierig (unmöglich?) es ist, den Wert des Humankapitals zu berechnen. Der Saarbrücker Formel ist es jedoch gelungen, Aufmerksamkeit für dieses Thema zu gewinnen, auch wenn weiterhin viele Fragen bei der Humankapitalbewertung offen bleiben.

Neben diesen Methoden der (monetären) Humankapitalbewertung gibt es auch **indikatorenbasierte Methoden**, die den „Wert" des Humankapitals anhand verschiedener Indikatoren erfassen und diese gegebenenfalls zu einem Gesamtwert aggregieren. Beispiele sind der Intellectual Capital Navigator, der Intangible Assets Monitor und der an die Balanced Scorecard angelehnte Skandia Navigator (vgl. *Scholz/ Stein/Bechtel* 2011, S. 93–150). Sie erlauben eine situationsspezifische und detaillierte Analyse, erlauben aber keinen unternehmensübergreifenden Vergleich. Für die Bildung eines Gesamtwerts fehlen die (mess-)theoretischen Voraussetzungen.

kein monetärer Wert

kein unternehmensübergreifender Vergleich

4.2 Bewertung des Personalmanagements

Neben dem Ziel, das Humankapital zu bewerten, gewinnt die gesamthafte Bewertung des Personalmanagements an Bedeutung. Zwei Indizes haben hier in den letzten Jahren eine umfangreiche Diskussion ausgelöst: der **Personalmanagement-Professionalisierungs-Index (PIX)** der DGFP (vgl. 2005 und 2012a) und der **Human-Potential-Index (HPI)**, der ab 2006 im Auftrag des Bundesministeriums für Arbeit und Soziales als potenzielles Rating-Instrument zur Messung und Steuerung des Humankapital(management)s entwickelt wurde (vgl. *Große- Jäger/Friederichs/Schubert* 2009; auch *Jessl* 2009) und ebenfalls nicht ohne Kritik blieb. PIX und HPI machen deutlich, dass der Übergang von der wertorientierten oder indikatorenbasierten Bewertung des Humankapitals zur Bewertung des Personalmanagements fließend erfolgt und weder hinsichtlich der Methoden noch der ungelösten Probleme grundsätzliche Unterschiede bestehen.

fließender Übergang zur Humankapitalbewertung

Der **PIX**, mit dem seit 2004 der Professionalisierungsstand des Personalmanagements gemessen wird, soll als Benchmark dienen und die Selbstreflexivität der Personalmanager anregen (*Fleig/Böhm* 2005, S. 9–11; *DGFP* 2012b, S. 3). Er wurde bislang sieben Mal (2004 bis 2008, 2010 und 2012) durch die sogenannte PIX-Befragung erhoben. Die ersten fünf Befragungen beruhten auf dem „alten" Professionalitätskonzept der DGFP, das diese im Jahr 2009 überarbeitete (vgl. *DGFP* 2012a, S. 22). Den letzten beiden Befragungen liegt das (neue) „DGFP-Modell eines integrierten, professionellen Personalmanagements" (*DGFP* 2012b, S. 4) zugrunde.

(modifiziertes) Professionalitätskonzept

Bewertet werden zwölf zentrale Gestaltungsfelder des Personalmanagements: sechs übergeordnete und fünf lebenszyklusorientierte Gestaltungsfelder sowie das Gestaltungsfeld Führungs- und Selbstkompetenz. Die übergeordneten Gestaltungsfelder stehen für „Managementaufgaben, die einen personalpolitischen Rahmen (…) bilden" (*DGFP* 2012a, S. 42). Durch sie sollen die strategischen, kulturellen und organisatorischen Voraussetzungen für alle Personalaktivitäten geschaffen werden (vgl. *DGFP* 2012b, S. 4); dabei handelt es sich um

zwölf Gestaltungsfelder

Unternehmens- und Personalstrategie, Unternehmenskultur und Veränderung, Arbeitsrecht und Sozialpartnerschaft, Beziehungen und Netzwerke, Wertschöpfungsmanagement und internationales Personalmanagement. Lebenszyklusorientierte Gestaltungsfelder beziehen sich auf „alle Aufgaben, mit denen der Weg von Humanressourcen ins, im und aus dem Unternehmen gestaltet wird" (*DGFP* 2012a, S. 43), d. h. Personalmarketing und -auswahl, Personalbetreuung und Mitarbeiterbindung, Leistungsmanagement und Vergütung, Personal- und Managemententwicklung und Personalfreisetzung. Die Führungs- und Selbstkompetenz wird als weiteres übergeordnetes Gestaltungsfeld angesehen, das die Person des Personalmanagers in den Fokus rückt (vgl. *DGFP* 2012a, S. 41–44).

Werden alle zwölf Gestaltungsfelder professionell bearbeitet, kann von einem professionellen Personalmanagement gesprochen werden. Dafür bedarf es (1) einer konzeptionellen Ausrichtung (Strategie), (2) geeigneter Methoden und Instrumente und (3) klar definierter Prozesse und Verantwortlichkeiten. Aus dem Zusammenspiel dieser drei

Konfigurations-professionalität

Fragebogen-erhebung

Aspekte resultiert dann die sogenannte Konfigurationsprofessionalität. Die PIX-Befragung richtet sich vorwiegend an Personalmanager und fokussiert pro Gestaltungsfeld die drei genannten Aspekte. Die Antworten werden zu Indizes zusammengefasst, woraus sich dann der übergeordnete Konfigurationsindex berechnet.

Wirkungs-professionalität

Modellgemäß hat die Konfigurationsprofessionalität einen unmittelbaren Einfluss auf die Wirkungsprofessionalität, die sich in der Strategiedurchdringung, der Arbeitgeberattraktivität, einer kooperativen Sozialpartnerschaft, effizienten Personalprozessen, einer innovativen Organisation sowie der Qualität und Verfügbarkeit von Personal zeigt. Sie wird ebenfalls durch Befragung der Personalmanager erhoben. Der daraus gewonnene Wirkungsindex bildet in Kombination mit dem Konfigurationsindex Professionalität des Personalmanagements ab (vgl. *DGFP* 2012a, S. 24–25; 2012b, S. 4–7, S. 30).

umfassende Kritik

Die erste Generation des PIX wurde umfassend kritisiert (vgl. z. B. *Oechsler* 2005; *Hummel* 2006; *Martin* 2006; *Nienhüser* 2006); die Kritik reichte von der fehlenden theoretischen Fundierung über konzeptionelle und methodische Schwächen bis hin zu messtheoretischen Defiziten. Viele der dort genannten Punkte sind allerdings auf den aktuellen PIX übertragbar, z. B. hinsichtlich der Reliabilität der gestellten Fragen (vgl. *Oechsler* 2005, S. 116; *DGFP* 2012b, S. 9–35). Selbst wenn man der PIX-Initiative der *DGFP* noch etwas Positives abgewinnen möchte (wie z. B. *Marr* 2006), eignet sich dieses Instrument nicht für das Personalcontrolling. Als Benchmark fehlt dem PIX jegliche Aussagefähigkeit und für die (Selbst-)Reflexion personalbezogener Entscheidungen gibt es wesentlich geeignetere Instrumente als einen Fragebogen.

Der **HPI** legt die Humankapitaldefinition des Human Capital Clubs (HCC) zugrunde, die neben den Mitarbeitern „Prozesse und Systeme, die sie unterstützen" einschließt (*Schubert/vor der Brüggen/Haferburg* 2008, S. 1). Erfasst werden 37 qualitative und drei quantitative Einzelindikatoren aus 13 Themenbereichen, die als signifikante Werttreiber angesehen werden, d. h. signifikant zwischen wirtschaftlich erfolgreichen und weniger erfolgreichen Unternehmen differenzieren. Die Themenbereiche umfassen personalwirtschaftliche Aufgabenfelder (z. B. Personalplanung und -auswahl, Personalentwicklung, Führung) und sogenannte Nachhaltigkeits-Tools (z. B. Work-Life-Balance, Mitarbeiterbindung, Gesundheitsförderung) (vgl. *Große-Jäger/Friederichs/Schubert* 2009, S. 22; *Schubert/Haferburg* 2012, S. 147–154).

40 Einzelindikatoren

Der Index bringt zum Ausdruck, in welchem Ausmaß das Humankapitalmanagement eines Unternehmens den wirtschaftlich erfolgreicheren Unternehmen ähnelt. Zu bedenken ist jedoch, dass nicht von dem ermittelten statistischen Zusammenhang zwischen der Nutzung bestimmter Instrumente und dem Unternehmenserfolg auf den entsprechenden Kausalzusammenhang geschlossen werden kann (vgl. *Sliwka/Breuer/Kampkötter* 2009, S. 21). In einer gemeinsamen Erklärung bezeichnen *Sattelberger/Scholz* (2009) den HPI als wissenschaftlich untragbar, erhebungsmethodisch unsauber, aussagelogisch falsch, ordnungspolitisch unzumutbar und ideologisch gefährlich, was *Stein* – wenig überraschend – unterstreicht; der HPI müsse aus agenturtheoretischer Sicht und angesichts des hinter ihm stehenden Netzwerks (Berater, Politik, Medien, Unternehmen, Wissenschaft) abgelehnt werden (vgl. *Stein* 2009a; 2009b). *Deller/Kalke/Passaro* (2009) halten die Umsetzungsreife des HPI unter anderem aufgrund der Gefahr einer systematischen Monopolstellung einzelner Beratungsunternehmen für (noch) nicht gegeben. Ob der HPI nach dem Rückzug der Politik im Herbst 2009 zukünftig wieder eine Rolle spielen wird, bleibt abzuwarten. Nach wie vor gibt es Befürworter (vgl. z. B. *Hoeppe* 2014, S. 343), aber auch in der praxisorientierten Literatur findet er sich noch (vgl. *Schubert/Haferburg* 2012). Daneben gab es Bemühungen, den HPI modifiziert als Personalmanagement-Champion-Index (PCI) weiterzuführen (vgl. *Schlotter/Ackermann* 2010). Abgesehen von allen theoretischen und methodischen Einwänden bringt dieser Index wie auch der PIX für das Personalcontrolling keinen erkennbaren Nutzen (vgl. *Scherm* 2011a, S. 42; auch 2011b).

Kritik

4.3 Personal-Awards – Bewertung durch Dritte

Besondere Aufmerksamkeit genießen seit einigen Jahren sogenannte **Personal-Awards**. Man kann darunter „Beste Arbeitgeber"-Wettbewerbe sowie Audits oder Siegel fassen, die Personalarbeit unter bestimmten Aspekten oder Projekte bzw. Konzepte aus Teilbereichen des Personalmanagements (z. B. Personalentwicklung) bewerten (vgl. dazu *Fleischmann/Scherm* 2008; *Böhlich* 2013). Zumeist trifft eine Jury, deren

intransparente
Bewertung

Zusammensetzung unterschiedlich (Vertreter aus Wissenschaft, Praxis und Politik) und nicht immer transparent ist, die Entscheidung über die Auszeichnung. Grundlage für die Bewertung bilden Selbstauskünfte der Personalverantwortlichen. Die Bewertungskriterien sind häufig unspezifisch, nicht erläutert und unbegründet sowie für den externen Betrachter nicht nachvollziehbar.

Art und Umfang der im Anschluss an die Teilnahme zur Verfügung gestellten Leistungen weisen erhebliche Unterschiede auf (vgl. *Scherm/Süß/Kruse* 2010). Das Spektrum reicht von einer knappen Begründung der Entscheidung bis hin zu – in seltenen Fällen – ausführlichen Feedback-Berichten mit zusätzlichen Leistungen wie Benchmarking- oder Stärken-Schwächen-Analysen. Dabei ist der Kreis der Unternehmen, denen weitere Leistungen zur Verfügung gestellt werden, ebenfalls sehr unterschiedlich. Zumeist profitieren nur ausgewählte bzw. in die engere Wahl gekommene Unternehmen, nur selten erhalten die übrigen Unternehmen Ergebnisdokumentationen mit einer Begründung der Entscheidung oder Verbesserungsvorschlägen.

mehr Personalmarketing als Personalcontrolling

Das intransparente Zustandekommen der Entscheidung auf der Grundlage von Selbstauskünften der Bewerteten sowie methodische und konzeptionelle Defizite der Bewertungsverfahren führen zu einer nur sehr geringen Aussagekraft der Ergebnisse. An eine ernsthafte Verwendung dieser Ergebnisse im Rahmen des Personalcontrollings ist daher nicht zu denken. Die Teilnahme bietet sich somit in erster Linie aus Personalmarketingüberlegungen an, denn der symbolische Erfolgsausweis kann legitimatorischen Zielen des Unternehmens und des Personalbereichs dienen (vgl. *Scherm/Süß* 2010; auch *Naundorf/Spengler* 2012).

Kontrollfragen zu Teil IX

1. Welche Grundprobleme ergeben sich für das Personalcontrolling?
2. Welche beiden Formen der Reflexion lassen sich unterscheiden?
3. Warum reicht es nicht aus, die Kostenwirkungen personalbezogener Entscheidungen zu kontrollieren?
4. Warum muss ein Controlling des Personaleinsatzes an der Arbeitsleistung anknüpfen?
5. Welche Typen personalbezogener Maßnahmen kann man unterscheiden?
6. Welche Grenzen ergeben sich bei dem Einsatz von Kennzahlen?
7. Welche Basiskonzepte der monetären Humankapitalbewertung lassen sich unterscheiden?
8. Warum bieten weder PIX bzw. HPI noch Personal-Awards eine ernst zu nehmende Alternative zu der Reflexion personalbezogener Entscheidungen?

Fallstudie: Das Personalcontrolling der Commerzbank

Das Beben der Finanz- und Wirtschaftskrise hat viel zerstört. Mehr als erschüttert wurde auch der Stolz vieler Banker auf ihre Arbeitgeber und auf das eigene Tun. Stolze Mitarbeiter sind aber engagiert und sorgen letztlich für eine gute finanzielle Performance. Stolz ist Kapital. Das Personalcontrolling kann dazu beitragen, dieses Kapital zu nutzen. Jedoch nur, wenn wir Personalcontrolling nicht als Erbsenzählerei verstehen, sondern als treibende Kraft personalwirtschaftlichen Handelns. Zum einen lässt es durch Fortschreibung von Zahlen der Vergangenheit in die Zukunft Trends erkennen und öffnet Handlungsräume, zum anderen ermöglicht es die Kommunikation darüber. Kurz: Personalcontrolling ist Koordinationsaufgabe.

In diesem Kontext verstehen wir die Kosten unserer Personalarbeit als Zukunftsinvestitionen. Die entscheidende Frage lautet: Für welche personalwirtschaftlichen Themen müssen wir unsere Mittel einsetzen. Personalcontrolling trägt dazu bei, diejenigen Themen zu identifizieren, zu planen, zu kontrollieren und zu steuern, die das Unternehmen weiterbringen. Bei diesen Themen geht es nicht nur darum, was unsere Leistungen kosten, sondern auch, was sie Arbeitgeber und Mitarbeiter bringen. Als Personalcontroller sehen wir uns als Coachs, die das Top-Management, die Führungskräfte und Kollegen im Personalbereich darin fit machen, die verfügbaren Mittel gezielt produktiv werden zu lassen.

Dabei sollte die Kommunikation Vertrauen schaffen, glaubwürdig, relevant und konstruktiv sein: Wir müssen aus der Vielzahl möglicher Themen und Zahlenlogiken diejenigen auswählen, die Geschäftsführung, Führungskräften und HR Nutzen bieten, und sollten so kommunizieren, dass sie entsprechend handeln können. Es geht also um das, was wir kommunizieren, und um das, wie wir dies tun – um Formate und Prozesse.

Ein Format sind die „Facts & Figures". Sie bieten pro Quartal auf zwei Seiten einen kompakten Überblick über wesentliche Kennzahlen. Hier geht es um Kapazitäten, Abgangs-, Zugangs- und Krankheitsquoten, Frauen in Führungspositionen, Nachwuchsprogramme, Vergütungsdaten und die Altersstruktur. Facts & Figures sind Teil einer Dashboard-Sammlung. Hier machen wir neben anderen Themen Personalrisiken transparent, kommentieren die Zahlen, bieten einen Ausblick und eine Zusammenfassung der Personalrisikosituation. Bei allen Themen liefern wir nicht nur Zahlen, sondern zudem eine orientierende Bewertung. Gemeinsam können kritische Themen identifiziert und handlungsorientiert diskutiert werden.

Als Berater machen wir mit dem halbjährlichen „Management Dialog" Führungskräften transparent, worauf es ankommt, damit sie mit einer starken Mannschaft ihre Geschäftsziele erreichen – etwa auf eine Professionalisierung des Gesundheitsmanagements, eine

strukturierte Personalplanung oder die Optimierung des Performance-Managements. Die Analyse geschieht auf Basis relevanter Personalkennzahlen und mit Blick auf personalwirtschaftliche oder gesellschaftliche Themen und Trends. Ergebnis ist eine SWOT-Matrix.

Für unsere Kunden im Talentmanagement erstellen wir z. B. einen jährlichen Nachwuchskräfte-Report; er bietet auf 24 Seiten Kennzahlen zu Themen wie „Bestand und Budget Nachwuchs", „Entwicklung Rekrutierung und Erstausbildung" oder „Nachwuchs- und Erstausbildungsquote", schafft Transparenz und zeigt Handlungsbedarf auf. Perspektivisch hat die Bank auch die Chance, das Personalcontrolling für ihr Talent- und Nachfolgemanagement zu nutzen – etwa, um Talentpools zu steuern und kritische Stellen zügig zu besetzen. Unser Idealbild ist hier umfassende analytische Klarheit „auf Knopfdruck".

Im Kern geht es stets um die Frage, in welche Leistungen investiert werden muss, um die Geschäftsziele zu erreichen. Eine Antwort darauf gibt unsere unternehmensweite Mitarbeiterbefragung „Commerzbank Monitor". Das Personalcontrolling sorgt für Vorbereitung und Durchführung der Befragung sowie die Analyse, Interpretation und Kommunikation der Ergebnisse – spezifisch für Top-Management, Führungskräfte und HR-Kollegen. Die Daten werden mit Ergebnissen anderer Systeme und zentralen unternehmerischen Erfolgsgrößen verknüpft. Diese Linkage-Analysen klären komplexe Wirkungszusammenhänge und wie wir positiv auf sie Einfluss nehmen können. Entscheidend ist dabei der Schritt vom Messen zum Machen. Deshalb bieten wir mehrere Workshop-Formate, um die Erkenntnisse in wirkungsvolle Folgemaßnahmen zu übersetzen.

Unter dem Strich besteht die entscheidende Leistung unseres Personalcontrollings darin, aus abstrakten Zahlen konkrete Themen zu machen, über die HR, Top-Management und Führungskräfte zukunftsorientiert reden und entsprechend handeln können. Dazu müssen wir als „beratender Coach" früh in Business-Themen eingebunden werden – und nicht nur unser Geschäft verstehen, sondern auch das unserer Kunden. Alles in allem machen wir das personalwirtschaftliche Handeln unseres Arbeitgebers transparent – von seiner analytischen Basis bis zu seiner Bedeutung für die Mitarbeiter und das Geschäft.

Quelle: *Ziemann* 2015

Fragen zum Fallbeispiel

1. Wie sieht das Selbstverständnis des Personalcontrollings bei der Commerzbank aus?

2. Wie ist die Aufgabenverteilung zwischen Entscheidungsträgern und Personalcontrollern zu beurteilen?

3. Welche Gründe könnte *Ziemann* haben, die (Form der) Kommunikation und die Interpretation der Informationen so hervorzuheben? Was ist davon zu halten?

4. Wie schätzen Sie die verschiedenen vorgestellten Formate der Personalcontroller ein? Sehen Sie Verbesserungsmöglichkeiten?

Literaturverzeichnis

Abrell, Carolin/Rowold, Jens (2015): Personalmarketing, in: Rowold, Jens (Hrsg.): Human Resource Management, Berlin, 2. Aufl., Heidelberg, 2015, S. 135–144

Adams, Jean S. (1963): Toward an understanding of inequity, in: Journal of Abnormal and Social Psychology 67 (5/1963), S. 422–436

Alderfer, Clayton P. (1972): Existence, Relatedness, and Growth. Human Needs in Organizational Settings, New York 1972

Alewell, Dorothea (2001): Entlohnung, in: Jost, Peter-J. (Hrsg.): Der Transaktionskostenansatz in der Betriebswirtschaftslehre, Stuttgart 2001, S. 361–393

Allianz (2015): Ihre Entwicklung bei uns, https://perspektiven. allianz.de/arbeitgeber/karriere_und_entwicklung/index.html (Stand: 01.10.2015)

Allianz (2015): Ihre Rente vom Chef – die betriebliche Altersversorgung, https://www.allianz.de/vorsorge/pensionsfonds/Aufspaltung%20des%20Einkommens (Stand: 09.11.2015)

Altmann, Sarah/Süß, Stefan (2015a): The Influence of Temporary Time Offs from Work on Employer Attractiveness – An Experimental Study, in: Management Revue 26 (4/2015), S. 282–305

Altmann, Sarah/Süß, Stefan (2015b): Berufliche Auszeiten, in: Wirtschaftswissenschaftliches Studium 44 (5/2015), S. 246–251

Altmeyer, Werner (2014): Europäischer Betriebsrat, in: Blanke, Thomas/ Breisig, Thomas (Hrsg.): Wirtschaftswissen für Betriebsräte, Kissing 2014

Amalou-Döpke, Linda/Süß, Stefan (2014): Personalcontrolling als Machtquelle des Personalmanagements? In: Personalquarterly 66 (1/2014), S. 40–45

Ambler, Tim/Barrow, Simon (1996): The employer brand, in: The Journal of Brand Management 4 (3/1996), S. 185–206

Arbeitsgemeinschaft der Juniorenfirmen (o. J.): Informationsmappe, o. J., S. 12, www.juniorenfirmen.com

Armutat, Sascha (2012): Steuerung von Humankapital mit der HC-Scorecard, in: Friederichs, Peter/Armutat, Sascha (Hrsg.): Human Capital Auditierung – Aufgabe für das Personalmanagement, Bielefeld 2012, S. 120–126

Arnold, Patricia/Kilian, Lars/Thillosen, Anne/ Zimmer, Gerhard (2013): Handbuch E-Learning, 3. Aufl., Bielefeld 2013

Atkinson, John W. (1964): An Introduction to Motivation, Princeton 1964

Atkinson, John W. (1984): Manpower Strategies for Flexible Organisations, in: Personnel Management 16 (8/1984), S. 28–31

Auer, Manfred/Edlinger, Gabriela/Mölk, Andreas (2014): Interpretationen und Rekonstruktionen einer Arbeitgebermarke durch unternehmensexterne Stakeholder: eine explorative Studie, in: Zeitschrift für Personalforschung 28 (3/2014), S. 346–366

Auswärtiges Amt (2015): Das Auswahlverfahren für die Beamtenlaufbahn – Ihr Weg in die EU, http://www.auswaertiges-amt.de/DE/AusbildungKarriere/Europa/Concours/Auswahlverfahren.html (Stand: 09.11.2015)

Avolio, Bruce J./Zhu, Weichun/Koh, William/Bhatia, Puja (2004): Transformational leadership and organizational commitment: Mediating role of psychological empowerment and moderating role of structural distance, in: Journal of Organizational Behavior 25 (8/2004), S. 951–968

Backes-Gellner, Uschi (1993): Personalwirtschaftslehre – eine ökonomische Disziplin!? In: Zeitschrift für Personalforschung 7 (4/1993), S. 513–529

Backes-Gellner, Uschi/Lazear, Edward P./Wolff, Birgitta (2001): Personalökonomik. Fortgeschrittene Anwendungen für das Management, Stuttgart 2001

Balkundi, Prasad/Kilduff, Martin/Harrison David A. (2011): Centrality and charisma: Comparing how leader networks and attributions affect team performance, in: Journal of Applied Psychology 96 (6/2011), S. 1209–1222

Bamberg, Ulrich/Dzielak, Willi/Hindrichs, Wolfgang/Martens, Helmut/Peter, Gerd (1984): Praxis der Unternehmensmitbestimmung nach dem Mitbestimmungsgesetz 76. Eine Problemstudie, Graue Reihe der Hans-Böckler-Stiftung Nr. 13, Dortmund 1984

Bandura, Albert (1976): Lernen am Modell, Stuttgart 1976

Barnard, Chester I. (1938): The Functions of the Executive, Cambridge 1938

Bartölke, Klaus/Foit, Otto/Gohl, Jürgen/Kappler, Ekkehard/Ridder, Hans-Gerd/Schumann, Ulrich (1981): Konfliktfeld Arbeitsbewertung, Berlin 1981

BASF (2015): Wir bilden das beste Team, www.basf.com/de/company/career/why-join-basf/what-we-are-like.html (Stand: 30.09.2015)

Bass, Bernard M. (1985): Leadership and performance beyond expectations, New York 1985

Bauhoff, Frauke/Schneider, Martin (2013): „Sekretärin des Vorstands" gesucht: Stellenanzeigen und die expressive Funktion des AGG, in: Industrielle Beziehungen 20 (1/2013), S. 54–76

Beck, Christoph (2012): Personalmarketing 2.0: Vom Employer Branding zum Recruiting, 2. Aufl., Köln 2012

Becker, Fred G. (2002): Lexikon des Personalmanagements, 2. Aufl., München 2002

Becker, Gary S. (1993): Human Capital. A Theoretical and Empirical Analysis, with Special Reference to Education, 3. Aufl., Chicago, London 1993

Becker, Johannes/Süß, Stefan/Sieweke, Jost (2014): Individuelle Kompetenzen als zentrale Einflussfaktoren der Employability von Freelancern: Eine empirische Analyse, in: Zeitschrift für betriebswirtschaftliche Forschung 66 (Sonderheft 68/2014), S. 39–64

Becker, Larissa (2014): Human Resource Management im Wandel, in: Krüger, Wilfried (Hrsg.): Excellence in Change, 5. Aufl., Wiesbaden 2014, S. 203–235

Becker, Manfred (2006): Werte-Wandel in turbulenter Zeit, München, Mering 2006

Becker, Manfred (2007): Lexikon der Personalentwicklung, Stuttgart 2007

Becker, Fred G. (2009): Grundlagen betrieblicher Leistungsbeurteilungen, 5. Aufl., Stuttgart 2009

Becker, Manfred (2011): Systematische Personalentwicklung, 2. Aufl., Stuttgart 2011

Becker, Manfred (2013): Personalentwicklung, 6. Aufl., Stuttgart 2013

Becker, Manfred/Labucay, Inéz/Rieger, Caroline (2007): Erfassung und Bewertung von Humankapital – Kritische Anmerkungen zur Saarbrücker Formel, in: Betriebswirtschaftliche Forschung und Praxis 59 (1/2007), S. 38–58

Becker, Wolfgang/Ulrich, Patrick/Staffel, Michaela (2012): Erwartungen von Absolventen an zukünftige Arbeitgeber, in: Personalquarterly 64 (1/2012), S. 40–45

Behringer, Friederike (1999): Beteiligung an beruflicher Weiterbildung, Opladen 1999

Berthel, Jürgen/Becker, Fred G. (2010): Personal-Management, 9. Aufl., Stuttgart 2010

Berthel, Jürgen/Becker, Fred G. (2013): Personal-Management, 10. Aufl., Stuttgart 2013

Blake, Robert/Mouton, Jane S. (1968): Verhaltenspsychologie im Betrieb, Düsseldorf, Wien 1968

Blickle, Gerhard (2011): Personalauswahl, in: Nerdinger, Friedemann W./Blickle, Gerhard/Schaper, Niclas (Hrsg.): Arbeits- und Organisationspsychologie, Berlin, Heidelberg 2011, S. 225–252

Blickle, Gerhard (2014): Leistungsbeurteilung, in: Nerdinger, Friedemann W./Blickle, Gerhard/Schaper, Niclas (Hrsg.): Arbeits- und Organisationspsychologie, Berlin, Heidelberg 2014, S. 271–289

Böhle, Fritz (1986): Strategien betrieblicher Informationspolitik. Eine systematische Darstellung für Betriebsräte und Vertrauensleute, Köln 1986

Böhlich, Susanne (2013): Fluch und Segen zugleich, in: Personalmagazin 15 (10/2013), S. 44–47

Böhm, Wolfgang (2014): Arbeitsrecht für Vorgesetzte, in: Rosenstiel, Lutz von/Regnet, Erika/Domsch, Michel E. (Hrsg.): Führung von Mitarbeitern, 7. Aufl., Stuttgart 2014, S. 303–323

Boes, Andreas/Kämpf, Tobias/Lühr, Thomas/Marrs, Kira (2014): Kopfarbeit in der modernen Arbeitswelt: Auf dem Weg zu einer „Industrialisierung neuen Typs", in: Sydow, Jörg/Sadowski, Dieter/Conrad, Peter (Hrsg.): Managementforschung 24: Arbeit – Eine Neubestimmung, Wiesbaden 2014, S. 33–62

Bono, Joyce E./Judge, Timothy A. (2004): Personality and Transformational and Transactional Leadership: A Meta-Analysis, in: Journal of Applied Psychology 89 (5/2014), S. 901–910

Bornemann, Stefan (2014): VIE-Theorie: Valenz, Instrumentalität, Erwartung, http://www.lead-conduct.de/2014/02/23/vie-theorie/ (Stand: 26.01.2016)

Bornewasser, Manfred/Zülch, Gert (2013): Arbeitszeit – Zeitarbeit. Flexibilisierung der Arbeit als Antwort auf die Globalisierung, Wiesbaden 2013

Braun, Wolf Matthias (2002): Strategisches Management der industriellen Beziehungen, München, Mering 2002

Breitsohl, Heiko/Ruhle, Sascha (2012): Differences in work-related attitudes between Millennials and Generation X: Evidence from Germany, in: Ng, Eddy S./Lyons, Sean T./Schweitzer, Linda (Hrsg.): Managing the New Workforce: International Perspectives on the Millennial Generation, Northampton 2012, S. 107–129

Bröckermann, Reiner (2014): Einarbeitung neuer Beschäftigter, in: Rosenstiel, Lutz von/Regnet, Erika/Domsch, Michel E. (Hrsg.): Führung von Mitarbeitern, 7. Aufl., Stuttgart 2014, S. 158–165

Bröckermann, Reiner/Müller-Vorbrüggen, Michael (Hrsg.) (2010): Handbuch Personalentwicklung, 3. Aufl., Stuttgart 2010

Brötz, Rainer/Czech, Dieter/Kaiser, Sabine/Krahn, Karl/Ott, Erich/Weiss, Gerhard (1983): Handlungsprobleme bei Maßnahmen zur Humanisierung der Arbeitswelt, Bielefeld 1983

Brox, Hans/Rüthers, Bernd/Henssler, Martin (2010): Arbeitsrecht, Stuttgart 2010

Bryant, Adam (2013): In Head-Hunting, Big Data May Not Be Such a Big Deal, in: The New York Times, 20. Juni 2013, S. F6

Buckmann, Jörg/Kaczkowski, Aldona (2013): Huch, ächz, stöhn … Comics im Personalmarketing, in: Diercks, Joachim/Kupka, Kristof (Hrsg.): Recruitainment, Wiesbaden 2013, S. 127–139

Bühner, Rolf (1997): Increasing Shareholder Value through Human Asset Management, in: Long Range Planning 30 (5/1997), S. 710–717

Bühner, Rolf (2005): Personalmanagement, 3. Aufl., München 2005

Bundesinstitut für Berufsbildung (BiBB) (Hrsg.) (2015): Duales Studium in Zahlen, Bonn 2015

Bundesverband Deutscher Unternehmensberater BDU e. V. (2014a): Personalberatung in Deutschland 2013/2014, Bonn 2014

Bundesverband Deutscher Unternehmensberater BDU e. V. (2014b): Outplacementberatung in Deutschland 2012/2013, Bonn 2014

Bundesvereinigung der Arbeitgeberverbände (BDA)/Stifterverband für die Deutsche Wissenschaft (2011): Erfolgsmodell Duales Studium, Bonn, Essen 2011

Carless, Sally A./Wintle, Josephine (2007): Applicant Attraction: The Role of Recruiter Function, Work-Life Balance Policies and Career Salience, in: International Journal of Selection and Assessment 15 (4/2007), S. 394–404

Cascio, Wayne F. (1991): Applied Psychology in Personnel Management, 4. Aufl., Reston/Va 1991

Cerasoli, Christopher P./Nicklin, Jessica M./Ford, Michael T. (2014): Intrinsic motivation and extrinsic incentives jointly predict performance: A 40-year meta-analysis, in: Psychological Bulletin 140 (4/2014), S. 980–1008

Chandler, Alfred D. (1962): Strategy and Structure. Chapters in the History of the Industrial Enterprise, Cambridge/Mass. 1962

Chow, Irene H./Chew, Irene H. (2006): The Effect of Alternative Work Schedules on Employee Performance, in: International Journal of Employment Studies 14 (1/2006), S. 105–130

Chung, Heejung/Kerkhofs, Marcel/Ester, Peter (2007): Working Time Flexibility in European Companies, Luxemburg 2007

CNN (2015): How employee freedom delivers better business, http://edition.cnn.com/2011/09/19/business/gargiulo-google-workplace-empowerment/ (Stand: 18.10.2015)

Deller, Jürgen/Kalke, Patrick/Passaro, Flavio (2009): Der Human-Potential-Index (HPI): Chance und Risiko, in: Zeitschrift für Management 4 (4/2009), S. 369–372

Deutsche Gesellschaft für Personalführung DGFP e.V. (2004): Wertorientiertes Personalmanagement, Bielefeld 2004

Deutsche Gesellschaft für Personalführung DGFP e.V. (2007): Human Capital messen und steuern, Bielefeld 2007

Deutsche Gesellschaft für Personalführung DGFP e.V. (Hrsg.) (2005): PIX – der Personalmanagement-Professionalisierungs-Index der DGFP, Bielefeld 2005

Deutsche Gesellschaft für Personalführung DGFP e.V. (Hrsg.) (2011): DGFP Studie: HR Kennzahlen auf dem Prüfstand, PraxisPapier 5, Düsseldorf 2011

Deutsche Gesellschaft für Personalführung DGFP e.V. (Hrsg.) (2012a): Integriertes Personalmanagement in der Praxis, 2. Aufl., Bielefeld 2012

Deutsche Gesellschaft für Personalführung DGFP e.V. (Hrsg.) (2012b): DGFP-Langzeitstudie Professionelles Personalmanagement: Ergebnisse der PIX-Befragung, PraxisPapier 4, Düsseldorf 2012

Deutsche Gesellschaft für Personalführung DGFP e.V. (Hrsg.) (2013): Personalcontrolling für die Praxis : Konzept - Kennzahlen - Unternehmensbeispiele, 2. Aufl., Bielefeld 2013

DGB Bundesvorstand (2011): Familienbewusste Schichtarbeit, http://www.beruf und familie.de/system/cms/data/dl_data/46bb43dfae b21f718933ce745e628b0f/DGB_Familienbewusste_Schichtarbeit.pdf (Stand: 17.11.2015)

Dobelli, Rolf (2014): Die klare Kunst des Denkens, 7. Aufl., München 2014

Dombois, Rainer (2009): Die VW-Affäre – Lehrstück zu den Risiken deutschen Co-Managements? In: Industrielle Beziehungen 16 (3/2009), S. 207–231

Dombois, Rainer/Holtrup, André (2015): Machtzentren der Mitbestimmung. Betriebsräte in der Multi-Arenen-Perspektive, in: Dingeldey, Irene/Holtrup, André/Warsewa, Günter (Hrsg.): Wandel der Governance der Erwerbsarbeit, Wiesbaden 2015, S. 195–220

Donath, Andreas (2013): Forced Ranking Microsoft stellt umstrittene Mitarbeiterbewertung ein, http://www.golem.de/news/forced-ranking-microsoft-stellt-umstrittene-mitarbeiterbewertung-ein-1311–102700.html (Stand: 23.11.2015)

Dorn, Thomas/Seitz, Simon/Weber, Andrea (2014): Personalarbeit mit Strategie, in: Personalmagazin 16 (5/2014), S. 58–61

Drumm, Hans Jürgen (2008): Personalwirtschaft, 6. Aufl., Berlin, Heidelberg, New York 2008

Ebers, Mark/Gotsch, Wilfried (2014): Institutionenökonomische Theorien der Organisation, in: Kieser, Alfred/Ebers, Mark (Hrsg.): Organisationstheorien, 7. Aufl., Stuttgart 2014, S. 195–255

Eberz, Lisa-Marie/Baum, Matthias/Kabst, Rüdiger (2012): Der Einfluss von Rekrutiererverhaltensweisen auf den Bewerber: Ein mediierter Prozess, in: Zeitschrift für Personalforschung 26 (1/2012), S. 5–29

Eckardstein, Dudo von (2004): Personalpolitik, in: Gaugler, Eduard/Oechsler, Walter A./Weber, Wolfgang (Hrsg.): Handwörterbuch des Personalwesens, 3. Aufl., Stuttgart 2004, Sp. 1616–1630

Eckardstein, Dudo von/Janes, Alfred/Prammer, Karl/Wildner, Thomas (1998): Muster betrieblicher Kooperation zwischen Management und Betriebsrat: Die Entwicklung von Lohnmodellen im System österreichischer Arbeitsbeziehungen, München, Mering 1998

Eichel, Verena/Dlouhy, Katja/Schmitz, Diana/Braun, Ottmar L. (2013): Kleines Siegel – große Wirkung: Wie Arbeitgeber-Zertifizierungen das Bewerberverhalten beeinflussen, in: Personalführung 46 (8/2013), S. 28–31

Eigler, Joachim (1996): Transaktionskosten als Steuerungsinstrument für die Personalwirtschaft, Frankfurt a. M. 1996

Ellguth, Peter/Kohaut, Susanne (2015): Tarifbindung und betriebliche Interessenvertretung: Ergebnisse aus dem IAB-Betriebspanel 2014, in: WSI-Mitteilungen 68 (4/2015), S. 290–297

Enderle, Kristina/Jessl, Randolf (2008): „Eine Frage der Skalierung", in: Personalmagazin 10 (7/2008), S. 36–38

Enderle da Silva, Kristina/Horsten, Laila (2015): HR kann das nicht besser, in: Personalmagazin 17 (1/2015), S. 24–25

E.ON (2015): Wegbereiter des Erfolgs: E.ONs Mitarbeiter, www.eon.com/de/nachhaltigkeit/soziales/personalverantwortung.html (Stand 30.09.2015)

Epitropaki, Olga/Martin, Robin (2005): From ideal to real: a longitudinal study of the role of implicit leadership theories on leader-member exchanges and employee outcomes, in: Journal of Applied Psychology 90 (4/2005), S. 659–676

ERA (2003): Entgeltrahmen-Tarifvertrag der Metall- und Elektroindustrie, http://www.bw.igm.de/downloads/artikel/files//ARTID_696_TRIa3d?name=ME_Industrie_ERA_Tarifvertrag_Entgeltrahmen.pdf (Stand: 12.11.2015)

Ergo-online (2016): ohne Titel, http://www.ergo-online.de/html/arbeitsorganisation/ergebnis_arbeiten/arbeiten_mit_zielvereinbarung.htm (Stand: 11.01.2016)

Erkelenz, Beate (2010): Projektgruppe und Task Force Group, in: Bröckermann, Reiner/Müller-Vorbrüggen, Michael (Hrsg.): Handbuch Personalentwicklung, 3. Aufl., Stuttgart 2010, S. 597–610

Erpenbeck, John/Sauter, Simon/Sauter, Werner (2015): E-Learning und Blended Learning, Wiesbaden 2015

Evans, John M. (2001): Firms' Contribution to the Reconciliation between Work and Family Life, OECD Labour Market And Social Policy Occasional Papers Nr. 48, Paris 2001

Evans, Martin (1995): Führungstheorien – Weg-Ziel-Theorie, in: Kieser, Alfred/Reber, Gerhard/Wunderer, Rolf (Hrsg.): Handwörterbuch der Führung, 2. Aufl., Stuttgart 1995, S. 1075–1091

Ewerlin, Denise/Süß, Stefan (2014): Verbreitung und Gestaltung des Talentmanagements in deutschen Unternehmen – Eine empirische Analyse, in: Zeitschrift für betriebswirtschaftliche Forschung 66 (2/2014), S. 69–92

Fauth, Thorsten/Müller, Karsten/Straatmann, Tammo (2011): Einheit von Selbst- und Fremdbild – der Ansatz des identitätsorientierten Employer Branding, in: Wirtschaftspsychologie aktuell 18 (2/2011), S. 28–34

FAZ (2011): „Man hat mir nie viel zugetraut", Interview mit HSV-Trainer Thorsten Fink, in: Frankfurter Allgemeine Zeitung vom 30.10.2011, S. 18

Felder, Rupert (2014): Kostenplanung am Beispiel der Heidelberger Druckmaschinen, in: Niedermayr-Kruse, Rita/Waniczek, Mirko/Wickel-Kirsch, Silke (2014): Personalcontrolling-Prozessmodell, Wien 2014, S. 46–49

Felfe, Jörg/Schmook, Renate/Schyns, Birgit/Six, Bernd (2008): Does the form of employment make a difference? – Commitment of traditional, temporary, and self-employed workers, in: Journal of Vocational Behavior 72 (1/2008), S. 81–94

Fiedler, Fred E. (1967): A Theory of Leadership Effectiveness, New York u. a. 1967

Fleig, Günther/Böhm, Hans (2005): Vorwort, in: DGFP-Deutsche Gesellschaft für Personalführung e.V. (Hrsg.): PIX – der Personalmanagement-Professionalisierungs-Index der DGFP, Bielefeld 2005, S. 9–12

Fleischmann, Lisa/Scherm, Ewald (2008): Für welche Probleme sind Awards eine Lösung? In: Personalführung 41 (6/2008), S. 70–79

Fölsing, Andreas/Lindner, Florian/Scherm, Ewald (2014): Kennzahlen-gestütztes Controlling des Employer Branding, in: Controlling 26 (1/2014), S. 43–46

Frank, Elke (2014): Vertrauensarbeitsort, in: Personalmagazin 16 (12/2014), S. 9

Franz, Wolfgang (2013): Arbeitsmarktökonomik, 8. Aufl., Heidelberg, London, New York 2013

Fraunhofer-Institut für Arbeitswissenschaft und Organisation IAO et al. (2012): Elektromobilität und Beschäftigung. Wirkungen der Elektri-fizierung des Antriebsstrangs auf Beschäftigung und Standortum-gebung (ELAB), Düsseldorf 2012

Freimuth, Joachim (2009): Erfolgreiches 360 Grad Feedback, in: Personal 61 (4/2009), S. 40–42

Frey, Bruno S./Osterloh, Margit (2002): Managing Motivation, 2. Aufl., Wiesbaden 2002

Fricke, Yvonne (2010): Job Rotation, in: Bröckermann, Reiner/Müller-Vorbrüggen, Michael (Hrsg.): Handbuch Personalentwicklung, 3. Aufl., Stuttgart 2010, S. 531–538

Fried, Helmut (1963): Die Stellenanzeige – ein Mittel der Personalwer-bung, München 1963

Friedrich, Andrea (2010): Personalarbeit in Organisationen Sozialer Ar-beit, Wiesbaden 2010

Frintrup, Andreas/Renner, Thomas (2002): Online-Personalauswahl bei Credit Suisse Financial Services, in: Personal 54 (5/2002), S. 28–31

Gabler, Karin (2014): Bewerbung mal anders, in: Allgemeine Hotel- und Gastronomie-Zeitung o. Jg. (48/2014), S. 12–13

Gaugler, Eduard/Oechsler, Walter A./Weber, Wolfgang (2004): Personal-wesen, in: Gaugler, Eduard/Oechsler, Walter A./Weber, Wolfgang (Hrsg.): Handwörterbuch des Personalwesens, 3. Aufl., Stuttgart 2004, Sp. 1653–1663

Gebert, Diether (2004): Durch diversity zu mehr Teaminnovativität? In: Die Betriebswirtschaft 64 (4/2004), S. 412–430

Geithner, Silke (2014): Arbeit als Tätigkeit: Ein Plädoyer zur tätigkeits-theoretischen Konzeptualisierung von 'Arbeit', in: Sydow, Jörg/Sa-dowski, Dieter/Conrad, Peter (Hrsg.): Managementforschung 24: Arbeit – Eine Neubestimmung, Wiesbaden 2014, S. 1–32

Gerpott, Torsten J. (1989): Ökonomische Spurenelemente in der Perso-nalwirtschaftslehre: Ansätze zur Bestimmung ökonomischer Er-folgswirkungen von Personalauswahlverfahren, in: Zeitschrift für Betriebswirtschaft 59 (8/1989), S. 888–912

Gerpott, Torsten J. (2012): Gleichgestelltenbeurteilung: Eine Erweite-rung traditioneller Personalbeurteilungsansätze in Unternehmen, in: Selbach, Ralf/Pullig, Karl-Klaus (Hrsg.): Handbuch Mitarbeiter-beurteilung, Wiesbaden 2012, S. 211–254

Gertz, Winfried (2015): Drei Abschlüsse in fünf Jahren, in: Personalma-gazin 17 (8/2015), S. 28–30

GFOS (2015): Jung, teamorientiert, kreativ: Internetstores setzt auf Workforce Management, www.gfos.com/fileadmin/user_upload/ DownloadCenter/Referenzberichte/Referenz_internetstores.pdf, (Stand: 09.11.2015)

Giardini, Angelo/Kabst, Rüdiger (2008): Effects of Work-Family Human Resource Practices. A Longitudinal Perspective, in: International Journal of Human Resource Management 19 (11/2008), S. 2079–2094

Glietz, Holmer (2011): Ökonomische Analyse des mittleren Managements, Wiesbaden 2011

Göbbels, Julia/Roth, Julia (2014): Rückkehr erfolgreich gestalten, in: Personalmagazin 16 (12/2014), S. 52–54

Goldschmidt, Ulrich (2007): Der Sprecherausschuss, 2. Aufl., Köln 2007

Goth, Petra (2009): Verfahren der Bewerbervorauswahl, in: DGFP (Hrsg.): Mitarbeiter auswählen, Düsseldorf 2009, S. 35–59

Graen, George B. (1976): Role-making Process within Complex Organizations, in: Dunnette, Marvin D. (Hrsg.): Handbook of Industrial and Organizational Psychology, Chicago 1976, S. 1201–1245

Graen, George B./Uhl-Bien, Mray (1995): Relationship-Based Approach to Leadership: Development of Leader-Member Exchange (LMX) Theory of Leadership over 25 Years: Applying a Multi-Level Multi-Domain Perspective, in: Leadership Quarterly 6 (2/1995), S. 219–247

Greifenstein, Ralph/Kißler, Leo (2010): Mitbestimmung im Spiegel der Forschung, Berlin 2010

Große-Jäger, André/Friederichs, Peter/Schubert, Andreas (2009): Der Human-Potential-Index, in: Personalmagazin 11 (5/2009), S. 22–23

Großheim, Kathrin/Hoffmann, Thomas (2014): Strategische Personalplanung für kleine und mittlere Unternehmen, RKW Kompetenzzentrum, Eschborn 2014

Grötzinger, Martin/Uepping, Heinz (Hrsg.) (2001): Balanced Scorecard im Human Resources Management, Neuwied, Kriftel 2001

Guldner, Jan (2015): Ein Schulleiter ist einsamer als ein Firmenchef, http://www.zeit.de/2015/04/management-coaching-gymnasium-manager/komplettansicht (Stand: 21.08.2015)

Gutenberg, Erich (1951): Grundlagen der Betriebswirtschaftslehre, Band 1: Die Produktion, Berlin, Göttingen, Heidelberg 1951

Gutmann, Joachim/Kilian, Sven (2013): Zeitarbeit, 3. Aufl., Freiburg 2013

Haipeter, Thomas (2010): Betriebsräte als neue Tarifakteure, Berlin 2010

Haipeter, Thomas (2015): Angestellte! Da passiert was! In: Mitbestimmung 61 (4–5/2015), S. 16–19

Halpern, Diane F. (2005): How Time-Flexible Work Policies Can Reduce Stress, Improve Health, and Save Money, in: Stress and Health 21 (3/2005), S. 157–168

Hanglberger, Dominik (2011): Arbeitszeiten außerhalb der Normalarbeitszeit nehmen weiter zu: eine Analyse zu Arbeitszeitarrangements und Arbeitszufriedenheit, in: Informationsdienst Soziale Indikatoren 46 (1/2011), S. 12–16

Hauser-Ditz, Axel/Hertwig, Markus/Pries, Ludger/Rampeltshammer, Luitpold (2010): Transnationale Mitbestimmung? Frankfurt a. M., New York 2010

Heimann, Klaus (2013): „Schulabgänger sind heute nicht dümmer, sie sind einfach anders", in: Personalführung 46 (6/2013), S. 42–46

Heimann, Klaus (2014): Betriebsräte: Dicht dran und gut unterwegs, in: Personalführung 47 (3/2014), S. 68–71

Heimann, Klaus (2015): „Sozialpartnerschaft hat Zukunft, aber sie muss sich entwickeln" – Interview mit Professor Gunther Olesch, Personalgeschäftsführer bei Phoenix Contact, in: Personalführung 48 (7–8/2015), S. 34–40

Heinrich, Christian (2015): Ich operier' dann morgen weiter, in: Die Zeit (47/2015), S. 83

Heinrich, Nicole (2014): Schule hinkt Entwicklungen hinterher, in: Personalführung 47 (10/2014), S. 30–35

Henkel (2015): Eindrucksvoll: Ihre ersten Wochen bei Henkel, www. henkel.de/karriere/hochschulabsolventen#Tab-25018_2 (Stand: 09.11.2015)

Henkel (2016): Diversity & Inclusion, http://www.henkel.de/unternehmen/unternehmenskultur/diversity-and-inclusion (Stand: 11.01.2016)

Hentze, Joachim/Graf, Andrea/Kammel, Andreas/Lindert, Klaus (2005): Personalführungslehre, 4. Aufl., Bern u. a. 2005

Hersey, Paul/Blanchard, Kenneth H. (1988): Management of Organizational Behaviour. Utilizing Human Resources, 5. Aufl., Englewood Cliffs 1988

Herzberg, Frederick (1970): The Motivation to Work, New York 1970

Highhouse, Scott/Lievens, Filip/Sinar, Evan F. (2003): Measuring Attraction to Organizations, in: Educational and Psychological Measurement 63 (6/2003), S. 986–1001

Hill, E. Jeffrey/Hawkins, Alan J./Ferris, Maria/Weitzman, Michelle (2001): Finding an Extra Day a Week: The Positive Influence of Perceived Job Flexibility on Work and Family Life Balance, in: Family Relations 50 (1/2001), S. 49–58

Hinck, Gunnar (2015): Ideenreiche Belegschaft, in: Mitbestimmung 61 (4–5/2015), S. 14–15

Hocke, Simone (2012): Konflikte im Betriebsrat als Lernanlass, Wiesbaden 2012

Hoeppe, Jens (2014): Entscheidungs- und Legitimationsmuster im Nachhaltigen Personalmanagement, München, Mering 2014

Hooper, Danica T./Martin, Robin (2008): Beyond personal leader–member exchange (LMX) quality: The effects of perceived LMX variability on employee reactions, in: The Leadership Quarterly 19 (1/2008), S. 20–30

Houston, Diane M./Waumsley, Julie A. (2003): Attitudes to Flexible Working and Family Life, Bristol 2003

Hovestadt, Gertrud/Beckmann, Thomas (2010): Corporate Universities: Ein Überblick, Hans-Böckler-Stiftung, Düsseldorf 2010

Hromadka, Wolfgang/Maschmann, Frank (2014): Arbeitsrecht Band 2: Kollektivarbeitsrecht + Arbeitsstreitigkeiten, 6. Aufl., Heidelberg u. a. 2014

Hromadka, Wolfgang/Maschmann, Frank (2015): Arbeitsrecht Band 1: Individualarbeitsrecht, 6. Aufl., Heidelberg u. a. 2015

Hromadka, Wolfgang/Sieg, Rainer (2014): Kommentar zum Sprecherausschussgesetz, 3. Aufl., Köln 2014

Hummel, Hans-Peter (2006): Unterstützung des Professionalisierungsstrebens im Personalmanagement mit Hilfe des Personalmanagement-Professionalisierungs-Index (PIX) der Deutschen Gesellschaft für Personalführung (DGFP e.V.) – eine kritische Betrachtung, in: Zeitschrift für Personalforschung 20 (1/2006), S. 12–21

Hummer, Bernd/von Hülsen, Hans-Carl (2015): Vorteil variable Vergütung, in: Personalmagazin 17 (10/2015), S. 62–65

Hus, Christoph (2005): Wie aus Zeit Geld gemacht wird, http://www.zeit.de/2005/44/GS-Hus (Stand: 23.11.2015)

Irmler, Martin/Eggelhöfer, Sandra (2009): 360-Grad-Feedback online bei einem großen Versicherungsunternehmen, in: Steiner, Heinke (Hrsg.): Online-Assessment, Heidelberg 2009, S. 181–194

Jacquart, Philippe/Antonakis, John (2015): When does charisma matter for top-level leaders? Effect of attributional ambiguity, in: Academy of Management Journal 58 (4/2015), S. 1051–1074

Jäger, Roland (2011): Speakers Corner: „Von wegen – die Chefs sind Schuld", in: managerSeminare 161 (8/2011), S. 18–19

Jakob, Nora (2015): (Umstrittene) Mitarbeitermotivation: Wie eine Reiseagentur ihre Beschäftigten belohnt, https://kress.de/tagesdienst/detail/beitrag/133191-umstrittene-mitarbeitermotivation-wie-eine-reiseagentur-ihre-beschaeftigten-belohnt.html (Stand: 02.11.2015)

Jansen, Anika/Pfeifer, Harald/Schönfeld, Gudrun/Wenzelmann, Felix (2015): Ausbildung in Deutschland weiterhin investitionsorientiert – Ergebnisse der BIBB-Kosten-Nutzen-Erhebung 2012/13, in: BIBB Report 9 (1/2015), S. 1–15

Jessl, Randolf (2009): Der HPI-Code, in: Personalmagazin 11 (5/2009), S. 12–14

Judge, Timothy A./Piccolo, Ronald F./Ilies, Remus (2004): The Forgotten Ones? The Validity of Consideration and Initiating Structure in Leadership Research, in: Journal of Applied Psychology 89 (1/2004), S. 36–51

Jung, Hans (2012): Personalwirtschaft, 9. Aufl., München 2012

Jung, Markus/Oppermann, Anne (2011): 100 Fragen und Antworten zum Fernstudium, 2. Aufl., Hamburg 2011

Kanning, Uwe P. (2014): Prozess und Methoden der Personalentwicklung, in: Schuler, Heinz/Kanning, Uwe P. (Hrsg.): Lehrbuch der Personalpsychologie, 3. Aufl., Göttingen 2014, S. 501–562

Kanning, Uwe P./Holling, Heinz (2004): Potenzialbeurteilung, in: Gaugler, Eduard/Oechsler, Walter A./Weber, Wolfgang (Hrsg.): Handwörterbuch des Personalwesens, 3. Aufl., Stuttgart 2004, Sp. 1685–1692

Kanning, Uwe P./Schuler, Heinz (2014): Simulationsorientierte Verfahren der Personalauswahl, in: Schuler, Heinz/Kanning, Uwe P. (Hrsg.): Lehrbuch der Personalpsychologie, 3. Aufl., Göttingen 2014, S. 215–256

Kast, Rudolf (2007): HR-Wertschöpfung ist messbar, in: Personalwirtschaft 34 (10/2007), S. 25–27

Kattenbach, Ralph/Lücke, Janine/Schlese, Michael/Schramm, Florian (2011): Same Same but Different – Changing Career Expectations in Germany? In: Zeitschrift für Personalforschung 25 (4/2011), S. 292–312

Keller, Berndt/Wilkesmann, Maximiliane (2014): Untypisch atypisch Beschäftigte. Honorarärzte zwischen Befristung, Leiharbeit und (Solo-)Selbstständigkeit, in: Industrielle Beziehungen 21 (1/2014), S. 99–125

Kellerman, Barbara (2004): Bad leadership. What it is, how it happens, why it matters, Boston 2004

Kern, Horst/Schumann, Michael (1990): Das Ende der Arbeitsteilung? Rationalisierung in der industriellen Produktion, 4. Aufl., München 1990

Kerr, Steven/Mathews, Charles S. (1995): Führungstheorien – Theorie der Führungssubstitution, in: Kieser, Alfred/Reber, Gerhard/Wunderer, Rolf (Hrsg.): Handwörterbuch der Führung, 2. Aufl., Stuttgart 1995, S. 1021–1034

Kienbaum Management Consultants (2014): HR4HR – Professionalisierung von HR-Funktionen durch Kompetenzentwicklung und attraktivere Karrieren, Berlin 2014

Kirchgässner, Gebhard (2008): Homo oeconomicus: Das ökonomische Modell individuellen Verhaltens und seine Anwendung in den Wirtschafts-und Sozialwissenschaften, 3. Aufl., Tübingen 2008

Klemm, Matthias/Kraetsch, Clemens/Weyand, Jan (2011): „Das Umfeld ist bei ihnen völlig anders", Berlin 2011

Klöpfer, Franziska/Neymanns, Tim (2013): Wenn weniger mehr ist, in: Personalmagazin 15 (9/2013), S. 32–34

Koch, Michael (2016): Verunsicherung und Tränen in der Douglas-Belegschaft, in: http://www.derwesten.de/staedte/hagen/verunsicherung-und-traenen-in-douglas-belegschaft-id11581372.html (Stand: 22.02.2016)

Köhler, Matthias (2015): Wann Kurzarbeit angeordnet werden darf, in: Personalführung 48 (5/2015), S. 86–87

Kolleker, Andrea/Wolzendorff, Dietrich (2010): Training into the job und Reintegration, in: Bröckermann, Reiner/Müller-Vorbrüggen, Michael (Hrsg.): Handbuch Personalentwicklung, 3. Aufl., Stuttgart 2010, S. 177–195

Koontz, Harold/O'Donnell, Cyril/Weihrich, Horst (1985): Management, 8. Aufl., New York u. a. 1985

Kossbiel, Hugo (2002): Personalwirtschaft, in: Bea, Franz X./Dichtl, Erwin/Schweitzer, Marcel (Hrsg.): Allgemeine Betriebswirtschaftslehre, 8. Aufl., Stuttgart 2002, S. 467–554

Kossbiel, Hugo (2007): Anmerkungen zur Logik, Mystik und Heroik in der so genannten Saarbrücker Formel für die Bewertung des Humankapitals, in: Zeitschrift für Management 2 (3/2007), S. 336–348

Kotthoff, Hermann (1981): Betriebsräte und betriebliche Herrschaft: eine Typologie von Partizipationsmustern im Industriebetrieb, Frankfurt a. M., New York 1981

Kotthoff, Hermann (1994): Betriebsräte und Bürgerstatus: Wandel und Kontinuität betrieblicher Mitbestimmung, München, Mering 1994

Kotthoff, Hermann (1997): Führungskräfte im Wandel der Firmenkultur, Berlin 1997

Kotthoff, Hermann (2013): Betriebliche Mitbestimmung im Spiegel der jüngeren Forschung, in: Industrielle Beziehungen 20 (4/2013), S. 323–341

Kotthoff, Hermann/Wagner, Alexandra (2008): Die Leistungsträger, Berlin 2008

Kotthoff, Hermann/Whittall, Michael (2014): Paths to Transnational Solidarity, Bern 2014

Kratz, Fabian/Reimer, Maike/Felbinger, Sabine/Zhu, Xiaoyun (2013): Stellenfindung und Arbeitgeberwechsel von Hochschulabsolventen: Eine ereignisanalytische Untersuchung der Beschäftigungsdauer beim ersten Arbeitgeber, in: Beiträge zur Hochschulforschung 35 (1/2013), S. 38–56

Kreklau, Carsten (1974): Kritische Bestandsaufnahme von Beiträgen zu einem betriebswirtschaftlich fundierten Personalmarketing, in: Zeitschrift für betriebswirtschaftliche Forschung 26 (o. H./1974), S. 746–763

Krell, Gertraude (2004): Arbeitnehmer, weibliche, in: Gaugler, Eduard/Oechsler, Walter A./Weber, Wolfgang (Hrsg.): Handwörterbuch des Personalwesens, 3. Aufl., Stuttgart 2004, S. 112–119

Kremer, Manfred (2008): Flexibilisierung und Berufsprinzip – Antagonismus oder zwei Seiten einer Medaille? In: Zeitschrift des Bundesinstituts für Berufsbildung 37 (4/2008), S. 3–4

Ladwig, Désirée (2009): Team-Diversity – Die Führung gemischter Teams, in: Rosenstiel, Lutz von/Regnet, Erika/Domsch, Michel E. (Hrsg.): Führung von Mitarbeitern, 6. Aufl., Stuttgart 2009, S. 388–399

Landesakademie für Fortbildung und Personalentwicklung an Schulen in Baden-Württemberg (2007): Personal- und Ausbildungswesen. Lernheft 26, http://www.laudius.de/fileadmin/bilder/ks/lernheft/Personal_Ausbildungswesen.pdf (Stand: 16.11.2015)

Langhoff, Thomas/Krietsch, Ina/Schubert, Andre (2012): Anforderungen an eine gesundheitsgerechte Gestaltung der Leiharbeit, in: WSI-Mitteilungen 65 (6/2012), S. 464–470

Latham, Gary P./Baldes, J. James (1975): The "practical significance" of Locke's theory of goal setting, in: Journal of Applied Psychology 60 (1/1975), S. 122–124

Laux, Helmut/Liermann, Felix (2005): Grundlagen der Organisation, 6. Aufl., Berlin u. a. 2005

Lemmink, Jos A./Schuijf, Annelien/Streukens, Sandra (2003): The role of corporate image and company employment image in explaining application intentions, in: Journal of Economic Psychology 24 (1/2003), S. 1–15

Leyhausen, Natalie (2010): Juniorfirma, in: Bröckermann, Reiner/Müller-Vorbrüggen, Michael (Hrsg.): Handbuch Personalentwicklung, 3. Aufl., Stuttgart 2010, S. 507–514

Liu, Jun/Kwan, Ho K./Lee, Cynthia/Hui, Chun (2013): Work-to-Family Spillover Effects of Workplace Ostracism: The Role of Work-Home Segmentation Preferences, in: Human Resource Management 52 (1/2013), S. 75–94

Lohaus, Daniela (2010): Outplacement, Göttingen u. a. 2010

Lohaus, Daniela/Schuler, Heinz (2014): Leistungsbeurteilung, in: Schuler, Heinz/Kanning, Uwe P. (Hrsg.): Lehrbuch für Personalpsychologie, 3. Aufl., Göttingen 2014, S. 357–412

Luthans, Fred/Rosenkrantz, Stuart A. (1995): Führungstheorien – Soziale Lerntheorie, in: Kieser, Alfred/Reber, Gerhard/Wunderer, Rolf (Hrsg.): Handwörterbuch der Führung, 2. Aufl., Stuttgart 1995, S. 1005–1021

Macharzina, Klaus/Wolf, Joachim (2015): Unternehmensführung, 9. Aufl., Wiesbaden 2015

Mannert, Helmut/Muntermann, Marc/Wolff, Michael/Zschoche, Ulrike (2015): Teilhabe fängt im Kopf an, in: Personalmagazin 17 (12/2015), S. 54–57

March, James G./Simon, Herbert A. (1958): Organizations, New York 1958

Marr, Rainer (2006): Wann ist eigentlich etwas „Personalforschung"? Anmerkungen zum Beitrag „Personalforschung als Ad-hoc-Aktionismus. Der Personalmanagement-Professionalisierungs-Index der DGFP", von Walter A. Oechsler, in: Zeitschrift für Personalforschung 20 (1/2006), S. 7–11

Martin, Albert (2006): Die Beurteilung der Personalarbeit: Information mit beschränkter Einsicht, in: Zeitschrift für Personalforschung 20 (1/2006), S. 22–41

Martin, Albert/Nienhüser, Werner (1998): Die Erklärung der Personalpolitik von Organisationen, in: Martin, Albert/Nienhüser, Werner (Hrsg.): Personalpolitik: Wissenschaftliche Erklärung der Personalpraxis, München, Mering 1998, S. 9–27

Marx, Karl (1956): Theorien über den Mehrwert, 1. Teil, Berlin 1956

Maslow, Abraham (1970): Motivation and Personality, Princeton/New Jersey 1970

Mayrhofer, Wolfgang/Pernkopf, Katharina (2015): Motivation und Arbeitsverhalten, in: Mayrhofer, Wolfgang/Furtmüller, Gerhard/Kasper, Helmut (Hrsg.): Personalmanagement – Führung – Organisation, Wien 2015, S. 71–110

McClelland, David C. (1987): Human Motivation, Cambridge/Mass. 1987

Minks, Karl-Heinz/Netz, Nicolai/Völk, Daniel (2011): Berufsbegleitende und duale Studienangebote in Deutschland: Status Quo und Perspektiven, HIS: Forum Hochschule Nr. 11, Hannover 2011

Minssen, Heiner/Riese, Christian (2007): Professionalität der Interessenvertretung, Berlin 2007

Mori, Marco S. (2014): Wertorientierte Unternehmensführung, Hamburg 2014

Naundorf, Jessica/Spengler, Thomas (2012): Notwendige Bedingungen für die Aussagekraft von Employer-Award-Ergebnissen, in: Personalquarterly 64 (3/2012), S. 28–33

Nerdinger, Friedemann (2014a): Formen der Beurteilung, in: Rosenstiel, Lutz von/Regnet, Erika/Domsch, Michel E. (Hrsg.): Führung von Mitarbeitern, 7. Aufl., Stuttgart 2014, S. 201–2127

Nerdinger, Friedemann W. (2011): Arbeitsmotivation und Arbeitszufriedenheit, in: Nerdinger, Friedemann W./Blickle, Gerhard/Schaper, Niclas (Hrsg.): Arbeits- und Organisationspsychologie, 2. Aufl., Berlin, Heidelberg 2011, S. 393–408

Nerdinger, Friedemann (2014a): Formen der Beurteilung, in: Rosenstiel, Lutz von/Regnet, Erika/Domsch, Michel E. (Hrsg.): Führung von Mitarbeitern, 7. Aufl., Stuttgart 2014, S. 201–2127

Nerdinger, Friedemann W. (2014b): Motivierung, in: Schuler, Heinz/Kanning, Uwe P. (Hrsg.): Lehrbuch der Personalpsychologie, 3. Aufl., Göttingen u. a. 2014, S. 725–764

Nesemann, Kerstin (2012): Talentmanagement durch Trainee-Programme, Wiesbaden 2012

Neuberger, Oswald (2000): Das 360 Grad-Feedback, München, Mering 2000

Neuberger, Oswald (2002): Führen und führen lassen, 6. Aufl., Stuttgart 2002

Niedenhoff, Horst-Udo (2005): Mitbestimmung in der Bundesrepublik Deutschland, 14. Aufl., Köln 2005

Niedenhoff, Horst-Udo/Olbrisch, Constantin/Pilot, Tobias (2015): Betriebliche Mitbestimmung, 2. Aufl., Münster 2015

Nienhüser, Werner (2004): Politikorientierte Ansätze des Personalmanagements, in: Gaugler, Eduard/Oechsler, Walter A./Weber, Wolfgang (Hrsg.): Handwörterbuch des Personalwesens, 3. Aufl., Stuttgart 2004, Sp. 1672–1685

Nienhüser, Werner (2006): Substanzielle und symbolische Personalmanagement-Forschung – das Beispiel des „Personalmanagement-Professionalisierungs-Index" der Deutschen Gesellschaft für Personalführung, in: Zeitschrift für Personalforschung 20 (1/2006), S. 42–57

Nienhüser, Werner (2011): Empirical Research on Human Resource Management as a Production of Ideology, in: Management Revue 22 (4/2011), S. 367–393

Northouse, Peter G. (2010): Leadership: Theory and practice, 5. Aufl., Los Angeles u. a. 2010

Northouse, Peter G. (2013): Leadership: Theory and practice, 6. Aufl., Los Angeles u. a. 2013

Oechsler, Walter A. (2005): Personalforschung als Ad-hoc-Aktionismus. Der Personalmanagement-Professionalisierungs-Index der DGFP, in: Zeitschrift für Personalforschung 19 (2/2005), S. 107–119

Oechsler, Walter A. (2011): Personal und Arbeit, 9. Aufl., München 2011

Oechsler, Walter A./Paul, Christopher (2015): Personal und Arbeit, 10. Aufl., Berlin, München, Boston 2015

Osterloh, Margit (1993): Interpretative Organisations- und Mitbestimmungsforschung: eine methodologische Standortbestimmung, Stuttgart 1993

o. V. (2014): Personaldienstleister im Profil, in: Personalwirtschaft 41 (Sonderheft 10/2014), S. 34–38

o. V. (2015): Work-Life Flexibility, www.charta-der-vielfalt.de/unterzeichner/best-practice/portraits/work-life-flexibility.html (Stand: 30.09.2015)

Pandolfi, Benjamin (2015): Vom Meister zum Verkaufs- und Technik-Coach: Euromaster gründet Akademie, in: Personalführung 48 (3/2015), S. 40–47

Pietsch, Gotthard (2008): Humankapitalbewertung im Personalcontrolling – Jenseits der Verantwortlichkeitserosion, in: Zeitschrift für Controlling & Management 52 (3/2008), S. 178–189

Pietsch, Gotthard/ Scherm, Ewald (2004): Reflexionsorientiertes Controlling, in: Scherm, Ewald/Pietsch, Gotthard (Hrsg.): Controlling. Theorien und Konzeptionen, München 2004, S. 529–553

Plate, Tobias (2007): Personalauswahl in Unternehmensberatungen, Wiesbaden 2007

Porsche (2016): Der Durchboxer, https://newsroom.porsche.com/de/unternehmen/porsche-betriebsratschef-uwe-hueck-portraet-10163.html (Stand: 11.01.2016)

Porter, Lyman W./Lawler, Edward E. (1968): Managerial Attitudes and Performance, Homewood/Ill. 1968

Potthoff, Erich/Trescher, Karl (1986): Controlling in der Personalwirtschaft, Berlin, New York 1986

Püttner, Ingo (2014): Rechtliche Aspekte der Personalarbeit, in: Schuler, Heinz/Kanning, Uwe P. (Hrsg.): Lehrbuch der Personalpsychologie, 3. Aufl., Göttingen 2014, S. 1201–1226

Pull, Kerstin (1996): Übertarifliche Entlohnung und freiwillige betriebliche Leistungen, München, Mering 1996

Rauen, Christopher/Eversmann, Julia (2014): Coaching, in: Schuler, Heinz/Kanning, Uwe P. (Hrsg.): Lehrbuch der Personalpsychologie, 3. Aufl., Göttingen 2014, S. 563–606

Reichwald, Ralf (2004): Arbeit, in: Gaugler, Eduard/Oechsler, Walter A./Weber, Wolfgang (Hrsg.): Handwörterbuch des Personalwesens, 3. Aufl., Stuttgart 2004, Sp. 37–45

Ridder, Hans-Gerd (2004): Arbeitsbewertung, in: Gaugler, Eduard/Oechsler, Walter A./Weber, Wolfgang (Hrsg.): Handwörterbuch des Personalwesens, 3. Aufl., Stuttgart 2004, Sp. 197–206

Ridder, Hans-Gerd (2015): Personalwirtschaftslehre, 5. Aufl, Stuttgart 2015

RKW (Rationalisierungs-Kuratorium der Deutschen Wirtschaft) (1996): RKW-Handbuch Personalplanung, 3. Aufl., Neuwied, Kriftel, Berlin 1996

Robins, Stephen P./Judge, Timothy A. (2010): Essentials of Organizational Behavior, 10. Aufl., New Jersey 2010

Rode, Henning/Süß, Stefan (2015): Der Einfluss unternehmensinterner Social Media auf die Arbeitgeberattraktivität: Eine szenariobasierte Experimentalstudie, in: Die Betriebswirtschaft 75 (6/2015), S. 351–367

Rößler, Melanie (2009): Pragmatische Antworten gesucht, in: Personalmagazin 11 (10/2009), S. 16–17

Rosenstiel, Lutz von (2011): Employee Behavior in Organizations. On the current State of Research, in: Management Revue 22 (4/2011), S. 344–366

Rosenstiel, Lutz von (2014): Die Bedeutung von Arbeit, in: Schuler, Heinz/Kanning, Uwe P. (Hrsg.): Lehrbuch der Personalpsychologie, 3. Aufl., Göttingen 2014, S. 25–60

Rosenstiel, Lutz von/Nerdinger, Friedemann W. (2011): Grundlagen der Organisationspsychologie, 7. Aufl., Stuttgart 2011

Rowold, Jens/Schlotz, Wolff (2009): Transformational and transactional leadership and followers' chronic stress, in: Leadership Review 9 (Spring/2009), S. 35–48

Rühl, Monika/Hoffmann, Jochen (2008): Das AGG in der Unternehmenspraxis, Wiesbaden 2008

Rump, Jutta/Eilers, Silke (2013): Lebensphasenorientierte Personalpolitik – alle Potenziale ausschöpfen, in: Papmehl, André/Tümmers, Hans J. (Hrsg.): Die Arbeitswelt im 21. Jahrhundert. Herausforderungen, Perspektiven, Lösungsansätze, Wiesbaden 2013, S. 137–145

Rump, Jutta/Sattelberger, Thomas (Hrsg.) (2011): Employability Management 2.0, Sternenfels 2011

Sadowski, Dieter (1991): Humankapital und Organisationskapital – Zwei Grundkategorien einer ökonomischen Theorie der Personalpolitik in Unternehmen, in: Ordelheide, Dieter/Rudolph, Bernd/Büsselmann, Elke (Hrsg.): Betriebswirtschaftslehre und ökonomische Theorie, Stuttgart 1991, S. 127–141

Santander (2015): Zusatzleistungen für unsere Mitarbeiter, http://www.santander-karriere.de/de/beruns/karriere/vorteilevon santander/personalentwicklung_1/zusatzleistungen.html (Stand: 09.11.2015)

Sattelberger, Thomas/Scholz, Christian (2009): „Der HPI ist ein trojanisches Pferd", in: Personalwirtschaft 36 (7/2009), S. 10–11

Sattler, Andrea (2015): Mit Persönlichkeit zum Erfolg, in: Personalmagazin o. Jg. (8/2015), S. 26–27

Sayah, Shiva/Süß, Stefan (2012): Work-Life-Balance, in: Wirtschaftswissenschaftliches Studium 41 (3/2012), S. 163–166

Schäfer, Holger (2010): Sprungbrett oder Sackgasse? – Entwicklung und Strukturen von flexiblen Erwerbsformen in Deutschland, in: IW-Trends 37 (1/2010), S. 47–63

Schanz, Günther (2000): Personalwirtschaftslehre: Lebendige Arbeit in verhaltenswissenschaftlicher Perspektive, 3. Aufl., München 2000

Schein, Edgar (1995): Unternehmenskultur. Ein Handbuch für Führungskräfte, Frankfurt a. M., New York 1995

Scherm, Ewald (1992): Personal-Controlling. Eine kritische Bestandsaufnahme, in: Die Betriebswirtschaft 52 (3/1992), S. 309–323

Scherm, Ewald (2004): Arbeitsmarktforschung, in: Gaugler, Eduard/Oechsler, Walter/Weber, Wolfgang (Hrsg.): Handwörterbuch des Personalwesens, 3. Aufl., Stuttgart 2004, Sp. 299–309

Scherm, Ewald (2011a): Sieben Wege – ein Ziel? In: Personalmagazin 13 (2/2011), S. 40–42

Scherm, Ewald (2011b): Personalarbeit legitimieren, in: Personal 63 (3/2011), S. 29–31

Scherm, Ewald/Fleischmann, Lisa (2006): Personal(bewertung) und M&A: Ein Dilemma, (k)eine Lösung, in: Borowicz, Frank/Mittermair, Klaus (Hrsg.): Strategisches Management von Mergers & Acquisitions, Wiesbaden 2006, S. 193–209

Scherm, Ewald/Pietsch, Gotthard (2005): Erfolgsmessung im Personalcontrolling – Reflexionsinput oder Rationalitätsmythos? In: Betriebswirtschaftliche Forschung und Praxis 57 (1/2005), S. 43–57

Scherm, Ewald/Pietsch, Gotthard (2007): Organisation, München, Wien 2007

Scherm, Ewald/Süß, Stefan (2010): Personalawards: Legitimationsfassade, Mythos, Symbol?! In: Zeitschrift Führung + Organisation 79 (4/2010), S. 254–256

Scherm, Ewald/Süß, Stefan/Kruse, Björn (2010): Was ist gutes Personalmanagement? Personal-Awards: (K)eine neue Antwort, in: Personalführung 43 (9/2010), S. 56–61

Scherm, Martin (2005a): 360-Grad-Beurteilungen: Leistung einschätzen und Kompetenzen entwickeln, in: Scherm, Martin (Hrsg.): 360-Grad-Beurteilungen, Göttingen 2005, S. 3–19

Scherm, Martin (Hrsg.) (2005b): 360-Grad-Beurteilungen, Göttingen 2005

Scherm, Martin/Sarges, Werner (Hrsg.) (2002): 360 Grad-Feedback, Göttingen u. a. 2002

Schier, Wolfram (2010): Training on the Job und Training near the Job, in: Bröckermann, Reiner/Müller-Vorbrüggen, Michael (Hrsg.): Handbuch Personalentwicklung, 3. Aufl., Stuttgart 2010, S. 215–228

Schledt, Joachim (2015): Wie würden Sie handeln, wenn ich nicht da wäre? In: Personalführung 48 (1/2015), S. 36–41

Schlick, Christoph/Bruder, Ralph/Luczak, Holger (2010): Arbeitswissenschaft, 3. Aufl., Berlin u. a. 2010

Schlotter, Herbert/Ackermann, Karl-Friedrich (2010): Weiterentwickeln statt Abwickeln, in: Personal 62 (12/2010), S. 14–16

Schmidt, Andreas/Wilkens, Uta (2014): Gesundheitsmanagement, in: Rosenstiel, Lutz von/Regnet, Erika/Domsch, Michel E. (Hrsg.): Führung von Mitarbeitern, 7. Aufl., Stuttgart 2014, S. 613–623

Schmidt, Frank L./Hunter, John E. (1998): The validity and utility of selection methods in personnel psychology: Practical and theoretical implications of 85 years of research findings, in: Psychological Bulletin 124 (2/1998), S. 262–274

Schmitter, Gregor/Weiland, Barbara (2015): Drei auf einen Schlag, in: Personalmagazin 17 (4/2015), S. 32–34

Scholz, Christian (2007): Es zieht ein Herr Becker durchs Land … noch immer – Replik zur Kritik am Artikel zur Saarbrücker Formel, in: Betriebswirtschaftliche Forschung und Praxis 59 (1/2007), S. 59–65

Scholz, Christian (2014a): Personalmanagement, 6. Aufl., München 2014

Scholz, Christian (2014b): Grundzüge des Personalmanagements, 2. Aufl., München 2014

Scholz, Christian/Stein, Volker (2006): Das neue Paradigma der Humankapitalbewertung, in: Personal 58 (7–8/2006), S. 52–53

Scholz, Christian/Stein, Volker/Bechtel, Roman (2011): Human Capital Management, 3. Aufl., München 2011

Sprenger, Reinhard K. (2005): Umzingelt! In: Scherm, Martin (Hrsg.): 360-Grad-Beurteilungen, Göttingen 2005, S. 361–367

Schroeder, Wolfgang (Hrsg.) (2014): Handbuch Gewerkschaften in Deutschland, 2. Aufl., Wiesbaden 2014

Schubert, Andreas/Haferburg, Marco (2012): Externes Benchmarking mit dem Human-Potential-Index, in: Friederichs, Peter/Armutat, Sascha (Hrsg.): Human Capital Auditierung – Aufgabe für das Personalmanagement, Bielefeld 2012, S. 147–160

Schubert, Andreas/vor der Brüggen, Tobias/Haferburg, Marco (2008): Sicherung der Zukunfts- und Wettbewerbsfähigkeit von Unternehmen durch Verbesserung qualitativer humanressourcenorientierter Kriterien, Abschlussbericht zum Forschungsprojekt F2127, Dortmund 2008

Schüller, Anne M. (2015): Wen kannst Du mir empfehlen? In: Personalwirtschaft 42 (2/2015), S. 35–37

Schuler, Heinz (1992): Das Multimodale Einstellungsinterview, in: Diagnostica 38 (4/1992), S. 281–300

Schuler, Heinz (2000): Psychologische Personalauswahl, 3. Aufl., Göttingen 2000

Schuler, Heinz (2004): Personalauswahl, in: Gaugler, Eduard/Oechsler, Walter A./Weber, Wolfgang (Hrsg.): Handwörterbuch des Personalwesens, 3. Aufl., Stuttgart 2004, Sp. 1366–1379

Schuler, Heinz (Hrsg.) (2007): Lehrbuch Organisationspsychologie, 4. Aufl., Bern 2007

Schuler, Heinz (2014a): Biografieorientierte Verfahren der Personalauswahl, in: Schuler, Heinz/Kanning, Uwe P. (Hrsg.): Lehrbuch der Personalpsychologie, 3. Aufl., Göttingen 2014, S. 257–300

Schuler, Heinz (2014b): Psychologische Personalauswahl, 4. Aufl., Göttingen 2014

Schuler, Heinz/Kanning, Uwe P. (Hrsg.) (2014): Lehrbuch der Personalpsychologie, 3. Aufl., Göttingen 2014

Schulte, Christof (2011): Personal-Controlling mit Kennzahlen, 3. Aufl., München 2011

Sesselmeier, Werner/Funk, Lothar/Waas, Bernd (2010): Arbeitsmarkttheorien, 3. Aufl., Heidelberg u. a. 2010

Seufert, Sabine (2010): Corporate University, in: Bröckermann, Reiner/Müller-Vorbrüggen, Michael (Hrsg.): Handbuch Personalentwicklung, 3. Aufl., Stuttgart 2010, S. 303–316

Shapiro, Debra L./Boss, Alan D./Salas, Silvia/Tangirala, Subrahmaniam/Von Glinow, Mary Ann (2011): When are transgressing leaders punitively judged? An empirical test, in: Journal of Applied Psychology 96 (2/2011), S. 412–422

Simon, Herbert A. (1981): Entscheidungsverhalten in Organisationen. Eine Untersuchung von Entscheidungsprozessen in Management und Verwaltung, Landsberg a. L. 1981 (Originalauflage 1947)

Sliwka, Dirk/Breuer, Kathrin/Kampkötter, Patrick (2009): Humankapital bewerten, in: Personalmagazin 11 (5/2009), S. 18–21

Sonntag, Karlheinz/Schaper, Niclas (2006): Wissensorientierte Verfahren der Personalentwicklung, in: Schuler, Heinz (Hrsg.): Lehrbuch der Personalpsychologie, 2. Aufl., Göttingen 2006, S. 255–280

Spengler, Thomas (2004): Personaleinsatzplanung, in: Gaugler, Eduard/Oechsler, Walter A./Weber, Wolfgang (Hrsg.): Handwörterbuch des Personalwesens, 3. Aufl. Stuttgart 2004, Sp. 1469–1479

Staehle, Wolfgang H. (1999): Management. Eine verhaltenswissenschaftliche Perspektive, 8. Aufl., München 1999

Statistisches Bundesamt (2013): Atypische Beschäftigung sinkt 2012 bei insgesamt steigender Erwerbstätigkeit, Pressemitteilung Nr. 285 vom 28.08.2013 – 285/13, Wiesbaden 2013

Stehr, Christoph (2014): „Ich weiß, wie der Laden tickt" – Interview mit Thomas Schlenz, in: Personalführung 47 (3/2014), S. 60–66

Stein, Volker (2009a): Der Human-Potential-Index (HPI) als multiples Informationsasymmetrie-Problem, in: Zeitschrift für Management 4 (4/2009), S. 373–382

Stein, Volker (2009b): Human-Potential-Index (HPI): Eine Netzwerkanalyse, in: HR Performance 17 (6/2009), S. 62–64

Stelzer-Rothe, Thomas (2010): Stellvertretung, in: Bröckermann, Reiner/Müller-Vorbrüggen, Michael (Hrsg.): Handbuch Personalentwicklung, 3. Aufl., Stuttgart 2010, S. 611–623

Stock-Homburg, Ruth (2013): Personalmanagement, 3. Aufl., Wiesbaden 2013

Stöger, Harald (2011): Abstieg oder Aufbruch? Wien, Münster 2011

Stone, Thomas H./Cooper, William H. (2009): Emerging credits, in: The Leadership Quarterly 20 (5/2009), S. 785–798

Strack, Rainer/Baier, Jens/Dyrchs, Susanne (2009): HR-Steuerung in Krisenzeiten, in: Wall, Friederike/Schröder, Regina W. (Hrsg.): Controlling zwischen Shareholder Value und Stakeholder Value, München 2009, S. 177–196

Strasmann, Jochen (2010): Qualitätszirkel und Lernstatt, in: Bröckermann, Reiner/Müller-Vorbrüggen, Michael (Hrsg.): Handbuch Personalentwicklung, 3. Aufl., Stuttgart 2010, S. 581–595

Straub, Reiner/Weber, Ulrich (2014): Eine Frage der Ehre, in: Personalmagazin 16 (3/2014), S. 10–11

Stritzke, Christoph (2010): Marktorientiertes Personalmanagement durch Employer Branding. Theoretisch-konzeptioneller Zugang und empirische Evidenz, Wiesbaden 2010

Strutz, Hans (2004): Personalmarketing, in: Gaugler, Eduard/Oechsler, Walter/Weber, Wolfgang (Hrsg.): Handwörterbuch des Personalwesens, 3. Aufl., Stuttgart 2004, Sp. 1592–1601

Süß, Stefan (2004): Internationales Personalmanagement. Eine theoretische Betrachtung, München, Mering 2004

Süß, Stefan (2007): Die Einführung von Diversity Management in deutschen Organisationen: Diskussionsbeiträge zu drei offenen Fragen, in: Zeitschrift für Personalforschung 21 (2/2007), S. 170–175

Süß, Stefan (2008): Diversity-Management auf dem Vormarsch. Eine empirische Analyse der deutschen Unternehmenspraxis, in: Zeitschrift für betriebswirtschaftliche Forschung 60 (6/2008), S. 406–430

Süß, Stefan (2009): Die Institutionalisierung von Managementkonzepten, München, Mering 2009

Süß, Stefan/Altmann, Sarah (2015): Verhaltenswissenschaften und Ökonomik! Empirische Ausrichtung und Internationalisierung der Personalwirtschaftslehre, in: Die Betriebswirtschaft 75 (1/2015), S. 7–23

Süß, Stefan/Becker, Johannes (2013): Competences as the foundation of the employability of freelancers, in: Personnel Review 42 (2/2013), S. 223–240

Süß, Stefan/Haarhaus, Benjamin (2013): Arbeitszufriedenheit von IT-Freelancern – Eine empirische Analyse auf Basis des Zürcher Modells, in: Zeitschrift für Arbeits- und Organisationspsychologie 57 (1/2013), S. 33–44

Süß, Stefan/Kleiner, Markus (2006): Diversity-Management in Deutschland: Mehr als eine Mode? In: Die Betriebswirtschaft 66 (5/2006), S. 521–541

Süß, Stefan/Kleiner, Markus (2007): Diversity management in Germany: dissemination and design of the concept, in: The International Journal of Human Resource Management 18 (11/2007), S. 1934–1953

Süß, Stefan/Sayah, Shiva (2013): Balance between work and life: A qualitative study of German contract workers, in: European Management Journal 31 (3/2013), S. 250–262

Süß, Stefan/Weiß, Eva-Ellen (2014): Stressfaktor Chef?! Der Einfluss transformationaler Führung auf das Stressempfinden und den Work-Life Conflict von Mitarbeitern, in: Personalquarterly 65 (3/2014), S. 36–41

Süßmair, Augustin/Rowold, Jens (Hrsg.) (2007): Kosten-Nutzen-Analyse und Human Resources, Basel 2007

Tannenbaum, Robert/Schmidt, Warren H. (1958): How to Choose a Leadership Pattern, in: Harvard Business Review 36 (2/1958), S. 95–101

Techniker Krankenkasse (2015): Menschen und Mitarbeiter, https://www.tk.de/tk/unternehmen/menschen-und-mitarbeiter/717496 (Stand: 23.11.2015)

Teske, Birga (2014): Das Comeback der Corporate Universities, in: Human Resources Manager 5 (4/2014), S. 33–35

Tiedt, Annerose (2007): Die Einführung von Leistungsorientierter Bezahlung (Lob) nach dem TVöD als Fortschreibung der bereits etablierten Zielvereinbarungskultur im Kreis Pinneberg – ein Praxisbericht, Pinneberg 2007

Tietel, Erhard (2008): Konfrontation – Kooperation – Solidarität, 2. Aufl., Berlin 2008

Trost, Armin (Hrsg.) (2013): Employer Branding. Arbeitgeber positionieren und präsentieren, Köln 2013

Uhlig, Christian/Toll, Alexander/Meenzen, Marco (2014): HR darf auch anecken, in: Personalmagazin 16 (10/2014), S. 50–53

Van Hoye, Greet/Bas, Turker/Cromheecke, Saartje/Lievens, Filip (2013): The instrumental and symbolic dimensions of organisations' image as an employer: A large-scale field study on employer branding in turkey, in: Applied Psychology: An International Review 62 (4/2013), S. 543–557

Vedder, Günther (2003): Vielfältige Personalstrukturen und Diversity Management, in: Wächter, Hartmut/Vedder, Günther/Führing, Meik (Hrsg.): Personelle Vielfalt in Organisationen, München, Mering 2003, S. 13–28

Villeroy & Boch (2016): Führungsgrundsätze bei Villeroy & Boch, Führungsgrundsätze bei Villeroy & Boch (Stand: 11.01.2016)

Villiger, Alexander (2015): Erfolgsgeschichte in 10 Jahren, in: Personalmagazin 17 (5/2015), S. 32–35

Volkswagen (2010): Lernen. Mit dem Volkswagen Bildungsportal, 2010, http://www.volkswagen-karriere.de/de/dafuer_lohnt_es_ sich/ weiterbildung/e-learning.html (Stand: 06.01.2016)

Vroom, Victor H. (1964): Work and Motivation, New York u. a. 1964

Vroom, Victor H./Yetton, Philip (1973): Leadership and Decision-Making, Pittsburgh 1973

Wächter, Hartmut (1983): Mitbestimmung: politische Forderung und betriebliche Reaktion, München 1983

Wagner, Karin/Melchert, Andreas/Braun-Grüneberg, Sandra (2011): Vor- und Nachteile dualer Studiengänge, in: Forschung & Lehre 18 (4/2011), S. 300–302

Wagner, Kerstin (2014): Den potenziellen Bewerber im Fokus, in: Personalwirtschaft Recruiting Guide 2014, S. 64–65, online: mdb.extraweb.wkfra.de/media/pw-0114-recruiting-guide-ges.pdf (Stand: 14.03.2016)

Watson, Tony (2005): Organisations, strategies and human resourcing, in: Leopold, John/Harris, Lynette/Watson, Tony (Hrsg.): The Strategic Managing of Human Resources, Edinburgh 2005, S. 6–33

Weber, Max (1976): Wirtschaft und Gesellschaft: 1. Halbband, 5. Aufl., Tübingen 1976

Wegerich, Christine (2013): Handbuch Traineeprogramme, Stuttgart 2013

Weibler, Jürgen (2012): Personalführung, 2. Aufl., München 2012

Weiß, Eva-Ellen/Süß, Stefan (2015): The Relationship between Transformational Leadership and Effort-Reward Imbalance, in: Leadership & Organization Development Journal 37 (4/2015) (im Erscheinen)

Weitzel, Tim/Eckhardt, Andreas/Laumer, Sven/Maier, Christian/Stetten, Alexander von/Weinert, Christoph/Wirth, Jakob (2015a): Recruiting Trends 2015, Bamberg 2015

Weitzel, Tim/Eckhardt, Andreas/Laumer, Sven/Maier, Christian/Stetten, Alexander von/Weinert, Christoph/Wirth, Jakob (2015b): Recruiting Trends im Mittelstand 2015, Bamberg 2015

Weller, Ingo/Matiaske, Wenzel (2009): Persönlichkeit und Personalforschung. Vorstellung einer Kurzskala zur Messung der „Big Five", in: Zeitschrift für Personalforschung 23 (3/2009), S. 258–266

Wickel-Kirsch, Silke (2012): Studie Personalcontrolling 2012, Wiesbaden, Freiburg 2012

Wiedemann, Christiane (2014): Unternehmensinterne Qualifizierung. Fit für die Zukunft im Skill Development Center, in: Personalführung 47 (10/2014), S. 74–75

Williamson, Oliver E. (1990): Die ökonomischen Institutionen des Kapitalismus. Unternehmen, Märkte, Kooperationen, Tübingen 1990

Wilms, Falko E. P. (Hrsg.) (2006): Szenariotechnik: Vom Umgang mit der Zukunft, Bern u. a. 2006

Wilms, Wolfgang J. (2010): Job Enlargement und Job Enrichment, in: Bröckermann, Reiner/Müller-Vorbrüggen, Michael (Hrsg.): Handbuch Personalentwicklung, 3. Aufl., Stuttgart 2010, S. 555–566

Wimmer, Peter/Neuberger, Oswald (1998): Personalwesen 2, Stuttgart 1998

Wolff, Birgitta/Lazear, Edward P. (2001): Einführung in die Personalökonomik, Stuttgart 2001

Wotschack, Philip (2012): Keine Zeit für die Auszeit. Lebensarbeitszeit als Aspekt sozialer Ungleichheit, in: Soziale Welt 63 (1/2012), S. 25–44

Wucknitz, Uwe D. (2009): Handbuch Personalbewertung, 2. Aufl., Stuttgart 2009

Wunderer, Rolf (2011): Führung und Zusammenarbeit, 9. Aufl., Köln 2011

Wunderer, Rolf/Jaritz, André (2007): Unternehmerisches Personalcontrolling, 4. Aufl., Köln 2007

Wunderer, Rolf/Sailer, Martin (1987a): Personal-Controlling. Eine vernachlässigte Aufgabe des Unternehmenscontrolling, in: Controller-Magazin 12 (5/1987), S. 223–228

Wunderer, Rolf/Sailer, Martin (1987b): Instrumente und Verfahren des Personal-Controlling, in: Controller-Magazin 12 (6/1987), S. 287–292

Ziemann, Thorsten (2015): Coach der Personalabteilung, in: Personalmagazin 17 (3/2015), S. 52–55

Zwingmann Ina/Wegge, Jürgen/Wolf, Sandra/Rudolf, Matthias/Schmidt, Matthias/Richter, Peter (2014): Is transformational leadership healthy for employees? A multilevel analysis in 16 nations, in: Zeitschrift für Personalforschung 28 (1–2/2014), S. 24–51

Stichwortverzeichnis